第一届全国数学史学术年会（1981 年 7 月 20—25 日，辽宁师范大学）

第二届全国数学史学术年会（1985 年 8 月 28—9 月 2 日，内蒙古师范大学）

第三届全国数学史学术年会（1988 年 11 月 1—5 日，合肥·宣城）

第四届全国数学史学术年会（1994 年 8 月 27 日，中科院植物研究所北京植物园）

数学思想的传播与变革：比较研究国际学术讨论会
INTERNATIONAL COLLOQUIUM TRANSMISSION AND TRANSFORMATION OF MATHEMATICAL
THOUGHT: A COMPARATIVE APPROACH   October 4-8,1998 Central China Normal University Wuhan , P. R. China

第五届全国数学史学术年会（1998 年 10 月 4—8 日，华中师范大学）

第六届全国数学史学术年会（2002 年 8 月 14—18 日，西北大学）

第一届全国数学史与数学教育学术研讨会（2005 年 5 月 1—4 日，西北大学）

第二届全国数学史与数学教育学术研讨会暨第七届全国数学史学术年会
（2007 年 4 月 26—30 日，河北师范大学）

第三届数学史与数学教育国际研讨会（2009年5月22—25日，北京师范大学）

第四届数学史与数学教育国际研讨会暨第八届全国数学史学会学术年会
（2011年4月30日—5月4日，华东师范大学）

第五届全国数学史与数学教育学术研讨会（2013 年 4 月 13—14 日，海南师范大学）

第九届全国数学史学术年会暨第六届数学史与数学教育学术研讨会
（2015 年 10 月 9—12 日，中山大学）

第七届数学史与数学教育学术研讨会（2017年5月20—22日，大连红星海学校）

第十届中国数学会数学史分会学术年会暨第八届数学史与数学教育学术研讨会
（2019年5月10—12日，上海交通大学）

"双九章"讲习班暨高校数学史研究会筹委会（1986年7月11—22日，徐州师范大学）

《九章算术》暨刘徽学术思想国际学术研讨会（1991年6月21—25日，北京师范大学）

中外联合数学史讨论班（1993年10月，中科院数学所）

纪念欧拉诞辰300周年暨《几何原本》中译400周年
Commemoration of the 300th Anniversary of Euler's Birth & The 400th Anniversary of Publication of Chinese Translation of Euclid's Elements
数学史国际学术会议（International Conference on the History of Mathematics）

纪念欧拉诞辰300周年暨《几何原本》中译400周年国际学术研讨会
（2007年10月13日，四川师范大学）

第七届汉字文化圈及近邻地区数学史与数学教育国际学术研讨会
（2010年8月7日，内蒙古师范大学）

第一届近现代数学史国际会议（2010年8月11—17日，西北大学）

纪念梅文鼎诞辰380周年国际学术研讨会（2013年11月2—4日，安徽宣城）

第五届上海数学史会议（2016年5月28—29日，东华大学）

参加纪念中国科学院自然科学史研究所成立60年庆祝会的数学史代表合影
（2016年12月24—26日，北京顺义怡生园国际会议中心）

纪念《几何原本》翻译 410 周年国际学术研讨会暨第六届上海数学史会议
（2017 年 11 月 3—5 日，上海交通大学）

第 13 届东亚数学史国际学术研讨会（2017 年 9 月 15 日，内蒙古师范大学）

中国科学技术史学会 2018 年度学术年会中的数学史分会场代表合影
（2018 年 10 月 27 日，清华大学）

纪念吴文俊院士诞辰 100 周年国际学术研讨会（2019 年 5 月 8 日，上海交通大学）

第七届数学史与数学教育（HPM）高级研修班（2019 年 12 月 30 日，华东师范大学）

第一、二、三届理事会理事长严敦杰（1917—1988 年）

第六届理事会部分常务理事合影（2002 年 8 月，西安）
前排左起：刘钝、郭书春、李迪、李文林、李兆华
后排左起：纪志刚、冯立昇、杜瑞芝、郭世荣、徐泽林、曲安京、邓明立

第九届理事会部分常务理事合影（2015年10月10日，中山大学）
前排左起：郭世荣、韩琦、纪志刚、冯立昇、徐泽林、王幼军
后排左起：高红成、陈克胜、唐泉、赵继伟、邹大海、肖运鸿

第十届理事会部分常务理事合影（2019年5月11日，上海交通大学）
左起：刘鹏飞、郭金海、张红、格日吉、邓明立、郭世荣、徐泽林、代钦
邹大海、高红成、杨浩菊、王淑红

东华大学学科建设经费
东华大学中华文明及其现代转型研究基地

资助出版

与改革开放同行

中国数学史事业40年

◎ 徐泽林 主编

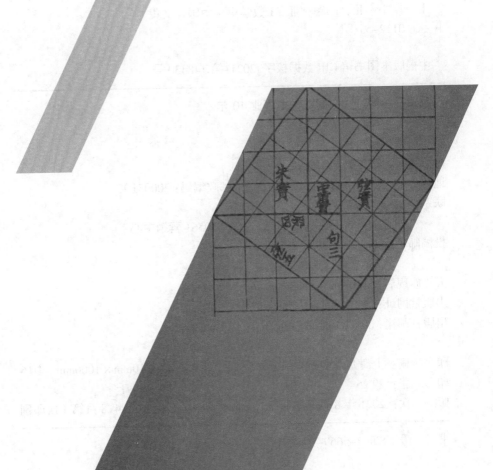

东华大学出版社

内容提要

本书是纪念中国数学会数学史分会（中国科学技术史学会数学史专业委员会）成立40周年的文集。全书共分为三个部分，第一部分为40年来的数学史研究与应用的学术总结，内容包含中国传统数学史研究、中外数学交流史研究、世界数学史研究、数学史在数学教育中的应用等；第二部分为40年来数学史学会的史料；第三部分为数学史会员与国际同行的回忆文章。本书既是学会的纪念文集，也是40年来数学史研究成果的总结，对从事数学史研究的人员和数学教育工作者都具有参考价值，也具有一定史料价值。

图书在版编目（ＣＩＰ）数据

与改革开放同行：中国数学史事业40年 / 徐泽林主编 .
— 上海：东华大学出版社，2021.8
ISBN 978-7-5669-1943-4

Ⅰ . ①与… Ⅱ . ①徐… Ⅲ . ①数学史—中国—文集
Ⅳ . ① 0112-53

中国版本图书馆 CIP 数据核字 (2021) 第 148430 号

与改革开放同行：中国数学史事业 40 年

主　　编：徐泽林
出版发行：东华大学出版社
地　　址：上海市延安西路 1882 号（邮政编码：200051）
联系电话：021—62373708（编辑部）
　　　　　021—62193056　　021—62373056（营销中心）
投稿邮箱：yangchiyan0830@163.com

天猫旗舰店：http://dhdx.tmall.com
出版社网址：http://dhupress.dhu.edu.cn
出版社邮箱：dhupress@dhu.edu.cn

印　　刷：上海龙腾印务有限公司　　开　　本：710mm×1000mm　1/16
印　　张：29.25　　　　　　　　　　字　　数：496 千字
版　　次：2021 年 8 月第 1 版　　　　印　　次：2021 年 8 月第 1 次印刷

书　　号：978-7-5669-1943-4　　　　定　　价：88.00 元

编 者 的 话

　　我国数学史学术团体分别隶属于中国数学会和中国科学技术史学会，分别称为数学史分会和数学史专业委员会（以下简称"数学史学会"）。在纪念数学史学成立 40 周年之际，回顾数学史学会的发展历程，总结当代中国数学史学术成就，探索和展望未来中国数学史事业的发展趋向，明确中国数学史工作者的时代责任和学术担当，是中国数学史界和数学教育界的共同关切，也是繁荣和发展中国数学史学术的一项重要课题。

　　中国数学史研究始于 20 世纪初李俨（1892—1963 年）和钱宝琮（1892—1974 年）开创的伟大事业。如果以 1975 年吴文俊（1919—2017 年）院士发表的第一篇中国数学史研究论文为标志的话，那么 20 世纪初至 20 世纪 70 年代中期可概括为"李钱时代"，70 年代中后期至今可概括为"吴文俊时代"。对于这两个时代数学史研究的学术思想和方法，已有学者以"两种范式""两条道路"等概念加以概括[1]，这方面的有关论述详见《论吴文俊的数学史业绩》[2]，这里不再赘述。从更广泛的数学史事业来说，"吴文俊时代"反映的是改革开放之后的中国数学史事业，其中吴文俊先生个人的学术影响、率先垂范和鼎力支持起了很大作用，但也与中国实行改革开放、建设中国特色社会主义现代化国家的大环境密不可分。发展科学和教育、繁荣学术是实现国家现代化的基本国策，成立数学史学会与建设数学史学位点是改革开放后数学史学科建制化的重要成果，它们在新时期中国数学史事业发展中发挥了重要作用，故而本文集名之为《与改革开放同行——中国数学史事业 40 年》。

　　中国数学史学科在 1997 年学科调整之前，属于数学一级学科下的二级学科，调整后属于科学技术史一级学科（不设二级学科）下的一个研究方向。数

---

① 曲安京. 中国数学史研究范式的转换［J］. 中国科技史杂志，2005，26（1）：50–58.
② 纪志刚，徐泽林编. 论吴文俊的数学史业绩［M］. 上海：上海交通大学出版社，2019.

学史的学术基础是数学与历史学，中国数学史事业的发展与数学、科学技术史事业的发展基本同步。1995年中国数学会成立60周年之际，李文林教授撰写了《数学史研究在中国》[1]，概述了数学史学科在中国的发展。2020年，中国科学技术史学会理事长孙小淳教授撰写了《中国的科技史研究：写在中国科学技术史学会成立40周年之际》[2]，详细论述了科学技术史事业在中国的起步、建制以至走向国际化的发展历程与成就，虽然没有具体地叙述数学史学科，但基本上也反映了数学史学科在中国的发展状况。在数学史学会成立40周年之际，希望藉此文集引发学界对中国数学史学术今后发展的深入思考。

"时运交移，质文代变"，学术发展需要把握时代脉动。在国家处于积贫积弱、面对西方强势文化的"李钱时代"，数学史研究从个人自发研究逐渐走向学科建制，宣扬中华民族的科学文化成就，是数学史工作者的家国情怀和责任担当。以西方数学知识为参照的对中国传统数学文献的调查整理、知识认证的国故整理工作成为当时中国数学史研究的中心任务，老一辈学者发掘整理了中国文明中数学知识的宝藏，让世人认识了中国古代的数学智慧。诚然，前辈学者的工作奠定了中国数学史的学术基础，但也存在历史局限，那就是偏狭于中国的古代数学，对世界数学史了解不足。伴随着改革开放的深化，在科学技术史（数学史）的学科建制过程中，成立了数学史学会组织，培养了一批数学史专门研究人才，造就了一支稳定的数学史研究队伍，推动了数学史的学术发展。"吴文俊时代"的数学史学术在传承"李钱"传统的基础上有了更强的民族文化自信，对中国传统数学的特征有了更深刻的认识，并把研究视野开拓到世界数学史，在对世界数学发展的影响等方面建立了"中国话语"，呼应了计算机时代开始的机械化与算法化的现代数学潮流。对外开放与经济快速发展使中国的数学史学术更加国际化，数学史会员频繁参加和组织国际学术会议，在国际学术组织任职，担任国际学术期刊编委，在国外发表、出版的论著日益增多，而且国外数学史理论和研究方法被引入，国外古代和近现代数学原典和历史研究文献被广泛利用，繁荣了我国的数

---

① 李文林. 数学史研究在中国［M］// 杨乐，李忠. 中国数学会60年. 长沙：湖南教育出版社，2020：184-191.
② 孙小淳. 中国的科技史研究：写在中国科学技术史学会成立40周年之际［J］. 中国科技史杂志，2020，41（3）：252-259.

学史学术研究。进入 21 世纪，国内开始关注并落实数学史在数学教育中的应用。

40 年来，数学史事业的发展还存在一些不足和缺憾。开拓性和原创性的学术研究亟待加强，对中国传统数学史的研究应寻求新的突破，对世界数学史的研究成果有待融入国际；大环境的功利主义评价机制导致数学史学科在高校不断萎缩，数学史专门型人才逐渐减少；尽管前辈学者做了很多努力，但一直没能创办数学史专业杂志，影响了数学史研究成果的发表；HPM（数学史与数学教育）的研究和实践尚需增强数学史的专业性。

进入 21 世纪，中国的科学史学科面临着再建制的历史机遇，也带来一些体制上的问题。2016 年以来，民政部、中国科协发文要求一级学会规范对二级学会的管理，并提出"政社分开"的要求以激发社会组织的活力。目前二级学会会员的会籍由一级学会统一管理，数学史学会会员在中国数学会和中国科学技术史学会两个一级学会注册的人数多寡失衡，这给二级学会组织工作带来一些不便。但在中国数学会注册的大批数学教师同时选择了数学史研究方向（不一定参加数学史分会的活动），反映出数学史学术发展具有巨大潜力，而且也出现了如王元（1930—2021 年）院士、丘成桐先生等著名数学家加入数学史研究，有力推动了数学史的学术发展。相信在一级学会领导下，在数学史会员的共同努力下，数学史必将继续在提高全民数学文化素质、提高数学教育质量、启发数学创造等方面发挥应有的作用，中国数学史事业必将迎来新的辉煌。

本文集内容由三部分构成。

第一部分是对改革开放以来中国数学史学术研究和应用的成果（以会员的研究成果为主）进行总结，旨在回顾 40 年来中国数学史研究的学术成就，思考今后数学史学术研究的方向和历史使命。

数学史研究涉及的学科领域极其广泛，其学理基础乃数学与历史学，但因具体的研究对象、研究目标的不同，会有不同的解读历史、诠释历史的语言和语境，数学史与哲学、社会学、教育学、语言学等其他学术有较深的关联，一项数学史研究成果往往涉及多个学科领域。数学史的应用主要是传播数学文化，体现在两个方面：一是科普，二是与数学教育结合发挥其教育作用。进入 21 世纪，数学史学会大力推动这方面工作，其成果反映在三个方面：一是数学史材料编入基础教育数学课程标准和教材，二是数学课堂中利用数学史材料进行有效教学，三是数学文化进课堂、进校园的活动。因此，对我国改革开放以来数学史研究和应用的成果进行分类是十分困难的事，而且 40 余年的研究成果浩繁芜杂。为方便起见，数学史研究成果总结部分采用习惯的断代史、国别区域史、专题史的分类方式，其中中国传统数学史包括先秦数学史、汉唐数学史、宋元数学史、明代数学史、清代数学史、历算史、少数民族数学史；中外数学交流史包括丝绸之路数学交流史、明清中西数学交流史、汉字文化圈数学交流史；世界数学史包括古代外国数学史、近现代世界数学史、中国近现代数学史。按照这样的分类约请相关专家分别撰写学术总结。很遗憾上述内容中有些领域研究成果的总结未能按时撰成，撰成的部分也难免有遗漏和偏颇，欢迎学界同行批评指正！

第二部分是对数学史学会工作的回顾，包括历届理事会、学会大事记、具有法人资格时期的学会章程、不具法人资格后的中国数学会分支机构管理条例（中国科学技术史学会尚未制定分支机构管理条例）。

第三部分是会员及国际同行的回忆文章，包括曾经担任分会领导的前辈学者回忆学会成立与发展的历程以及个人的亲身经历；长期与中国数学史学界保持学术交流和合作的国际著名学者的回忆；还有资深会员对自己从事数学史研究的心历感想。

2019 年 5 月 11 日数学史学会第十届理事会成立之后，笔者与郭世荣、邓明立、邹大海、曹一鸣、高红成等同事商议，并经常务理事会讨论决定，在 2021 年第九届数学史与数学教育学术研讨会上一并召开数学史学会成立 40 周年纪念会，并编辑出版本纪念文集。编辑出版工作得到数学史学会会员（特别是包含数学史研究方向的科学技术史学位点上的会员）的积极支持，提供相关材料并修订信息，撰稿专家予以鼎力相助，按时完成文稿，保证本文集如期出版。

本文集出版得到东华大学学科建设经费、中华文明及其现代转型研究基地资助，也得到了东华大学出版社周德红总编辑的大力协助，这里一并致以衷心感谢！

徐泽林

2021 年 5 月 24 日

目　录

第一编 | 学术回顾：40 年来的数学史研究与应用

第一章　中国传统数学史研究

第一节　先秦数学史研究

◎ 邹大海

（中国科学院自然科学史研究所）

一、引　言

秦王政二十六年（公元前 221 年），秦国消灭战国时代诸侯中仅存的齐国，结束了数百年的列国纷争局面，完成统一中国的大业，建立中国历史上第一个多民族的、专制的中央集权制大一统国家——秦朝。秦王嬴政自以为功业之巨，前无古人，"王"的称号不足以彰显其功绩，乃从上古时代"三皇"和"五帝"中取"皇""帝"二字，合为一个前所未有的响亮称号——"皇帝"，自称始皇帝，后世称之为秦始皇帝，简称秦始皇。一方面，秦始皇在全国范围内推行郡县制，实行统一货币、文字、度量衡以及兴修驰道等有利于国家统一的措施。另一方面，秦朝在全国范围内实行严刑峻法，"焚书坑儒"，损毁书籍，打击知识分子，实行愚民政策，结束了百家争鸣的时代。尽管采用各种严厉措施维护其统治，秦朝却二世而亡。其后的汉朝虽然采取了相对宽松的政策，但基本制度上仍沿袭秦朝，所以秦的统一是中国历史的分水岭，"先秦"作为一个历史学术语也因之产生。

"先秦"有广、狭两义。广义指秦国最终完成统一中国以前的历史时期（远古—公元前 221 年），狭义指春秋战国时期（公元前 770 年—公元前 221 年）。本文的讨论取广义。按一般的观点，中国的先秦历史可以划分为远古至五帝（约公元前 2070 年）、夏（约公元前 2070 年—约公元前 1600

年）、商（约公元前 1600 年—公元前 1046 年）、西周（公元前 1046 年—公元前 771 年）、春秋（公元前 770 年—公元前 476 年）、战国（公元前 475 年—公元前 221 年）等几个时期。

由于"焚书坑儒"、战火和时代久远等各种原因，先秦文献流传至今的很少，所以先秦史向称难治。就数学而言，涉及理论知识的著作往往受众太少，不易流传，而为了应用的著作又容易为后世的著作所替代，所以先秦数学著作更难传到后世，以致传世数学著作中，没有一部先秦编纂的著作。所以，在很长时间内，研究先秦数学史的途径，很大程度上采用了间接的方法：一是从各种经史子集、金石材料中寻找有关数学的片断与信息，二是根据各种蛛丝马迹用返推的方法将后世成书的数学著作中的一部分归于先秦。前者距离全貌较远，后者不确定性太大，因而容易歧见叠出。这就导致很多学者对中国数学史的分期，大多不在秦统一前后划界，与史学界关于整个中国历史的分期脱节。

20 世纪中国学术转型，考古学发展，大量出土材料使先秦史研究在很多方面突破了传世文献的局限，获得了一些超出汉代司马迁的历史认知。但在很长时间内，出土材料对先秦数学史的研究推动很有限。20 世纪 80 年代特别是 21 世纪以来，陆续发现了多部书写于秦代和汉初简牍上的数学著作，少量战国时代的数学简牍，为上古数学史的研究提供了大量新的素材，为先秦数学史的研究创造了新的机遇。

本文首先介绍有关先秦数学史的总体研究，然后介绍专题研究。在专题研究中，有两个部分有特殊性。一是春秋战国时期在百家争鸣的背景下，以墨家和名家为代表的一些学者关注自然科学问题和逻辑思维问题，讲求辩论、推理和论证，他们所创造的有关数学的知识，能反映中国数学的理论方面，值得重点对待。二是出土简牍提供了前所未有的十分坚实的史料依据，动摇或拓展了过去关于战国数学的认识，并为战国数学史的研究开辟了广阔的天地，值得专门介绍。同时，由于有关的研究文献较多，所以本文把这两个专题都单列一节加以讨论。

二、对先秦数学史的总体研究

（一）三上義夫的研究

1913 年，日本学者三上义夫《中日数学之发展》（*The Development of Mathematics in China and Japan*）出版。此书含两部分共 47 章，前一部分第 1—21 章，讲中国数学史。后一部分讲日本数学史。第 1 章为《最早时代的中国数学》（Earliest period of Chinese mathematics）在承认中国古老的同时，提到中国人与巴比伦人的相似性，提出在远古时代，中国人曾有过类似其西方兄弟的计算规则的可能性，但表示目前对此还无法肯定或否定。他提到的中国远古时期的数学有以下几点：（1）黄帝让羲和占日，常仪占月，臾区占星，伶伦作律吕，大挠作甲子即六十进制系统，隶首作算数，容成综合以上六种技艺来规范历法。① （2）特意用六十进制来解释了甲子。（3）批评了隶首是作为现传本《九章算术》的来源《九章》之作者的说法。（4）提到了八卦、河图和洛书，引用了实际是宋代著作中的点线图来说明后两者，同时指出洛书是一个由 1—9 排成的幻方。第 2 章为《周髀》，他认为此书是最古老的数学著作，但又说它不是严格意义上的数学著作，而讲的是历法，但在数学史上不能回避。他认为此书包含了商高与周公的问答、陈子与荣方的问答和有关《吕氏（春秋）》的内容，但后两部分是附益上去的。他认为武王去世于公元前 1105 年，所以周公与商高的对话反映了公元前 12 世纪的数学。三上义夫引译了周公与商高的对话，以及赵君卿的注解，认为周公时代中国人已经懂得以直角三角形三边上的正方形表示的毕达哥拉斯定理（勾股定理）。他也讨论了后面部分中的历法计算。第 3 章是《九章算术》，他认为它仅晚于《周髀》，是保存至今最早的真正的数学著作，涉及的内容既深且广，其历史价值无法估量。他认为《九章算术》准确的编者和时代不能详知，但仍引述了公元 263 年刘徽作注时写的序言中关于其成书的记载，提到此书由汉代张苍、

① 已知中国古文献中讲述此事的是《世本》。《世本》原书已失传，现在只能看到辑佚本，其中占日的是"羲和"，三上义夫英文著作占日的写作"I-hai"，两者的读音差距较大。他没有具体说明依据何种著作。莲沼澄子老师给出了几种猜想，其中一种可能性较大的是三上把"羲"误识为"義"，拼作"I"，"he"听错成了"hai"。感谢莲沼老师的指教。

耿寿昌根据先秦残文进行整理删补而成。三上义夫讲了张、耿的生平，认为对于他们如何利用过去的资料、两人各做了什么这些问题，他没有办法判断。因此接下来只讲了《九章》里的一些具体内容。第 4 章是《孙子算经》，他提到其中的算筹记数不是汉代才有的，而是远古时代就有的。[①]

（二）李俨及其与学生的研究

1919 年，李俨发表《中国数学源流考略》，认为早先有结绳累瓦，伏羲时已有洛书，为三行纵横图之鼻祖，但数学"发端于黄帝"，他使隶首作算数，"得下筹之法，三数五量，或亦所成"。李俨又认为《周髀》记录了周公、商高的问答，包括了勾三股四弦五的勾股定理特例及周三径一的圆周率，加减乘除四则运算、分数、开方以及"简单几何形之计算"。他认为《周髀》之后有《九章算术》，"宋人谓为周公遗书，以别于伪记之黄帝九章"。

李俨认为周代的数学文献在流传过程中受到了损坏，后世据"旧文遗残，各称删补。故在《周髀》，七衡述吕氏之言，浑天记灵宪之文"，而《九章算术》则有战国时代的爵级、秦代的田制和汉代的地名，甚至有"古印度算经题问"。接着他结合刘徽对《九章》章名的解释，介绍了各章的内容及若干重要的成就。然后，他先是评论说"当时数学之发达，概可见矣"，接着他说：

> 降及战国，墨翟以哲理学说，诠释高等数学之谊。至孙子算经，亦有称为此时代之著作者。篇中物不知数一题，为丢氏解析法（Diophantine analysis）及大衍求一法之起原，纵横筹制可知古算用筹之详。自时厥后，继起无人；故自太古至秦，称为上古时期。
>
> 炎汉初兴，张苍（？—152 B. C.）、耿寿昌删补《九章》。许商、杜忠各著算术，盖从事《九章》者也。厥后刘歆以圆率 $\pi = \dfrac{3927}{1250}$（9 A. D.）号称歆率。……[②]

在分期上，李俨在秦汉之间划界，将秦代及先秦时期称为上古期。在他

---

① Yoshio Mikami.The Development of Mathematics in China and Japan［M］. Leipzig: B. G. Teubner，1913: 1–28.

② 李俨. 中国数学源流考略［J］. 北京大学月刊，1919（4）：1–19.

后来的著作中，一直保留着这一分期方式。在具体内容上，此文受到了三上义夫的影响，但也有扩展和很大不同。他首先注意到了墨家在理论数学方面的工作。对于《周髀》他有所超出，对于《九章算术》他也有系统的思路。李俨承认《九章算术》有汉代的内容，但总体上仍视为先秦的创作。关于张苍和耿寿昌，他采用刘徽的说法，定位为《九章算术》的删补者。而《汉书·艺文志》著录有数学著作的许商、杜忠，他则定位为从事《九章算术》研究的人。这种定位，一直没有改变。对于《孙子算经》，他有所怀疑，但也倾向于它有先秦的渊源，除了算筹用法，还有不定问题。

1930年，李俨出版《中国算学小史》（以下简称《小史》），把中国数学史分为5期，每期为一编。第一编为上古期，"自黄帝至周秦，约当公元前二七〇〇，迄公元前二〇〇"，这本沿袭了他以秦汉为界的老观点，但不拘于汉代开始的具体年份。此编分为6章，第1章为"太古之算学"，认为伏羲以前必有数学的应用，引述古文献中有关数学的传说，提到结绳、书契，"伏羲画八卦，数由起，至黄帝，尧，舜，而大备，三代稽古，法度章焉"。第2章为"黄帝，尧，舜时代之算学"，引述各种古文献中关于这一时期的传说资料，并认为黄帝时中国数学"已经成科"。第3章为"周，秦时代之算学"，强调数学成为必修学科，并言及哲学思想发达，与数学的发展相伴随。同时，对于《周髀算经》，提到它"托为周公商高问答之辞"；对于《九章算术》，提到它与周代"九数"的差异。第4章为"九九"，认为它早于《周髀算经》和《九章算术》。第5章为《周髀算经》，否认它为周公所作，认为"不能早于战国前"。对书中"周公与商高的问答"，引述了前人归纳的8项。他还提到书中有等差级数。第6章为"九数与《九章算术》"，引用不同文献中的说法，说明"九数之名""各异其辞"。对于《九章算术》，较以往更多强调其中的秦汉成分，除秦汉亩法、秦汉爵名外，还提到均输章"算""徭"为汉代赋税名称，认为商功可能是汉代才纳入书中的。不过，在讲述中古数学的第二编中，李俨仍说张苍、耿寿昌"删定《九章算术》"。①

---

① 李俨.中国算学小史［M］.上海：商务印书馆，1930：3–10.

1931 年，李俨出版《中国数学大纲》上册（以下简称《大纲》上册），第一编"上古期"有 7 章，但实际只有第 2 章至第 7 章讲上古数学，第 1 章为"中国数学之分期"，来自《小史》的全书绪言。因此，除 6 章改为 7 章外，相比于《小史》而言，《大纲》在总体结构上没有变化。在具体内容上，则有少量修改、增补。《大纲》把黄帝时数学"成科"改为"成立"；对于《周髀算经》，增加汉以后流传情况的说明，又说"《周髀算经》记为周公，商高问答之辞"，与《小史》直接说这是托辞不同；对于《九章算术》，增加了它在汉代以后流传情况的介绍，说汉唐人简称它为《算术》《九章》《九章术》，更进一步强调它"不是周代作品"，但与《小史》一样在第二编中仍维持了张苍、耿寿作为删定者的说法，同时又有所迟疑地说"现传《九章算术》是否为苍等所删补者，尚无确证也"；对于"九九"，提到了文献中使用的口诀，可惜都出自汉代以来的文献。①

1937 年，李俨出版《中国算学史》，第 1 章为"上古期"，共分为 8 部分，第 1 部分为关于分期的绪论，之后的 7 部分依次是"结绳""数字""黄帝作数""规矩""九九""算学教育"和"十进记数"，较之前的著作在论述框架上变化很大。其特点是更加强调具体的数学成就，并大量采用了考古材料，如"数字"和"规矩"两部分分别体现了古人对数和形两类基本知识的认识，前者引用甲骨文、金文中表示 1—10 的数字与许慎《说文解字》对比；后者引有山东嘉祥武梁祠石室造像石上人面蛇身的伏羲执矩、女娲执规拓片、出土器物及器物上的图案的图片；"九九"部分引用了汉简，并附有图片。此书不像《大纲》上册一样怀疑现传本《九章算术》为张苍、耿寿昌所删补者，而是把汉代作为研究《九章算术》的时代，说"据上文所举，则汉许商，杜忠，刘歆，赵君卿，刘洪，马续，郑玄，徐岳；吴阚泽，陈炽；魏王粲诸人，并治《九章》也。"不过，对于《九章》的版本，则说是刘徽作注后才有"定本"的。②1955 年，此书的修订本出版，上古部分改变不多，但略有充实和修

---

① 李俨.中国数学大纲：上册［M］.上海：商务印书馆，1931：1-14.
② 李俨.中国算学史［M］.上海：商务印书馆，1937：1-17.

改。如"十进记数"部分强调"吾国大数以'万'进，与西洋之以'千'进者不同"。①

1944年，李俨发表《上古中算史》，分10个部分。第1部分"绪论"讲中国数学史的分期，之后交代文章讨论的主题："中国上古史事，一如其他各古国，初无文字可征，中算上古史事之可述者，则为伏羲，黄帝，隶首诸人作数，以及结绳，书契，规矩，九九诸般传说。"这里值得注意的是，他把后面所述各项均称为"传说"，表明他对所述内容持有不甚确定的态度。文章的后9个部分依次为"2.伏羲""3.黄帝，隶首""4.垂""5.结绳""6.书契""7.规矩与几何图形""8.九九""9.记数方法"和"10.算学教育"。② 此与《中国算学史》大多相同或类似（"书契""黄帝，隶首"分别对应"文字""黄帝作数"，"规矩与几何图形""记数方法"分别是"规矩""十进记数"的扩展，只是《上古中算史》增加"伏羲"和"垂"两个人物项，不过他们在前面的书中也有提到）。此文史料极为丰富，但正文依然简略，史料则置于尾注中，篇占到全文的一多半。

1958年，李俨出版《中国数学大纲（修订本）》上册（以下简称《大纲（修订本）》上册），第一编为"中国上古数学"，分为6章，除第1章讲分期外，实有5章讲上古数学。相比于旧版，修订本仍有"太古的数学"（第2章）、"周秦时期的数学"（第5章），但前者更多地强调出土材料上的数学信息，后者把他认为更早的"结绳""书契""数字"纳入，可能由于前两项的说法来自《周易》"系辞"篇，而第三项是第二项的一部分；书中引用甲骨文、金文的数字时，较《中国算学史》多了合文，并提到十几、几十、百、千、万等数字，且明确说明"殷代的数字是十进的"。第5章把以前单列的"九九"作为一项，同时增加了大量先秦至汉代文献中九九口诀的引用。此章又有"记数方法""会计专业"两项，前者提到古代十进的大数记法，汉及以后万以上有十进和万进两种；后者提到作为动词的"会计"，以及政府部门有"司会"、军中有"法算"两种负责计算的人员等事。《大纲（修订本）》上册

① 李俨.中国算学史［M］.上海：商务印书馆，1937：1–11.
② 李俨.上古中算史［J］.科学，1944，27（9–12）：16–24.

用"关于殷代以前数学的传说"（第4章）代替"黄帝，尧，舜时代之数学"，其中增加垂作规矩、禹的测量；增加了"殷代的数学"作为第3章，分甲子、算数两项，但在第4章中提到这两项"可能在殷代以前已产生"。

1954年，李俨出版《中国古代数学史料》[①]，1963年又出版其修订本[②]。书中分为"古代数字和数的发展""规矩和古代几何学""黄帝隶首作数""九九""记数方法"和"算学教育"等不同章节，介绍有关先秦数学的史料，内容非常丰富，并有某些解释。比如认为《管子·地员》"先主一，而三之，四开，以合九九。"即 $1 \times 3^4 = 9 \times 9 = 81$，含有"指数的初步概念"。书中还杂有若干研究结论。如针对数系，李俨提出：

> 分数、负数构成了有理数系。在中国周、秦间已具备了这个数系的雏形，其发展程序大概是先有正整数的运算，其次产生了分数，在后期产生了负数。[③]

针对面积算法，他提出：

> 古代计算田地面积，从正方形、长方形发展到三角形、圆形、梯形、四不等边形等，这是有不同的社会基础，这变化大概也在春秋、战国之际。[④]

1963年，李俨与他的学生杜石然出版《中国古代数学简史》，把先秦数学定位为"中国古代数学的初期阶段"。该书第一章分为三部分。第一部分是"最初的数和形的概念"，下分"关于数的起源、结绳和规矩的传说"和"十进制文字记数"两个小部分。第二部分为"筹算——中国古代主要的计算方法"，下分"筹算的创始""十进地位制算筹记数"和"筹算的加减乘除四则运算"三小部分。此书主张"至迟在春秋战国时代便已经产生了十进位制的算筹记数法"，并强调"中国古代数学正是在筹算基础上发展起来的，筹算是了解中国古代数学的一把钥匙，它也是中国古代数学的一大特色。"第三部分为"先秦古书中的数学知识以及古代的数学教育"，下分"《考工记》《墨经》等书中的数学知识"和"数学教育以及'司会''法算''畴人'"两小

---

① 李俨.中国古代数学史料［M］.上海：中国科学图书仪器公司，1954：10.
② 李俨.中国古代数学史料［M］.2版.上海：上海科学技术出版社，1963：10.
③ 李俨.中国古代数学史料［M］.2版.上海：上海科学技术出版社，1963：2.
④ 李俨.中国古代数学史料［M］.2版.上海：上海科学技术出版社，1963：11.

部分。[①]

（三）钱宝琮的研究

1931年，钱宝琮《中国算学史》上卷出版。全书含20章，其中第1章"上古历法"、第2章"先秦数学"针对先秦时期的数学。他的论述中显示出较强的批判精神。第1章从历法入手讨论数学，强调天文学在早期数学发展中的作用。他引用了古文献中关于五帝时代的历法和乐律的创作，认为"律吕与甲子，算数，并为调历之根据，显属战国以后人之思想"，《尚书·尧典》"以闰月定四时成岁之阴阳合历制，似非尧舜时代所可有也"，与此相关的天象纪录，反映的是西周初年的观测结果，据甲骨文则判断"甲子为纪序数在殷代已甚完备矣"。他认为"战国时用十九年七闰之法"，有楚人甘公、魏人石申测定恒星位置，"造世界最古之恒星表"，"当时天文历算之发展，较诸春秋时又稍进一筹矣"。

第2章认为，在春秋战国时期中国哲学之繁盛"堪与古希腊人并驾齐驱"，算学"虽不如希腊之盛，亦有相当成绩"。此章分为三部分讲述。第一部分"儒家经籍"提到儒家把数学列为"六艺"之一，对于田地赋税、财物会计"皆有相当注意"，但又觉得"上古算学与两汉算学相混淆"，很难考定"真相"。《考工记》《礼记·王制》都是后来的著作，"所含算学知识，亦不能确定为秦以前也"。第二部分认为《墨子》中"经上""经下""经说上""经说下"四篇，是墨子的科学著述，"经上"记录"界说"，"经下"记录"定理"，"经说"两篇则是对两篇"经"各条的解释或说明。从几何学和数理哲学的角度，他对20余条进行了简要的解释，涉及平、直、方、圆、中心、点、线、面、体、有间、间、盈、叠合、部分与整体、有穷与无穷、时间与瞬间、分割等方面。谈到的墨子思想，有两点值得注意，一是大的东西分割可至极微，二是极微可以集合成大的东西。这涉及无限与有限的关系问题。第三部分"惠施及其他辩者"，讨论了《庄子·天下》篇所载惠施"历物之

[①] 李俨，杜石然.中国古代数学简史：上册［M］.北京：中华书局，1963：1-32.

意"中的"大一""小一""无厚"等问题，以及同篇中所载辩者 21 个命题中的四个，认为涉及时间连续性、无限与有限的关系。对于《墨经》四篇与惠施、辩者的论题之间的关系，当时哲学界有不同的意见，但更流行的看法是认为《墨经》为后期墨家的作品，时间在后，反驳了惠施、辩者的观点。钱宝琮则把《墨经》视为墨子的作品，认为在他所引述的问题上，惠施的"数理学说""更进一步"，辩者的四条"更为精审"。不过他也提到桓团、公孙龙等的"有物不尽，有影不移"等是诡辩。①

第 4 章讨论《周髀算经》，没有把它追溯到先秦。第 5 章讨论《九章算术》，引用郑众对《周礼》"九数"的注释，也没有追至先秦。针对刘徽注《九章算术》时写的序中关于其成书的记载，钱宝琮认为秦以前"九九算法，必有专书传授"，而对刘徽关于张苍、耿寿昌删《九章》旧术的说法，则心怀疑问，但也没有断然否定。他视今本《九章算术》为刘徽所最后辑成，但承认其中存在先秦流传下来的内容，只是无法辨析出来。②

1964 年，钱宝琮主编的《中国数学史》出版，第一编为"秦统一以前的中国数学"，分"文字记数法""算筹记数""整数四则运算""勾股测量""战国时期的实用数学""墨家和名家的数学概念"六节。他将社会背景与数学的发展结合起来，认为"社会实践是数学发展的动力"。他还简单描述了先秦数学的理论方面及其在秦汉的命运：墨家和名家"提出来的命题中，有几个属于数学概念的定义，为理论数学树立了良好的开端"。秦统一后，"战国末期百家争鸣的潮流被迫停顿。前汉时期的数学向应用算术方面发展，墨家和名家所启发的数学理论就没有更进一步的发展。"

结合西安半坡遗址与古代文献，钱宝琮认为中国人在原始社会对数、量和图形已有一定的认识。他讨论了甲骨文、金文的记数法。他提到甲骨卜辞中的数字都是十进，最大的数是三万。他描述了甲骨文中一至九、十、百、千、万的字形，以及用它们组合成其他数字的方式，并认为十至万的几倍都用合文。他介绍了算筹记数法和用算筹进行四则运算的方法，并把算筹的产

① 钱宝琮 . 中国算学史：上卷［M］. 北京：中央研究院历史语言研究所，1931.
② 钱宝琮 . 中国算学史：上卷［M］. 北京：中央研究院历史语言研究所，1931.

生归到先秦，但否定古书中"隶首作算数"的说法，认为"算筹是为了繁琐的数字计算工作而创造出来的，它不能是原始公社时期里的产物"。

《周髀算经》开头一段讲到如何用一个矩来测量高、深、远等距离，还有几句涉及勾三股四弦五的比较难懂的话。钱宝琮用简单的勾股比例关系解释前者，用特例来看待后者。他把这两项都归到先秦时期，尽管他说《周髀算经》是西汉人撰写的。对于《墨经》四篇，他不再视为墨子的作品，而是说它们"是墨子后学的集体著作"，但在讨论名家对某些相似主题的看法时，仍坚持名家"有更进一步的认识"。他对《墨经》中的条文和名家命题的解释比以前更清楚而准确，注意从无穷与有穷、连续与间断关系的角度讨论问题，特别是对过去按诡辩解释的一个命题做了纠正。钱宝琮以《考工记》为战国时齐人的作品，讨论了书中的分数表示法，角度及其与天文学中角度的一致性和量器及容量单位。

第一编也是全书正文的第一句话为"本编叙述中国数学的萌芽，主要是秦统一（公元前 221 年）以前数学知识的积累"，反映了作者对先秦数学水平的定位为"萌芽"。但在"战国时期的实用数学"一节中，他简要地根据春秋战国时代的社会需要，得出一个十分肯定的判断，即"虽然没有一本先秦的数学书流传到后世，但不容怀疑的是《九章算术》方田、粟米、衰分、少广、商功等章的内容，绝大部分是产生于秦以前的。"[1] 由于前五章已有返衰术、开平方、开立方的算法，以及各种相当复杂的体积公式，所以如果先秦时期已有这五章的绝大部分内容，则当时数学发展的水平绝不是萌芽状态。实际上，此书还提到，西周时期"数"作为六艺之一，"开始形成一个学科。用算筹来记数和四则运算很可能在西周时期已经开始了"[2]。这也是超出萌芽水平的。这种不一致性，反映了在文献不足的情况下，要对先秦与秦汉的数学成就做出区分是很艰难的。

（四）李约瑟与王铃的研究

1959 年，李约瑟与王铃合撰的《中国科学技术史》（*Science and Civilisation*

---

[1]　钱宝琮主编.中国数学史［M］.北京：科学出版社，1964：1–22.
[2]　钱宝琮主编.中国数学史［M］.北京：科学出版社，1964：3.

in China）第3卷出版。此书分数学、天学和地学三部分，其中数学部分只作一章，约占全书四分之一。[①] 他们没有专门讨论先秦数学，而是在不同的地方涉及先秦数学。他们也没有对中国数学史进行分期，而是将中国数学文献粗分为三个时期。第一个时期是从远古至三国时期，其中提到"也许最为稳妥的观点是把《周髀》看作以周代为核心添加了汉代的内容，而把《九章》看作秦和西汉的著作加上东汉的一些增补"。他们认为《周髀算经》开头是最古老的部分，值得全部引用。这部分包括了勾三股四弦五的特例和用矩对高、深、远进行简单测量以及关于方圆性质的看法等内容。其中还提到"矩出于九九八十一"这一陈述具有"几何学产生于测量"[②] 的观点，值得加以强调，这似乎表明了中国人具有的不关心抽象几何学的算术 – 代数头脑："在中国人的方法里，几何图形担当了把数值关系概括成代数形式的转换工具。"[③]

此书很看重中国的十进位值制记数法，认为如果没有十进位值制记数法，"统一的现代化世界就几乎不可能"。[④] 作者罗列了甲骨文、金文和货币上的数字符号，认为早在商代，中国人就有只用9个数字与位值成分相结合的记数法，比远古时代其他文明更高级、更科学，战国时代有用空位表示零的十进位值制算筹记数法存在的证据，主张中国人为印度人发展只需要9个符号的计算方法开辟了道路。[⑤]

此书讨论了《墨经》中一些条目的几何学含义，认为中国也有演绎几何

---

① Joseph Needham, Wang Ling. Science and Civilisation in China：vol.3 Mathematics and the Sciences of the Heavens and the Earth ［M］. Cambridge: Cambridge University Press, 1959. 最新中译本：李约瑟著，梅荣照等译．中国科学技术史：第三卷 数学、天学和地学 ［M］．北京：科学出版社，上海：上海古籍出版社，2018. 本文一般据中文译本论述。

② "几何学产生于测量"英文原版作"geometry arises from measurement"，中译本作"几何学产生于求积法"，用"求积法"对应"measurement"似缩小了范围。英文原版见：Joseph Needham, and Wang Ling. Science and Civilisation in China：vol.3 Mathematics and the Sciences of the Heavens and the Earth, Cambridge: Cambridge University Press, 1959: 23. 中译本见：李约瑟著，梅荣照等译．中国科学技术史：第三卷 数学、天学和地学 ［M］．北京：科学出版社，上海：上海古籍出版社，2018: 22.

③ 李约瑟著，梅荣照等译．中国科学技术史：第三卷 数学、天学和地学 ［M］．北京：科学出版社，上海：上海古籍出版社，2018: 22-23.

④ 李约瑟著，梅荣照等译．中国科学技术史：第三卷 数学、天学和地学 ［M］．北京：科学出版社，上海：上海古籍出版社，2018: 136-137.

⑤ 李约瑟著，梅荣照等译．中国科学技术史：第三卷 数学、天学和地学 ［M］．北京：科学出版社，上海：上海古籍出版社，2018: 6-7、22、133、136-137.

学的萌芽，如果按此方向发展下去是可能产生欧几里得式几何体系的，但同时认为墨家的"演绎几何学""几乎或完全没有影响到中国数学的主流"。[①]

（五）陈良佐的研究

1978 年，陈良佐发表的《先秦数学的发展及其影响》是少有的详细讨论先秦数学史的专题论文。[②] 除前面的绪论外，文章分四个部分，依次是表数法、算术、几何和结论。他认为人类首先体验物体的形态，然后是数量。文章由商代有甲子、四分历和十进位记数，推测"商代在几何和算术方面，一定有不少成就。"作者认为春秋战国时期有"促成实用数学发展的有利条件"，"我国传统的数学基础，大部分是在这个时期奠定的"。这一定位，比钱宝琮等把先秦数学视为萌芽要高很多。不过，他继承了钱宝琮对墨家、名家在理论数学方面的意见。同时，他还对"先秦是否有数学专著"的问题，持迟疑态度。

此文注意参照世界其他文明中数学发展的情况，尤其是谈到数的起源时引用外国资料较多。作者非常重视文物考古资料和民族学资料，在讨论数的起源和表数法时，他引用了埃及、巴比伦、中国少数民族的资料，结合出土文物与传世的古文献的记载，进行讨论。作者搜集的甲骨文、金文、货币中的数字用例明显多于前人。他认为"甲骨文表数的合文，不应视为独立的记数文字"，甲骨文和金文中的"十、百、万等字，以数学的观点而言，实际是位值（Place-Value）符号"，商代"甲骨文表数的基本原则，是用九个文字（1—9）再加上一些表位值的文字"，为春秋战国筹算完成的"九数表数的方法"奠定了"基本原则"。作者主张商代有算筹，还认为先秦货币上一些符号特别是由线段组成的符号，是算筹符号，其中包括了与《孙子算经》所描述的算筹记数不同的符号。对于十进制文字记数法中的零符号，他认为用来连接不同数位的数的"又（有）"字具有这一功能，还提出"九数位值制的表数法""可能是由于我国使用的象形文字和单音语言的关系"。

① 李约瑟著，梅荣照等译.中国科学技术史：第三卷 数学、天学和地学［M］.北京：科学出版社，上海：上海古籍出版社，2018：82–88.
② 陈良佐.先秦数学的发展及其影响［J］."中央研究院"历史语言研究所集刊，1978，49（2）（庆祝"中央研究院"成立五十周年纪念论文集）：263–320.

陈先生认为，《周礼》教授贵族子弟的"数"和"九数"不是郑众注中所列与《九章算术》篇名相似的科目，而"大概是指幼童识数——九个算筹符号或数字的书写以及九九歌诀和简单的整数四则运算"①。他认同钱宝琮《周髀算经》成书于公元前100年前后的观点，但认为它是我国最古老的天文数学书，其中含有西周初年以及春秋战国的资料。对于《九章算术》，陈先生认同李俨、杜石然关于它是"从周、秦以至汉代中国古代数学发展的一个总结性的著作"的观点，和钱宝琮关于它编定于公元1世纪后半叶、其前5章的绝大部分是产生于秦以前的观点。

对于分数，陈先生认为可能商朝就已经使用了。先秦时代在分数方面"定有相当的成就"，"最晚战国时代便有了普遍分数（general fraction），并且有了较复杂的分数运算，如乘除等。"他也倾向于认同李俨对《管子》一条文献的解读，认为《管子》成书时"运算中已有了指数"。

陈先生提出"战国时代，是否产生了负数，姑且不论；不过当时有了负数的概念，则无疑问"，认为战国中期已有了负数观念，"不足四百五十"，"就减法而言，就是 −450"。他把历史上从不足、减的观念到负数概念的过渡看得过于容易了。陈先生也认同《周髀》中有等差级数的观点。他认为《庄子·天下》篇所记辩者"一尺之棰，日取其半，万世不竭"的命题含有极限概念，并解释为以 1/2 为首项和公比的无穷级数的和收敛于 1。这就太现代化了。

陈先生认为先秦有清晰的弧度概念，当时认为等弧对等弦，能将圆均分为六等分，可得圆内接正六边形，并可能由此得到圆周率为 3 的近似值。对《周髀算经》中有关圆、勾股定理和相似直角三角形对应边成比例等"并不深奥"的几何知识，他认为"绝大部分可能都是先秦已有的"。陈先生也看重土地政策的变化对面积计算的影响。他在倾向于赞同李俨先生观点的基础上提出：

> 土地面积的计算，最初可能只限于正方形和矩形，随着社会的进步，以后又扩展及其他的形状。大概到了战国时代，对许多直线形面积的计算，大致都已达到正确无误的程度。

与钱宝琮先生一样，陈先生也关注墨家和名家的数学命题，注意其中的

---

① "——九个算筹符号"是原文，"九"字似应是"九九"，可能脱了一个"九"字.

抽象的几何观念。他引用的材料稍少，对其中关于连续与间断、无穷与有穷的观念的重要性认识不足。但他把其中的一些观念与刘徽的割圆术联接起来，而且他也与钱宝琮相似，认为名家的某些地方比墨家更进步。

陈先生认为，古希腊在"几何方面有非凡成就"，但在计算技术上"甚少贡献"，而中国则相反，"以算术和代数的成就为最高"，根本原因在于我国的记数法。他认为算筹作为计算工具，对我国数学发展"确有贡献，但同时也是一个障碍。因为一切运算都用筹进行，所以数学符号无从发生，用符号表示的定理和公式都付阙如。"陈先生主张，"数学一直掌握在政府的官吏手中"可能是中国数学"始终未能跳出实用的藩牢，成为纯理论性的独立科学"的"最根本原因"。他指出：

> 我国传统数学的特点，可以说在先秦时代便孕育成形；不论是它的长处，或是缺点，都深深地影响了我国数千年数学的发展。

（六）李迪等学者的研究

1984 年李迪先生出版《中国数学史简编》，第 1 章为"原始社会到西汉末年（公元前一世纪初期以前）"，前两节属于先秦数学。第 1 节"我国数学的起源"讲述"数的概念的起源"和"几何的起源"，其中用到比以前多的考古材料。第 2 节讲述"早期数学知识的积累"，除认为甲骨文有"十进制记数系统"等外，还从组合数学的角度理解易卦，并谈到军事中的运筹学思想，以及工程中的测绘与几何问题。作者认为"《周髀算经》是公元前二世纪、西汉初的作品，但是它包含了很早以前的史料"，他按分数运算、等差数列和圆周长求法、一次内插法的应用、勾股定理的应用、一次不定方程问题和测绘术等方面做了介绍。作者还认为"大约经过了四百年左右，到西汉末期出现了专门的数学著作，特别是《九章算术》的完成，标志着我国初等数学已形成了体系"，《九章算术》可能是王莽执政期间，刘歆"在《许商算术》《杜忠算术》的基础上重加整理而成"。[①] 这是承认其中有先秦的内容，但他没有做区

---

① 李迪.中国数学史简编［M］.沈阳：辽宁人民出版社，1984：1-38、61-63.

分。上面的论述，后来大都在他独著的《中国数学通史：上古到五代卷》（以下简称《通史》）和他主编的《中国数学史大系：第一卷 上古到西汉》中得到继承和较大幅度的充实。

1997 年，李迪先生《通史》出版。第一章"十进位制的建立"的内容基本属于先秦数学，分为"原始社会与发明创造""对形状的抽象认识""最早的记数方法""十进记数符号的出现"和"十进制系统的完善"五节。

此书引述了很多考古资料。对于形状，李迪先生认为"旧石器时代的人类已有了球的概念"，推论"平面圆的概念也一定能形成"，"旧石器时代的人类已初步形成了平面概念"，"十几万年或几十万年前，人类就有了柱、锥等概念"，"至迟新石器时代末期，人类对柱、台的认识已普遍化"。他总结说：

中国在原始社会，尤其是新石器时代，人们对形状已有了相当高的抽象能力，掌握了初等几何中的常见的平面图形和立体形状，但是仍处于认识的初级阶段，没有发现对图形进行独立研究的痕迹。

对于数，他认为"十进制思想"至迟在旧石器时代末期已经萌芽，山顶洞文化骨管上的刻画符号"反映着十进制思想"。针对青海柳湾出土的发掘者认为用于记事、记数或通讯的骨片，李先生认为可能古人采用不同的骨片放到一起累计刻口来计数，甚至可能超过 100。

李先生把文字中的数字和表示数的符号一律称为"数字"，认为这样可以省去不必要的麻烦。他认为用多个"｜"堆垒在一起表示整数的做法在旧石器时代已出现。对新石器时代，除早期外，他搜集了很多自认是数字的符号。他"估计新石器时代已经有加、减、乘三种算术运算"，较大的数"有些可能是来自加法和乘法"。他认为商代甲骨文按行文方式书写，不同数位之间加"又"字，如果"不是行文"，可能没有"又"字。他提到"甲骨文中有些数字的排列可以进一步研究"，其中有一个例子是将一至九的数字排成三行三列，他认为通过调换位置可以得到一个三阶纵横图，从而认为那是后世纵横图的源头。李先生认为"商代已经形成了完善的十进制系统"，"再加上六十甲子，可以说商代已能有把握地处理和记录任何基数和序数"，"商代数学已经达到相当高的水平"。

此书的第 2 章是"官书'周髀'与'九章'的形成"。第 1 节"规矩与算筹"讲到规矩有远久的历史，"在商周时期，有一种特殊的算具，可以称为'算中'"。第 2 节"数学知识的增加"，讲数学知识的积累，涉及四则运算、分数、角度、墨家和名家的数学概念和命题，以及国家经济、工程、军事等对数学的需要等方面。在此章中，他认为"周髀""很难说是固定的书名"，"它是一部官书，收藏在国家的天文机构里，外人不可窥见"，其中内容分为三个阶段：

> 由"昔者周公问于商高曰"到"周公曰：'善哉！'"为第一阶段；接着是"昔者荣方问于陈子"到"凡为此图"一段话完为第二阶段；"吕氏曰"以下至全书末为第三阶段。

他把商高和周公的对话作为历史对待，认为陈子是战国初的人，吕氏是吕不韦。他认为"周髀"不是写在竹简上，而是写在帛书上。又根据避讳等证据断定"'周髀'完成于公元前 235 年到公元前 156 年之间的 80 年间"，并猜测完成人是张苍。

关于《九章算术》，李迪先生认为源于他所称为"官简"的材料。他认为积累的数学知识"大部分都是在周朝或其他诸侯国里，以简牍或其他载体保存下来，集中在官府"，"为叙述方便"，他称这些简牍为"官简"，"主要是数学计算的范例"。东周灭亡时，数学官简"转到秦的手中"，并逐渐增加。他认为秦始皇"焚书"时没有把"周髀"和"官简"烧掉。他认为在秦代，数学官简得到了张苍的初步整理。1983、1984 年之交在湖北江陵张家山 247 号墓出土了一部数学著作，原简题名《算数书》。李先生认为"算数书"可能只是表示内容的范围，而未必是书名。李先生还推测，该墓的主人是张苍，他整理数学"官简"，留在官府，"发展成为后来的《九章算术》"；"他又抄了一个复本，'病免'以后带走，继续研究"，就是出土的这部《算数书》。李先生主张，张苍之后又有桑弘羊、耿寿昌等加入，最后由刘歆编成《九章算术》。[1]

1998 年，吴文俊主编《中国数学史大系》丛书中李迪主编的第一卷出版。此书第一编为"总论"，谈到分期问题时，把中国数学的发展分为四期，第一期为"中国传统数学的形成期"，下又分三个历史阶段。第一阶段为"公元前

---

① 李迪.中国数学通史·上古到五代卷［M］.南京：江苏教育出版社，1997：1–106.

2000年以前的时期"，"相当于新石器时代末以前"，作者称为中国数学的"考古期"或"史前期"。第二阶段为公元前2000年至公元前220年，作者认为此期内数学发展较快，积累了较丰富但仍是零星的数学知识，未成系统但为"系统的形成打下了稳固的基础"，并称此期为"积累期"。第三阶段"从秦汉之际到西汉末期"，出现了专门的数学著作，中国数学有了"独立的知识系统"，"形成了中国数学发展史上的第一个高峰"。这里的前两个阶段是先秦时期。此书第2编"中国数学的萌芽"，分为5章，共154页，是到当时为止先秦数学篇幅最大的。此书先秦数学的内容有很多与《通史》接近，特别是前两章。不过，此书内容更为丰富。

此编的第1章标题为"数学在中国的萌芽"，与此编的标题义重，显得不大协调。此章与《通史》的相关内容相当接近。第2章"甲骨文时代的数学"也与《通史》多有相似，但内容更丰富，比如强调要分开讲基数与序数，有更多关于甲骨上数字排列的例子。第3章"金文中的数学"除了讨论数字符号和记数法之外，还关注包括数字卦在内的易卦与占筮，并从青铜器的形状和纹饰讨论古人对形状的认识。

第四章"先秦古籍中的数学思想"含有3节，分别是"《周易》中的数学思想""先秦诸子的数学观"和"《墨经》中的数学"。第1节解释了卦和揲法，还提到"河图、洛书可能与纵横图有关系"。第2节分"管仲的重数政策""孔子与数学""名家的数学悖论"和"兵家早期的对策论"四部分。第3节分"算术与几何知识""集合与区间概念"和"有关无穷和极限的概念"三个方面进行讨论。其中多处利用现代集合论来解释，是其特色。本来第三节可以放入第2节的标题下，但此书单列，可见对《墨经》中数学思想的重视。

第5章为"工程技术与《考工记》中的数学"。第1节讨论《考工记》中涉及的数学知识，较前人有更多的讨论。第2节是"春秋战国时期的测量与制图"，主要是从当时有这种活动和需要的角度来讨论的，也涉及规矩、水准等工具，还特意画图说明《考工记》中的立表定向方法。①

① 吴文俊，李迪分.中国数学史大系：第一卷 上古到西汉［M］.北京：北京师范大学出版社，1998：115-268.

第 3 编 "秦汉简牍中的数学筹算"，只是偶尔提到属于先秦的资料，特别是九九。①虽然也提到竹简《算数书》"的丰富内容给研究先秦的政治制度、经济条款、哲学思潮提供了最珍贵的资料"②，但并未刻意用它来讨论先秦数学与秦汉数学。

第 4 编 "秦汉天文历法与工程中的数学"涉及先秦数学的情况与第三编类似。此编相对较多地把《周髀》的内容归到先秦时期，与《通史》的叙述比较接近，此书认为张苍是 "定稿人"，内容分为 "西周初的、春秋战国的和西汉初的"三个历史时期，"不能混淆。又因为同居一书，无法分开，所以只好全部放在这里集中讨论"。③

这套丛书的第二卷专门讨论《九章算术》，由沈康身主编。关于《九章算术》成书，此书大体上与《通史》相类，但讨论更细致。第 1 章讲 "资料来源"，第 1 节为 "先秦资料"，认为春秋战国时期 "把各种具体的实际问题写到竹简或木牍上就成了数学简牍或称数学题简"，作者在先秦文献中寻找了《九章算术》中的某些字词。但这些字词也用到后代，所以要把《九章算术》中相应的内容归到先秦，证据上存在难度。作者对此也不是很自信，特地引述了李振宏《九章算术》是 "汉代物价研究的宝贵财富"的观点④，并认为 "这个看法大体上是正确的"。⑤

（七）邹大海的研究

2001 年，邹大海出版《中国数学的兴起与先秦数学》，这是王渝生、刘钝主编《中国数学史大系》中时代最早的一卷，也是目前为止唯一的先秦数学史专著。全书 520 页，约 41 万字。在前言中，此书明确定位为 "秦始皇统一中

---

① 吴文俊主编，李迪分主编 . 中国数学史大系：第一卷 上古到西汉［M］. 北京：北京师范大学出版社，1998，358–359.
② 吴文俊主编，李迪分主编 . 中国数学史大系：第一卷 上古到西汉［M］. 北京：北京师范大学出版社 ,1998：300–301.
③ 吴文俊主编，李迪分主编 . 中国数学史大系：第一卷 上古到西汉［M］. 北京：北京师范大学出版社 ,1998：386–390.
④ 李振宏 .《九章算术》的史学价值［C］//文献：第 21 辑 . 北京：书目文献出版社，1984：57–73.
⑤ 吴文俊主编，沈康身分主编 . 中国数学史大系：第二卷中国古代数学名著《九章算术》［M］. 北京：北京师范大学出版社，1998：6.

国以前数学发展的历史"。针对"没有切实可靠文献依据的不能说有，有人甚
至把文献形成的年代当作文献所述内容产生的时代"和"能够解释文献，文献
说了的就可以说有，把文献自己所标注的时代当作其所述内容的时代"这两种
极端的做法，作者试图走一条折中的路，"根据史料、数学发展的特点、社会
经济背景等多方面因素，勾勒出先秦数学发展的线索和框架。"同时，作者表
示"绝不敢放弃对文献真伪和时代前后的考虑"。其基本做法：尽量采取公认
的说法，但不拘泥于成说，必要时亲自做一些考证。对文献的年代很多情况下
不以整本书为单位来考虑，"而是多以篇为单位来考虑，有时甚至是以章、节
为单位来考虑。"作者认为这样"更能反映知识的演进，更符合实际"，从而可
望"能为读者提供一幅先秦数学发展的较为生动的历史图景"。①

　　此书将先秦数学的发展分为原始社会、夏商西周和春秋战国三个时期。
第1章讲"中国数学的兴起——原始社会的数学"，采用丰富的考古材料和民
俗材料考察石器时代数学的发展。作者认为到新石器时代中后期，几何图形
的观念"已经能一定程度上脱离具体实物而存在于人的观念中了，并有了点、
线、面、体，方、圆，曲、直，平行线，对称，等分圆周等复杂的几何观
念"，并出现了作图和测量用的工具规矩准绳。②对于数，作者认为先有多少
的观念，再过渡到数的观念。手足、实物、结绳、刻木（竹）、文字记数等，
从大范围看"不见得某种方法一定在前，某种方法一定在后"，但从思维演进
和最初的发明看，这些方法存在一定的前后次序。作者认为五六千年前应该
有两到三位数的比较成形的记法，能分辨数的奇偶性。③

　　作者认为因为有数和形观念的分野，才会有出土器物上的数形结合，这
可能会诱发或促进以下两方面的思维取向：

　　　　一是实用的倾向，使长度、面积、体积或容积的概念以及它们的计
　　算方法等形成和成熟，或使器具和工艺品的造型更加美观；二是神秘数
　　形观念的产生或加强，同时可以赋予其文化内涵。前者推动着中国古代

① 邹大海.中国数学的兴起与先秦数学［M］.石家庄：河北科学技术出版社，2001：前言、1-4.
② 邹大海.中国数学的兴起与先秦数学［M］.石家庄：河北科学技术出版社，2001：2-22.
③ 邹大海.中国数学的兴起与先秦数学［M］.石家庄：河北科学技术出版社，2001：37-42.

数学的发展，后者在数术中发挥作用，亦可能影响到思想领域，甚或成为政治活动中的一种工具，当然也还可能反过来对数学产生影响。①

此书特别讨论了原始社会晚期社会结构的变化对数学的影响。作者认为，虽然总体上数学在进步，但进入五帝时代以前，数学知识的传承并不稳定，而是在一定程度上自生自灭。到了五帝时代，"大规模的部落联合和大规模的战争，就要求有较先进的领导和管理机制、管理方法，其中牵涉到大批人力物力的调配，要考虑路途远近、时间安排、山川地势等一系列与数学密切相关的问题"，从而使"数学的发展速度加快"。作者提出：

> 到了夏禹治水的时候，原始社会所积累的数学方法得到了充分的发挥，同时数学也在这种实践中成长。随着夏禹之后奴隶制国家的形成，原始社会所积累的数学知识由官府的专职人员（当然，数学知识仍依附于其所从事的工作）保存传承，为中国后世数学的发展奠定了基础。②

第2章为"夏商西周时期的数学"。对于甲骨文中的记数法，作者特别关注表示几十、几百、几千等的析书表示法，认为这是一种更自然的倍数表示法，合书表示法是后起的。甲骨文、金文的记数法，可以视为一至十、百、千、万共13个符号表示的十进制数字表示系统，但这种系统只有部分位值含义，作者称为准十进位值制记数法，它很容易过渡到算筹的十进位值制记数法。作者认为算筹由原始社会长条形物品计数发展而来，算筹记数法的发展可分为三个阶段：一是前算筹期，大致在商代以前，用长条的竹木棒（片）记数，但其用途尚不固定；二是算筹形成期，大致在商至西周，此时算筹的用途逐渐固定，或者至少竹木棒（片）有一项计数的专门功能；三是后世算筹记数的定制形成，大致在西周和春秋之交。对于干支记数法，作者认为它与60进制有关，但不能算60进制记数法。

作者认为，国家和社会管理的复杂化，社会分工的细化和手工业的发展，教育的制度化，历法的制订，以及水利、城防工程和军事等活动的促进，使数学大致在西周时期形成一门学科。推测其大致内容有，基于"九九"和十进位

① 邹大海.中国数学的兴起与先秦数学［M］.石家庄：河北科学技术出版社，2001：42–43.
② 邹大海.中国数学的兴起与先秦数学［M］.石家庄：河北科学技术出版社，2001：44–47.

值制记数法的整数四则运算方法、比例和比例分配算法，一些长度、面积、体（容）积的计算方法、测量方法等。这些方法除比例外，较少涉及分数概念。

此书将春秋战国定位为一个快速发展的时期。由于这一原因，以及"没有可以直接依赖的先秦数学专著"的同时"又能从别的材料和后世的算书中知道当时的数学内容和方法已经极为丰富"，因此，此书用第3至第5三章讨论这一时期。

第3章在文献考证与分析的基础上，"讨论各种材料中零星数学史料所反映出的数学方法和数学思想，以便正确估价这一时代的数学发展水平"[①]。此章继承了郭书春关于郑众所列"九数"是先秦数学科目的做法，搜集了比以往学者更丰富的传世文献史料和考古材料，从社会需要和当时各种材料所涉及的数学知识水平的角度，论证了"构成《九章》数学方法的主体的'九数'也已经存在于先秦"，并纠正了若干前人的错误解释。此章还特别从7个方面论述先秦时期（除墨家和名家以外）的无限思想，探讨了当时思想家对无限的认识和有限与无限的沟通，并对中国古代没有像古希腊那样出现源自无限观念的恐慌做出了解释。

第4章对春秋战国时期理论数学思想和数学知识进行了详细的讨论，主要以墨家和名家的材料为重点。为使立论基础更加坚实，作者特别讨论了墨、名二家史料的流传情况与阐释史料的方法，强调要综合利用多学科的方法进行分析。他认为两家思想和命题的产生有各自的内在逻辑，也跟当时的社会背景与总体思维倾向有关。鉴于《墨经》的形成是一个关键问题，作者花了很大篇幅，在分析前人研究及其方法得失的基础上重新考证，肯定了徐克明关于《经上》与《经下》大约编定于公元前五和公元前四世纪之交、《经说上》与《经说下》大约编定于公元前4世纪中叶靠前，四篇都成于墨家分裂成三派之前而为三派墨家所共诵的观点[②]，主张惠施学说晚于《墨经》。[③] 在考虑到版本和校勘以及诸家得失的基础上，作者详细分析了《墨经》中近40个条目中的数学含义，在此基础上再综合其他篇的有关内容，作者指出"《墨

① 邹大海. 中国数学的兴起与先秦数学［M］. 石家庄：河北科学技术出版社，2001：94–95.
② 徐克明. 论《墨经》的著作年代［C］//1990中国科学技术史国际学术研讨会论文集. 北京：中国科学技术出版社，1992：68–73.
③ 邹大海. 中国数学的兴起与先秦数学［M］. 石家庄：河北科学技术出版社，2001：218–261.

经》中有着丰富的数学思想，涉及记数法、倍数观念、几何学、无限观、数量比较原则、逻辑推理原则等很多方面"，它的教程性质说明它"既不代表它编成时、更不能代表先秦数学在理论上达到的最高成就"，"墨家学者在学习这些基础知识后，应有一部分学者更求精进，在这方面取得更高的成就"；同时"《墨经》强调理论思辨的倾向，也会刺激墨徒和战国时代的数学家在西周以来'九数'传统的数学中融入理性的思辨，并通过当时的辩论之风直接或间接地影响整个数学的发展。"① 关于名家，作者从无穷大、无穷小、有限与无限的关系、具体与抽象等方面详细分析了邓析、惠施和辩者等的思想中的数学含义，强调了其求同辨异的倾向和注意抽象思维的特质对数学发展的价值，认为他们对矛盾的揭示有其内在的逻辑，而对矛盾的态度则与道家思想的流行有关。②

作者认为，春秋战国时代道家、儒家、法家、墨家、名家等互相争辩，都需要在理论层面做"求同辨异"的工作，采用类比、归纳和逻辑推导等方法。而墨家和名家都更注重利用"求同辨异"形成概念，并借鉴算法式数学知识，"建立了一些抽象的理论数学的概念和命题之范例，和用于进行逻辑推导的归纳、演绎推理的逻辑范式"，"进到了理论深化层次"。作者认为，"只有在注意当时百家争鸣的大背景下理论倾向与实用算法倾向的互动关系，特别是充分考虑到先秦数学理论倾向"，才能够合理地解释先秦"九数"所达到的高度。③

第 5 章"郑众所列'九数'的数学方法"，具体介绍先秦时期可能已有的数学方法。对于《九章算术》中哪些方法属于郑众所列"九数"，此书主要参考郭书春先生术文统率应用问题的部分属于先秦的观点。但同时，此书也表示这只是一种权宜，不能绝对化。按照这一作法，此书分算术、代数和几何三个方面介绍了具体的数学方法。此章还从春秋以前数学的积累，春秋战国时期的社会需要、百家争鸣的思想环境等多个方面，特别是从当时数学的理

① 邹大海. 中国数学的兴起与先秦数学 [M]. 石家庄：河北科学技术出版社，2001：262-391.
② 邹大海. 中国数学的兴起与先秦数学 [M]. 石家庄：河北科学技术出版社，2001：392-431.
③ 邹大海. 中国数学的兴起与先秦数学 [M]. 石家庄：河北科学技术出版社，2001：432-434.

论倾向论证郑众所列"九数"的发展，并提出这些数学方法主要基于率的概念和性质、出入相补原理、直角三角形对应边成比例、不可分量可积思想等基本知识和方法。作者指出，春秋战国时期的"九数""以算法为构件，以问题为主要的载体，以推演为辅翼"，确立了中国古代数学的"九数"框架，"这是中国数学史上具有丰富内容的第一个高峰"。①

此书最后对各部分的讨论做了提炼和总结，提出中国数学"经过长久的萌芽、产生，缓慢的发展，局部的磨灭，再产生、成长，至'五帝'时期，得到一定程度的巩固，初步形成了对数和形的比较本质的认识，有了比较成熟的记数方法和画图的基本工具"，"中国数学已经生根"。从夏代开始，数学"有了更加稳固的传承纽带"，到了西周时代，形成了一门学科，它基于十进位值制、以算筹为工具，主要以整数四则运算为基础，包含可以处理社会经济生活中各种问题的算法。春秋时期出现了实用算法式数学与理论数学并存的局面，两者相互促进，使"中国数学达到它的第一个高潮"，实用算法式数学形成了具有丰富内容的基本框架，为西汉《九章算术》的编纂奠定了坚实的基础。②

2010年，郭书春主编的《中国科学技术史·数学卷》出版，此书第1编为远古至西周的数学。第2编为春秋至东汉的数学，其中第3章的前三节讨论春秋战国时代的数学。这几部分都主要根据邹大海《中国数学的兴起与先秦数学》删改而成，包含春秋战国时期为中国数学发展的第一个高峰，当时形成了以郑众所列"九数"的内容等观点。但在总的分期上，此书把春秋至东汉作为一个阶段——"中国传统数学框架的确立"时期。③

三、专题性研究

（一）原始社会的数学

梁大成《河姆渡遗址几何图形试析》分点线面体、平行线、圆的位置、

① 邹大海.中国数学的兴起与先秦数学［M］.石家庄：河北科学技术出版社，2001：445-508.
② 邹大海.中国数学的兴起与先秦数学［M］.石家庄：河北科学技术出版社，2001：512-513.
③ 郭书春.中国科学技术史·数学卷［M］.北京：科学出版社，2010：前言、1-65.

方圆互容、对称图形、三点定位、几何量、比例图形、剖面与投影、作图工具等十个方面详细讨论了河姆渡遗址及其出土文物中的几何图形。他认为：

> 河姆渡几何图形的发现，充分反映了居住在长江下游流域地带的我国先民远在千年之前就能把统一与变化的形式原理熟练地应用于器具造型和装饰图案的组合中。他们运用了实与虚、横与竖、平与斜、正与倒、直与曲、方与圆、高与低、包含与相离、间隔与连续等对比方法创造了丰富又独特的几何图形。他们还注意几何图形的数形结合，并借助工具使其规则化。由此可见，河姆渡几何图形的出现，揭开了远古几何发展史中新的一页，证实了我国的长江流域一带也是人类几何学的重要发源地之一。①

富严《史前时期的数学知识》主要以民族学资料，结合少量历史文献和考古材料，从手足计数、结绳、刻木及其他实物计数、抽象符号记数和社会需要等方面讨论了史前时期的数学知识。②

（二）夏商西周时期的数学

张图云从"从甲骨文看殷商时期的记数与计算""关于甲骨文所载殷历的数算观察""关于《周易》卦象的数算观察"和"关于《周易》揲算的数算观察"四个方面讨论了商周时期的数学。他在甲骨文数字方面举了更多的例证，特别是采用了很多图片。他认为殷商时期很可能有"早期筹算中使用的筹符数码""十进制记数系统"。他还主张"西周时期已经出现程序化的专用算法设计"。③

陆思贤《"纵横图"的考古学探索》，从太阳方位的观测、"十"字符号、数码五、四方八角的观念、甲骨文上排列的数字等方面讨论了促进纵横图产生的因素，并对河图、洛书做出了理解。④冯立昇《中国幻方的起源问题》把

---

① 梁大成.河姆渡遗址几何图形试析［C］//《史前研究》编辑部.史前研究（辑刊）1990—1991.1991：110-123.
② 富严.史前时期的数学知识［J］.史前研究，1985（2）：104-112.
③ 张图云.商周数算四题［M］.北京：中国科学技术出版社，2014.
④ 陆思贤."纵横图"的考古学探索［C］//李迪.数学史研究文集：第二辑.呼和浩特：内蒙古大学出版社，台北：九章出版社，1991：15-23.

中国幻方（纵横图）的起源追溯至商代的甲骨文。[1]

李迪、陆思贤《中国早期的算具》推测商代存在一种用来放置算筹的算器，将其称为"算中"，周代有一种放置算筹的壶，将其称为"算壶"。[2]

孔国平从数字形体演变、记数法、记日法、计量单位和四则运算等方面讨论了金文中的历算知识，认为"周代已出现位值记数"，周人有对数字"万"的崇拜。[3]

（三）记数法与算筹的研究

数的表达和记法，是早期数学的重要问题。关于这一问题的论著很多，特别是讨论表数的文字符号的论著。下面择要做一简单介绍。

丁山讨论了表示数的文字的来源，认为早先表示一至四的数字都是积画而成，表示六至九的字都是借用别的字，至于表示十的"｜"，则是"纵一为｜，｜之成基于十进之通术"。[4]郭沫若认为"数生于手"，表示一至四的古文字形是"手指之象形"，表示十的数字则是一掌的象形，对于表示五至九的数字，他的看法与丁山类似。他认为十、百、千的倍数用的是合书，偶尔出现的析书是例外，可能是"笔误"，"不足十之数析书，且或加'又'以系之，此则绝无例外。"[5]于省吾认为"我国古文字，当自纪数字开始"。对于早先表示一至四和十的数字，他的看法与丁山相同，但他认为"由五至九，变积画为错画。"[6]王宇信找到一个例证，说明确实存在郭沫若所说的"九十"的合书。[7]宋镇豪认为王宇信所说表示"九十"合书的字形不是其"正形"，他另外给出了三个例证。此外，他还给出了十的倍数采用析书的一个例证。[8]杨升南找到了十的

① 冯立昇.中国幻方的起源问题［C］//李迪.数学史研究文集：第四辑.呼和浩特：内蒙古大学出版社，台北：九章出版社，1993：10-18.
② 李迪、陆思贤.中国早期的算具［C］//李迪.数学史研究文集：第二辑.呼和浩特：内蒙古大学出版社，台北：九章出版社，1991：24-26.
③ 孔国平.金文中的历算知识［J］.中国科技史料，1990，11（3）：3-10.
④ 丁山.古数名诡.中央研究院历史语言研究所集刊，1928，1（1）：89-94.
⑤ 郭沫若.释五十［M］//郭沫若.郭沫若全集·考古编：第一卷.北京：科学出版社，1982：115-133.
⑥ 于省吾.释一至十之纪数字［C］//于省吾.甲骨文字释林.北京：中华书局，1979：95-101.
⑦ 王宇信.释"九十".文物，1977（12）：77-78.
⑧ 宋镇豪.甲骨文"九十"合书例.文物，1983（4）：56-58.

倍数采用析书的新例证，并找到了百、千的倍数采用析书的例证，认为"在甲骨文中，十、百、千的倍数"，"合书与分书两种表示法始终是并存的"。[①]

葛英会发表多篇文章讨论数字的起源。他认为"抽象的数字应是在长期的以替代物件记、计品物数目的过程中抽绎出来的。"[②]西晋司马彪有"象因物生，数本杪曶"的说法，葛英会把"杪曶"解释为"记、计数目的筹策"，他认为司马彪有"我国数字的产生，其本源在于长期用筹策记、计数目的社会实践"的认识。[③]他还提到"在我国，数字的创造正是通过筹策记数、八卦筮占与结绳记事实现的"[④]，"象形是数字的构造法则"[⑤]。

程贞一先生讨论了陶文和甲骨文中的科技知识，在数学方面主要涉及记数法，他以"乘法的原则"来考察甲骨文字符的组字，认为表示 20、30、40 的合文不是用几个表示 10 的丨合在一起来表示的，而是用表示 2、3、4 的符号与表示十的〥按乘法原则来表示的，并说〥在后来的金文等中演变为一。他还认为商代以前已有后世所用的算筹记数系统。[⑥]王青建先生则认为算筹记数与甲骨文记数的若干相似之处，说明两者有"承传关系"，"更重要的是，算筹记数的位值制思想可以由甲骨文导出"[⑦]，这是与程先生相反的思路。

1954 年，人们在长沙左家公山发掘了一座完整的战国木椁墓，发掘报告中称墓中有"一个竹笈，笈中装着天平、砝码、筹签、泥质的圆饼等。"[⑧]"筹签"又被称为竹签，"在竹筐内，计四十根，长短一致，每根长一二公分。"[⑨]当时的报告没有指明其功用。1956 年，严敦杰认为它们是算筹[⑩]，后来才陆

①　杨升南.殷契"十七朋"的释读及其意义.文物，1987（4）：24-29.
②　葛英会.数字、名物字是中国文字的源头［R］//古代文明研究通讯（第七期）.北京：北京大学古代文明研究中心，2000.
③　葛英会."数本杪曶"疏证［C］//北京大学中国考古学研究中心、北京大学古代文明研究中心.古代文明：第 1 卷.北京：文物出版社，2002：284-289.
④　葛英会.筹策、八卦、结绳与文字起源［C］//北京大学中国考古学研究中心、北京大学震旦古代文明研究中心.古代文明：第 2 卷.北京：文物出版社，2003：164-171.
⑤　葛英会.中国数字的产生与文字的起源［C］//北京大学中国考古学研究中心、北京大学震旦古代文明研究中心.古代文明：第 6 卷.北京：文物出版社，2007：135-154.
⑥　程贞一.陶文与甲骨文中的一些科学知识［C］//中国科技史论文集编辑小组.中国科技史论文集.台北：联经出版事业公司，1995：1-18.
⑦　王青建.算筹记数思想［C］//王渝生.第七届国际科学史会议文集.郑州：大象出版社，1999：220-225.
⑧　长沙发现保存完整的战国木椁墓［J］.文物参考资料，1954（6）：封三.
⑨　湖南省文物管理委员会.长沙左家公山的战国木椁墓［J］.文物参考资料，1954（12）：3-19.
⑩　严敦杰.中国古代数学的成就［M］.中华全国科学技术普及协会，1956：3.

续出现关于出土有算筹的报道。

1988 年，张沛考察了算筹的产生与发展，认为"算筹可以追溯到周代"，但石器时代遗址的出土文物上的某些"记数符号，很可能正是当时算筹记数的直接摹写"。①1989 年，杜石然利用传世文献、有关出土算筹的材料和出土陶片上刻画的算筹符号，探索了算筹的起源。他认为"至迟到了春秋末期和战国早期，算筹已经得到了较为普遍的应用"，应该注意"进行'射礼'统一数量时所用的算筹、博具中的博用算筹和真正数学计算用的算筹之间的区别"。②1992、1993 年，张沛搜集了更多的考古文物材料上的有关算筹的符号，考察了算筹记数法的发展，认为"算筹记数形式的趋于成熟，看来在战国晚期"③。1993 年，王青建搜集到 15 批出土算筹的材料，考察了其"形态、质料、陪葬年代、出土地点等"，按功用分为"用于博戏的算筹和用于筹算的算筹"两大类，他认为"算筹也有可能代替蓍草进行占筮"。④1996 年，张沛搜集了17 批出土算筹的资料，进行了研究，认为出土的计算用算筹大都在二三十根，能满足平常的需要。⑤

（四）其他专题研究

郭书春《〈管子〉与中国古代数学》讨论重数思想在《管子》中的反映，认为其产生"大约在《九章算术》的主要方法产生之后或同时，它是以丰富的数学知识为基础的"，主张"墨家和管子学派是先秦最重视数学与科学技术的两个学派"，前者"总结出若干命题"，后者"为田齐称霸服务，带有某种智囊团或咨询团的性质"，"很少总结出数学与自然科学命题"。⑥

乐爱国《〈考工记〉与〈管子〉的数量观念与比较》，将《考工记》分别与《管子》"乘马"与"地员"两篇中的数量观念做比较，认为从"乘马"篇

① 张沛. 算筹的产生、发展及其向算盘的演变 [J]. 东南文化, 1988（6）: 130-138.
② 杜石然. 算筹探源 [J]. 中国历史博物馆馆刊, 1989（12）: 27-36.
③ 张沛. 算筹溯源 [J]. 文博, 1992（3）: 65-72; 张沛. 盱眙、阜阳出土金币上的数码符号试析 [J]. 中国钱币, 1993（2）: 36-40.
④ 王青建. 论出土算筹 [J]. 中国科技史料, 1993, 14（3）: 3-11.
⑤ 张沛. 出土算筹考略 [J]. 文博, 1996（4）: 53-59.
⑥ 郭书春. 《管子》与中国古代数学 [C] // 华觉明. 中国科技典籍研究——第一届中国科技典籍国际会议论文集. 郑州: 大象出版社, 1998: 63-70.

到《考工记》到"地员"篇，"数学概念越来越抽象，数学运算越来越复杂"，"从中多少可以反映出先秦数学，至少是齐国数学的发展轨迹"。[①]

侯峻梅、郑坚坚《〈管子〉中的数学与〈九章算术〉的关系》讨论了《管子》中的数学知识，认为《管子》是"源"、《九章算术》是"流"，"《管子》中的数学知识正代表了传统数学发展的主流方向"。[②]

1994 年，周瀚光出版《先秦数学与诸子哲学》[③]，分《管子》的重数思想、《老子》的数理哲学、《周易》"倚数—极数—逆数"的数理观、惠施数学悖理的哲学基础、公孙龙的"二无一"论、孙膑的对策论萌芽与军事辩证法、《墨经》的数学与逻辑、先秦儒家与古代数学以及先秦哲学之"一"考等部分，讨论了先秦时期的数学与诸子哲学的关系。

1985 年，郭书春先生曾将"春秋战国之交至东汉初年（公元一世纪）"定位为中国古代数学的第一个高潮[④]，这是一个很长的时段。20 世纪 90 年代，他多次在讨论《九章算术》的论著中，把《九章算术》内容分为三类：第一类先给出例题，后给出抽象性术文；第二类先给出抽象性术文，后给出例题；第三类是一题一术且术文没有脱离具体问题的对象与数字。他认为前两者可以视为一类，具有术文统率应用问题的形式，"大多数是战国及秦代完成的"，第三类"是汉朝人所为"，并且"多数是耿寿昌增补的"。他认为"自方田至旁要九类是先秦九数的细目"，又从先秦文献中寻找有关史料，简要地说明《九章算术》"方程"章以外的"八章的数学方法，甚至某些题目，都能从先秦典籍和出土文物中找到根据"。[⑤] 在通史性著作中，他 1991 年沿袭了钱宝琮以先秦为中国数学萌芽期的观点[⑥]，1997 年把春秋以前作为萌芽阶段，把战国至

① 乐爱国.《考工记》与《管子》的数量观念与比较 [C] // 华觉明.中国科技典籍研究——第一届中国科技典籍国际会议论文集.郑州：大象出版社，1998：71-75.
② 侯峻梅，郑坚坚.《管子》中的数学与《九章算术》的关系 [J].管子学刊，2001（1）：25-34.
③ 周瀚光.先秦数学与诸子哲学 [M].上海：上海古籍出版社，1994.
④ 郭书春.中国古代数学与封建社会刍议 [J].科学技术与辩证法，1985（2）：1-7.
⑤ 郭书春.关于《九章算术》的编纂 [C] // 陈美东等.中国科学技术史国际学术讨论会论文集.北京：中国科学技术出版社，1992：52-56；郭书春.古代世界数学泰斗刘徽 [M].济南：山东科学技术出版社，1992：87-90、96-105；郭书春.张苍与《九章算术》[C] // 科史薪传——庆祝杜石然先生从事科学史研究 40 周年学术论文集.沈阳：辽宁教育出版社，1997：112-121.
⑥ 郭书春.中国古代数学 [M].济南：山东教育出版社，1991：2-3.

两汉作为中国数学框架确立的阶段[①]，到 2010 年在《中国科学技术史·数学卷》中则采用春秋至东汉作为中国数学框架的确立的阶段，而书中关于先秦数学的论述，则由邹大海主要根据《中国数学的兴起与先秦数学》删减而成。

四、春秋战国时期的理论数学

《墨子》中有《经上》《经下》《经说上》《经说下》《大取》《小取》六篇，与讨论政教、伦理、城防守御等的其他篇在形式和内容上均不相同，前四篇以条目的形式讨论理解和认识世界的基本概念和命题，涉及较多的科学技术，也有关于论辩和逻辑推理的内容，后两篇则主要讨论论辩和逻辑推理。前四篇的篇名有"经"字，与《庄子·天下》篇所说墨家分裂后各派"俱诵《墨经》而倍谲不同，相谓别墨"的"《墨经》"相对应，一般都把它们统称《墨经》，而把六篇统称《墨辩》，也有把六篇统称《墨经》的。近代以来由于特定的历史条件，中国人特别关注科技，使得对《墨经》或《墨辩》的研究成为显学。而且由于先秦名家也关注类似的问题，思想倾向与之互有异同，因此研究《墨辩》的学者也大多研究名家。所以，研究墨家和名家的科学技术与逻辑学的文献极多，其中自然也会涉及先秦数学。因其数量难以尽举，所以除前文介绍者外，本文只是略举几种。

梁启超《墨经校释》于 1922 年出版。此书的正文前有一篇《读墨经余记》，介绍《墨经》的基本情况和他研究《墨经》的方法。正文先据上海涵芬楼《四部丛刊》影印之明嘉靖本录出各篇原文，然后是研究《经上》《经下》两篇后复原的旁行本，之后将经说的文字和经的文字对应起来放在一起，分四部分较为详细地进行了校勘和解释。[②]此书著作较早，使诸多难解的条文有了说法，在《墨经》研究史上具有重要的地位。它的某些校释在今天看来也是成立的，如对"有久"和"无久"的解释。

张纯一《墨学分科》将墨家分 26 科进行整理，其中算学、形学、微积分

① 郭书春.中国古代数学 [M].济南：山东教育出版社，1997：3-8.
② 梁启超.墨经校释 [M].上海：商务印书馆，1922.

属于数学，还有测量学与数学关系密切，与逻辑有关的伦理学、物理、力学中某些条目也与数学有关。[1]

谭戒甫《墨辩发微》对《墨辩》六篇的有关问题，包括与名家的关系等进行了讨论，对原文进行了详细的校勘和解释。[2]其中涉及数学的内容分散在书中不同的部分。他又把《墨经》里的内容分为"名言类""自然类""数学类""力学类""光学类""认识类""辩术类"和"辩学类"等12类进行校勘、注释和翻译，写成《墨经分类译注》。[3]其中"数学类"17条，而分散在其他类别中涉及时空、逻辑的也有一些与数学有关。

方孝博选取《墨经》中的数学、物理的内容进行解释和研究，出版《墨经中的数学和物理学》。[4]其中数学部分19条，物理学部分中也有与数学有关的，比如时空、运动方面的某些条目，对于了解墨家的数学思想有价值。

杨向奎很看重《墨经》中科学知识，其《墨经数理研究》收录了《墨子在数理学上的贡献》《〈墨经〉有关数学物理条文校注》《墨家的时空理论及其在自然科学方面的成就》等文章，涉及先秦数学，有一些新的见解，但不少过于现代化，比如用现代数学分析中关于无穷小和无穷大的定义来分别解释《墨经》中的"有穷"和"无穷"。[5]

梅荣照于2003年出版了《墨经数理》。他所说的"《墨经》是墨翟（约公元前468年—前376年）著作《墨子》71篇（现存53篇）中的《经上》、《经说上》、《经下》、《经说下》、《大取》、《小取》六篇"，取对《墨经》的广义理解。他又说这"是后期墨家子弟的集体创作，成书于百家争鸣的战国后期（公元前3世纪）"，对前文的时代做了修正。第1章对有关数理的条文进行了简单的校释，然后分"十进位值制"、"圆、方、平、直"、"点"、"比"、"相合、相连与相切"、"无穷大与无穷小"、"《墨经》的逻辑学"、"《墨经》之辩"

---

[1]　张纯一.墨学分科［M］.作者自刊，1923.
[2]　谭戒甫.墨辩发微［M］.北京：科学出版社，1958.
[3]　谭戒甫.墨经分类译注［M］.北京：中华书局，1981.
[4]　方孝博.墨经中的数学和物理学［M］.北京：中国社会科学出版社，1983.
[5]　杨向奎.墨经数理研究［M］.济南：山东大学出版社，1993年初版，2000年第2版。第2版在初版上略有增减。

等方面，对《墨经》中有关数理与逻辑的内容进行了讨论，然后讨论了《墨经》与中国传统数学的关系，最后还对《墨经》与欧几里得《几何原本》进行了比较。作者认为"《九章算术》虽然没有给数学名词、概念建立专门的定义，但《九章算术》的内容无疑是接受了《墨经》有关概念的定义和受到《墨经》的逻辑学的影响"。[①] 虽然作者认为《九章算术》成书于东汉，但承认它有先秦的来源，所以这种影响与先秦数学是有关系的。作者特别看重的是《墨经》对 3 世纪刘徽的影响，这与先秦数学就没有关系了。

罗见今《〈墨经〉中的数学》将《墨经》中有关数学的条目，分"算术和几何""集合与区间""无穷与极限"三个方面进行了解释。作者认为《墨经》反驳了名家的惠施、公孙龙等人，甚至还认为其中有名家的诘难和墨家的再次反驳。[②]

邹大海《对一条涉及无穷大的〈墨经〉条文的考释》，从战国时代争论思辨的背景、用语和逻辑的角度，证明了钱宝琮对《墨经》"穷，或有前不容尺也"的解释最为确当，并将它与阿基米德公理进行了比较。[③] 邹大海《〈墨经〉中的无限思想》对《墨经》中有关无限的条文进行考释，认为古人把无穷大、无穷小当作实体来看待，具有不可分量可积的观念。[④] 邹大海《〈墨经〉"次"概念与不可分量》[⑤]，认为《墨经》中的"次"是一种特殊的排列，是墨家有不可分量可积观念的明证，同时还说明名家对墨家观念的反对，并与古希腊相关知识进行了比较。邹大海《从〈墨子〉看先秦时期的几何知识》，探讨了《墨子》所蕴含的几何学观念和知识的范围、性质和特点，以及在墨家整个知识系统中的位置，并与有关名家的文献及上古时代的数学文献等相参照，分析了战国时代存在的几何学知识及其基本性质和特征，在此基础上说明了当时注重实际应用的算法式几何知识和注重概念及其关系的理论性几何知识这两类知识

① 梅荣照.墨经数理［M］.沈阳：辽宁教育出版社，2003：210.
② 罗见今.《墨经》中的数学［J］.九江师专学报，1988（2）：58-65.
③ 邹大海.对一条涉及无穷大的《墨经》条文的考释——兼及与阿基米德公理的比较［J］.中国科技史料，1995，16（4）：70-76.
④ 邹大海.《墨经》中的无限思想［C］//科史薪传——庆祝杜石然先生从事科学史研究 40 周年学术论文集.沈阳：辽宁教育出版社，1997：18-27.
⑤ 邹大海.《墨经》"次"概念与不可分量［J］.自然科学史研究，2000，19（3）：222-233

之间的相互关联。文章反对把《墨经》水平拔高到相当于甚至超过古希腊的做法，并从世界几何学史的角度，说明《墨子》中反映的几何概念和知识为认识古人如何从经验知识发展出抽象化、理论化的几何学提供了样本。①

邹大海的《名家的无限思想》研究先秦时惠施、辩者等名家学者关于无限的认识，认为他们不回避无穷概念，考虑了无穷大与无穷小的界定、连续分割、不可分量不可积等与无限有关的问题，分析了他们对待矛盾问题的态度，并比较了名家与《墨经》无限思想的异同。②

邹大海《墨家和名家的不可分量思想与运动观》结合对运动观的考察，分析了墨家、名家不可分量思想的特点、演进与相互关系，以及这些思想的社会文化背景和历史命运。③

燕学敏的硕士论文《试论〈墨经〉数学的逻辑基础》，从"《墨经》的逻辑学"、"《墨经》中的数学"、"《墨经》数学中的逻辑思想"以及"《墨经》逻辑对传统数学的影响"等几个方面展开了讨论。④

燕学敏《〈墨经〉中的数学概念》，主张《墨经》反对惠施和公孙龙在概念上的看法，认为《墨经》对定义法用得"非常普遍，对许多数学概念都下了明确的定义"，"使中国古代传统数学第一次出现了理论的萌芽"，"《墨经》中的数学形成一套独特而又严密的逻辑体系"，"《墨经》对数学概念的科学定义，说明其逻辑学是中国古代几何学理论形成的思想源泉之一"。⑤燕学敏《〈墨经〉数学概念的定义方式对刘徽的影响》讨论了《墨经》的"名"和数学概念，认为此书的定义方式主要对3世纪的刘徽有影响。⑥

吴朝阳从不同方面讨论了战国数学的发展，认为"《九章算术》所代表的主要是战国时代秦国基层官吏应该掌握的数学知识的水平"，而墨家已经构造

① 邹大海.从《墨子》看先秦时期的几何知识 [J].自然科学史研究, 2010, 29（3）: 293-312.
② 邹大海.名家的无限思想 [C] // 第七届国际中国科学史会议文集.郑州: 大象出版社, 1999: 30-35.
③ 邹大海.墨家和名家的不可分量思想与运动观 [J].汉学研究, 2001, 19（1）: 47-75.
④ 燕学敏.试论《墨经》数学的逻辑基础 [D].呼和浩特: 内蒙古师范大学, 2003.
⑤ 燕学敏.《墨经》中的数学概念 [J].西北大学学报（自然科学版）, 2006, 36（1）: 165-168.
⑥ 燕学敏.《墨经》数学概念的定义方式对刘徽的影响 [J].湖南师范大学学报（自然科学版）, 2006, 29（1）: 25-29.

出了"完整的几何学抽象概念体系"①，"战国时期我国的演绎思维相当发达，理论数学与欧洲同期内容相似、水平相当，《九章算术》中的数学知识已为战国理论数学所证明，而秦国'以吏为师'的政策使岳麓书院秦简《数》一类的实用数学教材定型并广泛流传，此后的历史进程则使以《九章算术》为代表的演算法数学成为我国古代数学的主流"。②

五、出土简牍与战国时代的数学

出土简牍中有一些数学文献或与数学有关的文献，对研究先秦数学史很有价值。不过，在数学文献中，目前明确属于先秦的只有清华大学藏战国竹简中的《算表》，其他的都写在秦代或汉代的竹简上，对其内容的时代归属有不同的看法。与数学有关的其他竹简，因各人的视野、意图和偏向不同，自然对其范围和时代也有不同的认识，总的来说，关注其中先秦数学信息的论著不多。由于散见的相关材料太多，下面仅简要介绍比较重要的数学简牍的整理和发布情况以及用简牍来讨论先秦数学的论著。

（一）楚简与战国数学

清华大学收藏的一批约公元前300年左右的战国竹简中，有21支竹简被整理者复原拼合成一个完整的算表，它上行从左至右、右列从下至上分别写有表示1/2、1、2、……、10、20、……、90的数，纵横交叉处写有它们的乘积。冯立昇和李均明研究了这一算表的构造与功能，认为它应用了十进制计数方法，并且用到了乘法的交换律、乘法对加法的分配律及分数等数学原理和概念，不仅能直接用于两位数的乘法运算，而且可用于除法运算，并能对分数1/2或含有1/2的分数进行某些运算，可能还可以用于开平方运算。他们

① 吴朝阳.张家山汉简《算数书》校证及相关研究［M］.南京：江苏人民出版社，2014：179-218.
② 吴朝阳.秦汉数学类书籍与"以吏为师"——以张家山汉简《算数书》为中心［C］//古文献研究：第十五辑.南京：凤凰出版社，2012：168-188.

还讨论了它对于先秦数学史和世界数学史的意义。^①

（二）张家山汉简《算数书》与先秦数学

1983、1984 年之交从湖北江陵张家山 247 号墓中出土了大批竹简，其中有部原题名《算数书》的数学著作，墓主人约去世于公元前 186 年。2000 年9 月公布整部书的释文^②，原整理者和其他研究者已发表了多种校勘注释本^③，还有日文译注本^④、英文译注本^⑤、法文译注本^⑥。

宋述刚讨论了战国时楚国的数学，他把一些与楚国有关的哲学家的著作中与数学有关的观念、与楚国的工程和历法或农事有关的材料中涉及的数学知识作为楚国数学，并把张家山汉简《算数书》作为楚国数学著作看待。^⑦

彭浩研究了《算数书》内容的时代，认为"程禾"条不晚于战国晚期，"囷盖"条是秦人作品，"或可追溯至战国时期"，书中以 240 步为一亩的"亩制很可能来自关中秦国"，此书"大部分算题的形成年代至迟不会晚过秦代，

① 李均明、冯立昇 . 清华简《算表》概述［J］. 文物，2013（8）：73-75；李学勤 . 清华大学藏战国竹简（肆）：下册［M］. 上海：中西书局，2013：135-138；李均明，冯立昇 . 清华简《算表》的形制特征与运算方法［J］. 自然科学史研究，2014，33（1）：1-17；冯立昇 . 清华简《算表》的功能及其在数学史上的意义［J］. 科学，2014，66（3）：40-44.
② 江陵张家山汉简整理小组 . 江陵张家山汉简《算数书》释文［J］. 文物，2000（9）：78-84.
③ 彭浩 . 张家山汉简《算数书》注释［M］. 北京：科学出版社，2001：4-12；张家山汉墓竹简整理小组 . 张家山汉墓竹简［二四七号墓］［M］. 北京：文物出版社，2001：81-98、247-272；张家山汉墓竹简整理小组 . 张家山汉墓竹简［二四七号墓］（释文修订本）［M］. 北京：文物出版社，2006：129-157；苏意雯，苏俊鸿，苏惠玉等 .《算数书》校勘［J］.HPM 通讯，2000（11）：2-20；郭世荣 .《算数书》勘误［J］. 内蒙古师大学报自然科学（汉文）版，2001，30（3）：276-285；郭书春 .《筭数书》校勘［J］. 中国科技史料，2001，22（3）：202-219；刘金华 . 张家山汉简《算数书》研究［M］. 中国香港：华夏文学艺术出版社，2008. 这是作者在 2003 年博士论文《〈算数书〉集校及其相关问题研究》基础上出版的集校本；吴朝阳 . 张家山汉简《算数书》校证及相关研究［M］. 南京：江苏人民出版社，2014. 这是作者 2011 年完成的博士论文的修改版。
④ 张家山汉简『算数书』研究会编（代表大川俊隆）.『汉简「算数书」——中国最古的数学书』. 京都：朋友书店，2006. 除日文注释和译文外，还同时附上现代汉语的翻译。
⑤ Christopher Cullen. The Suàn shù shū 算数书 'Writings on reckoning': A translation of a Chinese mathematical collection of the second century BC, with explanatory commentary. Cambridge: Needham Research Institute, 2004. Joseph W. Dauben（道本周），"算数书 Suan Shu Shu, A Book on Numbers and Computations, English Translation with Commentary". Archives for History of Exact Science, Vol. 62 (2008) pp. 91-178.
⑥ Rémi Anicotte. LE LIVRE SUR LES CALCULS EFFECTÉSAVEC DES BÂTONNETS: Un manuscrit du- IIe siècle excavé à Zhangjiashan. Paris: Presses de l'Inalco, 2018.
⑦ 宋述刚 . 楚国数学浅谈［C］// 李迪 . 数学史研究文集：第四辑 . 呼和浩特：内蒙古大学出版社，台北：九章出版社，1993：1-4.

有的甚至更早"①，但也认为"有一部分算题是西汉初年的"，"《算数书》的成书极可能在秦代，即公元前三世纪后段，秦统一中国前不久。在西汉初年又增补了少量算题，全书体例依旧"②。

邹大海通过分析《算数书》的体例、结构和特征，证明它是源于更早时代算书的撮编之书，它与《九章算术》没有直接的文本影响关系，它们在先秦可以追溯到共同的来源，《九章算术》的主要方法产生于先秦，《算数书》是利用某种后来演变为《九章算术》主要来源的先秦数学著作或其衍生本的数学方法，并结合下层官吏管理的实际而编成的作品。《算数书》有助于确立先秦至汉代实用算法式数学发展演变的历史。③

郭书春也认为《算数书》是从不同著作中摘录、撮编而成的作品，认为"《算数书》的某些部分与《九章算术》在先秦存在的以'九数'为主体的某种形态有血缘关系"，但"《算数书》不可能是《九章算术》的前身"，《算数书》在"数学理论上有极大的贡献，反映了先秦中国数学的一个侧面"。④ 他研究了《算数书》的表达方式，认为其"数学术语的表示方式十分繁杂，没有同一的格式"，反映了"先秦时期数学术语表示方式的多样性"，而《九章算术》对规范中国传统数学术语有巨大的贡献。⑤

出入相补原理是中国古代几何学中普遍使用的一条简单明了的原理，邹大海考察了它的渊源。他指出很多先秦文献中都有与之相通的思想——"各部分的量发生了变化而总量不变"，多种文献中提到对土地通过"绝长补短"（或"绝长续短""断长补短""断长续短""折长补短"等）化为方形，这反映了先秦时期出入相补原理的切实应用。他还认为墨家提出了关键性的操作方式。通过与《算数书》结合，他说明出入相补原理被应用于获得该书中的几何知识。他断言这一原理在战国时代得到了广泛的应用，其最早应用不晚

① 彭浩.中国最早的数学著作《算数书》[J].文物，2000（9）：85-90.
② 彭浩.张家山汉简《算数书》注释[M].北京：科学出版社，2001：4-12.说《算数书》的成书"极可能在秦代"与在"秦统一前不久"有矛盾，不知是不是"前"为"后"字之误。
③ 邹大海.出土《算数书》初探[J].自然科学史研究，2001，20（3）：193-205.
④ 郭书春.试论《算数书》的理论贡献与编纂[C]//法国汉学：第六辑（科学史专辑）.北京：中华书局，2002：505-537；郭书春.《算数书》初探[C]//国学研究：第 11 卷.北京：北京大学出版社，2003：307-349.
⑤ 郭书春.试论《算数书》的数学表达方式[J].中国历史文物，2003（3）：28-38.

于春秋而可能更早。①

邹大海分析了《周礼》中考核医生的制度与《算数书》"医"条的一致性，证明这种考核制度具有一定程度的真实性，"医"条用正负数概念描述考核医生治病效果的定量标准。通过对不同时代社会背景的分析，他证明"医"条的"程"是战国时秦国（或至迟到秦代）的法规，其中用到先进的正负数概念，是战国时代百家争鸣的学术环境与依法治国的需要发生机缘巧合的结果。②

邹大海将出土文献和传世文献中某些涉及政府考评工作的材料结合起来进行深入的分析，廓清了一些关于中国古代正负数概念的认识误区，并建立了正负数概念的早期历史。他提出判断古人使用正负数概念的标准是对立相反的性质被嵌入到数量中成为数量本身的一部分；考辨了对《算数书》"医"条中"算"的错误认识，论证了"医"条对合格医生治病时成功与失败的最低比例做了规定，而"算"字则是考核医生治病效果的计分单位。利用语法分析的方法，作者证明"医"条和董仲舒《考功名》确实应用了正负数概念，其他简牍中疑似用到正负数概念的例证则因信息不充分而不能判定。作者指出得失、成败等相反的观念本身不是正负数概念，而只是正负数概念产生的基础，先秦方程算法的特殊结构才是推动正负数概念产生的决定力量。作者还就研究的方法做了探讨，特别强调了语法分析方法和知识结构观念的重要性。③

邹大海《从〈算数书〉盈不足问题看上古时代的盈不足方法》将汉简《算数书》和《九章算术》及其他文献结合起来，探讨盈不足方法在中国上古时代的形成与流传。作者发现《算数书》中盈不足材料的特点说明其前必存在类似《九章算术》盈不足术的算法，指出先秦时期有产生这类方法的多重因素，认为先秦数学已形成盈不足这一学科，并记载于《九章算术》在先秦的祖本中。受它直接或间接的影响，先秦到汉代的学者们根据需要设置了很多盈不足问题。《算数书》中的盈不足问题即由此而来。④

① 邹大海．从先秦文献和《算数书》看出入相补原理的早期应用［J］．中国文化研究，2004（冬之卷）：52–62．
② 邹大海．从出土文献看上古医事制度与正负数概念［J］．中国历史文物，2010（5）：69–76．
③ 邹大海．从出土简牍文献看中国早期的正负数概念［J］．考古学报，2010（4）：481–504．
④ 邹大海．从《算数书》盈不足问题看上古时代的盈不足方法［J］．自然科学史研究，2007，26（3）：312–323．

（三）岳麓书院藏秦简《数》与先秦数学

岳麓书院藏秦简《数》是首次发现的秦简数学著作，与之同出的纪年简最晚为公元前212年。肖灿等公布了整部书的释文、照片，并加以解释。[①]日本中国古算书研究会做了日文译注，同时附上了现代汉语的译文。[②]

肖灿、朱汉民概述了岳麓书院藏秦简《数》的主要内容，认为《数》中的"古算法可能产生于周秦之际甚至更早"[③]。他们对圆面积、里田术、墓道容积、正四棱台体积、勾股等问题做了讨论，认为从中"或可看出我国周秦之际的几何学发展水平"[④]。通过将《数》"圆材薶地"问题与《九章算术》"圆材埋壁"问题做对比，他们认为《九章算术》"勾股"章在先秦有其渊源[⑤]。他们讨论了《数》中一组体积与重量换算比例的数据，说明当时"可能利用水作为体积重量换算中的标准常量，也可能在生活实践中应用了'比重'的观念"。[⑥]肖灿通过秦简的数学文献，说明秦人对数学的重视，并认为其重视的数学属于邹大海所说的"实用算法式数学"类型。[⑦]邹大海解决了关于岳麓书院藏秦简《数》中盈不足材料的校勘中的一些疑难问题后，通过将它与《九章算术》及《算数书》进行对比研究，指出《数》进一步证明了盈不足问题产生于先秦时期，并在当时具有重要性和广泛应用性，而《九章》在先秦的祖本或其衍生本的盈不足方法很可能对《数》有间接或直接的影响。[⑧]

---

① 肖灿.岳麓书院藏秦简《数》研究.长沙:湖南大学博士论文,2010；朱汉民,陈松长.岳麓书院藏秦简（贰）[M].上海:上海辞书出版社,2011；萧灿.岳麓书院藏秦简《数》研究[M].北京:中国社会科学出版社,2015.
② 日本中国古算书研究会.『岳麓書院藏秦簡「数」訳注—秦漢出土古算書訳注叢書（2）』[M].京都:朋友書店,2016.
③ 肖灿,朱汉民.岳麓书院藏秦简《数》的主要内容及其历史价值[J].中国史研究,2009（3）:39-50.
④ 朱汉民,肖灿.从岳麓书院藏秦简《数》看周秦之际的几何学成就[J].中国史研究,2009（3）:51-58.
⑤ 肖灿,朱汉民.勾股新证——岳麓书院藏秦简《数》的相关研究[J].自然科学史研究,2010（3）:313-318.
⑥ 肖灿,朱汉民.周秦时期谷物测算法及比重观念——岳麓书院藏秦简《数》的相关研究[J].自然科学史研究,2009,28（4）:422-425.
⑦ 肖灿.秦人对数学知识的重视与运用[J].史学理论研究,2016（1）:17-20.
⑧ 邹大海.从岳麓书院藏秦简《数》看上古时代盈不足问题的发展[J].内蒙古师范大学学报（自然科学汉文版）,2019,48（6）:504-515.

（四）其他简牍与先秦数学

韩巍公布和研究了北京大学藏秦简中数学著作内的土地面积算题，指出其数量和类型都比岳麓秦简《数》和张家山汉简《算数书》"丰富得多，为认识战国晚期至秦代平面几何学的发展水平提供了难得的新资料"，证明了"《九章算术》的大部分内容形成于先秦及秦代的观点"[①]。

湖北云梦睡虎地秦墓墓主约去世于秦国统一六国之后四年，根据避讳情况知墓中出土的法律竹简多抄写于秦王政莅位以前。邹大海将这批秦律和《九章算术》《算数书》及其他先秦文献结合起来，从社会背景特别是秦代法律的需要来讨论先秦数学史，指出秦简所载法律条文建立在高度发达的数学基础之上，论证了《九章算术》中主要的数学方法在先秦已经出现，指出法家与数学确曾发生过关系，但不是在汉代而是在先秦。[②]

（五）简牍所反映的计量制度与先秦数学

2001 年，张世超针对睡虎地秦简《仓律》"禾黍一石"和"稻禾一石"的律文，把"禾黍"解释为"带梗之谷类"，把"稻禾"解释为"带梗之稻"。他还提出石原本为重量单位，一石重带茎叶的禾黍最后得到粝米十斗，使得石在战国中晚期的秦国由重量单位转变成表示十斗的容量单位。[③]

2009 年，邹大海提出在战国时秦国到西汉早期之间的政府仓储部门的事务中，法律的规定形成了一种根据不同粮食的种类采用不同数量标准的多值石制，对于粟类谷子以 $16\frac{2}{3}$ 斗为一石，对于稻类谷子以 20 斗为一石，对于菽、荅、麦、麻以 15 斗为一石，对于各种米以 10 斗为一石。[④]

2012 年，邹大海又做了进一步的论证，并指出《九章算术》有关食物换

① 韩巍.北大秦简《算书》土地面积类算题初识 [C] // 简帛：第八辑.上海：上海古籍出版社，2013：29-42.
② 邹大海.睡虎地秦简与先秦数学 [J].考古，2005（6）：57-65.
③ 张世超.容量"石"的产生及相关问题 [C] // 吉林大学古文字研究室.古文字研究：第21辑.北京：中华书局，2001：314-329.
④ 邹大海.从出土文献看秦汉计量单位石的变迁 [J].邹大海.关于《算数书》、秦律和上古粮米计量单位的几个问题 [J].内蒙古师范大学学报（自然科学汉文版），2009，38（5）：508-515.

算的问题虽无多值石制的直接使用，但以反映多值石制的法律为社会背景；而书中少数涉及多值斛制的问题，则是早期多值石制下的问题在后来整理时以斛代石的结果。同时，文中也进一步论证了《九章算术》"粟米"章与先秦时秦国的法律有密切的关系。①

彭浩2012年的论文继承了张世超的观点，并进一步提出《数》所记一石重的稻谷和黍谷的体积都多于《仓律》规定的数量，是因为《仓律》所说的"一石"含有秸秆的重量。②

林力娜（KarineChemla）、马彪先后在2015年和2018年合作发表的论文中，讨论了秦汉时期国家对粮食的管理及其与数学的关系，也认为对于不同类型的粮食（禾黍、稻、菽、苔、麦、麻等）和同一粮食的不同状态（粝米、粺米、毇米等），一石的数量有所不同。他们并提出"标准米（Standard Husked Grain）"的名称，认为它建立了不同类型粮食之间的联系。这与邹大海提出的多值石制及关于粟类谷子、稻类谷子的一石由舂得一石同类的米所需的数量决定的观点非常相似。但他们强调一石不同类别的粮食在价值上都与一石标准米相同，石已经是价值单位，而标准米一石是定义价值的核心。③

2019年，邹大海发表论文，否定了前人关于重量单位的石转变为容量单位的石的观点，同时更进一步论证自己的观点，并指出多值石制又衍生出完全对等的多值桶制。多值制中常数的设定，与商品交换无关，而是服务于政府公务用粮的管理，提高工作效率。他还解释了这种多值制下仍需要对几种精度不同的米之石(桶)采用同一标准而不是多个标准的原因。此外，他还指出多值制的缺陷，导致它向大石、小石制度转变。④

---

① 邹大海.从出土文献看秦汉计量单位石的变迁［J］. *RIMS Kôkyûroku Bessatsu B50: Study of the History of Mathematics August 27-30, 2012,* edited by Tsukane Ogawa, Research Institute for Mathematical Sciences, Kyoto University, June, 2014: 137–156.
② 彭浩.秦和西汉早期简牍中的粮食计量［C］// 中国文化遗产研究院.出土文献研究：第十一辑.上海：中西书局，2012: 194–204.
③ Chemla, Karine & Ma Biao, "How do the earliest known mathematical writings highlight the state's management of grains in early imperial China," Archive for History of Exact Sciences, 2015, 69（1）: 1–53; 马彪，林力娜.秦、西汉"石"诸问题研究［J］.中国史研究，2018（4）: 41–58.
④ 邹大海.关于秦汉计量单位石、桶的几个问题［J］.中国史研究，2019（1）: 57–76.

（六）简牍研究与先秦数学的发展脉络及相关方法论问题

邹大海讨论出土简牍对于研究中国上古时代数学史的意义，认为它们提供了早期数学的生动而具体的实例和可靠的时间标尺，证明《九章算术》等可以作为研究早期数学的依据；指出在先秦到汉代存在很多算法式数学文献，它们可以分为经典和非经典两个系统，经典系统可以简单表示为：原始的"九数"—发展中的"九数"—原始的《九章》—发展中的《九章》—受损的《九章》—修订中的《九章》—现传西汉后期编成的《九章》。非经典文献在经典系统文献直接或间接的影响下形成，其数量巨大，因时、因地、因事、因兴趣而编作，借鉴、增删、组合不定，随意性较强，传承网络复杂，比经典系统更难概述其间的关系（当然不是没有关系）。非经典系统的文献或偏重于专业，或偏重于应用，或兼而有之。两类文献都处在变化中，它们互相影响，而以前者影响后者居多。[①]

邹大海、林力娜对三世纪刘徽关于秦始皇焚书造成《九章算术》受到损坏的记载中所说的"暴秦焚书，经术散坏"进行了新的解释，认为此语并不表示所有数学书都被焚受损，而是说明焚书事件导致辅佐法定须焚之"经"的"术"也散坏了。作者认为先秦的《九章》不是一般的数学著作，它因为与"经"有密切的关系便受到牵连而损坏。在此基础上，他们主张现存《九章》版本的篇章结构主要继承自其先秦祖本。[②]

邹大海认为出土简牍对于反思和改进数学史研究的方法有重要的价值，以李俨和钱宝琮两位学术风格不同的杰出科学史家在对待《九章算术》成书问题上的意见，和简牍对其研究方法的检验为案例，讨论了史学研究方法，

① 邹大海.从《算数书》与《九章算术》的关系看算法式数学文献在上古时代的流传 [J].赣南师范学院学报，2004（6）：6–10；邹大海.出土简牍与中国早期数学史 [J].人文与社会学报，2008,2（2）：71–98；邹大海.简牍文献与中国数学史 [C]//中国科学技术通史：I源远流长.上海：上海交通大学出版社，2015：191–230；邹大海.出土简牍开启中国古代数学世界的大门 [C]//国家图书馆，《中国典籍与文化》编辑部.中国典籍与文化：第十二辑.北京：国家图书馆，2019：117–147.
② Dahai Zou & Karine Chemla.The Inner Structure of the Nine Chapters in Chapters as a Heritage from Earlier Classics [C]//Pieces and Parts in Scientific Texts (Florence Bretelle-Establet, Stéphane Schmitt Eds.). Cham: Springer International Publishing AG, part of Springer Nature, 2018: 95-108.

提出了若干看法，如（1）对史料的怀疑与采信史料一样，都应强调证据和推理，要区分可疑与不存在;（2）要评估证据的效力，严审证据与论点之间的逻辑关系;（3）对于同一个问题的几条来源不清楚的史料，如果不违背已经确定的知识，那么让它们和平相处的解释，比让互相攻击的解释更有价值;（4）在同等条件下，与问题直接相关的史料应比间接的史料优先，出自专业人士的意见应比非专业人士的意见优先;（5）能解释最多史料的意见不一定是最正确的结论，但确实是最有可能正确的结论等。① 邹大海在用简牍材料论证《九章算术》成书过程时讨论了科学研究的方法论问题，重点讨论归纳法的价值和局限、充分条件与必要条件推理等问题。②

郭书春简要地介绍了出土的战国秦汉数学简牍的情况，并讨论了这些简牍对于提供从未见过的"秦及先秦数学的原始文献""使对中国数学早期发展的虚无主义不攻自破""彻底解决《九章算术》的成书""论证中国传统数学的第一个高潮发生在春秋战国"等方面的意义。③

（七）其他问题

邹大海通过分析秦简《数》中有关立体的特点并与《九章算术》的立体问题进行比较，证明秦及先秦时期有用于处理体积问题的基本立体，推论《数》《算数书》和《九章算术》三种算书中一类楔形体的求积方法产生于推导。作者借鉴生物学中进化和基因的观念，论述三项文献中的算法具有共同的特点和渊源，而这种渊源流传到《九章》的先秦祖本比到另两项文献很可能要早，并就上古时代体积算法的产生与流传问题提出了新的认识，特别提到有关数学知识和方法传播的显性与隐性两种方式。④

① 邹大海.出土简牍与中国早期数学史［J］.人文与社会学报，2008，2（2）：71-98；邹大海.简牍文献与中国数学史［C］//中国科学技术通史：I 源远流长.上海：上海交通大学出版社，2015：191-230；邹大海.出土简牍开启中国古代数学世界的大门［C］//国家图书馆，《中国典籍与文化》编辑部.中国典籍与文化：第十二辑.北京：国家图书馆，2019：117-147.
② 邹大海.秦汉量制与《九章算术》成书年代新探［J］.自然科学史研究，2017，36（3）：293-315.
③ 郭书春.战国秦汉数学简牍发现之意义刍议［J］.RIMS Kôkyûroku Bessatsu B50: Study of the History of Mathematics August 27-30, 2012. edited by Tsukane Ogawa, Research Institute for Mathematical Sciences, Kyoto University. 2014: 125-136.
④ 邹大海.《数》、《算数书》和《九章算术》中一类楔形体研究——兼论中国早期求积算法的某些特点［J］.汉学研究，2014，32（3）：69-94.

　　邹大海利用丰富的考古文献和传世文献，对中国上古时代均输的发展进行了较为系统深入的研究，证明了不论是数学上的两类均输算题还是经济上的两种均输都有先秦及秦代的渊源，现存《九章算术》"均输"章的 5 个均输算题和睡虎地汉简《算术》中的一个均输算题虽然都定型于西汉，但在先秦及秦代应该已有蓝本。岳麓书院藏秦简《数》和张家山汉简《算数书》证明，"均输"章后 24 题中有一部分在战国到西汉初期就很可能已经存在，不必等到公元前 1 世纪由耿寿昌补入。文章对《九章算术》"均输"章算题的特征进行了新的概括，指出此章的构成具有高度的一致性，这种一致性很大程度上也继承其先秦的祖本。[①]

六、结　语

　　先秦是一个特殊的历史时期。一是时间跨度特别大，即使以常言所谓"五千年文明"计，亦居五分之三，"其间社会形态叠经变更而又众说纷纭，使得对数学发展的背景难以进行宏观的把握"。二是可供利用的史料非常特殊，一方面是"专门的数学史料非常匮乏"，另一方面是与数学有或深或浅关系的其他史料又漫无边际，"极其庞杂，其间真伪交错，人人言殊"。因此，先秦数学史既有很大的研究空间，又有非常大的难度和不确定性。[②]目前已有的研究还比较初步。春秋以前的数学，可资利用的考古文物资料很多，还没有得到充分的发掘，这方面大有可为，但主要集中在具体材料和小问题的阐释上，而要在宏观上得到切实可靠的结论，可能还不太现实。对于春秋战国时期，目前已知的数学文献亦极少，但可以利用秦汉简牍数学文献，与传世文献、其他种类的考古文物材料及民族学资料等相结合，寻找科学的方法进行返推，在这方面要做出切实可信的成果，是有很大研究空间的。不过，可用于研究春秋战国时代数学具体内容的出土材料还集中在实用算法式数学方

① 邹大海. 中国上古时代数学门类均输新探［J］. 自然科学史研究，2020，39（4）：395–424.
② 邹大海. 中国数学的兴起与先秦数学［M］. 石家庄：河北科学技术出版社，2001：514–518.

面，所以对这一时期数学的理论方面，目前还没有较为充分的材料可资利用，因而也不足以为这一时期数学的总体发展建构一个内容充实的宏观认识。同时，我们还必须注意到，目前没有明确属于秦统一以前的出土算书，而对于秦国以外的其他诸侯国则除清华大学所藏战国楚简《算表》外，也没有能较多反映数学知识和数学方法的材料，因此即令是春秋战国时代的实用算法式数学，也无法得出论据充分的宏观认识。无论如何，考古发现层出不穷，如果随时关注新的考古发现，时时留意新的研究进展，不断改善研究方法，拓宽研究视野，先秦数学史的研究自然是大有可为的。

（致谢：此文经曲兆华同志读校一遍，谨致谢忱）

第二节　十部算经的研究 [①]

◎ 郭书春

（中国科学院自然科学史研究所）

一、十部算经的构成

（一）十部算经

十部算经指成书于西汉至唐中叶的《周髀算经》《九章算术》《海岛算经》《孙子算经》《张丘建算经》《夏侯阳算经》《缀术》《五曹算经》《五经算术》《缉古算经》十部数学经典，它们几乎是现存汉唐全部数学著作。唐初李淳风等奉诏整理这十部算经，成为国子监算学馆的主要教材，也是科举考试明算科的主要考试科目。

北宋元丰七年（1084年）秘书省刊刻汉唐算经，这是世界上首次印刷数学著作。时《夏侯阳算经》《缀术》已经亡佚，便以唐中叶的一部实用算书充任前者，后者只好付之阙如。13世纪初南宋鲍澣之翻刻了这些算经，同时刊刻了汉末徐岳撰、北周甄鸾注的《数术记遗》，学术界通常称为南宋本。到明末，南宋本《九章算术》遗失后四卷及刘徽序，仅存前五卷。《海岛算经》《五经算术》亦亡佚。清康熙之后，《缉古算经》、赝本《夏侯阳算经》又亡佚。残存的几部成为藏书家的古董，后分别藏于上海图书馆和北京大学图书馆，这是世界上现存最早的印刷本数学书籍。1980年文物出版社影印了残存的南宋本，称为《宋刻算经六种》。

明初编纂《永乐大典》，取十部算经中《周髀算经》《九章算术》《海岛算

---

① 本文得到林力娜教授、高红成教授、周霄汉博士、姚芳博士的帮助，特此感谢。

经》《孙子算经》《五曹算经》《五经算术》《夏侯阳算经》七部在唐中叶的某个抄本分类抄入"算"字等目。

（二）算经十书

清康熙年间，汲古阁主人毛扆影抄了残存的南宋本。清中叶修《四库全书》，戴震从《永乐大典》辑录出七部汉唐算经。不久，戴震以汲古阁本为底本，以大典辑录本参校，由孔继涵在微波榭刊刻，始称为《算经十书》，以《周髀算经》等九部为正文，而以《数术记遗》作为附录。1963 年钱宝琮以微波榭本在庚寅年的一个翻刻本为底本校点《算经十书》，以《数术记遗》《夏侯阳算经》作为附录。1998 年、2001 年郭书春等点校《算经十书》，其中《周髀算经》（系与刘钝合作），《九章算术》（前五卷）等以南宋本或汲古阁本为底本，《九章算术》后四卷及刘徽序、《海岛算经》《五经算术》以恢复的《永乐大典》的戴震辑录本为底本，亦如钱校本，以《数术记遗》《夏侯阳算经》作为附录。

二、40 年来关于十部算经的研究著作

对《九章算术》及其刘徽注的研究（含《海岛算经》），是 40 余年来中国数学史界和中国科学技术史界的突出现象，是破除因钱宝琮主编的《中国数学史》面世而产生的"中国数学史已经搞完了"，是"贫矿"的迷信的先声。这对克服因李、钱二老去世及十年动乱造成的中国数学史研究的中落状态发挥了巨大作用。40 年来，发表关于《九章算术》及其刘徽注的各种论文和文章数百篇，出版学术专著 30 余种，常被学术界称为"《九章》与刘徽热"。关于《九章算术》及其刘徽注的一些著作深受读者欢迎，许多著作被多次重印或修订再版，有的 9 年印刷达 7 次，有的修订达二三次之多，可见社会对之需要之殷。关于《九章算术》的出版物多次纳入"国家重点图书出版规划项目"，2020 年教育部"推荐中小学生阅读"，入选"教育部基础教育课程教材发展中心中小学生阅读指导目录"。

40年来，也出版了研究十部算经及《周髀算经》《孙子算经》《张丘建算经》《夏侯阳算经》、对祖冲之父子和《数术记遗》的许多研究著作。

当然，在其他关于中国数学史的通史性著作和《中华大典·数学典》中，十部算经也是重要内容。

自然，这些著作良莠不齐，也反映了不同的认识和学术观点，主要讨论了以下问题。

（一）关于《周髀算经》的研究

关于《周髀算经》的成书年代，有的著述不同意钱宝琮以该书所记载的二十四节气的名称和顺序与《淮南子·天文训》相同而断定其成书于《淮南子》之后即公元前100年前后的看法，认为为什么一定说《周髀》引用了《淮南子》而不是相反？因此《周髀算经》的成书年代实际上并未解决。

有的著述认为本书以准公理化方法描述了盖天说的宇宙模式，并用来解释有关的天文现象。至于这个模式中天与地的关系，有的著述认为是两个平行的球冠形，也有的著述认为是两个平行的平面。钱宝琮、薄树人等认为本书两卷所反映的宇宙模式是不同的，他们称为第一次盖天说与第二次盖天说。有的著述不同意这种看法，认为全书形成了一个自洽是体系。

关于陈子答荣方问包括哪些内容有不同看法。有的著述认为自"昔者荣方问于陈子"至全书之末都是陈子答荣方问。有的著述认为陈子答荣方问仅到"七衡图"之前，此后均不是陈子的话。

有的著述认为陈子大约生活在公元前5世纪。

有的著述认为陈子提出学习数学要"通类"，能"类以合类"，做到"问一类而以万事达"。因此，数学中的"术"要"言约而用博"。这种思想是当时已经存在的数学知识的总结，也在实际上规范了中国古典数学的形式与特点。

有的著述认为"数之法出于圆方，圆出于方，方出于矩，矩出于九九八十一。故折矩以为勾广三，股脩四，径隅五"反映了一般性的勾股定理，并称为商高定理。有的著述仍坚持钱宝琮的看法：商高所述是勾股定理的一个特例，不是完整的勾股定理，更不能称为商高定理。

有的著述认为传本"圆方图"、"方圆图"、经文"此方圆之法"及其以下赵注8字、经文49字在盖天数理宇宙模型与七衡图之间"十分突兀"，据北宋李诫《营造法式》所引，将其移"周公曰：'大哉言数！'"之前。

大多数著述认为，赵爽关于日高图的研究实际上是重差术。

（二）关于《九章算术》的研究

（1）关于《九章算术》的编纂

关于《九章算术》的编纂是中国数学史的重要课题。40年来的看法异彩纷呈。有的著述仍沿袭钱宝琮成书于公元1世纪的看法；有的著述认为刘歆是其编纂者；有的著述认为编纂于公元前1世纪；有的著述从对《九章算术》体例的分析，并以所反映的物价为参照，认为刘徽的看法最为可靠，即在先秦即有某种形态的基本上采取术文统率例题的《九章算术》，在秦火中遭到破坏，西汉大数学家张苍、耿寿昌先后删补而成。

（2）关于《九章算术》的体例

学术界多将《九章算术》看成一部一题、一答、一术的应用问题集。有的著述不同意这种看法，认为其主体部分，即方田、粟米、少广、商功、盈不足、方程六章的全部及衰分章的衰分部分、均输章的均输部分、勾股章的勾股术等凡82术，196道题目，约占全书的80%，是术文统率题目的体例。在这里，术文是中心，是主体，非常抽象、严谨，具有普适性，换成现代符号就是公式或运算程序。题目是作为例题出现的，是依附于术文的。

其余部分即衰分章的非衰分问题、均输章的非典型均输问题、勾股章的解勾股形及立四表望远等问题才是应用问题集的形式。

（3）关于损益

自20世纪初期至80年代，学术界对《九章算术》的数学成就基本上搞清楚了。但对方程章的损益方法则认识不够。有的著述认为，损益就是"还原"与"对消"，是建立方程的方法，它在方程中的作用，大体与正负术等同。这要比学术界认为建立了代数学的花拉子米的同类思想和方法要早千年左右。

（4）关于《九章算术》所反映的物价

有的著述认为《九章算术》反映了汉代的物价。也有的著述以《史记》《汉书》、居延汉简等典籍为参照，认为尽管有的物价，《九章算术》与汉代十分相近。但总的来说，"认为《九章算术》里的物价即汉代物价是颇勉强的"，《九章算术》从整体上说反映了战国与秦代的物价水平，而不是汉代的物价水平。

（5）关于《九章算术》与秦汉数学简牍的关系

20 世纪 80 年代初，汉简《算数书》出土之后，学术界多数认为《算数书》是《九章算术》的前身。有的著述甚至认为《算数书》是张苍编撰的。张苍整理好的数学官简，留在中央政府有关部门的那套便发展成了后来的《九章算术》。也有的著述认为，就整体而言，《算数书》不可能是《九章算术》的前身。而由于无法搞清楚《九章算术》在先秦以"九数"为主体的某种形态的编纂年代，而且《算数书》所源自的数学著作不止一二种——尽管我们不知道这些著作的书名，但却可以断定它们不是同时的作品，其时间跨度相当长，因此，这个问题目前仍然无法得出确切的结论。不过，由于两者有的内容有相同或相似之处，它们的一部分有承袭关系或有一个共同的来源，则是无可怀疑的。至于孰早孰晚，有待于进一步考察。这些看法当然也适应于后来收藏的秦简《数》《算书》及出土的汉简《算术》等秦汉数学简牍。

（6）关于《九章算术》使用的逻辑

有的著述认为《九章算术》和中国古代数学的成就的取得是非逻辑性的，是靠直观和悟性取得的。多数著述不同意这种看法。也有的著述根据刘徽注之"采其所见"者，认为《九章算术》时代存在某种推导，但这种推导是以类比和归纳逻辑为基础的。

（三）关于《数术记遗》的研究

清代戴震、现代钱宝琮认为《数术记遗》是北周甄鸾自撰自注假托东汉徐岳撰。

40 年来，还有著述采用这种看法，但更多的学者认为此书系徐岳撰、甄鸾注。徐岳说他的数学知识得益于刘洪。有的著述把刘洪称为"算圣"。有的著述不同意这种看法，因为刘洪说他的数学知识来源于天目先生。

40 年来，人们更多的是对 14 种算法的探讨，各抒己见。几乎所有的的著述都不同意宋元之后的珠算盘与《数术记遗》的"珠算"没有关系的看法，认为后者对前者的创造起码有借鉴作用。有的著述认为西周的陶珠是算盘珠，更多的学者不同意这种看法。

（四）关于刘徽及其《海岛算经》的研究

（1）刘徽的籍贯

严敦杰最先发现刘徽在北宋被封为淄乡男。有的著述据此进一步考证，认为淄乡在今山东省邹平市。2013 年在刘徽注《九章算术》1750 周年之际，中国科学院自然科学史研究所、全国数学史学会联合山东省邹平县政府召开了国际学术研讨会。但也有人认为刘徽是淄川人。

（2）刘徽与魏晋辩难之风及刘徽注《九章算术》时的年龄

有的著述分析了东汉末至魏晋的社会经济、政治和社会思潮的变化，认为庄园经济已成为主要的经济形态，繁琐的两汉经学退出历史舞台，辩难之风兴起，知识界盛行"析理"，力争理胜。刘徽深受其影响，从而奠定了中国古典数学的理论基础。

一位大画家将刘徽画成一个耄耋老人，流传甚广。吴文俊先生反对将此引入学术著作和大百科全书。有的著述认为这幅画像违背了历史事实。刘徽的思想深受辩难之风的影响，他的许多句法都与辩难之风的代表人物嵇康、王弼、何晏相近甚至相同，嵇康、王弼生于公元 3 世纪 20 年代中期，因此刘徽应生于此时或稍后，他注《九章算术》时当在 30 岁上下，不可能是耄耋老人。

（3）刘徽注的构成

有的著述根据刘徽的自述认为刘徽注含有两种内容：一是他自己的数学创造，即"悟其意"者；二是记述的他人和前人的数学知识，甚至《九章算术》时代的方法，即"采其所见"者，比如棋验法和出入相补原理就是《九章算术》所使用的方法。

也有著述将刘徽说的"采其所见"翻译成"就收集自己的见解"，将整个刘徽注都看成刘徽的思想，甚至说出入相补原理是刘徽的首创。

（4）刘徽关于率的理论

有的著述认为刘徽发展了《九章算术》率的理论，根据刘徽关于率和齐同原理是"算之纲纪"的思想，发现刘徽将率的理论应用于《九章算术》大部分术文和200多个问题。有的著述和学校将率的理论用于改革中小学数学教材，取得了良好的效果。这是将中国古典数学的思想和方法用于现今数学教材改革的典型事例。

（5）刘徽对圆面积公式的证明和求圆周率的程序

20世纪70年代末以前，几乎所有的中国数学史著述都将刘徽的割圆术和极限思想看成只是为了求圆周率。在求出半径10寸的圆面积的近似值314寸^{2}之后，利用圆面积公式 S=πr^2，求出了 $\pi = \dfrac{157}{50}$。40年来有的著述还采用这种说法。有的著述依据刘徽注原文，认为刘徽的极限思想和无穷小分割方法首先是证明《九章算术》的圆面积公式 S=$\dfrac{1}{2}$Lr^2，然后将圆面积近似值314寸^{2}代入此式，反求出圆周长近似值6尺2寸8分，与直径20寸相约，便得到 $\pi = \dfrac{157}{50}$。他同时指出，求圆周率近似值用不到极限过程，只是极限思想在近似计算中的应用。刘徽在求圆周率近似值时尚未证明与圆面积公式 S=πr^2相当的公式。以往的说法不仅背离了刘徽注，而且会将刘徽置于他从未犯过的循环推理的失误之中。

对到底是谁求得了圆周率近似值$\dfrac{3927}{1250}$，40年来仍然是两种看法，大部分学者认为作者是刘徽，还有部分学者认为作者是祖冲之。

（6）对棋验法的不同认识

中国数学史界对棋验法的看法有较大的分歧。有的著述认为棋验法是《九章算术》成书和秦汉数学简牍时代解决多面体体积问题的方法，它以三品棋（即长、宽、高为1尺的正方体、堑堵、阳马）为基础，只能论证可以分解为或拼合成三品棋的多面体的体积公式。由这种特殊多面体推出一般的多面体的体积公式，是一个归纳的过程，而不是演绎的过程。特别，用棋验法无法解决阳马和鳖臑的体积公式，刘徽才提出了刘徽原理。

有的著述认为，棋验法是解决任何多面体体积公式的有效方法。

（7）刘徽原理及其证明

刘徽为了解决用棋验法无法解决的阳马和鳖臑的体积公式，提出将一个堑堵分解为一个阳马、一个鳖臑，永远有 $V_{阳马}：V_{鳖臑}=2：1$。吴文俊将其称为刘徽原理。40 年来，学术界对刘徽用极限思想和无穷小分割方法证明了刘徽原理，认为它是刘徽多面体体积理论的基础，已经深入到希尔伯特"二十三个数学问题"的第三个问题，等等，已无异议。但是，对刘徽原理的证明过程中，将拼合成堑堵的赤鳖臑与黑阳马分割成小的鳖臑和阳马，"令赤黑堑堵，各自适当一方"的理解则不同，有的著述认为是一个赤堑堵与一个赤堑堵拼成一个立方；有的著述认为是一个赤堑堵与一个黑堑堵拼成一个立方，因为在长、宽、高不等的情况下，一个赤堑堵与一个赤堑堵是无法拼成一个立方的。

（8）刘徽的方程理论

有的著述认为刘徽给方程以明确的定义，"方"训并，方程就是并而程之。明代之后直至 20 世纪 80 年代，大多数著述对"方程"的理解背离了《九章筭术》和刘徽的本义。有的著述仍然使用明代之后对"方程"的错误理解。

刘徽以齐同原理提出了方程消元的理论基础："举率以相减，不害余数之课"。刘徽创造了方程消元的互乘相消法，创造了方程新术。目前学术界对《九章筭术》方程章麻麦问刘徽以旧术消元的程序还有不同看法。

（9）刘徽的勾股理论

在"中国数学史已经没有什么可搞的了"，"是贫矿"的看法笼罩中国数学史界的 20 世纪 70 年代末，有的著述发现《九章筭术》勾股章"二人同所立"使用了勾股数组的通解公式，可谓静水微澜。后来又有著述发现从勾股章"户高多于广"和"持竿出户"问可以导出勾股数组的另外两个通解公式，并用前者成功解决了南宋秦九韶《数书九章》"遥度圆城"10 次方程的造术。

有的著述借助出入相补原理和相似勾股形"勾股相与之势不失本率"的原理，整理了刘徽的勾股理论系统。

（10）关于《海岛算经》的研究

对《海岛算经》诸问的造术研究，是 40 年来的重要课题。有的著述沿用钱宝琮等学者是用比率的理论推导的说法，并有所修正。吴文俊则使用出入相补原理全面推导《海岛算经》9 个问题的造术。有的著述认为，鉴于刘徽对《九章算术》勾股章中比较复杂的问题，既用了出入相补原理，又使用了率的理论，对《海岛算经》这类更为复杂的问题，应该同时使用这两种方法进行推导。

对《海岛算经》第一问望海岛的原型，有的著述认为是山东半岛沿海的某个海岛。有的著述则认为，山东半岛乃至整个中国没有这么高又距大陆如此近的海岛。望海岛问的原型实际上是泰山，从大汶河北岸望玉皇顶，没有任何障碍物，恰似一海岛，并用重差术实测了泰山。

（11）刘徽的数学定义

有的著述认为，刘徽改变了《九章算术》中对数学概念的涵义约定俗成的惯例，给许多重要数学概念作出了明确的定义，揭示了这些概念的本质属性，成为他进行判断、推理和证明的前提和出发点。这是中国数学史上的一个创举。刘徽的定义有几个共同特点：首先，被定义概念与定义概念的外延都相同，就是说，定义都是对称的；其次，定义项中没有包含被定义项，没有未知的概念，没有出现循环定义；最后，这些定义简洁明晰，没有使用否定的表达，也没有比喻或含混不清的概念。总之，刘徽的定义基本上符合现代数学和逻辑学中关于定义的要求。

（12）刘徽的逻辑思想

有的著述认为刘徽既使用了类比和归纳推理，更多的是使用了演绎推理。演绎推理的几种主要形式，如三段论、关系推理、假言推理、假言连锁推理、选言推理、联言推理和二难推理，刘徽都有所应用，甚至还有数学归纳法的雏形。这大大超过了以往的数学著作，也超过同代的及先前的文史著作。而且，刘徽关于这些推理的使用方法都是准确无误的。也应指出，刘徽说《九章算术》宛田术"不验"是正确的，但其论证并不充分，犯了混淆概念的失误。

（13）刘徽的数学理论体系

有的著述梳理了各个刘徽注的逻辑关系，没有发现任何逻辑矛盾，并且各种计算方法、面积问题、体积问题和勾股问题分别形成了自洽的推导系统，再结合刘徽关于数学知识"枝条虽分而同本干知，发其一端而已"的论述，认为刘徽先于欧洲学者1700多年提出了"数学之树"的思想，这棵数学之树"发其一端"即"亦犹规矩度量可得而共"。规矩代表空间形式，度量代表数量关系，也就是刘徽数学之树的根，数学方法是客观世界的空间形式和数量关系的统一，反映了中国古代数学形数结合，几何问题与算术、代数密切结合的特点。

有的著述认为《九章筭术》至刘徽形成了中国古代数学的推理体系，包括三个分支：以"今有术"为中心的算术推理系统，以"出入相补原理"为基础的几何推理系统，以几何图形变换与代数相结合的代数推理体系。现今计算数学中占有基础作用的循环结构思想也有广泛应用。

（14）关于《九章筭术》的版本

关于《九章筭术》的版本差异主要体现在刘徽注中。

有的著述通过校雠，认为直到20世纪80年代初期，《九章筭术》的版本一直非常混乱而没有纠正。实际上，在唐代《九章筭术》已经存在北宋秘书省本、大典本、杨辉本的母本等至少五六个甚至更多的内容基本一致而又有若干细微差别的抄本。其中南宋本和杨辉本的母本最为接近，或者就是同一个母本。南宋本和杨辉本的母本在唐代就已与大典本的母本不同了。学术界常说《永乐大典》取南宋本抄入，是想当然的误解。有人说杨辉本与大典本最为接近而与南宋本差别较大，是没有根据的。

南宋本《九章筭术》到清初只存前五卷，康熙间汲古阁主人影抄了南宋本，尽管是影抄，两者的文字却并不能完全等同。比如南宋本卷五刘徽注"今粗疏"（杨辉本和戴震辑录本亦如此），汲古阁本误作"今租疏"，微波榭本进一步误作"今祖疏"。李潢说此"祖"指祖冲之，怀疑这一段刘徽注是祖冲之注，由此在20世纪50年代引起了数学史界关于$\frac{3927}{1250}$的创作者到底是刘徽还是祖冲之的辩论。这是后话。

清代戴震在四库全书馆从《永乐大典》辑录出《九章算术》，贡献极大，但戴震的辑录非常粗疏，给《九章算术》造成严重的版本混乱。四库馆臣根据戴震辑录校勘本的正本抄录了文津阁本，不久又根据戴震辑录校勘本的副本排印了活字版，收入《武英殿聚珍版丛书》，抄录了文渊阁本。馆臣在副本中做了若干修改和修辞加工，还发现了乾隆御览的聚珍版。后来，戴震整理豫簪堂本和微波榭本《九章算术》又做了若干修辞加工，孔继涵继而将微波榭本冒充南宋本的翻刻本，进一步造成版本混乱。文津阁本是戴校诸本中最准确的一部。

清末福建根据李潢的《九章算术细草图说》对聚珍版做了修订，刊刻了补刊本聚珍版，自然融入了若干南宋本的字词和微波榭本的修辞加工以及李潢的校勘。不久，广东广雅书局翻刻了福建补刊本。目前国内外图书馆所藏聚珍版的初印本已是凤毛麟角，而大多数是补刊本和广雅本。因此，在使用聚珍版时需要认真考察，否则容易张冠李戴。

1963 年出版的钱宝琮校点的《九章算术》纠正了戴震、李潢等人的大量错校，提出了若干正确的校勘，指出微波榭本是戴震校本，揭穿了孔继涵将其冒充宋本翻刻本，并将刻书年代刻成乾隆三十八年的骗局。然而，钱校本以微波榭本在清光绪庚寅年（1890 年）的翻刻本为底本，把汲古阁本等同于南宋本，把广雅书局本等同于聚珍版，将近 20 条李潢的校勘说成“聚珍版”。

1990 年出版的汇校《九章算术》，其前五卷以南宋本为底本，后四卷及刘徽序以聚珍版、文渊阁四库本对校而成的戴震辑录本为底本，恢复了被戴震等人改错的南宋本、大典本不误原文约 450 处，采用了戴震、李潢、钱宝琮等大量的正确校勘，重新校勘了若干原文确有舛错而前人校勘亦不恰当之处，并对若干原文舛误而前人漏校之处进行了校勘。不过，此本也有个别错校和错字。此外，汇校本还汇集了近 20 个不同版本的资料。2003 年、2014 年先后以汇校本为基础出版了汇校《九章筹术》增补版和《九章筹术新校》，后者前五卷以南宋本为底本，后四卷及刘徽序以文津阁本和由聚珍版、文渊阁本参校而成的戴震辑录本为底本。

目前出版的有关《九章筹术》的各种版本，有的是大典本版本链，有的是南宋本—杨辉本版本链的，有的是在各传本中择善而从者，如中法双语评注本，有的版本的来源作者没有说明，比较混乱。

（15）关于《九章筭术》的校勘

所谓《九章筭术》的校勘，主要是对刘徽注的校勘。因为《九章筭术》本文错讹极少，大量错讹在刘徽注中，而且对刘徽注的校勘做好了，则李淳风等注释的校勘大多可迎刃而解。20 世纪以来校勘《九章筭术》的主要任务是：剔除戴震辑录本的粗疏和各版本转换中出现的衍脱舛误及戴震的修辞加工，恢复被戴震等人错改的不误原文，重校原文舛误而前人校勘不当者，校勘原文舛误而前人漏校者。

校勘中应该特别注意：认识篇章结构及主旨是校勘的基础，不轻易以经改注或以注改经。算理是校勘的根本，准确的中国数学史知识是正确校勘的前提。正确句读，弄懂古文是理解数学内容，避免误改原文的保证，要掌握古文的修辞规律。

传本中刘徽注的大量错讹在唐中叶就产生了，而且各传本的错讹基本相同，需要用理校法。对这类校勘，仁智各见，会长期讨论下去。

（16）关于《九章筭术》的外文翻译

20 世纪 70 年代末以前，国内外没有出现过含有刘徽注的《九章筭术》译本。40 年来，先后出版了日译本、英译本、中法双语评注本、捷译本和中英对照本，后四种还含有李淳风等注释。这些翻译有的比较准确，但也有的或词不达意，或有曲解之嫌。

（五）关于《孙子筭经》的研究

有的著述列举了关于《孙子筭经》的成书年代各种说法，认为定其成书年代为西晋（265—317 年）是较为合理的。但是还有许多著述仍沿用钱宝琮《孙子筭经》公元 400 年前后成书的说法。

（六）关于《张丘建筭经》的研究

有的著述废止了戴校微波榭本因避孔子名（丘）讳而改成的《张邱建算经》之名，恢复本名《张丘建筭经》。有的著述仍沿用微波榭本"张邱建"的写法。

有的著述对张丘建的籍贯做了考证，认为在今山东省。

对《张丘建算经》的成书年代，有的著述仍采用钱宝琮的466—485年成书之说，而有的著述认为应在431—450年之间。

有的著述详尽研究了《张丘建算经》中的等差数列。

有的著述对百鸡术的造术做了新的探讨。

（七）关于祖冲之父子的研究

全国数学史学会联合河北祖冲之中学于2000年10月在祖冲之的祖籍涞水县组织了纪念祖冲之逝世1500周年国际学术研讨会，此后筹建了祖冲之研究会，涞水县又正筹建祖冲之科技园。

严敦杰的《祖冲之科学著作校释》于2000年首次出版，2017年出版增补版，2021年出版增补重印本，深受读者欢迎。

对《缀术》是不是如王孝通所说有"于理未尽""全错不通"的地方，有的著述认为，以祖冲之治学之严谨，"于理未尽"是可能的，但不可能存在"全错不通"的地方，而是王孝通与算学馆的学官一样"莫能究其深奥"，才说这种话。

对《缀术》失传的时间，有的著述根据《宋史》记载北宋楚衍通《缀术》，认为在北宋失传。有的著述认为如果楚衍还读过《缀术》，距元丰年间不过几十年，而且没有大的战乱，不可能找不到，表示它的亡佚是因为"学官莫能究其深奥，是故废而不理"，经过安史之乱、藩镇割据丢失的。

（八）对王孝通和《缉古算经》的研究

有的著述对《缉古算经》烂脱的几个题目在钱校本的基础上继续校勘，尚不能取得一致意见。

有的著述认为，王孝通自诩《缉古算经》"千金方能排一字"反映了他治学严谨，是用他认为最佳的方法去解题，而且在文字上也细加推敲，字斟句酌，表明其功夫之深，用心之苦，信心之坚。有的著述的看法则相反：王孝通历数周公以后的数学名家，无一当意者，虽表彰刘徽为"一时独步"，却又说"未为司南"，而"自刘已下，更不足言"，而对自己的《缉古算经》，则唯恐自己"一旦瞑目，将来莫睹"，"后代无人知者"，自以为前无古人，后无来者，目空一切。数学家不必做谦谦君子，但像王孝通这样狂妄自大，贬低前贤，蔑视同辈，轻视后学，是不足取的。

（九）关于李淳风等的研究

李淳风等整理十部算经，其《周髀算经注释》比赵爽注有所推进，有的著述探讨了斜面重差术。有的著述认为，李淳风等对《九章算术》的注释，从整体上讲，无论是数学成就还是理论水平，都远远低于刘徽注。李淳风等多次指责刘徽，事实证明，错误的不是刘徽，而是李淳风等人。但也有个别作者认为李淳风等对刘徽的指责是正确的。

有的著述认为，《缀术》虽然列入隋唐算学馆的课程和明算科的考试科目，但那只是纸上的东西，因"学官莫能究其深奥"，在实际上是不可能进行教学活动，更不可能作为考试科目的。

（十）关于李籍《九章算术音义》的研究

对于李籍生活的时代，《永乐大典》戴震辑录本记作"唐"，《畴人传》三编改作"宋"，其根据不清楚。大约是认为李籍可能参与了北宋秘书省刻本。实际上李籍《九章算术音义》所使用的字词表明，他不可能参与此事。

有的著述详尽考察了李籍所用的字词，对理解《九章算术》和刘徽注很有裨益。同时，由《九章算术音义》可以发现在唐代存在着五六个甚至更多的内容基本一致但有少数字词差别的抄本，其中有南宋本、杨辉本、大典本的母本。前二者比较接近或就是同一个抄本。李籍所用抄本应该是大典本的母本。

（十一）对赝本《夏侯阳算经》的研究

有的著述不同意赝本《夏侯阳算经》是唐代的"韩延算术"的看法，而认为这是另一部实用算术书。

三、十部算经研究所导致的几个重大问题

近40年来,对中国古代数学,除了这种称呼外,通常还有两种:一是"中国传统数学",二是"中国古典数学"。同一作者在不同的年代也会有不同的称呼。近年编纂《中国大百科全书》第三版的《数学卷》和《科学史卷》,其数学史组确定使用"中国古典数学"。

十部算经是中国古典数学奠基时期的著作,关于它的研究关系到中国数学史研究的若干重大问题。

(一)中国古典数学什么时候形成了数学体系

近百年来,特别是40年来,中国数学史著述对中国古典数学体系在什么时候形成有不同的看法。

许多著述说《九章算术》形成了中国古代的数学体系。

有的著述认为,《九章算术》分类不合理,有的卷章文不对题,对概念没有定义,对公式和算法没有推导,因此不能说已经形成了一个数学体系,只是建立了中国古代数学的基本框架,而且这种框架延续了2000余年。

有的著述认为,刘徽给许多数学概念作出了定义,以演绎逻辑为主全面证明了《九章算术》和他自己提出的公式、解法,从而形成了中国古典数学的理论体系。这个体系是《九章算术》数学框架的发展和改造,但其内部结构和逻辑关系与《九章算术》的框架是不同的。

有的著述则笼统地说《九章算术》和刘徽的数学理论体系没有关系。

(二)汉唐数学的分期

由于对中国古典数学什么时候形成了数学体系的看法不同,对汉唐数学史乃至整个中国古典数学史的分期,也有不同的分野。有的著作沿袭钱宝琮的看法,将从秦统一至唐中叶看成一个阶段。有的著述分为上古至西汉,九章算术、东汉三国、西晋至五代几个阶段。

有的著述联系刘徽关于《九章筭术》编纂的论述，将春秋战国至东汉看成以《九章筭术》为主体的框架确立的时期，而将汉末至唐中叶看成以刘徽和祖冲之为代表的理论奠基时期。

（三）以《九章筭术》为代表的中国古典数学属于世界数学发展的主流

吴文俊先生考察了《九章筭术》等中国古典数学经典的算法，认为其具有程序化、机械化、构造性的特点，可与西方欧几里得《原本》公理化演绎体系相媲美，它们交替成为世界数学发展的主流。这是这一时期数学史研究的重大理论成果。

（四）吴文俊先生的古证复原三原则

在研究《海岛筭经》时，吴文俊先生提出了著名的古证复原三原则：

原则之一，证明应符合当时本地区数学发展的实际情况，而不能套用现代的或其他地区的数学成果与方法。

原则之二，证明应有史实史料上的依据，不能凭空臆造。

原则之三，证明应自然地导致所求证的结果或公式，而不应为了达到结果以致出现不合情理的人为雕琢痕迹。

这三原则既是吴先生对半个多世纪中国数学史研究经验的总结，也指导了此后近40年来中国数学史的研究，更是今后中国数学史研究的指南。

四、存在的问题

首先是关于十部算经的研究及其成果，基本上还是在数学史的圈子内流转，向学术界、教育界和社会普及不够。尽管近年数学教育界与数学史一起举行学术研讨会，但是参加会议的学校偏少，参加者基本上是由于自己的兴趣，一些社会舆论认为中国古代数学落后，没有科学，甚至个别权威的科学报刊不时发表贬低、抹黑中国古代数学的文章。

另一方面，40年来，绝大多数著述能从认真研究原始文献出发，得出自己的看法，推进了《九章筭术》和刘徽、算经十书研究事业的发展，但是也有某些著述存在不良倾向。这里仅指出几点。

一是不少著作不做深入研究，继续炒冷饭。有些作者对所抄的观点正确与否无法判断，甚至在同一部作品中抄录不同著述的互相抵牾的看法而不能做取舍。有些科普文章不能判断所抄的读物的优劣，往往使一些错误看法谬种流传，尤其是在中小学教师和中小学生中流传。

二是有的著述曲解古义，为了给自己错误的观点张本，甚至将连一个高中生都能读懂的古文故意歪解，比如将刘徽说的"采其所见"翻译成"就收集自己的见解"等。这当然违背了吴先生的三原则。

三是有的著述不加说明地随意删节古文，有的是不知为什么要删节；有的是发现古文与自己的错误观点相左，不是改变自己的看法以符合古文献，而是删去自己不喜欢的古文。

四是有的著述剽窃他人的成果，将他人已经发表或尚未发表的成果据为己有，还有将他人的著作整篇纳入自己的出版物而不做说明。这种有违学术规范和道德的恶劣现象屡屡发生。有的出版的书稿有问题，质量较差。

五、展　望

中国古典数学著作或由于历代战乱而遭到破坏，或由于后人看不懂而"废而不理"而失传，中国古代的大多数数学著作已经亡佚。比如中国古典数学最发达的西汉至元中叶，现存只有20几部著作。因此，我们今天所知道的中国数学史上的确切成就，只是几个点。如何以科学的态度将这些点串联起来，形成一部接近历史真实面目的中国数学史，是数学史工作者的任务。一个多世纪以来，李俨、钱宝琮等前辈做了可贵的努力，近40年来，许多数学史家又取得了若干新的成果，但是还有各种不足。如何按照吴先生的三原则写出更接近历史真相的中国数学史著作，是今后一个相当长的时间内的重要任务。

十部算经的研究还有许多工作要做。首先，许多问题有待于深入，若干有争论的问题值得进一步研究。特别是靠"理校法"得出的大量校勘，需要时间的考验和历史的鉴定。

其次，要向教育界特别是中小学生和中小学数学教师、历史教师普及《九章筭术》及其刘徽注和十部算经的知识。除了撰写介绍十部算经的科普文章外，最重要的就是做十部算经的现代汉语译注。《九章筭术》之外的其他算经，尚未有现代汉语译注本，亟须开展，而各单位的学术著作分类多将其列入科普读物，愚以为是不合适的。多年前我在古籍整理小组会上曾提出，古代科技著作的现代汉语译注是比撰写学术著述困难得多的工作。很明显，对一时不懂的古文，撰写学术著述可以跳过去，而做现代汉语译注则必须逐字逐句弄懂。因此，应该将古代科技著作的译注列入学术著作。我现在仍然坚持这种看法。

再次，应该原原本本地向国外介绍《九章筭术》及其刘徽注和十部算经。国内学术界说中国古代没有科学、数学落后，其根子在国外。而国外学术界对中国古代数学的了解长期以来局限于日本三上义夫 1913 年的著作[①]。西方学术界对中国古代数学的许多偏见，除了少数欧洲中心论者外，大多数是因为他们不了解《九章算术》及其刘徽注和中国其他古代数学经典。因此，向外国尤其是欧美学术界原原本本地介绍中国古代数学经典，是中国学者的重要任务。这也是开展中外文化交流，使外国人了解中国古代文明的一项重要工作。其最好的方式就是做原著的外文译本，或做中外文的对照本。笔者与 K. Chemla（林力娜）合作的中法双语评注本《九章算术》的成功，使笔者体会到，中国专家与以某种外语为母语的专家合作，将中国古典数学著作译成外文，是快捷、准确的途径。中法双语评注本《九章算术》是比较准确的，然而近几十年，法文快沦落为小语种了。不通英语的广大老百姓一般看不懂。而现在已经出版的《九章算术》英译本和中英对照本《九章筭术》都有严重不足。笔者为首席专家、J. Dauben（道本周）等世界著名数学史家参与的国

---

① Yoshio Mikami. The Development of Mathematics in China and Japan. New York: Chelsea Publishing Co., 1913: 1-156.

家社科基金重大项目"刘徽、李淳风、贾宪、杨辉注《九章算术》的研究与英译"（2017—2021 年）目前正在执行，它的完成会将一个更好的汉英对照《九章算术》贡献给国内外学术界。此外，还应该将《九章算术》及其刘徽注译成俄、德、西、朝、日等外文，还应做十部算经的其他著作和《数术记遗》的外文翻译。

第三节　宋元数学史研究

◎ 郭世荣　魏雪刚

（内蒙古师范大学科学技术史研究院）

宋元数学在中国数学史上居于十分重要的地位，颇受数学史研究者重视。40年来，国内外在宋元数学史方面研究成果丰富，相关论著成百上千，不可枚举。现根据笔者掌握的情况，选择较为重要的若干主要方面进行综述，以国内研究为主，少量涉及国外研究，挂一漏万，敬请专家批评与补正。

一、关于秦九韶及其《数书九章》的研究

李迪《关于秦九韶与〈数书九章〉研究近30年之进展》《关于秦九韶与〈数书九章〉的研究史》两篇文章很好地梳理了1990年之前关于秦九韶与《数书九章》的研究情况。汪晓勤《大衍求一术在西方的历程》梳理了西方学者对秦九韶大衍术的认识过程。沈康身《中国数学史大系·两宋》第五编第二章"国内学者对《数书九章》的研究及其成绩"和第三章"《数书九章》研究在国外"，分别考察了20世纪90年代之前国内外的秦九韶与《数书九章》研究情况。这些文章对于了解关于秦九韶的研究进展都有重要的参考价值。

40年来，对秦九韶与《数学九章》的研究取得了丰硕的成果。对于《数书九章》全书进行今译研究的有两部著作：1962年，王守义完成了《〈数书九章〉新释》一书，并经李俨审校过，但由于特殊原因未能及时出版，1992年，李迪受王守义家人委托，整理出版了该书。该书对《数书九章》全书逐题演算，详细诠释。同年，陈信传、张文材、周冠文出版《〈数书九章〉今译及研

究》，在按语中对该书内容进行了研究。2003 年，查有梁等出版《杰出数学家秦九韶》，是一部综合介绍秦九韶及其成就的著作。

20 世纪 80 年代，吴文俊等人完成国家自然科学基金项目"秦九韶与《数书九章》研究"，于 1987 年出版了《秦九韶与〈数书九章〉》论文集，收录吴文俊、严敦杰、白尚恕、沈康身、李迪、李继闵、莫绍揆、李培业、罗见今、李兆华等人新作和李文林与袁向东先前合作发表的论文共 30 篇，并有"总论"和"附录：秦九韶与《数书九章》研究论文目录"，内容涉及秦九韶的生平、《数书九章》的流传与勘误、《数书九章》内容分析、《数书九章》与其他著作关系的考察、对李倍始《十三世纪中国数学》的述评等。这是秦九韶与《数书九章》研究最重要的成果。作为项目的组成部分，1987 年召开了"秦九韶《数书九章》成书 740 周年纪念暨学术研讨国际会议"，参会人员报告了一批新论文，其中梅荣照、王渝生和王翼勋的文章当年在《自然科学史研究》发表，另有 7 篇收集于吴文俊主编的《中国数学史论文集》（四）（1996 年），这些论文主要对《数书九章》算法做了研究，其中讨论最为热烈的是大衍总数术中由问数求定数的程序问题，众说纷纭。2010 年，侯钢在《中国科学技术史·数学卷》第二十章第一节"大衍总数术"结合研究史的考察，呈现了2010 年之前学者对大衍总数术研究的大致面貌。次年，他又做了进一步的讨论。对于《数书九章》中的"治历演纪""缀术推星""三斜求积""漂田推积""勾股测量""正负开方""遥度圆城""临台测水""米谷粒分""计浚河渠""计作清台""方变锐阵""均货推本""互易推本""菽粟互易""推计互易"等题目人们也都有专门研究。

此外，严敦杰、李迪、解延年、沈康身、莫绍揆、邵启昌、韩祥临、郭书春、杨国选等学者深入考察了秦九韶的生平和品性问题。钱宝琮曾推测秦氏大约生于 1202 年，李迪推测约生于 1209 年。2008 年，杨国选找到了秦氏生于 1208 年的确切史料，后出版《秦九韶生平考》（2017 年）一书。李迪、郑诚、朱一文等梳理了《数书九章》在后世的流传情况。《数书九章》"序"不易读，郭书春、查有梁等专门撰文对其进行解释。《数书九章》"蓍卦发微"被沈康身称为"学习秦氏书的拦路虎"，李继闵、罗见今、董光璧、朱一文则探究了"蓍卦发微"的原意及其与易学的关系。学者还考察了《数书九章》与其他知识的关系,并把它与国外其他数学著作进行了比较。近年,朱一文在数学实作及儒学与算学关系的视野下对秦九韶《数学九章》做了一些系列研究。

二、关于李冶及其著作的研究

1993 年,李迪发表《近 20 年来国内外对李冶的研究与介绍》一文,较全面地考察了李冶及其著作的研究史。此后,关于李冶及其著作的专门研究不多,可举出的大致有,孔国平考察了《测圆海镜》的构造性,莫绍揆提出了对《测圆海镜》的新认识,邹经培、孙洪庆对《测圆海镜》识别杂记进行了验证,郑振初考察了《测圆海镜》的解题方法和特点并梳理了清代学者对《测圆海镜》的研究情况。

白尚恕的《〈测圆海镜〉今译》(1985 年)对《测圆海镜》进行了白话和现代数学的翻译。1988 年,孔国平出版了《李冶传》,书中分李冶生平、《测圆海镜》《益古演段》、天元术的流传与影响、李冶的其他工作五部分对李冶及其数学工作进行了较全面的考察。孔国平的《〈测圆海镜〉导读》(1997 年)的"引论"部分对《测圆海镜》进行了较全面的考察,"本论"部分以提要、注释和翻译为主。李培业与袁敏的《益古演段释义》(2009 年)采用原文和释义、注释分栏对照的排印方式,对原文和清代李锐的注释进行校勘、翻译和辨正。

1992 年七八月间,李迪先后在呼和浩特和河北栾城县主持了"李冶诞生800 周年纪念会"和"纪念李冶诞辰 800 周年大会",但未能单独出版相关纪念文集。两次会议的相关论文收录在李迪主编的《数学史研究文集》(第五辑)中,包括 11 篇论文,主要讨论了李冶的生平、成就、地位、研究史以及《测圆海镜》的内容。

学者对李冶《测圆海镜》一书的性质多有辩证,但无论该书是否为天元术著作,它都对我们了解天元术起着无比重要的作用。因为天元术是宋元数学重要成就之一，所以这里不妨梳理下数学史家对天元术发展历史的认识。钱宝琮《中国算学史》（上编，1932年）第十四章"天元术略史"广泛地讨论了天元术的历史问题，主要叙述了算家的开方术、金人天元术初期发展情况、天元术的表示法，并对天元术与阿拉伯代数学进行了比较研究。该文称天元术为"算器代数学"（instrumental algebra），而李迪《十三世纪我国数学家李冶》一文与《中国数学史简编》（1984年）均认为天元术是"半符号式代数"。

何洛《中国古代天元术的发生与发展》一文以天元术的造术问题为线索，结合具体的例题，梳理了造术思想的发生和发展的脉络，总结了天元术的四个特点，并详细指出了与符号代数相比天元术的不足之处。李迪《中国数学通史·宋元卷》第四章"天元术与李冶"第一节"天元术的起源与发展"指出："天元术发端于11世纪末，起初的一段时间发展缓慢，到12世纪后期开始加快步伐，到12、13世纪之交出现了一批'如积图式'之类的数学著作，用文字表述多项式的各项，'天在上，地在下'，常数项居中，用'人'表示。一二十年之后，彭泽改为'天在下，地在上'，用'太'表示常数项。"另外，劳汉生《元裕之非元裕再辨》也证明了元裕之与元裕是两个人，李迪同意这一看法。孔国平《再论宋元时期的天元术》指出："刘益和蒋周的条段法是天元术的基础，李冶对天元术做了总结，并提出天元术的完整程序。""洞渊是天元术的先驱，他不仅提出'立天元一'，而且开始化分式方程为整式方程。继李冶之后，朱世杰进一步发展了天元术，他提高了方程的抽象程度，掌握了化无理方程的方法，并用天元术来解决各种几何问题，发现了平面几何中的射影定理和弦幂定理。"

冯礼贵《关于天元术研究》着重论述了"天元术发展史略"。他从天元术的源流和1248年以前的研究工作这两方面入手，详细梳理了天元术著作失传以前的天元术发展史，认为李冶《测圆海镜》对天元术的发展贡献巨大。白尚恕在《测圆海镜今译》的前言中给出了李冶在数学方面的10个贡献以及5个不足之处，认为《测圆海镜》是一部"天元术巨著"。莫绍揆的《对李冶〈测圆海镜〉的新认识》结合《测圆海镜》的具体内容，从三方面论证了《测圆海镜》不是关于天元术的著作，否认了李冶在天元术发展进程中具有巨大贡献的观点。李迪先生在《中国数学通史·宋元卷》同意莫绍揆《测圆海镜》是一部具有几何性质的著作，同时在"《测圆海镜》与天元术"一节中梳理了《测圆海镜》对天元术发展的具体贡献，并认为李冶对天元术的发展做出了重要贡献，使天元术有了一个定式，尽管以后天元术有所变化却都没有超出他的范式。郭书春主编《中国数学史大系·数学卷》中专门论述了"天元术的历史"。它由三部分内容构成：关于天元术发展的资料，刘益和蒋周的演段法，《测圆海镜》引用的《钤经》与洞渊的内容。文中根据天元术发展的相关资料，大致描绘出了天元术的发展历史，认为天元术是从演段法发展来的，但很难断定它产生的确切年代，并认为"从李冶的文字中看不出石信道与洞渊通晓天元术"。李迪认为传授给李冶"洞渊九容之式"的洞渊可能是李思聪。在梳理《测圆海镜》研究史时，李俨初次发表的《〈测圆海镜〉研究历程考》这篇长文一直是必须参考的文献。

三、关于朱世杰及其著作的研究

1925 年左右，在美国读书的陈在新在数学史家斯密斯鼓励下英译了《四元玉鉴》，该译本的出版受到科学史家萨顿关注，但一直未能完成。郭金海发现了该译稿并进行整理。郭书春以光绪二年（1876 年）丁取忠校本《四元玉鉴》为底本对全书做了汉文今译，最后将二者合并出版了《汉英对照〈四元玉鉴〉》（2006 年）。李兆华《〈四元玉鉴〉校证》（2007 年）是他花 20 多年时间才完成的一部力作，他逐一演算全书各题，"凡罗草失校、误校及存疑者，参考沈草、戴草予以校改。诸本无所者，以算校改。"[1] 同时，重点讨论该书主要算法的意义及清代学者的相关工作。高峰等校注、冯立昇主审的《〈算学启蒙〉校注》（2020 年）对《算学启蒙》进行了全面的校注与研究。

关于朱世杰的生平我们所知甚少，就其著作而言，《算学启蒙》知识相对简单，学者更关注其流传情况。《四元玉鉴》因提出了著名的四元术，成了学

者研究的重点。关于四元术的发展和完善过程，只能从《四元玉鉴》祖颐和莫若的序中窥见，所以企图对这一问题进行深入研究的计划，只能付之阙如。其实，四元术重要且难以理解的是消元法，李迪先生把四元术的消元法看作是朱世杰在代数学方面的一项贡献。清代不少学者专门研究过四元术的消元问题，并有著作问世，比如罗士琳的《四元玉鉴细草》、沈钦裴的《四元玉鉴细草》、戴煦的《四元玉鉴细草》、陈棠的《四元消法易简草》等等。

1932 年钱宝琮《中国算学史》（上编）认为四元术的消元法与西勒维斯特的"析配消元法"用意相仿。李迪《中国数学史简编》采纳了钱先生的这种说法。杜石然《朱世杰研究》一文通过对罗士琳、沈钦裴、陈棠著作中"互隐通分相消"与"剔而消之"两步的分析，讨论了四元术的消元法问题，认为沈钦裴的方法更接近朱世杰的原意。钱宝琮主编的《中国数学史》也倾向于沈钦裴的消元法。郭世荣《清代中期数学家罗士琳的数学研究》着重介绍了罗士琳的四元消元法。严敦杰《中学数学课程中的中算史材料》"天元术和四元术"和刘钝的《大哉言数》"列方程解应用问题"都采用了罗士琳的消元方法。郭书春主编《中国科学技术史·数学卷》"四元术"一节，采用了沈钦裴的消元法，并对消元的步骤作了具体的说明。

以上这些研究都比较分散，而以胡明杰、李兆华为主的一批学者，则对该问题进行了集中研究。胡明杰《"四元消法问题"别解》给出了"互隐"与"通分"新的解释。他的《"互隐通分相消"研究》分别解释了"互隐""通分""相消"的含义，提出了相消过程的两种模式，并以此分析了《四元玉鉴》中的其他例题。我们认为这里有两点需要注意：其一，按照他的解释会有若干不符的例子；其二，"互隐"之后，筹算如何摆置，是在"太"位上放置两个数字还是另外放置"天元项"？目前对这两个问题还没有明确的解答，这就是说"互隐"问题还有进一步讨论的空间。他的《"剔而消之"浅析》重点研究了四元消法中的"剔而消之"一步，认为它继承了"互隐通分相消"的思想。他的《四元术的数学基础》利用《九章算术》方程章的内容，建立了对四元术消法理解的数学基础。

李兆华《四元消法的增根与减根问题》指出四元消法可能出现增根与减

根问题，并验证了部分题目增减根的情况。张淑华的《也谈四元消法的增根与减根问题》在李兆华的基础上，研究了四元消法出现增减根的原因与途径。另外，学者还对四元术消法机械化问题，以及朝鲜、日本地区消元方法等问题展开了讨论。

关于四元术，学者还进行了如下研究：胡明杰《四元术的一般性程度》通过比较四元术与西方代数学，对四元术做了新的评价。吴裕宾、朱家生《"四元术"的问世、流传与扬州》考察了扬州与四元术的关系。王艳玉《朱世杰的"多次立天元术"》认为"多次立天元术"的思想，是朱世杰从天元术发展到四元术的中间阶段。李兆华、傅庭芳等研究了朱世杰的垛积术。李兆华《〈四元玉鉴〉校证》则在对《四元玉鉴》进行校证的同时，还全面总结了《四元玉鉴》的研究情况。罗见今研究了朱世杰—范德蒙公式。

四、关于杨辉与其他算家的研究

沈康身的《中国数学史大系·两宋》第六编第七章系统考察了 2000 年以前国内外学者对杨辉及其著作的研究。周霄汉的博士论文也集中梳理了史家对杨辉的研究情况。

郭熙汉《〈杨辉算法〉导读》（1996 年）"引论"中考察了杨辉及其数学著作、杨辉所处的时代背景、杨辉的数学研究成就和数学教育思想等内容，"导读"中对《乘除通变算宝》《田亩比类乘除捷法》《续古摘奇算法》三书进行了概述和注释。另有孙宏安《〈杨辉算法〉译注》（1997 年）。2014 年吕变庭出版了《增补〈详解九章算法〉释注》，对杨辉《详解九章算法》进行了注释，认为清代对该书内容的排序不对，他又做了新的编排。2017 年吕变庭出版了《〈杨辉算书〉及其经济数学思想研究》，梳理了《杨辉算书》中的经济数学思想。

20 年来，学者对杨辉及其算书的关注集中在如下几个方面：杨辉的数学与数学教育思想，杨辉与明代数学的关系，杨辉的幻方理论，杨辉数学著作的流传等。

其他数学家与数学著作也获得了关注，白尚恕、李迪《十三世纪中国数学家王恂》一文认为《授时历》的主要数学工作出自王恂之手而非郭守敬，这是极为重要的论断，同时该文还考察了王恂的具体数学工作。刘钝则研究了与《授时历》相关的天球投影二视图问题。郭书春考察了贾宪的数学工作和成就。冯礼贵考察了沈括的数学思想。何绍庚探究了《梦溪笔谈》的运筹思想。李继闵研究了沈括的"隙积术"。罗见今考察了《梦溪笔谈》计数成就和"甲子纳音"的构造方法。戴念祖、徐义保、孔国平分别研究了赵友钦的生平和数学成就。纪志刚、郭涛、郭书春等考察了《河防通议》的数学内容。韩海山梳理了成吉思汗的运筹思想。谢贤熙、吕科评述了西夏的数学成就。王荣彬对丁易东的纵横图和刘益的开方法展开了研究。吴佳芸考察了杨辉的纵横图，认为它受阿拉伯幻方的影响不甚明确，更可能是理学思潮冲击下的产物。

五、宋元数学的通论性研究

1994 年出版的《刘徽评传》附有"秦九韶、李冶、杨辉、朱世杰评传"，著者为周瀚光、孔国平、徐灵芳，主要从生平成就和数学思想两个方面对这四位宋元数学家进行了评传。1999 年，李迪主编出版了《中华传统数学文献精选导读》，其中对 11 部宋元数学著作的主要内容进行了导读。

1999 年，李迪出版的《中国数学通史·宋元卷》为了揭示宋元数学发展的连续性，特别重视资料的全面性，使用了一些此前认为不太重要的史料。该书共分为七章："北宋时期的数学""西夏金南宋早中期数学与秦九韶的贡献""南宋末年的南方数学""天元术与李冶""蒙古和元初的官方历算学""朱世杰与南北数学合流""数学思想与内容的转变"。关于如此安排章节的原因，作者自道："主要之点是朝代更替的衔接性和数学本身南北特征的出现。第一章之后先讲南宋，是因为数学上与北宋有继承关系，特别是在出版方面和算法方面不能分割开。后讲北方，是因为由北方统一全国，由北方的蒙古和元朝变成了全国的元朝，接着讲元朝数学是顺理成章的。我认为这是一种合理的划分方法。朱世杰是融会南北两方的大数学家，并且以北方的成就为主，而秦九韶的《数术大略》，他似乎未接触过，因此像'大衍总数术'和'大衍求一术'等这类问题，秦氏以后再无人探讨过。"

1999年，李迪主编的《中国数学史大系·西夏金元明》出版，2000年沈康身主编的《中国数学史大系·两宋》出版。它们之所以如此分为两卷，大概与编者对宋元数学发展的区域性差异的认识有关，如李迪在《中国数学史大系·西夏金元明》前言所说："本卷的时间跨度是上起西夏下迄明末，即约在1000年—1600年的600年间，所涉地域范围先是由中国北部、西北部到西南部，与偏居东南的南宋王朝对峙，数学发展也有很大的差别，可以说各有特点。"这两部著作结合起来，则是以秦九韶、李冶、杨辉、朱世杰的生平及其数学工作为讨论的核心，同时还考察了贾宪、刘益、蒋周、沈括、刘秉忠、王恂、郭守敬、赵友钦、沙克什等人的数学工作，并从宋元时期科学技术成就与数学专著、北宋数学的成就影响与数学教育、西藏西夏金与北方民间数学、蒙古与元初的官方历算学等方面更全面地呈现宋元数学发展的面貌。

"九五"期间，王渝生、刘钝主编《中国数学史大系》，原计划出版两部宋元数学史相关著作，即《贾宪秦九韶与宋代数学》《李冶朱世杰与金元数学》，前者未见成书，后者于2000年出版，其著者为孔国平。孔书以李冶、朱世杰的生平及其著作为主要线索，又旁涉王恂的数学工作、《革象新书》《河防通议》等内容，对金元数学进行了较全面的论述。全书共分为9章，即"金元数学概观""李冶生平及学术思想""《测圆海镜》""《益古演段》""王恂及其数学成就""《革象新书》与《河防通议》""朱世杰生平及数学思想""《算学启蒙》""《四元玉鉴》"。

2010年，郭书春主编的《中国科学技术史·数学卷》以唐中期到元中期为第4编，认为此期的数学是"中国传统数学的高潮"。其中主要是以算法视角来考察相关内容的，所涉及的算法包括计算技术的改进和珠算的发明、勾股容圆和割圆术、高次方程数值解法和天元术四元术、垛积术和招差术、大衍总数术和纵横图。此外，书中还概述了这一时期数学家、数学著作和中外数学交流的情况。

以上是通史著作对宋元数学的研究，下面梳理具体的通论研究。李迪指出宋元时期数学形式发生了如下变化：注意预备知识、增加算题诗和算法诗、形式逻辑思想加强、用笔记录的演算形式增加，并认为这一转变的原因：一、深受刘徽的影响；二、强调实用而又不为实用所束缚；三、有敢于打破传统的精神。

梅荣照指出宋元数学出现了一些新思想、新方法和新理论，如数学方法的一般化、程序化数学方法、构造性的证明、代数符号的引入等。

王宪昌从珠算与算器型算法体系、珠算与技艺应用的数学价值取向、珠算与数学评价准则三个方面指出了宋元数学与珠算发展的内在关系。

郭世荣以数学模型视角对宋元算法进行了新的解释。

朱一文通过梳理宋代文献中数的表达和用法，试图回答"什么是数"这一问题，认为"运算位置"也在宋代被看成是数的本质。

佟健华认为宋元人才政策对数学人才群体起到营建作用，因而使得宋元时期形成四个相对独立的特定的数学人才群体。他还从数学哲学、数学思维、数学方法的比较入手来展示宋元数学人才群体数学研究的辩证唯物性、抽象思维和形象思维结合、特殊方法和一般方法结合等特色。

劳汉生全面考察了元代的数学教育，对元代数学教育制度进行了梳理，展现了元代数学家的师承脉络，介绍了元代数学教育内容、思想与成就，并认为如下六个问题还有不少疑点且试图进行解答：元裕之与元裕关系；元代教育的成就；紫金山书院是否有张文谦；刘秉忠、许衡的科学史地位；《四元玉鉴》的造术；赵友钦生平与《革象新书》成书时间，最后针对现实又指出五个应该引起关注的数学教育现象：数学教育没有跟上数学发展的主流；数学教育常常受政治因素影响；数学人才的分配和利用不合理；数学教育重量轻质；社会商品化带来的教育基金短缺以及实用主义重新统治教育和科学研究。

宋元数学被认为是中国数学发展的高峰，学者对其原因多有讨论。如梅荣照从社会背景和数学家两方面阐释了宋元数学兴盛的动力，从科举制度和理学两个角度来揭示宋元数学衰落的原因。王宪昌则从价值观念的变化分析了宋元数学兴盛的原因。孙宏安又认为宋元数学教育、特殊的政治经济状况、理学思想的兴起等因素综合起作用，使得当时的思维取向、价值评价、社会认同发生变化，因而促进了宋元数学的发展。

关于宋元数学与儒学的关系，孙宏安、傅海伦、乐爱国、陈玲从宏观的角度讨论了《周易》与中国传统数学发展的关系，代钦出版了《儒家思想与中国传统数学》一书，杨子路出版了《道教与中国传统数学互动的思想文化史》一书。具体而言，周瀚光通过考察宋元重要数学家的数学思想，认为道学与宋元数学发展密切相关，并分析了道学对数学的积极和消极影响。洪万生对李冶与全真教的关系进行了深入分析。侯钢博士论文《两宋易学及其与数学之关系初论》讨论了宋代易学与数学交互影响的关系，该文影响较大。罗见今探究了邵雍先天图的数学解析和应用。康宇考察了宋元象数思潮的兴起及象数思潮对宋元数学发展的影响。朱一文则通过对朱熹的数学和《数书九章》"蓍卦发微"等案例的深入研究揭示了宋代儒学与数学的密切关系。

王艳玉讨论了《算学启蒙》在朝鲜以及日本的流传和影响，认为《算学启蒙》在朝鲜和日本都流传很广，不同的是，《算学启蒙》等宋元算书虽然开创了朝鲜数学的新局面，却禁锢了朝鲜数学自身的发展，日本数学家却通过对《算学启蒙》的学习，逐渐把握了天元术的真正涵义，并且有了自己的著作，经由关孝和等学者的努力，具有独特风格及体系的和算逐渐形成。

郭世荣研究了《数书九章》《测圆海镜》《益古演段》《杨辉算法》《四元玉鉴》《算学启蒙》等宋元数学著作在朝鲜半岛的流传情况以及产生的具体影响。英家铭则重点分析了南秉吉对天元术与四元术的研究问题。

冯立昇考察了《算学启蒙》《杨辉算法》《授时历》在日本的流传与影响，认为《算学启蒙》在日本很受欢迎，得到了和算家的重视，并指出"和算家对天元术代数学的继承与发展，提高了和算的符号化程度，导致了和算一系列重要成果的产生，从而带动了整个和算的发展。"[①] 黄清扬、洪万生则通过吴敬的算书考察《算学启蒙》的流传情况。

徐泽林考察了宋元数学的"演段"术语在日本的传播和改造，对比了四

---

① 冯立昇. 中日数学关系史 [M]. 济南：山东教育出版社，2009：97.

元术与"点窜术"、中日方程论等的差别，还以个案的形式仔细分析了宋元算法对日本数学发展的影响。

六、国外学者对宋元数学史研究简述

整体而言，与中国学者的工作相比，国外学者对于宋元数学史的研究文献量较少，因此这里的综述从 20 世纪初开始。

1917 年，李俨对国外研究中算史的观察是，"晚近则日有东京帝国学士院嘱托三上义夫君，美有纽约哥伦比亚大学算学史教授史密司博士，比有里爱市教士范氏，之三君者，皆有心于中国算学史之著作。"[①] 其中，史密司即史密斯 D. E. Smith、范氏即赫师慎 L. van Hée。

三上义夫虽然是日本人，可是他的 The Development of Mathematics in China and Japan（1913 年）却是首部用英文向西方世界介绍中国数学史的著作，影响很大。就宋元部分而言，三上义夫分章节介绍了沈括、秦九韶、李冶、杨辉、朱世杰、郭守敬的生平和工作。他还提出了一些自己独特的观点：一、代表零的圆圈符号在刊印本中最早见于秦九韶的《数书九章》，但它至少在前一个世纪就已经使用了。二、解释了宋代代数学家用于表示数字方程的一般记号系统所具有的"矩阵"特征。三、举例说明，当杨辉处理长度问题时，也用到分、厘、毫这些小数名称。

赫师慎最主要的成绩是向西方介绍中国传统数学文献。1913 年，赫师慎首次以专题形式详细地向西方介绍李冶及其《测圆海镜》、朱世杰及其《四元玉鉴》，并翻译了《益古演段》中的 64 个代数问题。不过，赫师慎的汉语水平不高，且具有强烈的文化偏见，所以他的文章错谬的地方较多。虽然这样，他的不少观点还是有价值的。上述三上义夫观点的前两者，赫师慎也进行了阐释。此外，他还认为：一、朱世杰的方法已为 19 世纪的许多中国数学家所阐明，其中最突出的有丁取忠（与耶稣会士合作过），他曾编辑了著名的古代

---

① 李俨.中国算学史余录 [J].科学，1917（3）：238-241.

数学著作集《白芙堂算学丛书》（1875 年）。二、通过沈括公式与郭守敬公式的比较，认为郭守敬的弧矢割圆公式要精密得多，钱宝琮《中国算学史》也有类似的看法。

史密斯倡导并组织研究远东数学史，重视文献的考证。就宋元数学来说，他认为秦九韶"对应用代数学知识去解决实际问题不感兴趣，他宁愿把它看成一门纯科学"。李约瑟《中国科学技术史·数学卷》认为他的这种说法难以理解，并指出秦九韶《数书九章》中关于灌溉渠道的配置、石坝的建筑以及含有算术级数和联立一次方程的财务问题。据史密斯的研究可知，在数字高次方程的解法中，秦九韶发展了古代的方法，这种方法与 1819 年霍纳重新发现的方法实质上是相同的。他还指出，《四元玉鉴》开头的一个图形，它与后来西方以帕斯卡三角形闻名的图形完全相同。关于四元术的"四元"，史密斯和三上义夫均注意到此处"物"与拉丁语"res"（物）及意大利语"cosa"（物）之间用于表示未知数的相似性，史密斯又对此加以确认。

以上三家的工作都是在 20 世纪初完成的，他们之后直到 20 世纪中叶，宋元数学在西方的研究还在零星地持续。萨顿（G. Sarton）的 Introduction to the History of Science（Vol.1、2、3、4）对李冶给出了很高的评价，认为秦九韶是"他的民族、他的时代以至一切时代的最伟大的数学家之一"，指出朱世杰也许是所有中古时期数学家当中最伟大的。正如萨顿所言，秦、李、杨、朱这四个人在半世纪内相继出现，而他们之间的关系又如此疏远，实在令人惊奇。据萨顿的观察，还没有一部可用的宋代代数学著作的评注本，也没有一部由汉学家和数学家详加注释的全译本。他又认为直到 11 世纪、12 世纪，算盘在欧洲才成为通用的工具，并认为算盘是各自独立创造的可能是当前最好的结论。

此外，F. Cajori、Forke, A.、E. L. Konantz、L. Gauchet、A. P. Yushkevitch、Rosenfeld、L. Matthiesen、L. E. Dickson、B. Datta、A. N. Singh、G. Vacca、W. W. Ball、E. Weidemann 等学者也间接或直接讨论过宋元数学的相关问题。

1959 年，李约瑟（Joseph Needham）（与王铃合作）《中国科学技术史·数学卷》出版，这是西方学者研究中国数学史的里程碑式著作。作者关注四方面具体数学史问题:(一)数学知识大厦留下永久性标志的事迹。(二)数学如何能在同西欧相差如此悬殊的一种文明中成长起来。(三)数学文化接触和传播的情况。(四)东西文化中数学和科学的关系问题。李约瑟认为中国数学的主流是代数学,而其最重要的成就都出现在宋元时期。李约瑟对宋元数学问题的讨论主要集中在二项式定理、天元术与四元术符号的特征、数学符号的起源和传播、天元术与四元术的应用问题。

1966年,钱宝琮主编出版了《宋元数学史论文集》,就宋元数学的诸多议题展开了深入的探索。一方面,中国学者批判式地借鉴了西方学者的成果,如杜石然的《朱世杰研究》参考了萨顿和李约瑟的著作,但否定了他们对朱世杰消元法的解释以及对一个垛积求和公式来源问题的判断。另一方面,《宋元数学史论文集》出版后,本来国内有可能出现一个研究宋元数学的热潮,可惜因"文化大革命"而中断。20世纪70—80年代,使用西方文字的学者蓝丽蓉、李倍始、谢元作、林力娜先后将杨辉、秦九韶、朱世杰、李冶作为专题研究,盖导源于钱宝琮先生领导的宋元数学研究。"① 马若安(Jean-Claude Martzloff)也认为20世纪70年代数学史家的主要关注点是13世纪的宋元数学②。

蓝丽蓉(Lam Lay Yong)把《杨辉算法》翻译成英文并对其内容进行了考察,在此基础上,拓展到朱世杰《算学启蒙》和李冶《益古演段》的研究。蓝丽蓉的研究最终是要追问如下问题:为什么其他文明国度中的古老数学不再被沿用?是什么原因促使古老的中国数学持续发展了将近两千年,后来它又为何会衰败了呢?为什么一些中国数学方法和我们今天所见所用的如此相似呢?到底数学的萌芽期是以怎样的基础开始,促成今日数学如此蓬勃的成长?蓝丽蓉用英文发表了一批论文,涉及宋元数学。她与洪天赐、沈康身有密切的学术合作。

李倍始(U. Libbrecht)*Chinese Mathematics in the Thirteenth Century*(*The*

① 郭书春. 五十年来自然科学史研究所的数学史研究[J]. 中国科技史杂志, 2007(4): 356-365.
② Jean-Claude Martzloff. A History of Chinese Mathematics (Translated into English by Stephen S. Wilson)[M]. Berlin: Springer-verlag, 1997: 8.

Shu-Shu Chiu-Chang of Chin Chiu-shao）主要讨论了秦九韶与《数学九章》的内容，重点在记数法、术语、初等数学方法、代数、中国剩余定理、社会与经济背景等方面。该书虽然以《数学九章》为研究对象，但内容不限于此，可以看作是对十三世纪中国数学发展的整体研究。白尚恕、沈康身对其进行了详细的评述。

20 世纪 70 年代，何丙郁（Ho Peng Yoke）为 *Dictionary of Scientific Biography* 撰写词条，包括秦九韶、朱世杰、李冶、杨辉的传记。他为蓝丽蓉、李倍始的宋元数学研究写书评。他还把秦九韶与卡丹进行了比较。

谢元作（J. Hoe）在法国汉学家谢和耐指导下研究《四元玉鉴》，考察了《四元玉鉴》的多项式方程组问题，给西方读者提供了相关的中算知识和他的研究，于 1976 获得博士学位，此项成果于次年出版。2007 年他又出版了英译本，但因篇幅关系并没有包括全部题目的英译。

1982 年，林力娜（K. Chemla）以李冶和《测圆海镜》的研究获得博士学位，李迪对该成果的评价是："林力娜的博士论文《测圆海镜研究》，论文正文除前言外，分为几何和代数两大部分。还有三本附件，第一件为《测圆海镜》中文原文的摘录和参考文献，第二件为补作的图形和注释，第三件是把摘录的中文译为法文并以现代方式表示。把正文分为两部分，先几何后代数的安排很合理，因为《测圆海镜》是以"测圆"为基础的，而处理问题的方法用天元术，即代数方法。这篇论文是目前西方对《测圆海镜》研究最详细的一篇。"[①] 除此，林力娜还讨论《测圆海镜》中的方程和系数问题，并把书中的方程看作具有对称性。她从分析"识别杂记"错例入手，总结出李冶得出这些公式的各种可能的数学方法。

藤原松三郎、户谷清一则考察了宋元数学史料、宋元时期计算方式的演变。杉本敏夫、藤井康生对《授时历》的数学内容进行了考察。新井晋司考察了赵友钦的生平。A. Volkov 对赵友钦及其圆周率研究有深入研究。2020 年，Charlotte-V Pollet 出版的 *The Empty and the Full: Li Ye and the Way of*

---

① 李迪 . 近 20 年来国内外对李冶的研究与介绍［M］// 李迪 . 数学史研究文集：第五辑 . 呼和浩特：内蒙古大学出版社，1993：148-151.

Mathematics 不仅翻译了李冶《益古演段》，还从实作的角度对其进行了细致的考察。

七、宋元数学史研究的建议

上面介绍了过去 40 年来宋元数学史研究的若干侧面。整体上看，一方面研究较为全面，涉及了宋元数学的所有数学家和数学成果，包括数学思想、数学哲学、儒道对数学的影响等多方面的因素，另一方面，随着新方法论和新编史观的开拓，新的研究思路也在不断形成。对于宋元数学史进一步研究提出以下建议，请方家指正。

第一，新编史方法与编史思路的引用和开发。既往的研究，在编史思想上还基本上是传统的，国际上比较流行的一些方法在国内的应用还不是很充分。比如，数学实作的研究思路应近期越来越受到重视，但是在宋元数学史研究上还应用较少，郭世荣报告过他对于《杨辉算法》的实作分析，有新的发现，但是论文尚未发表。特别应该提出的一点是，开发研究中国传统数学的新编史方法，应该是中国数学史家的重要任务。

第二，宋元数学思想的进一步研究。与汉唐相较，宋元数学家形成了不少新思想，发展了不少新方法，表现出很强的理论研究特点，远超出汉唐以实用为中心的范围。以往对于宋元数学思想的研究有一些成就，但是远远不够，颇有研究空间。这里举三个例子：（1）郭世荣曾讨论过宋元数学主流及其对汉唐数学基础上的转变，我们还应该研究这种转变对于宋元新发展的作用和意义。（2）我们研究过李冶的"圆城图式"和朱世杰的句股"五和五较"两个数学模型对于构造数学问题的重要性。实际上杨辉的"田亩"，朱世杰的垛积、招差等都具有数学模型的功能，这需要做深入的研究。（3）杨辉的便捷算法、比类、九章纂类等都体现了深刻的数学思想，值得深入研究。

第三，宋元筹算与珠算的关系。毫无疑问，宋元数学家对珠算是有研究的，但是沿用传统的数学著作书写的习惯，在数学著作中明确体现珠算的内容较少。那么，宋元时代的珠算在以筹算书写方法为主流的背景下是如何体现的？宋元筹算对珠算有重要影响，这是很容易理解的，反过来，珠算对筹算的影响是怎样的？通过实作分析，将会发现这种影响的具体情况和影响程度。

第四，算法设计的研究。算法设计是中算史研究的新方向之一。吴文俊的古证复原思路在一定意义涉及算法设计，但还不是算法设计本身。需要研究在筹算体系和珠算体系背景下算法是如何设计出来的？算法设计又与算法正确性的确认有何关系？在算法设计方面有很多工作可做，对于深入理解传统数学颇有意义。

第五，宋元理学与数学的关系。韩国学者金永植对此有过一些研究，但是留下很大的研究空间。这涉及到对数与道的关系的认识，易数学等多方面的内容，这是中算史研究的薄弱环节，值得下功夫。

此外，还有宋元数学与国外数学的比较研究以及宋元数学的国际影响等问题也有很大的研究空间。

本文综述宋元数学史研究情况，但不能局限于宋元，在研究宋元数学史时，必须与汉唐与明清相关联。

第四节　明代数学史研究

◎ 魏雪刚

（内蒙古师范大学科学技术史研究院）

数学史家对明代数学史的具体含义有不同的看法，出于明确讨论对象的考虑，本文所言明代数学则以 14 世纪中叶为起点，自此中算转向对实用算法的关注，结束时间为 16 世纪末，之后是中西算学交流互动的阶段。如此限制的另一原因是，本文属于综述性质，这就要求论述顾及 40 年来关于明代数学史研究的一般看法和成果情况。这一时期重要的代表性著作如李迪主编的《中国数学史大系·西夏金元明卷》和郭书春主编的《中国科学技术·数学卷》均采用这种划分方式。

20 世纪 70 年代末之前数学史家对明清数学史的研究比较薄弱，学界甚至流传着"明不明，清不清"的戏称。[①]1986 年，严敦杰主编的《中国古代科技史论文索引》收录了 1900 到 1982 年中文报刊上的科技史论文条目，其中"明清数学史"分类下的明代数学史论文仅有 6 篇，李俨 5 篇，严敦杰 1 篇。当然，该书有收录不全的情况，且其他分类下所收录的论文也可能会与明代数学史相关，但大体上其信息还是可信的。可见，这 80 多年间的明代数学史研究未能充分展开。此后，明代数学史研究逐渐取得了许多成绩。1990 年，梅荣照首次结集出版了明清数学史研究的论文集。[②]1999 年，李迪主编的《中国数学史大系·西夏金元明卷》附录了相关研究文献目录，其中明代数学史的占有 12 页还要多的篇幅。时至今日，明代数学史的研究成果还在陆续积累。或许可以说，明代数学史研究与 1981 年成立的数学史学会是同步发

---

① 郭书春.五十年来自然科学史研究所的数学史研究［J］.中国科技史杂志，2007（4）：356–365.
② 梅荣照.明清数学概论［M］//梅荣照.明清数学史论文集.南京：江苏教育出版社，1990.

32>

展的。不过整体而言，学界对明代数学史的关注仍然相对较少，本文则借回顾 40 年研究概况之机，呼吁对该领域的更多重视。

一、明代数学资料的发掘整理与数学内容的分析

明代数学著作散失严重，《算法统宗》卷末"算经源流"记录了若干明代算家及其著作，但对清代的梅瑴成来说这些著作已经多不存世。《四库全书》收录的明代算书仅有《测圆海镜分类释术》《弧矢算术》两部。《畴人传》所引明代数学著作也只有《算法全能集》《勾股算术》《测圆海镜分类释术》《弧矢算术》《测圆算术》《算法统宗》六种。因此，对传世著作的考察当是明代数学史研究的首要问题。

李俨在这方面做了重要的奠基性工作，其藏书及《明代算学书志》《〈永乐大典〉算书》《增修明代算学书志》《中算书录》《十三、十四世纪中国民间数学》《二十年来中算史料之发现》《李俨收藏中算书目录》《三十年来中算史料的发现》《〈铜陵算法〉介绍》《〈算法纂要〉介绍》等文章较全面地发掘梳理了明代数学资料，为进一步系统深入研究奠定了基础。钱宝琮、丁福保、周云青、裴冲曼、邓衍林、严敦杰等也在收集整理明代算书和书目方面做了很多努力。

20 世纪 80 年代初，李迪等考察了新中国成立以来中国数学史的发展情况，其中与明代数学史相关的工作还是集中在新资料的发现方面，据统计此期新发现的明代算书包括《九章算法比类大全》（明刊本）、《算法统宗》（明刊本）、《算法纂要》（明刊本）、《嘉量算经》（明刊本）[①]。

之后，新资料不断被发现，如严敦杰重新发现《永乐大典》算书；华印椿发掘了明代珠算著作和明代文献中的珠算史料；李迪、王荣彬发现了《一鸿算法》；刘钝梳理了若干明代笔记中的数学史料；赵蒿士、余介石、严敦

① 李迪.三十四年来的中国数学史［M］//吴文俊.中国数学史论文集：一.济南：山东教育出版社，1985：1–10.

杰、王才吉等对珠算史料进行了收集梳理。

1990 年，梅荣照统计当时尚存的明代算书为 15 种。[①]20 世纪末，李迪再次进行了系统整理，认为明代数学著作有将近 80 种，而除了只有佚文、不能独立成册和无法判定年代的著作外，现存十多种，即夏源泽《指明算法》、吴敬《九章算法比类大全》、王文素《算学宝鉴》、顾应祥《勾股算术》《测圆海镜分类释术》《弧矢算术》《测圆算术》、周述学《神道大编历宗算会》、柯尚迁《数学通轨》、余楷《一鸿算法》、程大位《算法统宗》《算法纂要》、黄龙吟《算法指南》、朱载堉《算学新说》《嘉量算经》、佚名《九龙易诀算法》等[②]。相对于梅荣照，李迪的统计删去了《通原算法》，增加了《一鸿算法》《嘉量算经》《九龙易诀算法》。若我们把李迪的选择标准放宽，则佚名《透帘细草》、丁巨《丁巨算法》、贾亨《算法全能集》、作者无定论的《详明算法》、严恭《通原算法》、佚名《铜陵算法》、徐心鲁《盘珠算法》、朱载堉《圆方勾股图解》以及李兆华新发现的张爵《九章正明算法》残本，都也能看成是现存的明代数学著作。2000 年，李迪主编的《中国数学史大系·中国算学书目汇编》全面整理编辑了中国古代数学书目，所录内容包括书名、卷数、作者、版本、藏地等。书中也较完整地收录了明代数学著作的多方面信息，是一次大的综合。

明代数学著作的整理出版在近 40 年有很大的发展，这使得不易见到的著作广泛传播，为更多的研究者所利用。这方面的主要成果有：1986 年李培业《〈算法纂要〉校释》，1990 年梅荣照、李兆华《〈算法统宗〉校释》，1999 年李迪主编《中华传统数学文献精选导读》(其中有《算法统宗》)，2008 年刘五然等《〈算学宝鉴〉校注》，2000 年郭世荣《〈算法统宗〉导读》，2012 年《魁本对相四言杂字》(《和刻本中国古逸书丛刊·15》)，2013 年李天纲主编《朱载堉集》(收录《算学新书》《嘉量算经》《古〈周髀算经〉圆方勾股图解》)，2014 年马美信、黄毅《唐顺之集》(卷十七内有《数论六篇》,《明别集丛刊》)，2015 年上海书店出版社《新编对相四言》等。专门的中国数学史

①　梅荣照.明清数学概论［M］//梅荣照.明清数学史论文集.南京：江苏教育出版社，1990：1—20.
②　李迪.中国数学史大系·西夏金元明［M］.北京：北京师范大学出版社，1999：506—509.

文献丛书也在近 40 年得到整理出版，如 1993 年郭书春主编的《中国科学技术典籍通汇·数学卷》、1994 年靖玉树编勘的《中国历代算学集成》。这两部书影印了最基本的明代数学著作，成为相关研究的主要资料来源。此外，《续修四库全书》《中华再造善本》等大型丛书也收有明代数学著作，具有重要参考价值。

　　数学史家对现存明代数学著作的内容进行了深入分析，呈现了明代数学知识的基本面貌。李俨从民间数学角度简略介绍了明代几部算书中的开方、方程和歌诀内容。钱宝琮主编的《中国数学史》从归除歌诀、珠算发生发展和数码等方面讨论了明代数学著作所体现的计算技术的改进。梅荣照考察了几部明代算书的求一法、九归歌诀和归除的内容。关于《对相四言》《算法统宗》《九章算法比类大全》的内容也有学者进行了简要介绍。这些都是 20 世纪 80 年代以前的工作。

　　此后，宛吉善、李培业、李迪、李兆华等详细考察了程大位《算法统宗》《算法纂要》的版本问题。张福汉、余介石、华印椿、严敦杰、梅荣照、李兆华、李培业等对两书的关系问题，及其中的珠算算法、丈量步车、钱田问题、三乘方、立术之误、内容源流、笔算等内容，各自进行了详细的考察。劳汉生对《九章算法比类大全》《算学宝鉴》的内容做了初步探讨。严敦杰根据《永乐大典》把《通原算法》分为上下卷，指出书中大衍求一术题来自杨辉，增乘开方法来自《透帘细草》，并将《透帘细草》与贾宪的开方法进行比较，最后指出《通原算法》可能用到了珠算。李迪、王荣彬简要讨论了《一鸿算法》的整体情况，认为该书是珠算著作，并对其所载加减法口诀、乘法口诀、除法口诀、开方法口诀、丈量土地等内容进行了分析。李培业详细讨论了《详明算法》的"乘除见总"内容。冯文慈对朱载堉珠算开方术进行了述评。戴念祖从珠算开方、不同进位制小数换算、等比数列计算三个方面详细考察了朱载堉著作的数学内容。李兆华从构造等比数列方法、律管内径算法推测、十进小数与九进小数换算法、珠算归除开平方法等方面对朱载堉的数学工作进行了研究。李迪考察了周述学《历宗算会》的内容，分析了它对《算法统宗》的影响。郭金彬对《盘珠算法》的内容进行了讨论。华印椿、李培业等深入阐释了多部明代算书的珠算算法内容。

《中国科学技术典籍通汇·数学卷》《中国历代算学集成》在提要或简述中对所收明代算书的内容分别进行了梳理讨论。值得一提的是，1993 年，《中国科学技术典籍通汇·数学卷》影印了不多见的《算学宝鉴》抄本，这引发了一场研究王文素《算学宝鉴》的热潮。1997 年，许雪珍硕士论文即是《算学宝鉴》的内容分析。1998 年，召开了王文素《算学宝鉴》研讨会，会议论文集于 2002 年出版。[①] 其中收录 26 篇论文，分别从勘校、绘图、珠算算理算法、定位法、纵横图、连环图、表算、开方、高次方程、级数论、所载史料等方面分析了《算学宝鉴》的内容。

1999 年，李迪主编的《中国数学史大系·西夏金元明卷》较全面地梳理明代数学著作的内容，其中又以吴敬、王文素、程大位的数学著作为考察重点。同年出版的劳汉生《珠算与实用算术》则从珠算算法和实用算术两个角度系统分析明代算书的内容。

此后几年，郭世荣以导读形式对《算法统宗》的版本和内容进行了全面考察。李兆华分析了残本《九章正明算法》的内容和价值。李迪、冯立昇对《铜陵算法》的内容、性质、版本、相关人物、作者、流传及其与其他算书关系等问题进行了考察。中国台湾师范大学王连发、陈威男、杨琼茹、徐梅芳的硕士论文分别考察了顾应祥、周述学、程大位等算家数学著作的内容。潘红丽又考察了王文素的级数论。张久春梳理了《九章算法比类大全》的内容及其资料来源。

2004 年，李迪出版的《中国数学史·明清卷》试图呈现明代数学著作尽可能完整的面貌。2010 年，郭书春主编《中国科学技术典籍通汇·数学卷》中郭世荣主笔的第五编对明代数学著作及其内容展开了全面梳理，更重要的是，其中发掘了明代数学著作的理论研究和创新内容。至此，我们已经可以大致把握明代数学知识的基本面貌了。

2010 年来，对明代数学著作的内容分析进一步深化，郭世荣研究了顾应

① 山西省珠算协会. 王文素与《算学宝鉴》研究［M］. 太原：山西人民出版社，2002.

祥的珠算开方法。罗见今考察了《算学宝鉴》中的幻方、珠算和计数问题。田森讨论了明清数学的主要内容和问题，特别强调了顾应祥数学工作的理论化倾向。其实，对吴敬、王文素、顾应祥、程大位等重要算家数学著作内容的探究一直有很大吸引力，无论是对某一算法的继续细致分析方面，还是对算法史的重新阐释和建构方面，都获得了持续的关注和探索，此处不再详论，或在最近期刊论著，或在下文，则可有所了解。

二、从中国数学通史著作看数学史家对明代数学认识的变化

通史著作不仅是作者学术认知和实践的集中体现，而且它们一般都会吸收当时最新的研究成果，所以通史著作还可看作是一段时期的研究总结，这样，通史著作的发展就在一定程度上体现了学术的变化。本节试着从中国数学通史著作入手来看近 40 年数学史家对明代数学认识的变化，讨论的起点延长到 20 世纪初，以便在更长的时间脉络中探寻近 40 年的变化所具有的意义。

李俨是中国数学史的奠基人之一，他研究数学史的一个原因，是看到了日本人一篇研究中国数学史的论文而受到了刺激。这个日本人可能是三上义夫。1914 年，李俨与三上义夫开始通信。[①] 就在前一年，三上义夫出版了英文版《中日数学的发展》（ *The Development of Mathematics in China and Japan* ），其中第 16 章为"明代数学"，第 17 章为"欧洲数学的介绍"，把"明代"的结束时间定在了 16 世纪末。关于"明代数学"，书中认为其主要成绩出现在 16 世纪，因之简述了唐顺之、顾应祥、程大位等的数学工作。1929 年，林科棠翻译三上义夫文章并出版《中国算学之特色》，为《万有文库》的一种。书中"中国算学上之时代区分"一节以"算学之发达"视角把中算分为五期，第三期为"南宋到元代（1247—1303）"，第四期为"明末到'现代'"，其中 1303 年为《四元玉鉴》的出

---

① 韩琦.仰望李俨先生［J］.科学新闻，2017（11）：79-80.

版时间。这种分期方法把"1303年到明末"这段历史时期排除在外，作者给出的理由是，"明代全为算学衰退之时代，恐不能为之特立一时期也。"可见，从1913到1926年三上义夫对明代数学的关注有所减少，这是值得讨论的问题。

1930年，李俨出版的《中国算学小史》以"盛衰倚伏之大势"为原则同样把中算分为五期，其中"近世期"为"自明至清初，约当公元1367年，迄1750年。"这种"近世期"的划分延续到了《中国算学史》，该书初稿写成于1936年，1937年上海商务印书馆发行初版，此后多次再版。1954年，该书在原版基础上进行较大的修订，次年出版修订本，并多次重印。1931年，《中国数学大纲》上册出版，20世纪50年代，李俨对其进行增补订正，并补写下册。1998年，《李俨钱宝琮科学史全集》第三卷收录了李俨对该书修订本的若干补充和修正。该书所谓"近世期"的开始时间未变，而结束时间是1800年，已不是1750年了。可见，李俨对明代数学的分期始终没有很大的变化。就《中国数学大纲》下册而言，关于明代数学的内容，重点讨论了明代算书、算家和珠算术，还涉及了教育制度和中外交流等问题。

1959年，李约瑟主编的《中国科学技术史·数学》（*Science and Civilisation in China*，vol.3）指出了中国数学文献的几个主要里程碑，其中之一是"宋元明时期"。与三上义夫的观点类似，李约瑟书中说："在明代初期的150年间，数学史几乎没有什么令人注目的东西，但到公元1500年以后，数学家又开始出现。"[①] 李约瑟紧接着对明代数学具体内容的讨论也在很大程度上参考了三上义夫 *The Development of Mathematics in China and Japan* 一书的相关叙述。

1932年，钱宝琮《中国算学史·上编》把"元至明万历间"作为一章，认为"元初诸大家在算学史上之光荣，可谓盛极一时。但极盛之后，然现极衰之象。自朱世杰《四元玉鉴》出版后，垂三百年，竟为中国算学史中之黑暗

---

① 李约瑟.中国科学技术史·数学［M］.《中国科学技术史》翻译小组，译.北京：科学出版社，1978：112.

时期。"① 该章简述了此期算家的算学工作、珠算的发展、写算术以及历法的情况。1964年，钱宝琮主编的《中国数学史》出版。该书影响很大，是中国数学史研究的名著。2019年，该书作为《中华现代学术名著丛书》之一再版。该书的框架由多位数学史家共同商定。② 它把中国数学的发展分为四个阶段，第三阶段为"唐代中期到明代中期"，第四阶段为"明代中期到1911年"，这是因为"唐代后期实用算术的发展和明代后期的西洋数学的研究，就其内容讲来都与前一阶段有所不同。"③ 该书在"计算技术的改进"思路下略述明代数学的内容。1984年，李迪编著的《中国数学简编》受其影响较大，也仅在"商业数学的发展"一节中简述明代数学的内容。1986年，"中外数学编写组"编纂的《中国数学简史》关于明代数学同样只有"初等数学与珠算的普及"一节。

1999年，李迪主编的《中国数学史大系·西夏金元明》把元代后期和明代前中叶作为一个时期，这是因为"从元代后期起，在数学思想和内容方面出现了很大的转折，以后的将近300年间几乎完全是大众化、通俗化工作，珠算代替了传统的筹算，同时伴随着不同形式的笔算。""本卷的最后不是直到明亡，而是'留'下差不多半个世纪。原因是后来西方初等数学不断传入中国，与中国传统数学融合，形成了有西方数学内容的传统数学，因而另立卷次。"④ 书中把明代数学分为两个部分：元代后期与明代前期对传统数学的整理和著述；珠算的普及与明代数学的评价。吴敬、王文素、程大位是讨论的重点，王文素所占篇幅尤其多，这或许与当时的王文素研究热有关。该书的另一个特征是"把那些零星资料安排进来，尽管这些资料不太重要，但不应完全弃之不理，否则全书便成为一些孤立点，点与点间出现大段的时间空白，如果这样处理，则结果既是内容不连贯的数学史，也是对古人的不公平。"⑤ 2004年，李迪《中国数学通史·明清卷》出版，该书继承上书的思想，又考虑到历史与逻辑的统一问题，从"明代前中期的

① 钱宝琮. 中国算学史·上编 [M] // 李俨，钱宝琮. 李俨钱宝琮科学史全集：第一卷. 沈阳：辽宁教育出版社，1998：338.
② 杜石然. 走过的路 [M] // 数学·历史·社会. 沈阳：辽宁教育出版社，2003：646-692.
③ 钱宝琮. 中国数学史 [M]. 北京：科学出版社，1964：序.
④ 李迪. 中国数学史大系·西夏金元明 [M]. 北京：北京师范大学出版社，1999：前言.
⑤ 李迪. 中国数学史大系·西夏金元明 [M]. 北京：北京师范大学出版社，1999：前言.

传统数学"和"珠算术的普及"两方面来尽量还原"大体真实"的明代数学发展史。

1999年，劳汉生所著《珠算与实用算术》以珠算和实用算术为核心，从多个方面对明代数学进行了较全面的考察，所涉与明代数学直接相关的内容包括"明代作品中的珠算""明代珠算名家与珠算名著""明代珠算法""明代实用数学""明代数学及科学应用数学的重新评价""明代政治经济与实用数学""明代实用数学方法的传播及现代意义"，由此呈现了明代数学史研究议题的丰富性。

2008年，郭书春撰文讨论中国数学史的分期问题，把"传统数学的衰落与珠算的发展——元中叶至明末的数学"作为一期。①2010年，郭书春主编《中国科学技术史·数学卷》共分为六编，其中郭世荣主笔的第五编却为"传统数学主流的转变与珠算的发展——元中叶至明末数学"，该编从"古算失传和数学主流转变""主要数学家和数学著作""数学的歌诀化与珠算的普及""明代的若干数学研究工作""中外数学交流"等方面展开论述，并指出"宋元数学高峰时期的著作和成果有不少在明代处于'失传'状态。尽管如此，明代数学并不是像通常认为的那样处于停滞的状态，而是较为活跃。元代中期到明末的中国数学大众化与实用化为主导，数学歌诀和难题杂法等较为流行，珠算取代了筹算，新数学著作较前代增加了许多。"②

近40年也出版了许多珠算通史著作，由于珠算在明代发展鼎盛，所以明代珠算著作和算法是它们讨论的重点。

总之，随着时间推移数学通史著作对明代数学的讨论越来越多，除了具体数学知识更加全面以外，议题的丰富性也在增加。更重要的是，对明代数学的研究逐渐从价值层面的否定转变到通过发掘其自身特征进而揭示其独特意义的层面。与之相伴，数学史家对明代数学的评价也在变化。

明末，徐光启在"刻《同文算指》序"中讨论算学"废于近世数百年间"

① 郭书春.中国传统数学分期刍议［J］.中华科技史学会会刊，2008（12）：1-6.
② 郭世荣.传统数学主流的转变与珠算的发展［M］∥郭书春.中国科学技术史·数学.北京：科学出版社，2010：513.

的原因时说："废之缘有二，其一为名理之儒土苴天下之实事，其一为妖妄之术谬言数有神理，能知来藏往，靡所不效，卒于神者无一效而实者亡一存。"这与利玛窦"译《几何原本》引"传达的思想一脉相承。徐光启这一观点影响深远，数学史家屡次引用这段话来表达他们对明代数学的看法。李俨、钱宝琮这一代学人更是在这一思想的影响下而展开对明代数学史的研究的。钱宝琮、王尧、李迪、沈康身、梁宗巨、梅荣照、孔国平、郭金彬、乐秀成、孙宏安、康宇等还对明代数学中断衰落的原因进行了具体分析。

近 40 年有不少学者反思如何评价明代数学这一问题。1985 年举办了第二次全国数学史年会，李迪在报告中梳理了中国数学史中未解决的问题，认为其中之一就是如何评价明代数学。该报告论文于 1987 年正式发表。次年，李迪在第五届中国科学史国际会议上宣读的文章是"必须重新评价明清数学史"，认为以前对明清数学的评价太低，应当根据新的研究成果重新给予评价。1997 年，王宪昌《宋元数学与珠算的比较评价》一文通过重新评价珠算的历史地位，指出"从中国古代数学价值取向的意义上分析，过高地评价宋元数学而又过低地评价明代珠算，实在是悖离了中国传统数学价值观和筹算技艺型价值取向。"[1]1998 年，骆祖英在《明代数学及其评价》中对明代数学"沉寂""倒退"说提出商榷，甚至认为明代算盘的发明和珠算的发展是中算的一场革命。次年，李迪指出应该从"实用性、技巧性"和"珠算普及"等方面重新评价明代数学在中算史上的地位。同年，劳汉生则从"缺乏理论成果""数学思想落后""社会动乱与先进数学理论失传""数学教育滑坡"等角度分析了数学史家对明代数学评价不高的原因，并提出了看待明代数学的新角度，即"中算实用数学的顶峰"和"明代数学嬗变的背景"。2003 年，刘芹英的博士论文简要梳理了历代学者对明代数学评价的变化。2004 年，李迪回顾近十几年明清数学史的研究发展情况时，指出了其中的一些变化，即"认识更加深入，对明清数学的认识也相应地改变和提高。"[2]2018 年，周霄汉的博士论文全面梳理了从明末到李俨、钱宝琮一代学人及国外学者对明代数学

① 王宪昌. 宋元数学与珠算的比较评价 [J]. 自然科学史研究，1997（1）: 21–27.
② 李迪. 中国数学通史: 明清卷 [M]. 南京: 江苏教育出版社，2004: 555–558.

的评价问题，并从忽略价值判断和回归具体语境出发来探讨明代数学的相关问题。

三、明代珠算与程大位《算法统宗》研究

珠算是中算重要的组成部分，2013 年"'中国珠算'——运用算盘进行数学计算的知识与实践"被列入联合国教科文组织人类非物质文化遗产代表作名录。关于珠算的研究方兴未艾，明代珠算史的研究也积累了大量成果，挂一漏万介绍如下。

李俨、钱宝琮、余介石、严敦杰、梅荣照等开创和深化了珠算史的研究。《中华珠算大辞典》附录的"中国珠算大事年表"，不仅梳理了中国珠算的发展大事，还记录了 1989 年之前关于明代珠算的研究情况，有重要参考价值。

1970 年，华印椿感怀老友余介石的亡故而起草《中国珠算史稿》，1987年该书出版。这是我国首部珠算史专著，是珠算史研究必须参考的著作。书中发掘了明代的珠算史料、考察了明代珠算家及其著作、分析了珠算在东亚邻国的传播。书中还从珠算算法入手，分别在珠算加减法、普通乘法、凑倍乘除法、商除法、归除法、飞归、补数乘除法、斤两法、倒数乘除法、特殊乘除法、乘除定位法、开平立方法、解平立方法等方面进行了细致分析，其中多与明代珠算直接相关。

1999 年，劳汉生对《盘珠算法》《数学通轨》《一鸿算法》《算法统宗》《算法纂要》《算学新说》《算法指南》《算法指南》等著作及其作者进行了分析，并考察了多种珠算算法，如加减法、普通珠算乘法、金蝉脱壳法、商除法、归除法、定身乘除法、定位法、开方法，所涉明代珠算内容颇多。

2002 年《王文素与〈算学宝鉴〉研究》论文集与 2008 年《〈算学宝鉴〉校注》则对《算学宝鉴》的珠算算法和算理进行了较全面的讨论。

2006 年，李培业的《中国珠算简史》有"明代的珠算"一章，论证了王文素《算学宝鉴》是我国第一本珠算书，且从多方面详细阐述了明代珠算算法的成就，大致介绍了明代珠算家及其著作。除了此书，他还在其他论著中

对明代若干珠算算法进行了深入分析。

近年，牛腾全面研究了珠算开方法，明代珠算开方法是讨论的重点之一。她还对明代数学著作中珠算知识的特点和传播情况进行了讨论。

近40年出版了几部重要的珠算辞典，如1988年珠算小辞典编写组的《珠算小辞典》，1990年华印椿、李培业主编的《中华珠算大辞典》，1996年李培业、铃木久男主编《世界珠算通典》。

程贞一、张志公、朱永茂、张德和、冯文慈、潘有发等学者对明代珠算的研究同样取得了一定的成就。当然，其他算学史著作也多少会涉及明代珠算的内容。

程大位的《算法统宗》是尤为重要的珠算著作，上文已经简要梳理学者对该书版本、内容及其与《算法纂要》关系的研究情况，事实上，关于程大位《算法统宗》的研究视角特别丰富，下文就此展开补充论述。

李培业、宛吉善考证了程大位的生平、世系源流、署籍等内容。李迪、陈兰临等分析了程大位的数学和珠算教育思想。郭世荣考察了《算法统宗》的资料来源和"算经源流"的学术价值。牛腾比较了《算法统宗》《算海说祥》两书开方法的异同。李培业、冯立昇、韩祥临、宛吉善、徐日作考察了《算法统宗》的成书背景、评价和影响等问题。郭世荣、冯立昇、韩琦等研究了《算法统宗》在东亚邻国的流传和影响。

1990年，严敦杰、梅荣照的《程大位及其数学著作》是相关研究的重要参考文章。它全面深入地研究了如下问题：程大位的生平、数学成就、数学思想、数学著作的流传、历史地位。

1999年，韩祥临在《中国数学史大系·西夏金元明》"程大位的数学工作"章中考察了《算法统宗》与珠算算法及珠算教学的关系，梳理了《算法统宗》所见的明朝社会经济，分析了《算法统宗》中珠算算法的应用，并讨论了《算法统宗》与《算法纂要》的关系和《算法统宗》的流传情况。

2000年，郭世荣的《〈算法统宗〉导读》"导论"参考了多家研究成果，提出许多新的见解，是程大位《算法统宗》研究的综合之作。"《算法统宗》产生的数学基础""珠算的历史与明代珠算的概况""程大位的家世与生平事迹"《算法统宗》的刊刻与流传"《算法统宗》的编写体例与内容"《算法统宗》的歌诀与难题杂法"《算法统宗》是明代珠算的代表作"《算法统宗》是一部集大成之作"《算法统宗》的历史作用和影响",这诸多问题都在文中进行了深入的分析。

四、明代数学史研究的若干议题

明代数学史研究蕴含丰富的议题,本节稍做梳理,上文已经讨论的关于明代数学著作及其数学知识、明代数学评价、珠算和程大位《算法统宗》等内容则从略。

1. 人物的生平、交往、成就与思想研究。杜石然主编《中国古代科学家传记》有程大位和朱载堉两人的传记。金福分析了明代算家对数学起源和数学知识来源问题的认识。王希良、郭伟、李迪等考察了王文素的生平、故里、治学思想。戴念祖对朱载堉的生平和成就展开了全面的研究。张慧琼对唐顺之的生平世系、交流、思想、创作进行了讨论。周霄汉研究了吴敬的生平、身份和交往。

2. 算法史。早期数学史家讨论纵横图、割圆术、方程论、巴斯噶三角形、圆周率、记数法等算法的发展史时多少都涉及了明代的情况。近来,黄清扬讨论了明代勾股术的发展。朱一文探讨了明代数学中的百鸡术问题。徐泽林、卫霞考察了明代数学所涉的"演段"法。韩洁梳理了明代同余算法的发展史。牛腾研究了明代珠算的开方法。

3. 明代数学的机械化。吴文俊首次指出中算的机械化特征。骆祖英分析了明代数学"以算为主、算理合一的机械化算法体系"[①]。傅海伦简略讨论了数学机械化与珠算的关系。刘芹英较全面地梳理了明代数学机械化思想。

4. 明代算书的类型。李培业把杨辉以后的实用算书分为"九章型""日用型"两大类,九章型"以九章问题分类,沿用《九章算术》格式,综合各种

---

① 骆祖英.明代数学及其评价 [J].自然科学史研究,1998(4):330—337.

数学知识，由基本算法到高深部分样样具备，能体现出当时数学水平"，日用型"以日常应用的问题分类，内容较少，适宜初学"，并认为日用型在程大位之后出现甚多①。郭世荣在程大位数学著作分类标准的基础上把明代数学著作分为四类：实用数学著作；"九章"类著作；珠算著作；专题研究著作。某些明代算书是筹算还是珠算著作，一直是学界争论的话题，至今无有定论。最近，郭世荣在一篇待发论文中通过对杨辉数学实作的分析，对这个问题有所回应。

5. 明代算书的歌诀特征。周葵、刘亮考察了歌诀与珠算的渊源及《算法统宗》的歌诀特色。李迪分析了明代算书的文学问题。郭世荣详细考察了相关内容，认为除了珠算口诀，一般诗词歌诀大体可分为三类：数学和学习数学的认识方面歌诀；对各种算法、公式和数学方法的说明；用诗词歌诀编写算题。

6. 明代的其他数学知识。冯立昇考察了明代算书中的测量知识。罗丽馨发掘了16、17世纪与手工业发展有关的数学知识。杨涤非梳理了唐至明代中期的军事数学知识。

7. 筹算向珠算的转变。1963—1964年初版的李俨、杜石然《中国数学简史》第六章就已经描述了筹算向珠算演变的过程。王宪昌把珠算与筹算算法体系相联系，并重新思考对珠算的评价问题。华印椿同样阐述了珠算与筹算的一脉相承关系。李培业针对李俨和李约瑟的论述考察了筹算转变为珠算的时代问题，认为"15世纪下半叶，我国已经完成了筹算向珠算的转变。16世纪则是算盘扩大应用领域，是进一步发展的时代。"②

8. 古算著作和成果在明代的失传。古算著作和成果在明代失传几乎是数学史界的共识，郭世荣全面研究了该问题，一方面，他通过书目和明代算书所引数学著作的分析考察了汉唐宋元数学著作在明代的失传情况；另一方面，他分析了增乘开方法、天元术、四元术、大衍总数术、招差术、垛积术等宋

① 李培业. 关于《算法纂要》的研究［M］// 李迪. 数学史研究文集：第二辑. 呼和浩特：内蒙古大学出版社，台北：九章出版社，1991：85–90.
② 李培业. 关于我国筹算转变为珠算的时代问题［M］// 李迪. 数学史研究文集：第二辑. 呼和浩特：内蒙古大学出版社，台北：九章出版社，1991：74–79.

元数学成果在明代或无人知晓、或不被人理解的现状；再一方面，他分析了明代数学研究方向的转变和古算失传的原因。

9. 宋元数学对明代数学的影响。1998 年，郭世荣在国际数学家大会上从数学主流转变的视角讨论了杨辉对明代数学的影响，文章于 2001 年发表。李迪主编的《中国数学史大系·西夏金元明》涉及了明代数学尤其是吴敬、王文素、程大位等人著作对杨辉数学的继承和发展。黄清扬、洪万生通过吴敬算书考察了《算学启蒙》的流传情况。郭书春分析了吴敬《九章算法比类大全》与贾宪《九章细草》的关系。周霄汉细致比较了吴敬和杨辉著作的关系，以此说明中算发展的连续性问题。

10. 明代数学的特征。这个问题从中国数学通史著作的分期中可见一斑，大致有如下几类："计算技术的改进""商业数学的发展""初等数学与珠算的普及""明代前中期的传统数学及珠算术的普及""珠算与实用算术""传统数学主流的转变与珠算的发展"（其中明代数学主流特征指：大众化、实用化、歌诀化、珠算化）。

11. 明代数学教育。李俨《唐宋元明数学教育制度》发掘了关于明代数学教育的若干条史料。吴智和《明代的儒学教官》为了解明代数学教育提供了间接参考。李迪《中国数学通史·明清卷》"明初官方数学"发现了新的资料，梳理了明代数学教育的大致脉络。

12. 明代数学与社会、政治、经济、思想的关系。杜石然从多方面对明代数学的社会背景进行了简要探讨，并分析了中西数学的特点和近代数学未在中国产生的社会原因。金福研究了阴阳、象数神秘主义、程朱理学与数学发展的关系，并阐释了明代算书的实用性和社会性表现。劳汉生考察了明代政治经济与实用数学的关系。洪万生以五位明代算家为考察核心，研究了数学与明代社会的关系，认为明代数学知识发展的主轴是商业化和世俗化。

13. 明代数学对中算发展的影响。除了学者已经充分论证的《算法统宗》对清代数学的重大影响外，陈敏晧、才静滢、潘亦宁、陈红红等还考察了《同文算指》《中西数学图说》等著作内容的明代算学来源。

14. 明代少数民族的数学成就。冯立昇考察了明代少数民族的历算研究情况，重点分析了回族天文学家的数学知识。

15. 中西商业算术的比较。武修文从宏观视角比较了 15、16 世纪中西商业算术的异同，认为两者表面相似，并从思想背景、发展脉络、影响等方面指出它们还存在着本质的不同，又从数学、历史、文化角度对其原因展开分析。

16. 明代中外数学的交流与影响。中外学术交流影响是学者比较关心的重要议题，与明代中外数学交流影响相关的代表性论著有如下几种：李俨《伊斯兰教与中国历算的关系》《中算输入日本的经过》《从中国算学史上看中朝文化交流》，钱宝琮《印度算学与中国算学之关系》，沈康身《中国与印度在数学发展中的平行性》，杜石然《试论宋元时期中国和伊斯兰国家间的数学交流》《再论中国和阿拉伯国家间的数学交流》，韩琦《中越历史上天文学与数学之交流》，冯立昇《中日数学关系史》，郭世荣《中国数学典籍在朝鲜半岛的流传与影响》等。

17. 明代实用数学方法的现代意义。劳汉生从并协原理和有机整体观两方面分析了明代实用数学方法的现代意义。

五、明代数学史的教育交流与国外学者的研究

1978 年，研究生招生制度恢复，自此以来，以明代数学史为学位论文选题的大致有马翔、金福、武修文、黄清扬、王连发、陈威男、杨琼茹、徐梅芳、刘芹英、韩洁、牛腾、周霄汉等。而与明代数学史相关的学术交流大致有以下几种情况：

1981 年，陕西西安户县召开"中国珠算史第一次学术研究会"，中国珠算协会与陕西省珠算协会编印《中国珠算史第一次学术研究会专刊》。

1982 年，日本"珠算史、数学史访中团"访问中国，铃木久男为团长，并召开"中日珠算史学术交流会"。

1984 年，"中国珠算史研究会"成立，在陕西西安临潼召开成立大会暨第三次珠算史学术研讨会。

1986 年，安徽屯溪市举办"纪念程大位逝世 380 周年学术讨论会"，修缮

了程大位故居。

1992 年，内蒙古呼和浩特召开"《算法统宗》成书 400 周年纪念会"，纪念论文收入《数学史研究文集》（第四辑）。

1993 年，安徽芜湖和黄山召开"地方科技史暨纪念程大位、梅文鼎、戴震、汪莱国际学术研讨会"。

1996 年，山西汾阳召开"王文素《算学宝鉴》研讨会"，出版《王文素与〈算学宝鉴〉研究》论文集。

2005 年，日本珠算史研究会访中代表团参观中国南通珠算博物馆，太田敏幸为团长。

2006 年，安徽黄山举办"纪念程大位逝世四百周年国际珠算心算学术研讨会"及其系列纪念活动，组委会出版《纪念程大位逝世四百周年国际珠算心算学术研讨会论文集》。

2015 年，中国珠算心算协会在江苏省南通市中国珠算博物馆召开《中国珠算发展史》编写大纲论证会，启动中国珠算史编写工作。

中国的珠算博物馆有很多，略举如下：安徽省黄山"程大位珠算博物馆"、江苏南通"中国珠算博物馆"、山西省祁县"珠算博物馆"、山东枣庄"中华珠算博物馆"、浙江省临海"国华珠算博物馆"。

20 世纪末，邵融《世界语科技课本》用世界语介绍中国科技，包括丁巨的数学成就。

日本数学史家较为关注中国数学史，在明代数学史尤其是珠算方面展开了许多研究。三上义夫从文化史角度对珠算进行了考察。藤原松三郎研究了《杨辉算法》与《算法统宗》的方程式解法，并发掘了明代数学的新史料。武田楠雄考察了《算法统宗》的成书过程，分析了明代算书形式的变迁和明代算学的特质。儿玉明人发掘了不少明代珠算资料。仲田纪夫讨论了《算法统宗》对日本数学的影响。户谷清一分析了《算学统宗》与珠算的关系，并研究了其中的纵横图。铃木久男考察了《算法统宗》与《算法纂要》，研究了《算法统宗》与《尘劫记》的关系。大竹茂雄对《算法统宗》传入日本的多种说法进行了总结性研究。

19 世纪初，《算法统宗》就传到了法国。19 世纪 30 年代，汉学家毕奥（É. Biot,1803—1850 年）对其进行了注解和研究。意大利数学史家利布里（G. Libri, 1803—1869 年）在儒莲（S. Julien, 1797—1873 年）指导下了解到《算法统宗》，在著作中对其有所介绍。相对于同时期的中国算家，毕奥、利布里显然对《算法统宗》有更大的兴趣。伟烈亚力（Alexander Wylie, 1815—1887 年）首次向西方全面介绍中国古代数学，但他是从《算法统宗》等著作来了解《九章算术》的。[①]1959 年，李约瑟 *Science and Civilisation in China*，vol.3 虽然认为明代数学处于衰退阶段，但还是对明代数学成就进行了简要评述，并在参考文献"公元 1800 年以前的中文书籍"里提到了多部明代数学著作。1988 年，马若安（Jean-Claude Martzloff）《中国数学史》（*Histoire des mathématiques Chinoises*）讨论了程大位《算法统宗》和珠算的情况。2010 年，Enriqueta Gonzalez 以吴敬为核心研究了明代数学。

六、前辈数学史家对明代数学史研究的展望

前辈学者对明代数学史研究进行了很多反思，这里简略摘录他们的观点，是为对未来研究的展望。

李迪在《中国数学史研究的回顾与展望》文中对未来数学史研究展望之一是"扩大研究领域，形成新的研究方向。至少有两点可以考虑：一为地算，二为天算，略与古代的外算和内算相当，前者暂以经济数学史或其前史为主，后者以天算学史为主，比数理天文学史的范围广。中国历史上的数学基本上是按这两条线发展的，有时合流，也互相影响。其二是大数学史，不是流行的说法——'外史'，笔者是把数学放在整个社会中，把数学和社会放在一起，而不是把社会历史拿出来作为背景考虑。这样，所谓的'内史'和'外史'是一个整体，本来就不能分开。也就是把社会史作为一个系统，而数学史为其子系统，

---

① 汪晓勤 . 伟烈亚力与中国数学史［J］. 大自然探索，1999（4）：113-117. Zhou Xiaohan. *Elements of Continuity between Mathematical Writings from the Song-Yuan (13th–14th Century) Dynasties and the Ming Dynasty* (15th Century)，Pairs: University Paris Diderot, 2018：97-104.

研究时不能脱开大系统，这样才能解释中国数学发展中的许多现象和事实。"①

李迪对《中国数学通史·明清卷》的编纂有所阐述，其中某些观点对我们仍有启发作用："现在人们所接触到的数学，大多数从古代直到明清时代，在原理上绝不相同的并不多见。可是表达形式却差别甚大，西方也是如此，古今表达不同。现代通用的数学表达形式是 17 世纪以来在西方形成的，18 世纪逐渐成熟。但是我国有一套自己的表达形式，当西方数学在 17 世纪初、19 世纪中叶两次传入我国时都被改造成中国形式，既不是西方的原来形式，也不是中国传统的样子，而是一种'混血儿'。或者可以这样说，明清数学史是中国传统数学形式向现代数学形式的过渡期，这种过渡不是由人的意志决定，而是客观事实。因此，本卷除按以往的引用较完整的重要文献段落外，还在书中有选择地插入一些原始著作的书影，使读者能看到明清时期数学形式的原样。"②

徐泽林提倡东亚数学编史的三种研究取向，其中区域文化整体研究取向涉及到明代数学："汉代以来，农耕社会与儒家文化决定了东亚数学的价值核心在于'通神明、顺性命'与'经事务、类万物'，由此而形成了两类数学传统，即'有用之用'的数学和'无用之用'的数学。汉代数学、隋唐数学、明代数学、朝鲜李朝数学、江户初期的和算，可以说是'有用之用'这类数学传统的突出表现。刘徽、祖冲之时代的数学、宋元数学、关孝和之后的和算，可以说是'无用之用'这类数学传统的突出表现。因此，朝鲜李朝时期的数学是隋唐数学传统的继续与发展，江户时代的和算是宋元数学传统的继续与发展。在第一次东西方文化接触和冲突中，因为中国处于儒文化的中心，所以清朝数学受西方文化冲击最大，走上中西合流的道路，而日本与朝鲜数学则沿袭传统发展。只有把中国、日本与韩国（还包括越南）数学作为一个整体考察，才有可能全面认识东亚数学思想、数学精神与数学知识体系。"③

类似的鞭策和指导当然还有许多，不再列举，如何举一反三地理解这些灼见并应用到明代数学史研究的实践中是值得继续思考的问题。

①　李迪.中国数学史研究的回顾与展望［M］//林东岱，李文林，虞言林.数学与数学机械化.济南：山东教育出版社，2001：421.
②　李迪.中国数学通史：明清卷［M］.南京：江苏教育出版社，2004：前言.
③　徐泽林.东亚数学史研究需要区域文化视野［J］.中国科技史杂志，2020（3）：360—374.

第五节　清代数学史研究

◎ 高红成

（天津师范大学数学科学学院）

本部分涉及的清代数学史，大体是指清初梅文鼎（1633—1721 年）时代到 1911 年的中国数学史。中国文明的这段历史非常特别，内部民族矛盾十分尖锐，封建文化继续发展，外部随大航海时代的到来以及西方资本主义的发展，西方文化对中国文化产生前所未有的冲击和影响，特别到了清末，中国文明进入向现代文明转型的历史时期，中国史成为世界史、全球史的重要组成部分。就数学史而言，中国数学发展经历了清初的中西汇通、清中期的考据学风下的古算复兴、清末时代变革中的西方近代数学传播与数学教育改革这三个发展阶段，传统数学与西方数学交织在一起。清代留存下来的数学文献也最为丰富，约占中国数学典籍文献的 95% 以上。因此，清代数学史是近 40 年来中国数学史研究的重点和热点领域，成果最为丰富，据不完全统计，涉及的论著和学位论文就达近 700 部（篇）。欲对这一领域学术研究成果进行回顾和总结显然是非常困难的事，笔者深感学力不逮，无法做到从学理上进行总结和分析，兹按研究范围做个简单的归类和梳理，远远谈不上研究综述。即便如此，挂一漏万在所难免，敬请学界谅解。

一、清代数学史研究出版的著作

在中国数学史研究著作中，清代数学史方面的著作比较多，初步统计，这 40 年间正式出版的有关清代数学史研究的著作（不包括论文集和通史类著作）达 20 多部，兹罗列如下（以出版年代为序）：

［1］李迪.郭世荣清代著名天文数学家梅文鼎［M］.上海：上海科学技

术文献出版社，1988.

［2］（清）爱新觉罗·玄烨，李迪译注.康熙几暇格物编译注［M］.上海：上海古籍出版社，1993.

［3］李迪.中国数学史大系：第七卷（明末到清中期）［M］.北京：北京师范大学出版社，2000.

［4］李迪.中国数学通史：明清卷［M］.南京：江苏教育出版社，2004.

［5］李迪.梅文鼎评传［M］.南京：南京大学出版社，2006.

［6］韩琦.数学的传入及其影响［A］.见董光璧主编.中国近现代科学技术史［M］.长沙：湖南教育出版社，1997.

［7］罗见今.《割圆密率捷法》译注［M］.呼和浩特：内蒙古教育出版社，1998.

［8］李兆华.《衡斋算学》校证［M］.西安：陕西科学技术出版社，1998.

［9］李兆华主编.中国数学史大系·第八卷（清中期到清末）［M］.北京：北京师范大学出版社，2000.

［10］李兆华.中国近代数学教育史稿［M］.济南：山东教育出版社，2005.

［11］王渝生.中国近代科学的先驱——李善兰［M］.北京：科学出版社，2000.

［12］纪志刚.杰出的翻译家、实践家——华蘅芳［M］.北京：科学出版社，2000.

［13］汪晓勤.中西科学交流的功臣——伟烈亚力［M］.北京：科学出版社，2000.

［14］特古斯.清代级数论史纲［M］.呼和浩特：内蒙古人民出版社，2002.

［15］田淼.中国数学的西化历程［M］.济南：山东教育出版社，2005.

［16］杨自强.学贯中西：李善兰传［M］.杭州：浙江人民出版社，2006.

［17］孔国平，佟建华，方运加.中国近代科学的先驱——华蘅芳［M］.北京：科学出版社，2012.

［18］冯立昇编，阮元，罗士琳，华世芳等著．畴人传合编校注［M］.郑州：中州古籍出版社，2012.

［19］特古斯，尚利峰．清代三角学的数理化历程［M］.北京：科学出版社，2014.

［20］（清）梅文鼎撰，高峰校注．勿庵历算书目［M］.长沙：湖南科学技术出版社，2014.

［21］（德）邓玉函等著，董杰，秦涛校释．《大测》校释［M］.上海：上海交通大学出版社，2014.

［22］高红成．此算与彼算：圆锥曲线在清代［M］.广州：广东人民出版社，2018.

二、关于清代数学史研究的学位论文

改革开放后中国科学事业再建制的过程中，数学史专门人才的培养对于推动清代数学史研究发挥了巨大作用。1978 年恢复培养研究生以来，各个学位点上的数学史研究方向毕业生论文选题有关清代数学史的居多，近 40 年来以清代数学史作为研究对象或与之相关的硕士、博士学位论文大体如下：

［1］刘钝．梅文鼎的几何学研究［D］.北京：中国科学院自然科学史研究所，1981.

［2］王渝生．李善兰"尖锥术"研究［D］.北京：中国科学院自然科学史研究所，1981.

［3］傅祚华．《畴人传》研究［D］.北京：中国科学院自然科学史研究所，1981.

［4］罗见今．《垛积比类》新探［D］.呼和浩特：内蒙古师范大学，1981.

［5］李兆华．《数理精蕴》研究［D］.呼和浩特：内蒙古师范大学，1981.

［6］刘洁民．清代杰出数学家夏鸾翔及其《少广缒凿》《洞方术图解》［D］.北京：北京师范大学，1984.

［7］那日苏．对博启《勾股形内容三事和较》之研究［D］.呼和浩特：内

蒙古师范大学，1985.

　　［8］李文铭．长沙数学学派的佼佼者——黄宗宪［D］.呼和浩特：内蒙古师范大学，1985.

　　［9］郭世荣．清代中期数学家罗士琳的数学研究［D］.呼和浩特：内蒙古师范大学，1985.

　　［10］甘向阳．割圆函数级数展开之研究［D］.北京：北京师范大学，1988.

　　［11］韩琦．对数在中国［D］.合肥：中国科学技术大学，1988.

　　［12］纪志刚．华蘅芳的数学工作研究［D］.呼和浩特：内蒙古师范大学，1989.

　　［13］牛亚华．明清时期对圆锥曲线的研究［D］.呼和浩特：内蒙古师范大学，1989.

　　［14］韩琦．康熙时代传入的西方数学及其对中国数学的影响［D］.北京：中国科学院自然科学史研究所，1991.

　　［15］王海林．徐有壬的幂级数研究［D］.呼和浩特：内蒙古师范大学，1991.

　　［16］吕淑红．孔子后代孔广森对数学之研究［D］.呼和浩特：内蒙古师范大学，1991.

　　［17］王荣彬．论戴煦的数学成就［D］.呼和浩特：内蒙古师范大学，1991.

　　［18］特古斯．项名达的递加数［D］.呼和浩特：内蒙古师范大学，1991.

　　［19］黄宏科．中国近代数学教育制度的变迁［D］.呼和浩特：内蒙古师范大学，1991.

　　［20］孙力．徐有壬数学工作研究［D］.天津：天津师范大学，1991

　　［21］王辉．关于戴震《九章算术》校勘的研究［D］.西安：西北大学，1993.

　　［22］刘兴祥．李潢及其《九章算术细草图说》研究［D］.西安：西北大学，1993.

　　［23］田淼．刘彝程数学工作研究［D］.天津：天津师范大学，1994.

　　［24］田淼．清末书院的数学教育［D］.北京：中国科学院自然科学史研究所，1997.

［25］萨日娜.中日笔算史比较研究［D］.呼和浩特：内蒙古师范大学，1998.

［26］侯钢.陈志坚数学工作研究［D］.天津：天津师范大学，1998.

［27］宁晓玉.王锡阐历算工作的专题研究［D］.北京：中国科学院自然科学史研究所，2000

［28］特古斯.清代级数论纲领分析［D］.西安：西北大学，2000.

［29］郭金海.同文馆算学课艺研究［D］.天津：天津师范大学，2000.

［30］王淼.清代回族科学家丁拱辰研究［D］.呼和浩特：内蒙古师范大学，2000.

［31］刘建军.组合计数发展简史［D］.呼和浩特：内蒙古师范大学，2000.

［32］徐君.对清初数学家方中通及其《数度衍》的研究［D］.呼和浩特：内蒙古师范大学，2001.

［33］王全来.同文馆毕业生杨兆鋆及其数学工作［D］.天津：天津师范大学，2001.

［34］邓亮.艾约瑟在华科学活动研究［D］.北京：中国科学院自然科学史研究所，2002.

［35］卢焱.对棣莫甘《代数学》的中译本的初步研究［D］.呼和浩特：内蒙古师范大学，2002.

［36］高红成.吴嘉善及其数学工作研究［D］.天津：天津师范大学，2002.

［37］易萍.清末上海广方言馆及其数学教育研究［D］.天津：天津师范大学，2002.

［38］宋华.夏鸾翔对微积分的学习与使用——《万象一原》内容分析［D］.呼和浩特：内蒙古师范大学，2003.

［39］白欣.明清重心知识研究［D］.呼和浩特：内蒙古师范大学，2003.

［40］王秀良.清末杂志、社团与数学传播［D］.天津：天津师范大学，2003.

［41］曹术存.狄考文及其在华的数学教育活动［D］.天津：天津师范大学，2004

［42］潘丽云.论梅文鼎的数学证明［D］.呼和浩特：内蒙古师范大学，2004.

［43］赵彦超.传统勾股在清代的发展与西学的影响［D］.北京：中国科

学院自然科学史研究所，2005.

　　［44］徐岩．清末数学家支宝枬及其《上虞算学堂课艺》探究［D］．天津：天津师范大学，2005.

　　［45］赵栓林．对《代数学》和《代数术》术语翻译的研究［D］．呼和浩特：内蒙古师范大学，2005.

　　［46］潘亦宁．中西数学的会通：以明清时期（1582—1722）的方程解法为例［D］．北京：中国科学院自然科学史研究所，2006.

　　［47］王秀良．中近代数学知识的传播：以科学杂志和数学杂志为载体［D］．北京：中国科学院自然科学史研究所，2006.

　　［48］王众杰．论薛凤祚的中西会通［D］．呼和浩特：内蒙古师范大学，2006.

　　［49］张祺．清代学者对西方天文历法的阐释与发挥［D］．呼和浩特：内蒙古师范大学，2006.

　　［50］张光华．《天生术演代》研究［D］．呼和浩特：内蒙古师范大学，2006.

　　［51］夏军剑．清末数学家华世芳及其《龙城书院课艺》研究［D］．天津：天津师范大学，2006.

　　［52］李春兰．中国近现代数学教育研究史之研究［D］．呼和浩特：内蒙古师范大学，2007.

　　［53］樊静．晚清天文学译著《谈天》的研究［D］．呼和浩特：内蒙古师范大学，2007.

　　［54］王君．焦循的数理天文工作研究［D］．呼和浩特：内蒙古师范大学，2007.

　　［55］韩洁．《味经时务斋课稿丛抄》研究［D］．天津：天津师范大学，2007.

　　［56］杨玲．中国近代数学教育与清末科举制度的革废［D］．呼和浩特：内蒙古师范大学，2007.

　　［57］高红成．西方数学在中国的传播与中算家的知识结构——以中算家的圆锥曲线说为例［D］．北京：中国科学院自然科学史研究所，2008.

　　［58］叶赟．《畴人传》新探［D］．上海：复旦大学，2008.

　　［59］郭静霞．明译《几何原本》确定数学术语的方法与原则初探［D］.

呼和浩特：内蒙古师范大学，2008.

［60］董杰.理解与维护——中算家对《大测》的会通工作［D］.呼和浩特：内蒙古师范大学，2008.

［61］张爱英.罗雅谷的《筹算》和《比例规解》在中国［D］.呼和浩特：内蒙古师范大学，2008.

［62］李亚珍.中译本《代数术》在中国的翻译与传播［D］.天津：天津师范大学，2008.

［63］闫春雨.《代微积拾级》的翻译出版及对晚清数学的影响［D］.天津：天津师范大学，2008.

［64］邸利会.李子金对西方历算的反应［D］.北京：中国科学院自然科学史研究所，2009.

［65］李巍.清代畴人之探索［D］.上海：上海交通大学，2009.

［66］张千书.《西算新法直解》初探［D］.呼和浩特：内蒙古师范大学，2009.

［67］胡开泰.《崇祯历书》的数学和天文学基础［D］.呼和浩特：内蒙古师范大学，2009.

［68］杨坤.帕普斯的《数学汇编》及其问题在中国［D］.呼和浩特：内蒙古师范大学，2009.

［69］冯呈.明末清初《几何原本》影响下的几何作图（1607—1723）［D］.呼和浩特：内蒙古师范大学，2009.

［70］张光华.《天生术演代》研究［D］.呼和浩特：内蒙古师范大学，2009.

［71］李媛媛.晚清国人微积分状况及其原因分析［D］.天津：天津师范大学，2009.

［72］张艳敏.洋务运动时期应用类数学著作的翻译研究——以江南制造局译书为例［D］.天津：天津师范大学，2009.

［73］程勇.陈志坚的《微积阐详》［D］.呼和浩特：内蒙古师范大学，2010.

［74］杨楠.《三角数理》的翻译及其影响［D］.天津：天津师范大学，2009.

［75］李媛.顾观光与晚清时期的力学［D］.北京：首都师范大学，2009.

［76］杨丽.晚清数学家关于素数研究的成就与不足［D］.天津：天津师范大学，2010.

［77］李朝晖.《恒星历指》研究［D］.呼和浩特：内蒙古师范大学，2010.

［78］李春兰.中国中小学数学教育思想史研究（1902—1952）［D］.呼和浩特：内蒙古师范大学，2010.

［79］聂馥玲.晚清科学译著《重学》的翻译与传播［D］.呼和浩特：内蒙古师范大学，2010.

［80］祝涛.华蘅芳《学算笔谈》研究［D］.上海：上海交通大学，2011.

［81］董杰.清初三角学的独立与发展研究［D］.呼和浩特：内蒙古师范大学，2011.

［82］张伟.中国近代中学代数教科书发展史研究［D］.呼和浩特：内蒙古师范大学，2011.

［83］云利英.《弧三角阐微》的数学内容与意义［D］.呼和浩特：内蒙古师范大学，2011.

［84］尚利峰.清代三角学的基本概念与变迁［D］.呼和浩特：内蒙古师范大学，2011.

［85］张升.晚清杭州数学家群体［D］.呼和浩特：内蒙古师范大学，2011.

［86］刘轶明.项名达、戴煦、邹伯奇、夏鸾翔的开方术研究［D］.天津：天津师范大学，2011.

［87］郭陪.泛倍数法的传入与研究［D］.天津：天津师范大学，2011.

［88］赵丽芸.晚清连分数的传入与研究［D］.天津：天津师范大学，2011.

［89］王旭东.明末清初与晚清西方数学传入的建制化比较研究［D］.太原：山西大学，2012.

［90］徐君.安岛直圆与和田宁的圆理研究：兼论与清代算学相关成果之比较［D］.呼和浩特：内蒙古师范大学，2012.

［91］刘盛利.中国微积分教科书之研究（1904—1949）［D］.呼和浩特：内蒙古师范大学，2012.

［92］陈鹏.戴劳公式和马格老临公式的传入与研究［D］.天津：天津师

范大学，2012.

［93］张学锋.清末民初小学算术教科书的演变——从《笔算数学》到《共和国教科书·新算术》［D］.北京：中国科学院自然科学史研究所，2013.

［94］郑振初.关于《测圆海镜》及其清代研究的探讨［D］.北京：中国科学院自然科学史研究所，2013.

［95］秦涛.明末清初三角函数造表法程序化及复杂度分析［D］.呼和浩特：内蒙古师范大学，2013.

［96］李民芬.关于李善兰翻译《几何原本》的研究［D］.呼和浩特：内蒙古师范大学，2013.

［97］张必胜.《代数学》和《代微积拾级》研究［D］.西安：西北大学，2013.

［98］刘耀鸿.汪香祖及其《中算斟》研究［D］.天津：天津师范大学，2013.

［99］王美环.晚清数学家李镠及其算学课艺研究［D］.天津：天津师范大学，2013.

［100］宋慧慧.以《代微积分拾级》为例看晚清教学西化的基本完成［D］.沈阳：东北大学，2013.

［101］张凤英.《八线备旨》在清末［D］.呼和浩特：内蒙古师范大学，2014.

［102］王敏.欧美对中国中小学数学教育的影响（1902—1949）［D］.呼和浩特：内蒙古师范大学，2014.

［103］张祺.《历象考成》对《崇祯历书》日月交食理论的继承与发挥［D］.呼和浩特：内蒙古师范大学，2014.

［104］李丽.《畴人传三编》研究［D］.西安：陕西师范大学，2014.

［105］陈明智.清末统计学译著《统计通论》研究［D］.上海：东华大学，2014.

［106］闫艳丽.广州实学馆数学教习方楷及其《代数通艺录》研究［D］.天津：天津师范大学，2014.

［107］霍云娟.陈平瑛《中西算学题镜》研究［D］.天津：天津师范大学，2015.

［108］梁培硕.清朝晚期数学教育发展及其历史地位研究［D］.石家庄：河北师范大学，2015.

［109］屈蓓蓓.崔朝庆对中国近现代数学教育的贡献［D］.呼和浩特：内蒙古师范大学，2015.

［110］刘冰楠.中国中学三角学教科书发展史研究（1902—1949）［D］.呼和浩特：内蒙古师范大学，2015.

［111］潘澍原.会通中西：明清之际勾股与测望知识的转变［D］.北京：中国科学院自然科学史研究所，2016.

［112］魏雪刚.清代中算家对西方代数学的接受［D］.呼和浩特：内蒙古师范大学，2016.

［113］王晓媛.清代中算家有关对数的研究［D］.呼和浩特：内蒙古师范大学，2016.

［114］崔雪莉.清末数学家潘应祺算学课本研究［D］.天津：天津师范大学，2016.

［115］冯丽莎.晚清数学家曹汝英数学著作研究［D］.天津：天津师范大学，2016.

［116］李瑶.清末数学家徐绍桢数学成果讨论［D］.天津：天津师范大学，2016

［117］牛腾.元末至明清之际珠算开方法的起源与发展［D］.北京：中国科学院自然科学史研究所，2017.

［118］薛芳.《代微积拾级》的翻译与晚清中算家对微积分的认识［D］.呼和浩特：内蒙古师范大学，2017.

［119］刘增强.清代度量衡知识形态研究［D］.呼和浩特：内蒙古师范大学，2017.

［120］张斌.晚清算学课艺中的三角学内容研究［D］.呼和浩特：内蒙古师范大学，2017.

［121］周娴.清宫数学仪器研究［D］.呼和浩特：内蒙古师范大学，2017.

［122］任志伟. 卢靖数学工作研究［D］. 天津：天津师范大学，2017.

［123］周丹. 沈保枢数学工作研究［D］. 天津：天津师范大学，2017.

［124］顾滕. 崔朝庆数学工作研究［D］. 天津：天津师范大学，2017.

［125］商贤冬. 关于明安图的正弦函数级数展开的一些计算［D］. 苏州：苏州大学，2017.

［126］马金. 易学的畸变与传统数学的突破［D］. 济南；山东大学，2018.

［127］王馨. 清初中算家对《几何原本》会通工作之研究［D］. 上海：上海交通大学，2018.

［128］祝捷. 狄考文《形学备旨》和《代数备旨》研究［D］. 合肥：中国科学技术大学，2018.

［129］张美霞. 清末民国中学解析几何学教科书研究［D］. 呼和浩特：内蒙古师范大学，2018.

［130］王鑫义. 明安图、董祐诚、项名达的无穷级数表示法研究［D］. 呼和浩特：内蒙古师范大学，2018.

［131］祖春慧. 张敦仁数学工作研究［D］. 天津：天津师范大学，2018.

［132］李扬. 邹伯奇数学工作研究［D］. 天津：天津师范大学，2018.

［133］任亚梅. 孔广森数学著作研究［D］. 天津：天津师范大学，2018.

［134］魏雪刚. 江南算学与算学思想的过渡（1784—1820）［D］. 北京：中国科学院自然科学史研究所，2019.

［135］赵栓林. 清代前中期历算家书信整理与研究［D］. 呼和浩特：内蒙古师范大学，2019.

［136］张彩云. 中国中学几何作图教科书发展史（1902—1949）［D］. 呼和浩特：内蒙古师范大学，2019.

［137］武冬海. 清末吴大澂《权衡度量实验考》研究［D］. 呼和浩特：内蒙古师范大学，2019.

［138］李晶平. 江衡数学著作研究［D］. 天津：天津师范大学，2019.

［139］张利红. 白芙堂诸子的幂级数研究［D］. 天津：天津师范大学，2019.

［140］赵春琴.蒋士栋蒋士荣兄弟数学著作研究［D］.天津：天津师范大学，2019.

［141］张冬莉.中国数学教科书中勾股定理内容设置变迁研究（1902—1949）［D］.呼和浩特：内蒙古师范大学，2020.

［142］葛震.晚清长沙数学家群体的组织与交流［D］.呼和浩特：内蒙古师范大学，2020.

［143］于劼.黄宗宪数学工作研究［D］.天津：天津师范大学，2020.

［144］雷小玲.骆腾凤数学工作研究［D］.天津：天津师范大学，2020.

［145］姜婷婷.邹尊显数学著作研究［D］.天津：天津师范大学，2020.

［146］王金隆.清末民国时期微积分教科书的内容发展与符号传播（1859—1934）［D］.成都：四川师范大学，2020.

这些毕业论文工作不仅培养了清代数学史研究队伍，也奠定了清代数学史研究的学术基础。

三、清初数学史的研究

中国数学家在"西学中源"思想支配下对东渐的西方数学的理解、接受消化并将其融入中算知识，构成了清初数学的核心内容，而围绕清代历法改革而形成的以康熙为中心的学术共同体及其与社会、与西方的互动，传教士为纽带的中西数学文化交流，传入的内容十分丰富，涉及的数学人物、数学著作、数学内容都很多，历史文献也十分丰富，形成的历史问题也头绪纷纷，研究成果丰富多彩，这里姑摘要者叙之如下。

（一）对清初数学家及其业绩的研究

这里主要是对于梅文鼎及其同时代的数学家，如薛凤祚、王锡阐、李子金、方中通、孔林宗、陈世仁等人业绩的研究。

1.梅文鼎研究

梅文鼎是清初具有代表性的汇通中西数学的杰出数学家，数学史界对他研究成果最为丰富。梅荣照研究了《方程论》的数学成就[①]；刘钝对梅文鼎的生平事迹、数学成就做了系统研究，并且以梅文鼎为中心研究了清初的学术环境与思想以及相关人物关系[②③④⑤]；严敦杰研究了梅文鼎在天文学方面业绩[⑥]；郭世荣调查研究了梅文鼎与李光地之间的学术关系[⑦]，对梅文鼎在会通中西科学方面所做的工作也做了深入分析[⑧]；张素亮论述了梅文鼎数学研究的特点[⑨]；潘有发讨论了梅文鼎在"黄金分割"研究的工作[⑩]。对梅文鼎在几何学方面业绩的研究有：朱哲对梅文鼎证明勾股定理的方法进行了比较研究[⑪]；张碧莲讨论了梅文鼎的几何思想[⑫]；刘逸研究了梅文鼎在球面投影原理和方法应用方面的业绩[⑬⑭]。此外，潘亦宁研究了梅文鼎在解方程方面的工作[⑮]；董杰研究了梅文鼎在球面三角学方面的工作[⑯]；潘有发和牛腾分析梅文鼎、梅毂成祖孙在珠算方面的贡献[⑰⑱⑲]；冯立昇、童庆钧、高峰、李兆华、纪志刚、何磊、韩琦等人对梅文鼎的著作做了一系列文献学的

① 梅荣照．略论梅文鼎的《方程论》[A]//科学史文集：第8辑（数学史专辑）[C]．上海：上海科学技术出版社，1982．
② 刘钝．清初历算大师梅文鼎[J]．自然辩证法通讯，1986（1）：52-64、79-80、51．
③ 刘钝．托勒密的"曷捺楞马"与梅文鼎的"三极通机"[J]．自然科学史研究，1986（1）：68-75．
④ 刘钝．数学家和君王（上）[J]．文史杂志，1988（4）：31-32；刘钝．数学家和君王（下）[J]．文史杂志，1988（5）：41-42．
⑤ 刘钝．梅文鼎在几何学领域中的若干贡献[A]//梅荣照．明清数学史论文集[C]．南京：江苏教育出版社，1990．
⑥ 严敦杰．梅文鼎的数学和天文学工作[J]．自然科学史研究，1989，8（2）：99-107．
⑦ 郭世荣．李光地对梅文鼎学术研究的支持与促进[A]//李迪．数学史研究文集：第二辑[C]．呼和浩特：内蒙古大学出版社，1991．
⑧ 郭世荣．梅文鼎会通中西工作[A]//李迪．数学史研究文集：第六辑[C]．呼和浩特：内蒙古大学出版社，1998．
⑨ 张素亮．论梅文鼎数学研究的特点[J]．曲阜师范大学学报（自然科学版），1988（3）：182-186．
⑩ 潘有发．梅文鼎关于"黄金分割"的研究[J]．中学数学教学，1988（5）：1-3．
⑪ 朱哲．梅文鼎对勾股定理的证明及其与欧几里得方法的比较[J]．中学数学杂志，2005（12）：59-61．
⑫ 张碧莲．论梅文鼎的几何思想——梅文鼎对勾股定理的研究[J]．陕西师大学报（自然科学版），1989（2）：71-75
⑬ 刘逸．论梅文鼎的球面投影原理与应用[J]．徐州师范学院学报（自然科学版），1990（2）：58-63．
⑭ 刘逸．略论梅文鼎的投影理论[J]．自然科学史研究，1991（3）：223-229．
⑮ 潘亦宁．梅文鼎对方程解法问题的研究[J]．西北大学学报（自然科学版），2012，42（4）：698-702．
⑯ 董杰．试论梅文鼎球面余弦定理及符号判定法[J]．西北大学学报（自然科学版），2014，44（5）：848-854．
⑰ 潘有发．清初历算第一名家——梅文鼎与珠算[J]．珠算，2001（6）：2-5．
⑱ 潘有发．清初历算第一名家——梅文鼎[J]．学生之友（初中版），2003（Z3）：84-89．
⑲ 牛腾．浅析清代数学家梅毂成在珠算方面的贡献[J]．珠算与珠心算，2019（4）：50-54．

研究 ①②③④⑤；汤彬如、张野民、张兆鑫、赵万里等人研究了梅文鼎的哲学思想和学术思想 ⑥⑦⑧；胡炳生、张惠民与李伯春从地方科技史的视角概述了梅文鼎的业绩 ⑨⑩⑪。

2. 王锡阐研究

王锡阐也是清初汇通中西科学的主要人物，尽管其著述没有梅文鼎多，但创造性业绩不让梅文鼎，其科学业绩更多的是在天文历学方面。薛斌、严敦杰整理了王锡阐的年谱 ⑫⑬；江晓原对王锡阐的生平、思想和天文学活动及其著作《晓庵新法》做了系统研究 ⑭⑮；宁晓玉对王锡阐在宇宙模型研究方面的工作 ⑯⑰ 以及天文观测方面的业绩做了系列研究 ⑱。在数学方面，梅荣照研究了王锡阐的数学著作《圜解》⑲，董杰则分析了王锡阐在三角函数造表法方面的工作 ⑳。

3. 对其他几位数学家的研究

除梅文鼎、王锡阐外，清初还有一批数学家在学习和消化传入的西方数学，出现了一批融汇中西的数学著述，也形成了清初西学共同体，构成清初

① 高峰，冯立昇.康熙间梅文鼎历算著作刊行考［J］.中国科技史杂志，2020，41（2）：166-180.
② 童庆钧，冯立昇.梅文鼎《中西算学通》探原［J］.内蒙古师范大学学报（自然科学汉文版），2007（6）：716-720，727.
③ 李兆华.《平立定三差详说》的一点注记［J］.中国科技史杂志，2014，35（3）：281-288.
④ 何磊，纪志刚.梅文鼎与《欧罗巴西镜录》［J］.内蒙古师范大学学报（自然科学汉文版），2019，48（6）：516-522.
⑤ （清）梅文鼎著，韩琦整理.梅文鼎全集［M］.合肥：黄山书社，2020.
⑥ 汤彬如.梅文鼎的数学哲学思想［J］.南昌教育学院学报，2008（3）：20-22.
⑦ 张野民.梅文鼎数学思想的历史探源［J］.兰台世界，2013（31）：97-98.
⑧ 张兆鑫，赵万里.梅文鼎与西学："礼失求野"与"西学中源"［J］.自然辩证法研究，2014,30(1)：64-70.
⑨ 胡炳生.梅文鼎和清代畴人［J］.中国科技史料，1989（2）：12-19.
⑩ 李伯春.梅文鼎和安徽数学学派［J］.淮北煤师院学报（自然科学版），1989（3）：54-62.
⑪ 张惠民.清代梅氏家族的天文历算研究及其贡献［J］.陕西师范大学学报（自然科学版），1997(3)：117-122.
⑫ 薛斌.王锡阐年谱［J］.中国科技史料，1997（4）：28-36.
⑬ 严敦杰.王锡阐年谱［J］.自然科学史研究，2018，37（4）：517-529.
⑭ 江晓原.王锡阐及其《晓庵新法》［J］.中国科技史料，1986（6）：48-51、61.
⑮ 江晓原.王锡阐的生平、思想和天文学活动［J］.自然辩证法通讯，1989（4）：53-62、80.
⑯ 宁晓玉.试论王锡阐宇宙模型的特征［J］.中国科技史杂志，2007（2）：123-131.
⑰ 宁晓玉.王锡阐与第谷体系［J］.自然辩证法通讯，2013，35（3）：81-85、127.
⑱ 宁晓玉.王锡阐天文观测略考［J］.咸阳师范学院学报，2016，31（2）：8-12.
⑲ 梅荣照.王锡阐的数学著作——《圜解》//梅荣照.明清数学史论文集［C］.南京：江苏教育出版社，1990.
⑳ 董杰.试析王锡阐的"爻限"与三角函数造表法［J］.中国科技史杂志，2014，35（4）：439-445.

数学史的主要内容。高宏林对清初数学家李子金及其著作进行了研究 ①，围绕
《天弧象限表》分析其三角函数造表法 ②③；邸利会分析了李子金对西方历算学
的态度 ④；对于梅文鼎学派的主要成员孔林宗的研究，主要有高宏林的工作 ⑤⑥；
对于方中通及其《数度衍》，郭世荣、沈康身研究了其中的约瑟夫斯问题 ⑦⑧，
徐君讨论了其中的对数 ⑨ 与 "四算" ⑩，以及其中 "九九图说" 所反映的数学思
想 ⑪。此外，董杰分析了薛凤祚的球面三角形解法 ⑫，罗见今研究了陈世仁
《少广补遗》的 "立尖" 分解问题 ⑬，赵栓林、罗见今对梅文鼎学术朋友圈中
的人物 "秦二南" 进行了历史证明 ⑭。

（二）对康熙时期的数学史研究

1. 对康熙时期数学发展的学术思想、社会环境的研究

"西学中源" 说是清初比较流行的观点，反映清初中国知识对待西学的
态度，也是中国数学家接受西方数学、融汇中西数学的思想基础。因此，学
界对此学说的起源、流变进行考证，并对其影响和功过也加以讨论，这方面
的研究成果较多。比如李兆华、江晓原对 "西学中源说" 从不同角度给予评

① 高宏林 . 清初数学家李子金 [J] . 中国科技史料，1990（1）：30–35.
② 高宏林 . 李子金《天弧象限表》研究 [A] // 李迪 . 数学史研究文集 [C]：第四辑 . 呼和浩特：内
  蒙古大学出版社，1993.
③ 高宏林 . 李子金关于三角函数造表法的研究 [J] . 自然科学史研究，1998（4）：338–347.
④ 邸利会 . 李子金对西方历算学的反应 [J] . 中国科技史杂志，2009，30（4）：454–464.
⑤ 高宏林 . 梅文鼎学派的主要成员孔林宗 [J] . 中国科技史料，1996（2）：24–28.
⑥ 高宏林 . 略论孔林宗的数学成就 [A] // 李迪 . 数学史研究文集：第五辑 [C] . 呼和浩特：内蒙古
  大学出版社，1993.
⑦ 郭世荣 . 方中通《数度衍》中所见的约瑟夫斯问题 [J] . 自然科学史研究，2002（1）：49–55.
⑧ 沈康身 . 东方约瑟夫问题研究选析 [J] . 自然科学史研究，2003（1）:60–68.
⑨ 徐君 . 论方中通《数度衍》之 "对数"[J] . 昭乌达蒙族师专学报（自然科学版），2000（3）：25–
  26，33.
⑩ 徐君 . 略论方中通的 "四算" 研究及其特点 [J] . 内蒙古师范大学学报（自然科学汉文版），2004
  （1）：100–103.
⑪ 徐君，牛耀明 . 浅议方中通 "九九图说" 中的数学思想 [J] . 阴山学刊（自然科学版），2006（3）：
  21–23，36.
⑫ 董杰 . 薛凤祚球面三角形解法探析 [J] . 西北大学学报（自然科学版），2011，41（4）：737–741.
⑬ 罗见今 . 陈世仁《少广补遗》对 "立尖" 的分解 [J] . 内蒙古师范大学学报（自然科学汉文版），
  2012，41（4）：428–432.
⑭ 赵栓林，罗见今 . 梅文鼎书信中的 "秦二南" 考 [J] . 广西民族大学学报（自然科学版），2018，
  24（3）：10–14.

论⑫①，李迪分析了"西学中源说"的消极影响③，韩琦则通过白晋的《易经》研究、《御制三角形推算法论》的成书背景等案例分析了"西学中源"说对康熙时代学术的影响④⑤，王扬宗、俞强分析了康熙帝及梅文鼎与"西学中源"说的关系⑥⑦，王扬宗重新考证了明末清初"西学中源"说的起源⑧，刘钝则考证了从古代"老子化胡"思想到明末清初"西学中源"思想的发展脉络，分析了在"夷夏之辨"背景下外来文化在中国的遭遇⑨。

　　对康熙时期数学发展的社会史研究及与其相关的中西科学交流史研究，是清初数学史研究的重点，韩琦先生在此领域做了大量的工作（此文集中有专门的成果总结），兹略说一二。在康熙帝与清初自然科学的关系的论述上，郭永芳⑩和李迪⑪有专文论述，李培业介绍了康熙的数学著作《积求勾股法》⑫，韩琦论述了康熙时代的数学教育概况及其社会背景⑬，通过考察《律历渊源》的编纂经过分析康熙时代历法改革中的科学活动⑭⑮，以及中国知识界对西学态度的改变⑯。以康熙帝为中心的中西科学交流是学界关注的焦点，韩琦对

① 李兆华. 简评"西学源于中法"说 [J]. 自然辩证法通讯，1985（6）：45–49、80.
② 江晓原. 试论清代"西学中源"说 [J]. 自然科学史研究，1988（2）：101–108.
③ 李迪. "西学中源说"的恶果 [J]. 自然杂志，1990（11）：735–736.
④ 韩琦. 白晋的《易经》研究和康熙时代的"西学中源"说 [J]. 汉学研究，1998,16（1）：185–201.
⑤ 韩琦. 康熙帝之治术与"西学中源"说新论——《御制三角形推算法论》的成书及其背景 [J]. 自然科学史研究，2016，35（1）：1–9.
⑥ 王扬宗. 康熙、梅文鼎和"西学中源"说 [J]. 传统文化与现代化，1995（3）：77–84.
⑦ 俞强. 梅文鼎与"西学中源"说 [J]. 南开学报，2003（1）：28–33.
⑧ 王扬宗. 明末清初"西学中源"说新考 // 刘钝，韩琦，等. 科史薪传——庆祝杜石然先生从事科学史研究 40 周年学术论文集 [C]. 沈阳：辽宁教育出版社，1997.
⑨ 刘钝. 从"老子化胡"到"西学中源"："夷夏之辨"背景下外来文化在中国的奇特经历 [A] // 法国汉学：第六辑 [C].2002.
⑩ 郭永芳. 康熙与自然科学 [J]. 自然辩证法通讯，1983（5）：50–58，80.
⑪ 李迪. 康熙帝与数学 [J]. 科学技术与辩证法，2000（2）：28–31.
⑫ 李培业. 论康熙数学著作《积求勾股法》[A]. 李迪主编. 数学史研究文集 [C]. 第四辑. 呼和浩特：内蒙古大学出版社，1993.
⑬ 韩琦. 康熙时代的数学教育及其社会背景 [A]. // 法国汉学：第八辑 [C].2003.
⑭ 韩琦. 从《律历渊源》的编纂看康熙时代的历法改革 [A] // 吴嘉丽，周湘华. 世界华人科学史学术研讨会论文集 [C]. 淡江大学历史学系、化学系，2001：187–195.
⑮ 韩琦. 科学、知识与权力——日影观测与康熙在历法改革中的作用 [J]. 自然科学史研究，2011，30（1）：1–18.
⑯ 韩琦. "自立"精神与历算活动——康乾之际文人对西学态度之改变及其背景 [J]. 自然科学史研究，2002（3）：210–221.

宫廷传教士的科学活动与西方文化传播工作做了系列性考察和分析①②③④⑤⑥⑦，对康熙帝周边的中国数学家的科学工作、社会活动及其影响也做了深入研究⑧⑨⑩，张兆鑫分析了梅瑴成的西学思想⑪，田淼通过对康熙年间欧洲数学在中国传播的状况从宏观的历史视角审视当时的中国在国际上的地位⑫。韩琦对清初西方数学的传入对后来乾嘉时期古算复兴的影响做了具体分析⑬。

2. 对《数理精蕴》的研究

《数理精蕴》是一本由朝廷组织编写的汇集中西数学知识的系统性著作。对其中数学内容、数学方法的系统探讨始于李兆华的工作⑭⑮，随后牛亚华讨论了其中的椭圆知识⑯，冯立升讨论了其中的几何求积问题⑰，韩琦讨论了其中的对数造表法对戴煦二项展开式研究的影响⑱，田淼研究了其中的借根方⑲，张

① 韩琦.耶稣会士和康熙时代历算知识的传入［A］//《澳门史新编》（三）［C］.2008：967－986.
② 韩琦.格物穷理院与蒙养斋——17、18世纪之中法科学交流［A］//法国汉学（四）［C］.1999：302-324.
③ 韩琦.科学与宗教之间：耶稣会士白晋的《易经》研究［A］//陶飞亚，梁元生.东亚基督教再诠释［C］.中国香港中文大学崇基学院宗教与中国社会研究中心，2004：413-434.
④ 韩琦，詹嘉玲.康熙时代西方数学在宫廷的传播——以安多和《算法纂要总纲》的编纂为例［J］.自然科学史研究，2003，22（2）：145-155.
⑤ 韩琦.西学帝师——耶稣会士安多在康熙时代的科学活动［J］.故宫文物月刊，2011（10）：52-57.
⑥ 韩琦.康熙朝法国耶稣会士在华的科学活动.故宫博物院院刊［J］，1998（2）：68-75.
⑦ 韩琦，潘澍原.康熙朝经线每度弧长标准的奠立——兼论耶稣会士安多与欧洲测量学在宫廷的传播［J］.中国科技史杂志，2019，40（3）：290-312.
⑧ 韩琦.蒙养斋数学家陈厚耀的历算活动——基于《陈氏家乘》的新研究［J］.自然科学史研究，2014，33（3）：298-306.
⑨ 韩琦.君主和布衣之间：李光地在康熙时代的活动及其对科学的影响［J］.清华学报（中国台湾），1996，新26（4）：421-445.
⑩ Qi Han.Patronage Scientifiqueet Carrière Politique:LiGuangdientreKangxietMeiWending.Etudes Chinoises16/2（automne,1997），pp.7-37.
⑪ 张兆鑫.梅瑴成的西学思想研究［J］.安徽广播电视大学学报，2015（2）：114-120、128.
⑫ Tian Miao. The Transmission of European Mathematics in the Kangxi Reign (1662—1722年)—Looking at the International Role China could play from an Historical Perspective", in: China's New Role in the International Community: Challenges and Expectations for the 21st Century (Heinz-Dieter Assmann, Karin Moser v. Filseck ed.), Peter Lang, 2005: 217-234.
⑬ 韩琦.西方数学的传入和乾嘉时期古算的复兴——以借根方的传入和天元术研究的关系为例［A］.祝平一.中国史新论：科技与中国社会［C］.台北：联经出版社，2010：459-486.
⑭ 李兆华.关于《数理精蕴》的若干问题［J］.内蒙古师大学报（自然科学版），1983（02）：66-81.
⑮ 李兆华.《数理精蕴》介绍［J］.中等数学，1985（2）：2-4.
⑯ 牛亚华.明末清初椭圆知识的传入及应用［A］//李迪.数学史研究文集：第一辑［C］.呼和浩特：内蒙古大学出版社，1990.
⑰ 冯立升.清代对球及其部分体积和表面积问题的研究［A］//李迪.数学史研究文集：第二辑［C］.呼和浩特：内蒙古大学出版社，1991.
⑱ 韩琦.《数理精蕴》对数造表法与戴煦的二项展开式研究［J］.自然科学史研究，1992，11（2）：109-119.
⑲ Tian Miao. Jiegenfang, Tianyuan, and Daishu: Algebra in Qing China. Historia Scientiarum, Vol. 9-1 (1999): 101–119.

升、尹志凌、罗见今对《数理精蕴》中的对数造表算法进行比较研究①②，肖运鸿则对《数理精蕴》中的杠杆力学知识进行了系统考察③。

3. 对明安图的研究（有关明安图幂级数论的研究见下文）

关于明安图研究，除李迪先生的早期工作之外，罗见今先生研究较多，这方面成果见后文幂级数论研究部分。此外，方勾④、张继梅⑤、熊选明⑥等人对明安图的业绩也做过综述。

4. 对这个时期其他数学内容的研究

计算器、纳贝尔算筹、透视学是清初传入的西方数学工具与数学理论，清初怎样传入中国、中国学者如何学习和改造、如何仿制和应用等历史问题，一直是学术界比较关心的。李迪、白尚恕对康熙年间制造的手摇计算器进行了考证⑦。沈康身对中国的界画与年希尧的《视学》中的透视学进行了比较⑧，并对年希尧的《视学》进行了一系列研究⑨⑩⑪。郭世荣考证梳理了纳贝尔筹在中国的传播与发展⑫。陈厚耀也是清初一位重要的数学家，李培业对《陈厚耀算书》进行了系统研究⑬，韩琦对陈厚耀的《召对纪言》进行了文献学研究⑭。

① 张升，尹志凌.《数理精蕴》中对数造表的三种算法比较［J］.内蒙古师范大学学报（自然科学汉文版），2009，38（5）：550–554.
② 张升，罗见今.布里格斯之真数自乘法与《数理精蕴》相应内容之比较［J］.内蒙古师范大学学报（自然科学汉文版），2010，39（6）：632–634、639.
③ 肖运鸿.《数理精蕴》中的杠杆力学知识［J］.广西民族大学学报（自然科学版），2012，18（3）：11–15，22.
④ 方勾.明安图研究［J］.内蒙古师大学报（自然科学汉文版），1993（S1）：44–47.
⑤ 张继梅.明安图及其《割圆密率捷法》［J］.历史教学，2000（6）：47.
⑥ 熊选明.蒙古族科学家明安图［J］.数理天地（初中版），2004（8）：1–2.
⑦ 李迪，白尚恕.康熙年间制造的手摇计算计算器［A］//吴文俊.中国数学史论文集（一）［C］.济南：山东教育出版社，1984.
⑧ 沈康身.界画、《视学》和透视学［A］//科学史文集：第8辑（数学史专辑）［C］.上海：上海科学技术出版社，1982.
⑨ 沈康身.从《视学》看十八世纪东西方透视学知识的交融和影响［J］.自然科学史研究，1985（3）：258–266，296.
⑩ 沈康身.《视学》再析［J］.自然杂志，1990（9）：605–610、623.
⑪ 沈康身.《视学》透视量点法作图题选析［A］//吴文俊.中国数学史论文集（四）［C］.济南：山东教育出版社，1996.
⑫ 郭世荣.纳贝尔筹在中国的传播与发展［J］.中国科技史料，1997（1）：12–20.
⑬ 李培业.《陈厚耀算书》研究［A］//李迪.数学史研究文集：第三辑［C］.呼和浩特：内蒙古大学出版社，1992.
⑭ 韩琦.陈厚耀《召对纪言》释证［A］//文史新澜［C］.杭州：浙江古籍出版社，2003:458–475.

四、清中期数学史的研究

（一）清中期数学家的生平、思想及综述性研究

戴震在数学上的最大贡献是在《四库全书》馆辑录校勘汉唐十部算经，对于汉唐宋元数学的复兴具有开创之功。徐道彬对戴震的学术地位进行了论述[①]，陈建平对戴震《勾股割圆记》进行了较为全新的解读[②]，孙燕宁探讨了戴震的"西学中源说"[③]。

戴震之后的李潢、孔继涵、张敦仁对汉唐算书的研究具有重要的意义。洪伯阳、宋述刚[④]，刘兴祥[⑤⑥⑦]对李潢的生平、治学思想进行了较为详细的考证，崔伟芳考述了孔继涵的生平[⑧]，张秀琴对张敦仁的生平进行了评述[⑨]，杨玲霞、杨小明论述了张敦仁《求一算术》的社会价值[⑩]。

清代中期数学家中最著名是"谈天三友"的焦循、李锐和汪莱，他们的数学成就、学术关系一直是研究的热点和重点。徐辉[⑪]、邱兆璋[⑫]、张沛[⑬]，陈居渊[⑭]等人研究了焦循的易学思想与数学的关系，朱家生、吴裕宾考证了焦循年谱[⑮]，并对焦循的数学思想进了研究[⑯]。刘钝论述了汪莱的个性与学术风格[⑰]，

① 徐道彬.戴震学术地位的确立与"西学中源"论［J］.清史研究，2010，79（3）：51-65.
② 陈建平.由建构与算理看戴震的《勾股割圆记》［J］.自然科学史研究，2011，30（1）：28-44.
③ 孙燕宁."前清学者第一人"戴震的"西学中源"学说发微［J］.兰台世界，2014，30：126-127.
④ 洪伯阳，宋述刚.关于李潢生平的几个问题考证［J］.中国科技史料，1994（1）：89-91.
⑤ 刘兴祥.李潢的生平与著述［J］.延安大学学报（自然科学版），1995（2）：55-58.
⑥ 刘兴祥.对李潢出生年代的考证［J］.中国科技史料，1994（3）：93-95.
⑦ 刘兴祥.李潢的治学方法、思想和态度［J］.延安大学学报（自然科学版），1996（3）：42-44.
⑧ 崔伟芳.孔继涵生平考述［J］.唐山师范学院学报，2019，41（5）：43-46.
⑨ 张秀琴.数学家张敦仁传略［J］.中国科技史料，1996（4）：33-38.
⑩ 杨玲霞，杨小明.论张敦仁《求一算术》的当代社会价值［J］.广西民族大学学报（自然科学版），2020，26（3）：96-98.
⑪ 徐辉.试论焦循的《易》学与数学的关系［J］.扬州师院学报（自然科学版），1986（2）：66-71.
⑫ 邱兆璋.试论焦循的数学研究方法［J］.南京师大学报（自然科学版），1987（2）：25-28，24.
⑬ 张沛.焦循易学对天算数学的借鉴吸纳［J］.道家文化研究，2017（00）：413-437.
⑭ 陈居渊.焦循的数理思想与乾嘉学术［J］.孔子研究，2004（5）：105-112，128.
⑮ 朱家生，吴裕宾.焦循年谱［A］//洪万生.谈天三友［C］.台北：明文书局，1993.
⑯ 朱家生."通儒"焦循的数学研究［J］.扬州文化研究论丛，2009（1）：75-82.
⑰ 刘钝.略论汪莱的个性与学术风格［A］//洪万生.谈天三友［C］.台北：明文书局，1993.

汪宜楷 ①②③④⑤⑥、郑坚坚 ⑦⑧ 等人对汪莱的年谱、字号及其后人有很好的研究。严敦杰考证了李锐的年谱 ⑨，郭世荣通过研究李锐《观妙居日记》对李锐的学术思想、友朋关系进行了研究 ⑩，吴裕宾对李锐的数学工作、思想有很好的研究 ⑪⑫。谈天三友之间的学术交流、诘难也是学者们探讨的热点，吴裕宾 ⑬、郭世荣 ⑭、洪万生 ⑮、赵栓林、罗见今 ⑯ 等人从不同的角度都有论述。对于三人的数学成就与经学之间的关系，洪万生、刘钝 ⑰⑱，任瑞芳 ⑲、田淼 ⑳、陈志辉 ㉑ 等人有研究。何绍庚 ㉒、柴慧玎 ㉓ 等人对项名达数学成就进行论述，王鑫义、郭世荣研究了张作楠的历算交流 ㉔，王海林论述了徐有壬的数学成就 ㉕，王荣彬论述了戴煦的数学成就 ㉖，甘向阳对董祐诚及其《割圆连比例术

① 汪宜楷.汪莱年谱［A］//洪万生.谈天三友［C］.台北：明文书局，1993.
② 汪宜楷.增订汪莱年谱［A］//吴文俊.中国数学史论文集（四）［C］.济南：山东教育出版社，1996.
③ 汪宜楷，汪晓菡.汪莱出生年月辨正［J］.中国科技史料，1996（4）：29-32.
④ 汪宜楷，汪晓菡.谈汪莱年谱中的两个问题［J］.中国科技史料，1998（3）：44-47.
⑤ 郑坚坚，汪宜楷.关于江莱的字、号及其他［J］.中国科技史料，1999（1）：92-96.
⑥ 汪宜楷.泽洽河湟，功及二华，缵承家学，薪传数书——汪莱长孙汪廷栋先生事略［J］.黄山高等专科学校学报，1999（4）：25-27.
⑦ 郑坚坚.汪莱年谱［J］.中国科技史料，1994（3）：24-34.
⑧ 郑坚坚.汪莱与当涂夏氏父子［A］//李迪.数学史研究文集：第六辑［C］.呼和浩特：内蒙古大学出版社，1998.
⑨ 严敦杰.李尚之年谱［A］//梅荣照.明清数学史论文集［C］.南京：江苏教育出版社，1990.
⑩ 郭世荣.李锐《观妙居日记》研究［J］.文献，1986（2）：248-263.
⑪ 吴裕宾.清代中期著名数学家李锐［J］.中等数学，1988（1）：39、47、1.
⑫ 吴裕宾.清代扬州学者的数学研究［J］.自然辩证法通讯，1988（2）：51-60、80.
⑬ 吴裕宾.汪莱、李锐龉龆辨［J］.中国科技史料，1990（3）：90-92.
⑭ 郭世荣.清代中期数学家焦循与李锐之间的几封信［A］//李迪.数学史研究文集：第一辑［C］.呼和浩特：内蒙古大学出版社，1990.
⑮ 洪万生.焦循给李锐的一封信［A］//洪万生.谈天三友［C］.台北：明文书局，1993.
⑯ 赵栓林，罗见今.焦循复江藩信——1792年一次深入的历算交流［J］.中国科技史杂志，2018，39（3）：276-286.
⑰ 洪万生，刘钝.汪莱、李锐与乾嘉学派［A］//洪万生.谈天三友［C］.台北：明文书局，1993.
⑱ 洪万生.谈天三友：焦循、汪莱和李锐——清代经学与算学关系试论［A］//洪万生.谈天三友［C］.台北：明文书局，1993.
⑲ 任瑞芳.清代"谈天三友"的数学思想研究［J］.西安电子科技大学学报（社会科学版），2006（2）：152-157.
⑳ Tian Miao. A Formal System of the Gougu Method: A study on LI Rui's Detailed Outline of Mathematical Procedures for the Right-Angled Triangle. The History of Mathematical Proof in Ancient Traditions. Cambridge University Press, 2012: 552-573.
㉑ 陈志辉.乾嘉天算专门之学在科举考试中的渗透［J］.清史研究，2014（03）：48-59.
㉒ 何绍庚.项名达数学成就述略［A］//刘钝，韩琦，等.科史薪传——庆祝杜石然先生从事科学史研究40周年学术论文集［C］.沈阳：辽宁教育出版社，1997.
㉓ 柴慧玎.项名达数学思想述评［J］.自然科学史研究，1992（2）：120-126.
㉔ 王鑫义，郭世荣.清代历算家张作楠的历算交流［J］.咸阳师范学院学报，2017，32（4）：15-19.
㉕ 王海林.清代著名数学家徐有壬［J］.咸阳师专学报，1995（3）：54-60.
㉖ 王荣彬.戴煦的数学成就［A］//李迪.数学史研究文集：第六辑［C］.呼和浩特：内蒙古大学出版社，1998.

图解》进行了研究 ①，李梦樵 ②、郭世荣 ③ 论述了罗士琳的著述活动及其数学思想。

（二）对重新发现的汉唐宋元数学著作的校注工作的研究

这一时期对汉唐宋元数学著作的校注工作是传统数学复兴的基础。郭书春研究武英殿聚珍版《九章算术》④，论述了戴震对《九章算术》的整理工作 ⑤。李兆华对《四元玉鉴》做了若干校证工作 ⑥，李晋林对《四元玉鉴》的版本进行了考辨 ⑦，徐义保研究了《九章蠡测》⑧，席振伟研究了《九数通考》⑨，李武保、刘兴祥研究了李潢校勘《九章》《海岛算经》的工作 ⑩⑪，纪志刚探讨了李籍《九章算经音义》的年代 ⑫，郭金彬、刘秋华研究了"算经十书"的刊刻流布情况 ⑬。

（三）对清中期方程论成就的研究

清代中叶关于方程理论的研究一个重要内容是对高次方程正根个数的认识，主要是汪莱和李锐的研究成果。汪莱依据正根个数给出了高次方程的分类法，并给出三项方程有正根的充分必要条件，李锐得到了相当于笛卡尔符号律的成果。这方面钱宝琮对汪莱方程论的研究并为后学提出亟待解决的问

① 甘向阳.清代数学家董祐诚及其《割圆连比例术图解》[J].数学通报，1992（3）：46–47、43、33.
② 李梦樵.安徽数学家小传（八）罗士琳（1774–1853）[J].中学数学教学，1981（3）：42、5.
③ 郭世荣.罗士琳的著述活动及其数学思想[J].内蒙古师大学报（自然科学版），1986（2）：28–34.
④ 郭书春.关于武英殿聚珍版《九章算术》[J].自然科学史研究，1987（2）：97–104.
⑤ 郭书春.评戴震对《九章算术》的整理[A]//梅荣照.明清数学史论文集[C].南京：江苏教育出版社，1990
⑥ 李兆华.《四元玉鉴》校改札记[J].中国科技史杂志，2006（2）：145–161.
⑦ 李晋林.《四元玉鉴》版本考辨[J].山西师大学报（社会科学版），1988（2）：84–85.
⑧ 徐义保.《九章蠡测》研究[A]//李迪.数学史研究文集：第五辑[C].呼和浩特：内蒙古大学出版社，1993.
⑨ 席振伟.《九数通考》及其著者[J].中国科技史料，1993（4）：19–22.
⑩ 李武保，刘兴祥.《九章算术细草图说》研究之二——李潢校勘《九章》及《海岛》研究[J].延安大学学报（自然科学版），1997（4）：44–49.
⑪ 刘兴祥.《九章算术细草图说》研究[A]//李迪.数学史研究文集：第六辑[C].呼和浩特：内蒙古大学出版社，1998.
⑫ 纪志刚.李籍《九章算经音义》年代再探[A]//李迪.数学史研究文集：第七辑[C].呼和浩特：内蒙古大学出版社，2001.
⑬ 郭金彬，刘秋华.鲍澣之与"算经十书"的刊刻流布[J].自然辩证法通讯，2006（4）：86–92、111.

题①，之后，李兆华对汪莱方程论工作做出了深刻的研究②。刘钝对李锐的方程论思想进行了深刻的研究③④，朱家生、吴裕宾等人⑤⑥⑦⑧对李锐的方程论工作进行了系统探讨。段耀勇、周畅等人对李锐"步法"进行了讨论⑨。许义夫研究了孔广森的方程论⑩，朱家生⑪还对焦循方程论进了研究。徐义保、段耀勇、周畅等人对当时数学家对方程正根个数认识进行了研究⑫⑬⑭，魏雪刚研究了乾嘉算学家对借根方与天元术看法的转变⑮。

（四）对清中期幂级数展开式工作的研究

这里主要是对明安图、董祐诚、项名达、戴煦、徐有壬、李善兰等人关于幂级数展开式工作的研究，研究论文颇多。罗见今对明安图级数论进行了

① 钱宝琮.汪莱《衡斋算学》的一个注记［A］//科学史集刊（11）［C］.北京：地质出版社，1984.
② 李兆华.汪莱方程论研究［J］.自然科学史研究，1992（3）：193-208.
③ 刘钝.李锐与笛卡儿符号法则［J］.自然科学史研究，1989，8（2）：127-137.
④ 刘钝.略论李锐的数学研究方法——以方程正根个数的判定为例［A］//洪万生.谈天三友［C］.台北：明文书局，1993.
⑤ 朱家生.李锐《开方说》研究［A］//洪万生.谈天三友［C］.台北：明文书局，1993.
⑥ 朱家生.李锐高次方程数值解法新探［J］.扬州师院学报（自然科学版），1989（3）：14-18.
⑦ 朱家生，吴裕宾.李锐《开方说》"无数"概念研究［J］.中等数学，1990（1）：34-36.
⑧ 朱家生.李锐《开方术》方程理论初探［A］//梅荣照.明清数学史论文集［C］.南京：江苏教育出版社，1990.
⑨ 段耀勇，周畅，段垒垒，等.关于李锐"步法"与方程的多个正根求法的讨论［J］.内蒙古师范大学学报（自然科学汉文版），2020，49（5）：384-389.
⑩ 许义夫.孔广森关于高次方程的应用［J］.自然科学史研究，1989，8（2）：118-126.
⑪ 朱家生.焦循方程论研究［J］.扬州师院学报（自然科学版），1995（4）：27-30.
⑫ 徐义保.中算家对方程正根个数的认识［A］//李迪.数学史研究文集：第二辑［C］.呼和浩特：内蒙古大学出版社，1991.
⑬ 段耀勇，周畅，段垒垒，等.开方术与多个正根方程：从"可知"到"不可知"［J］.广西民族大学学报（自然科学版），2019，25（4）：8-12.
⑭ 段耀勇，周畅.当开方术遇到一元高次方程［J］.自然辩证法通讯，2021，43（1）：90-93.
⑮ 魏雪刚.乾嘉算学家对借根方与天元术看法的转变［J］.中国科技史杂志，2019，40（4）：402-411.

系类研究 [1][2][3][4][5][6]，何绍庚对项名达级数论的研究 [7][8][9][10]，李兆华、罗见今、郭世荣、韩琦等人对戴煦对数论、二项式展开式的研究 [11][12][13][14][15][16]，傅庭芳对两种计数函数 [17] 的研究，牛亚华对项名达的椭圆求周术研究 [18]，特古斯对清代级数论进了一系类独到的研究 [19][20][21][22][23][24][25][26][27][28][29][30]，王荣彬、郭世荣探讨了戴

① 罗见今. 明安图公式辨正 [J]. 内蒙古师大学报（自然科学版），1988（1）：42–48.
② 罗见今. 明安图是卡塔兰数的首创者 [J]. 内蒙古大学学报（自然科学版），1988（2）：239–245.
③ 罗见今. 与欧拉数相匹配的特殊函数——戴煦数 [A] // 李迪. 数学史研究文集：第一辑 [C]. 呼和浩特：内蒙古大学出版社，1990.
④ 罗见今. 明安图的高位计算及其结果检验 [A] // 李迪. 数学史研究文集：第二辑 [C]. 呼和浩特：内蒙古大学出版社，1991.
⑤ 罗见今. 论明安图级数反演中的计数结构 [J]. 内蒙古师大学报（自然科学汉文版），1992（3）：91–102.
⑥ 罗见今，王海林. 戴煦数与欧拉数 [J]. 空军雷达学院学报，2000（1）：55–57.
⑦ 何绍庚. 项名达对二项展式研究的贡献 [J]. 自然科学史研究，1982（2）：104–114.
⑧ 何绍庚. 椭圆求周术释义 [A] // 科学史集刊（11）[C]. 北京：地质出版社，1984.
⑨ 何绍庚. 明安图的级数回求法 [J]. 自然科学史研究，1984（3）：209–216.
⑩ 何绍庚. 清代无穷级数研究中的一个关键问题 [J]. 自然科学史研究，1989，8（3）：205–214.
⑪ 李兆华. 戴煦关于二项式和对数展开式的研究 [A] // 吴文俊. 中国数学史论文集（一）[C]. 济南：山东教育出版社，1984.
⑫ 李兆华. 戴煦关于对数研究的贡献 [J]. 自然科学史研究，1985（4）：353–362.
⑬ 李兆华，董祐诚. 垛积术与割圆术评述 [A] 吴文俊. 中国数学史论文集（三）[C]. 济南：山东教育出版社，1987.
⑭ 罗见今. 戴煦数 [J]. 内蒙古大学学报（自然科学版），1987（2）：18–22.
⑮ 郭世荣，罗见今. 戴煦对欧拉数的研究 [J]. 自然科学史研究，1987（4）：362–371.
⑯ 韩琦.《数理精蕴》对数造表法与戴煦的二项展开式研究 [J]. 自然科学史研究，1992（2）：109–119.
⑰ 傅庭芳. 中算传统方法与两种计数函数 [J]. 世界科学，1988（9）：21–26.
⑱ 牛亚华. 项名达的椭圆求周术研究 [J]. 内蒙古师大学报（自然科学汉文版），1990（3）：53–61.
⑲ 特古斯. 项名达构造递加数的方法分析 [A] // 李迪. 数学史研究文集：第三辑 [C]. 呼和浩特：内蒙古大学出版社，1992.
⑳ 特古斯.《象数一原》中的卡塔兰数 [A] // 李迪. 数学史研究文集：第二辑 [C]. 呼和浩特：内蒙古大学出版社，1991.
㉑ 特古斯. 清代中算家的递加数 [J]. 自然科学史研究，1995（4）：337–348.
㉒ 特古斯. 试论清代割圆连比例方法 [J]. 自然科学史研究，1996（4）：319–325.
㉓ 特古斯. 晚清算家对递加数性质的认识 [J]. 内蒙古师大学报（自然科学汉文版），1997（2）：62–68.
㉔ 特古斯. 清代级数论基础 [J]. 内蒙古师大学报（自然科学汉文版），1998（3）：78–85.
㉕ 特古斯，郭世荣. 晚清割圆术的饱和倾向 [J]. 自然科学史研究，1998（4）：348–354.
㉖ 特古斯. 清代级数论被放弃的内部原因 [J]. 自然辩证法研究，2001（7）：61–64.
㉗ 特古斯. 清代级数论研究纲领 [A] // 李迪. 数学史研究文集：第七辑 [C]. 呼和浩特：内蒙古大学出版社，2001.
㉘ 特古斯，罗见今. 明安图变换溯源 [J]. 内蒙古师大学报（自然科学汉文版），2001（3）：270–275.
㉙ 特古斯，罗见今. 对近代东西方级数论工作的比较分析 [J]. 内蒙古师范大学学报（自然科学汉文版），2003（1）：91–98.
㉚ 王辉，特古斯. 关于割圆连比例解的项氏定理探析 [J]. 纯粹数学与应用数学，2000（2）：85–88.

煦、项名达、夏鸾翔的迭代法 [1]，甘向阳 [2][3] 研究了戴煦对数论，王荣彬辨析了戴煦"假设对数" [4]，李兆华研究了李善兰的对数论 [5]，李迪发现了《割圆密率捷法》残稿本 [6]，王海林研究了徐有壬八线互求工作 [7][8][9][10][11]，刘建军对明安图与 Catalan 数联系进了研究 [12]，王海林、罗见今对欧拉数、戴煦数与齿排列的关系进了研究 [13]，罗见今对正切数进行了研究 [14][15][16]，张升、张楠比较了戴煦与夏鸾翔开方术的算法复杂度 [17]，张升、董杰研究了徐有壬差系数的表示 [18]，王鑫义、郭世荣研究了明安图对交错级数的表述 [19]，王鑫义对《割圆密率捷法》中的奇零尾数问题进行了研究 [20]。

（五）有关《畴人传》的研究

《畴人传》46 卷是清嘉庆年间问世的一部述评历代天文学家、数学家学术

① 王荣彬，郭世荣．戴煦、项名达、夏鸾翔对迭代法的研究 [J]．自然科学史研究，1992（3）：209–216.
② 甘向阳．项名达递加图与牛顿二项式定理 [J]．湖南科技大学学报（社会科学版），1991（3）：1–7.
③ 甘向阳．戴煦《外切密率》对级数的认识 [J]．湘潭师范学院学报（社会科学版），1992（3）：1–6.
④ 王荣彬．戴煦"假设对数"辨析 [J]．西北大学学报（自然科学版），1994（3）：271–274.
⑤ 李兆华．李善兰对数论研究 [J]．自然科学史研究，1993（4）：333–343.
⑥ 李迪．《割圆密率捷法》残稿本的发现 [J]．自然科学史研究，1996（3）：234–238.
⑦ 王海林．徐有壬对八线互求的研究 [J]．咸阳师专学报，1996（6）：39–46.
⑧ 王海林．徐有壬对幂级数"立术之法"的研究 [A] // 李迪．数学史研究文集：第七辑 [C]．呼和浩特：内蒙古大学出版社，2001.
⑨ 王海林．徐有壬的幂级数代数符号系统研究 [J]．内蒙古师大学报（自然科学汉文版），2001（1）：85–88、94.
⑩ 王海林．徐有壬的弦求矢公式研究 [J]．空军雷达学院学报，2004（2）：37–38.
⑪ 王海林，苏建新．徐有壬优化八线互求的方法研究 [J]．内蒙古师范大学学报（自然科学汉文版），2010，39（6）：635–639.
⑫ 刘建军．明安图与 Catalan 数 [J]．数学研究与评论，2002（4）：589–594.
⑬ 王海林，罗见今．欧拉数、戴煦数与齿排列的关系研究 [J]．自然科学史研究，2005（1）：53–59.
⑭ 罗见今．徐有壬《测圆密率》对正切数的研究 [J]．西北大学学报（自然科学版），2006（5）：853–857.
⑮ 沙娜，罗见今．论正切数（戴煦数）的计数意义 [J]．内蒙古农业大学学报（自然科学版），2008，29（4）：216–220.
⑯ 罗见今．晚清数学家戴煦对正切数的研究——兼论正切数与欧拉数的关系 [J]．咸阳师范学院学报，2015，30（4）1–11.
⑰ 张升，张楠．戴煦与夏鸾翔开方术的算法复杂度比较 [J]．内蒙古师范大学学报（自然科学汉文版），2012，41（4）：436–440.
⑱ 张升，董杰．徐有壬《测圆密率》中差系数的表示 [J]．内蒙古师范大学学报（自然科学汉文版），2015，44（1）：108–112.
⑲ 王鑫义，郭世荣．明安图对交错级数的表述及处理 [J]．西北大学学报（自然科学版），2019，49（5）：819–824.
⑳ 王鑫义．《割圆密率捷法》中的奇零尾数问题 [J]．山西大同大学学报（自然科学版），2019，35（6）：104–108.

活动的传记集，之后陆续有《续畴人传》《畴人传》三编、四编。傅祚华较早全面研究了《畴人传》[1]，王树民研究了续编[2]，李瑶论述了编辑思想[3]，彭林研究了主编阮元[4]，邓亮、张俊峰、冯立昇等人研究《畴人传》及其续编"西洋附"[5]，沈伟研究了阮元编纂《畴人传》的思想及其影响[6]。

（六）对清中期其他数学工作的研究

陈久金[7]、刘钝[8]、李继闵[9]论述了清代学者的调日法，李兆华论述汪莱的组合数学工作、p进制互转、球面三角工作[10][11]，吴裕宾研究了焦循《加减乘除释》[12]，郭世荣研究了罗士琳《三角和较算例》[13]，王翼勋对清代学者的"大衍总数术"进行深刻研究[14]，那日苏研究了博启的逻辑推理方法[15]，金福对刘衡筹表开方术进行了研究[16][17]，赵彦超对罗士琳《勾股容三事拾遗》进行了研究[18]，王君、邓

① 傅祚华.《畴人传》研究［A］//梅荣照.明清数学史论文集［C］.南京：江苏教育出版社，1990.
② 王树民.《畴人传》和续编［J］.晋图学刊，1988（3）：74.
③ 李瑶.从《畴人传》的编辑思想看它的科学价值和局限［J］.广西民族学院学报（社会科学版），1981（4）：84-90.
④ 彭林.从《畴人传》看中西文化冲突中的阮元［J］.学术月刊，1998（5）：81-85.
⑤ 邓亮，张俊峰，冯立昇.《畴人传》及其续编"西洋附"初探［J］.内蒙古师范大学学报（自然科学汉文版），2016，45（4）：556-562、567.
⑥ 沈伟.阮元《畴人传》的编纂、科学思想及其影响［J］.扬州文化研究论丛，2019（1）：51-60.
⑦ 陈久金.调日法研究［J］.自然科学史研究，1984（3）：245-250.
⑧ 刘钝.李锐、顾观光调日法工作述评［J］.自然科学史研究，1987（2）：147-156.
⑨ 李继闵.再评清代学者的调日法研究［J］.自然科学史研究，1988（4）：335-345.
⑩ 李兆华.汪莱球面三角成果讨论［J］.自然科学史研究，1995（3）：262-273.
⑪ 李兆华.汪莱《递兼数理》《参两算经》略记［A］//吴文俊.中国数学史论文集（二）［C］.济南：山东教育出版社，1986.
⑫ 吴裕宾.焦循与《加减乘除释》［J］.自然科学史研究，1986（2）：120-128.
⑬ 郭世荣.罗士琳《三角和较算例》简介［A］//吴文俊.中国数学史论文集（三）［C］.济南：山东教育出版社，1987.
⑭ 王翼勋.清代学者对"大衍总数术"的探讨［A］//梅荣照.明清数学史论文集［C］.南京：江苏教育出版社，1990.
⑮ 那日苏.博启的逻辑推理方法［A］//吴文俊.中国数学史论文集（四）.［C］.济南：山东教育出版社，1996.
⑯ 金福.刘衡筹表开方术研究［A］//李迪.数学史研究文集：第六辑［C］.呼和浩特：内蒙古大学出版社，1998.
⑰ 金福.良驹手定本《六九轩算书》之研究［A］//李迪.数学史研究文集：第七辑［C］.呼和浩特：内蒙古大学出版社，2001.
⑱ 赵彦超.罗士琳《勾股容三事拾遗》研究［A］//李兆华.汉字文化圈数学传统与数学教育［C］.北京：科学出版社，2004.

可卉论述了焦循"总弧存弧法"①。

五、清代晚期数学史的研究

（一）对清晚期数学家的生平业绩的研究与综述

清晚期数学家较多，并形成若干个学术共同体。这些数学家的生平事迹与数学成就是晚期数学史研究的主要内容，这方面的研究成果较为丰富，汪子春②、李迪③、王锦光、余善玲④、王渝生⑤等人不同程度地综述了李善兰生平事迹，洪万生对李善兰先后在墨海书馆时期、同文馆时期的活动与业绩进行考证和评述⑥⑦；张升论述了善兰的学术交流与翻译工作⑧，张必胜、曲安京、姚远概述了李善兰在翻译方面的工作⑨。严敦杰对李善兰的年谱进行了订正和补遗⑩，李迪调查发现了一些有关李善兰的新史料⑪。对邹伯奇生平事迹的研究有李迪、白尚恕的工作⑫；对华蘅芳生平事迹的研究有罗见今⑬⑭、王渝生⑮的工作；刘洁民对夏鸾翔的家世、生平、数学成就进行了研究⑯⑰；璞石、

① 王君，邓可卉．试论焦循对"总弧存弧法"的研究［J］．内蒙古师范大学学报（自然科学汉文版），2009，38（5）：544-549.
② 汪子春．李善兰和他的《植物学》［J］．植物杂志，1981（2）：28-29.
③ 李迪．十九世纪中国数学家李善兰［J］．中国科技史料，1982（3）：15-21.
④ 王锦光，余善玲．李善兰和他在物理方面的译著——纪念李善兰逝世一百周年［J］．物理教师，1982（2）：47-48.
⑤ 王渝生．李善兰：中国近代科学的先驱者［J］．自然辩证法通讯，1983（5）：59-72、80.
⑥ 洪万生．墨海书馆时期（1852—1860）的李善兰［A］∥中国科技史论文集编写小组．中国科技史论文集［C］．台北：联经出版事业股份有限公司，1995：223-235.
⑦ 洪万生．同文馆算学教习李善兰［A］∥杨翠华，黄一农．近代中国科技史论集［C］．台北："中央研究院"近代史研究所、中国台湾清华大学历史研究所，1991：215-259.
⑧ 张升．晚清中算家李善兰的学术交流与翻译工作［J］．山东科技大学学报（社会科学版），2011，13（2）：30-35.
⑨ 张必胜，曲安京，姚远．清末杰出数学家、翻译家李善兰［J］．上海翻译，2017（5）：75-81.
⑩ 严敦杰．李善兰年谱订正及补遗［A］∥梅荣照．明清数学史论文集［C］．南京：江苏教育出版社，1990.
⑪ 李迪．有关李善兰的一些新史料［A］∥李迪．数学史研究文集：第一辑［C］．呼和浩特：内蒙古大学出版社，1990.
⑫ 李迪，白尚恕．我国近代科学先驱邹伯奇［J］．自然科学史研究，1984（4）：378-390.
⑬ 罗见今．清末数学家华蘅芳［A］∥吴文俊．中国数学史论文集（一）［C］．济南：山东教育出版社，1984.
⑭ 罗见今．中国近代数学和数学教育的先驱者——李善兰、华蘅芳［J］．辽宁师范大学学报（自然科学版），1986（S1）：22-34.
⑮ 王渝生．华蘅芳：中国近代科学的先行者和传播者［J］．自然辩证法通讯，1985（2）：60-74、80.
⑯ 刘洁民．晚清著名数学家夏鸾翔［J］．中国科技史料，1986（4）：27-32.
⑰ 刘洁民．关于夏鸾翔的家世及生平［J］．中国科技史料，1990（4）：47.

许康、廖杰初考证了湘籍数学家黄宗宪的身世 ①②。吴裕宾、朱家生概述了刘彝程的数学教学与研究的业绩 ③，李迪、余郁、胡炳生对周达生平业绩做了研究 ④⑤⑥⑦。沈雨梧综述了戴煦的生平业绩 ⑧，刘仲华综述了晚清算学家徐有壬的生平业绩 ⑨。罗见今、王淼、张升论述了晚清浙江数学家群体的数学活动与学术交流圈 ⑩。

（二）对李善兰数学及科学业绩的研究

李善兰是清代最富创造精神的数学家，对数学乃至科学研究成果的解读一直是晚清数学史研究的重点。王渝生对李善兰的数学活动与数学成就做了系统研究 ⑪，洪万生通过李善兰的数学业绩从宏观上比较19世纪的中西数学 ⑫。尖锥术是李善兰最重要的数学创造，二十世纪八十年代有王渝生 ⑬、李兆华 ⑭、李文林、袁向东 ⑮ 的研究。在垛积术研究方面，李善兰把传统垛积术发展到一个新的高度，傅庭芳研究了李善兰的"垛积差分"方法 ⑯⑰⑱，还由李善兰的多项式推出组合三角 ⑲；沈康身将李善兰的自然数幂和公式与和算家关孝和的公式

① 璞石.清末湘籍数学家黄宗宪初考［J］.湖南师范大学社会科学学报，1988（5）：79-81.
② 许康，廖杰初.近代最早赴欧的数学家黄宗宪身世述略［J］.中国科技史料，1990（2）：35-44.
③ 吴裕宾，朱家生.刘彝程的数学教学与研究［J］.扬州师院学报（自然科学版），1990（4）：33-40.
④ 李迪.我国现代数学的先驱者周达［A］//李迪.中国科学技术史论文集（一）［C］.呼和浩特：内蒙古教育出版社，1991.
⑤ 余郁.周美权——我国最早走出国门的数学家［J］.中学数学教学参考，1994（5）：43-44.
⑥ 胡炳生.周达——中国近代传奇数学家［J］.中学数学教学，1994（3）：38-39.
⑦ 胡炳生.周达的家世和业绩述略［J］.中国科技史料，1994（1）：22-28.
⑧ 沈雨梧.晚清著名数学家戴煦［J］.浙江树人大学学报，2005（3）：112-117.
⑨ 刘仲华.晚清算学家徐有壬的悲情命运［J］.明清论丛，2014（2）：354-362.
⑩ 罗见今，王淼，张升.晚清浙江数学家群体之研究［J］.哈尔滨工业大学学报（社会科学版），2010，12（3）：1-11.
⑪ 王渝生.李善兰研究［A］//梅荣照.明清数学史论文集［C］.南京：江苏教育出版社，1990.
⑫ HorngWann-Sheng.Li Shanlan:the Impact of Western Mathematicsin Chinaduring the Late 19th Century［D］.New York:the Ph.D.Dissertation of City Universityof NewYork，1991.
⑬ 王渝生.李善兰的尖锥术［J］.自然科学史研究，1983（3）：266-288.
⑭ 李兆华.李善兰垛积术与尖锥术略论［J］.西北大学学报（自然科学版），1986（4）：109-125.
⑮ 李文林，袁向东.李善兰的尖锥求积术［A］//吴文俊.中国数学史论文集（二）［C］.济南：山东教育出版社，1986.
⑯ 傅庭芳.简介李善兰和"垛积差分"［J］.世界科学，1982（7）：45-46.
⑰ 傅庭芳.《垛积比类》与垛积差分—中国数学史上一个存疑问题的剖析［J］.世界科学，1984（3）：27-31.
⑱ 傅庭芳.对李善兰《垛积比类》的研究—兼论"垛积差分"的特色［J］.自然科学史研究，1985（3）：267-283.
⑲ 傅庭芳.由李善兰多项式引出的组合三角［J］.世界科学，1999（10）：14-15，13.

相比较①，严敦杰阐述了"李善兰恒等式"形成的过程与意义②，罗见今从组合数学的视角对李善兰的《垛积比类》进行解读③④，分析了其中的 Stirling 数和 Euler 数⑤，阐述其推导出"李善兰恒等式"的方法⑥。对于李善兰的幂和公式，学界给出不同视角的研究，罗见今论述了自然数幂和公式的发展⑦，宋立新给出李善兰恒等式的概率证明⑧，张升讨论了李善兰对无穷级数除法演算⑨，张必胜分析了李善兰的组合思想⑩。李善兰在研究西方传入的数论时建立了素数判定定理，张祖贵对其《数根丛草》进行解读，阐明其判定定理的科学性⑪，李兆华重新解读了《数根丛草》⑫，韩琦考察了西方对李善兰判别法及"中国定理"的反响⑬，张必胜、姚远综述了李善兰考数根法的数学成就⑭⑮⑯。在对李善兰其他数学、科学业绩研究方面，李兆华对李善兰《九容图表》进行校正和解读⑰，刘钝解读了《火器真诀》并探讨李善兰用图解法阐释弹道学问题⑱。

（三）对华蘅芳数学的研究

罗见今以组合数学语言讨论了华蘅芳垛积研究中的计数函数和互反公式⑲

① 沈康身.关孝和与李善兰的自然数幂合公式［A］//吴文俊.中国数学史论文集（三）［C］.济南：山东教育出版社，1987.
② 严敦杰.李善兰恒等式［A］//梅荣照.明清数学史论文集［C］.南京：江苏教育出版社，1990.
③ 罗见今.李善兰的《垛积比类》是早期组合数学的杰作［A］//李迪.数学史研究文集：第三辑［C］.呼和浩特：内蒙古大学出版社，1992.
④ 罗见今.《垛积比类》内容分析［J］.内蒙古师院学报（自然科学版），1982（1）：89-105.
⑤ 罗见今.李善兰对 Stirling 数和 Euler 数的研究［J］.数学研究与评论，1982（4）：173-182.
⑥ 罗见今.李善兰恒等式的导出——纪念李善兰逝世一百周年［J］.内蒙古师院学报（自然科学版），1982（2）：42-51.
⑦ 罗见今.自然数幂和公式的发展［J］.高等数学研究，2004（4）：56-61.
⑧ 宋立新.李善兰恒等式的概率证明［J］.高等数学研究，2006（4）：102.
⑨ 张升.李善兰对无穷级数除法的研究——纪念李善兰诞辰二百周年［J］.内蒙古大学学报（自然科学版），2011，42（2）：236-240.
⑩ 张必胜.李善兰组合思想研究［J］.贵州大学学报（自然科学版），2016，33（1）：5-8.
⑪ 张祖贵.《数根丛草》研究［J］.自然科学史研究，1992（2）：127-138.
⑫ 李兆华.《数根丛草》注记［J］.自然科学史研究，2012，31（1）：64-85.
⑬ 韩琦.李善兰"中国定理"之由来及其反响［J］.自然科学史研究，1999（1）：7-13.
⑭ 张必胜.李善兰考数根法的研究［J］.贵州大学学报（自然科学版），2011，28（2）：1-5，20.
⑮ 张必胜.李善兰考数根四法［J］.高师理科学刊，2011，31（3）：8-12.
⑯ 张必胜，姚远.李善兰《考数根法》研究［J］.井冈山大学学报（自然科学版），2011，32（4）：25-29.
⑰ 李兆华.李善兰《九容图表》校正与解读［J］.自然科学史研究，2014，33（1）：44-63.
⑱ 刘钝.别具一格的图解法弹道学——介绍李善兰的《火器真诀》［J］.力学与实践，1984（3）：60-63.
⑲ 罗见今.华蘅芳的计数函数和互反公式［A］//吴文俊.中国数学史论文集（二）［C］.济南：山东教育出版社，1986.

以及其中的组合数在幂和问题中的应用①；纪志刚分析了《积较术》中的矩阵算法思想②，并讨论了其中蕴含的一些数学方法③④，还论述了华蘅芳在方程论研究方面的成就⑤。侯钢通过解读《积较术》分析积较术与内插法之间的联系，推测等间距内插公式的来源问题⑥。王桂芹、李敏通过解读《学算笔谈》阐述华蘅芳的数学教育思想。

（四）对白芙堂诸子的研究

湖南长沙县丁取忠编辑出版的《白芙堂算学丛书》（书名取丁氏宗族之分支名"白芙堂"），在晚清有很大的影响，以丁氏为中心形成一个学术共同体，可谓长沙算学派。其主要人物有丁取忠、黄宗宪、曾纪鸿、吴嘉善、邹伯奇等人。李文铭概述了这个学派的兴衰及其活动⑦，葛震、郭世荣讨论了这个数学家群体的组织与学术交流⑧，许康、张白影论述了丁取忠对这个学派的功业⑨⑩，王鑫义、郭世荣研究了丁取忠《数学拾遗》中的割圆捷法⑪，吴裕宾从商业视角研究了丁取忠的《粟布算草》⑫，许康、李迎春评论了丁取忠的《舆地经纬度里表》⑬。黄宗宪在大衍术研究方面有独创性，所以一直受到学界关注，李文铭讨论了黄宗宪对孙子定理和求一术的证明方法⑭，王翼勋比较

---

① 罗见今.华蘅芳数在幂和问题中的新应用［J］.数学研究与评论，2003（4）：750-756.
② 纪志刚.华蘅芳《积较术》的矩阵算法思想［J］.内蒙古师大学报（自然科学汉文版），1990（2）：46-51.
③ 纪志刚.华蘅芳的有限差分研究［A］//李迪.数学史研究文集：第一辑［C］.呼和浩特：内蒙古大学出版社，1990.
④ 纪志刚.华蘅芳《积较术》数学方法分析［J］.自然科学史研究，2000（1）：40-48.
⑤ 纪志刚.华蘅芳的方程论研究［J］.自然科学史研究，1996（3）：239-247.
⑥ 侯钢.华蘅芳《积较术》注记［A］//李兆华.汉字文化圈数学传统与数学教育［C］.北京：科学出版社，2004.
⑦ 李文铭.清末长沙数学学派的兴衰及其活动概述［J］.西北大学学报（自然科学版），2005（2）：244-248.
⑧ 葛震，郭世荣.晚清长沙数学家群体的组织与交流［J］.内蒙古师范大学学报（自然科学汉文版），2020，49（3）：201-208.
⑨ 许康，张白影.略论长沙数学学派领袖丁取忠的功业［J］.大自然探索，1997（3）：126-128.
⑩ 许康.丁取忠和《白芙堂算学丛书》［J］.中国科技史料，1993（3）：34-43.
⑪ 王鑫义，郭世荣.丁取忠在《数学拾遗》中是如何"述"割圆捷法的？［J］.内蒙古师范大学学报（自然科学汉文版），2019，48（6）：533-537.
⑫ 吴裕宾.我国第一部借贷计算论著——《粟布算草》［J］.中国科技史料，1992（4）：14-23.
⑬ 许康，李迎春.丁取忠《舆地经纬度里表》评析［J］.船山学刊，1996（1）：178-185.
⑭ 李文铭.黄宗宪对孙子定理和求一术的证明［J］.陕西师大学报（自然科学版），1986（3）：82-87.

了秦九韶、时曰醇、黄宗宪三人的求定数方法①，李文铭分析了黄宗宪对孙子定理和求一术的预备性证明②，王翼勋将黄宗宪反乘率新术与同余式组求解的欧拉解法进行比较③。此外李文铭还研究了黄宗宪的《容圆七术》中的几何问题④。对于吴嘉善的研究，高红成讨论了吴嘉善对洋务教育革新的历史意义⑤，杨文娟、刘化丽考证分析了吴嘉善在数学研究中独特性⑥。骆正显解读了邹伯奇《格术补》中的光学内容⑦，廖运章对邹伯奇遗稿《测量备要》进行解读⑧，陈志国、倪根金考察了邹伯奇与广东学海堂之间的关系⑨，许康综述了曾纪鸿的生平与业绩⑩，高红成对曾纪鸿《圆率考真图解》中计算 π 数值的方法和结果作出分析⑪。

（五）对这个时期其他数学家工作的研究

对晚清其他数学家及其数学业绩的研究主要有天津师范大学数学史团队所做的工作，李兆华研究了时曰醇的《百鸡术衍》⑫，对刘岳云的《测圆海镜通释》进行了补证与解读⑬；田淼对刘彝程的数学业绩做了深入研究⑭⑮⑯；侯

① 王翼勋.秦九韶、时曰醇、黄宗宪的求定数方法［J］.自然科学史研究，1987（4）：308–313.
② 李文铭.黄宗宪对孙子定理和求一术的预备性证明［A］∥李迪.数学史研究文集：第三辑［C］.呼和浩特：内蒙古大学出版社，1992.
③ 王翼勋.一次同余式组的欧拉解法和黄宗宪反乘率新术［J］.自然科学史研究，1996（1）：40–47.
④ 李文铭.清末黄宗宪的《容圆七术》初探［J］.自然科学史研究，2004（3）：251–256.
⑤ 高红成.吴嘉善与洋务教育革新［J］.中国科技史杂志，2007（1）：20–33.
⑥ 杨文娟，刘化丽.清末数学家吴嘉善对数学的独到研究考略［J］.兰台世界，2014（25）：61–62.
⑦ 骆正显.释邹伯奇《格术补》［J］.中国科技史料，1983（2）：31–37.
⑧ 廖运章.邹伯奇科学论著遗稿《测量备要》新探［J］.广州大学学报（自然科学版），2015，14（1）：90–95.
⑨ 陈志国，倪根金.邹伯奇与学海堂述论［J］.广东社会科学，2013（5）：135–142.
⑩ 许康.一篇算草蔚成家——纪念曾纪鸿诞生140周年［J］.中国科技史料，1988（2）：45–51.
⑪ 高红成.《圆率考真图解》注记——曾纪鸿有没有计算出 π 的百位真值？［J］.中国科技史杂志，2019，40（2）：185–191，211.
⑫ 李兆华.时曰醇《百鸡术衍》研究［A］∥李迪.数学史研究文集：第二辑［C］.呼和浩特：内蒙古大学出版社，1991.
⑬ 李兆华.刘岳云《测圆海镜通释》补证与解读［J］.自然科学史研究，2019，38（1）：1–25.
⑭ 田淼.清末数学家与数学教育家刘彝程［A］∥李迪.数学史研究文集：第三辑［C］.呼和浩特：内蒙古大学出版社，1992.
⑮ 田淼.刘彝程垛积术研究［A］∥李迪.数学史研究文集：第五辑［C］：呼和浩特：内蒙古大学出版社，1993.
⑯ Tian Miao. The Westrnization of Chinese Mathematics - A Case Study on the Development of the Duoji Method, EASTM, Vol.20 (2003): 45 –72.

钢研究了陈志坚 [1]；王全来研究了杨兆鋆的"平圆容切"问题 [2]、双曲线焦点位置作图问题 [3] 和三角测量术 [4]，并且对蒋士荣的"求诸约数法"做了解读 [5]；郭金海对王季同的《四元函数的微分法》做了解读 [6]。此外，洪万生、欧秀娟考察了诸可宝编撰《畴人传三编》的经过与业绩 [7]；段耀勇和周畅对程之骥的《开方用表简术》进行分析 [8]；廖运章新发现了凌步芳的算稿与书版 [9]；劳汉生、廖世发分析了周达《园理奇侅》 [10]；冯立升调查了周达在晚清中日数学交流中的工作 [11]。

（六）对汉译数学著作的内容介绍、翻译特色、底本的研究

李迪从整体上论述了西方近代数学传入中国的经过 [12]，汪晓勤分析了《代微积拾级》中的微积分内容 [13][14] 及其在中国传播的意义，闫春雨和李维伟论述了《代微积拾级》对中国传统数学发展的影响及其意义 [15]，张必胜叙述了《代

[1] 侯钢.清末数学家陈志坚数学成果讨论［A］//李迪.数学史研究文集：第七辑［C］.呼和浩特：内蒙古大学出版社，2001.
[2] 王全来.杨兆鋆"平圆容切"问题研究［J］.西北大学学报（自然科学版），2005（6）：835-839.
[3] 王全来，张薇.对杨兆鋆关于"双曲线焦点位置作图问题"的研究［J］.广西民族学院学报（自然科学版），2006（3）：47-51.
[4] 王全来.杨兆鋆"三角测量术"推广的研究［J］.曲阜师范大学学报（自然科学版），2007（4）：121-124.
[5] 王全来.对蒋士荣"求诸约数法"的研究［J］.内蒙古师范大学学报（自然科学汉文版），2002(1)：89-94.
[6] 郭金海.王季同与《四元函数的微分法》［J］.中国科技史料，2002（1）：68-73.
[7] 洪万生，欧秀娟.诸可宝与《畴人传三编》［A］//刘钝，韩琦，等.科史薪传——庆祝杜石然先生从事科学史研究40周年学术论文集［C］.沈阳：辽宁教育出版社，1997.
[8] 段耀勇，周畅.程之骥《开方用表简术》补记［J］.广西民族大学学报（自然科学版），2017，23（3）：18-21，39.
[9] 廖运章.岭南数学家凌步芳算稿及书版的新发现［J］.中国科技史杂志，2019，40（1）：19-29.
[10] 劳汉生，廖世发.周达《园理奇侅》简析［J］.科学技术与辩证法，1991（1）：43-46、60.
[11] 冯立升.周达与中日数学交往［J］.自然辩证法通讯，2002（1）：68-71.
[12] 李迪.西方近代数学传入中国的之经过［A］//李迪.中国科学技术史论文集（一）［C］.呼和浩特：内蒙古教育出版社，1991.
[13] 汪晓勤.微积分在中国的最初岁月——纪念《代微积拾级》出版140周年［J］.文献,2000（4）：219-229.
[14] 汪晓勤.关于《代微积拾级》的一个注记［J］.浙江大学学报（理学版），2001（4）：384-393.
[15] 闫春雨，李维伟.《代微积拾级》的翻译出版对中国传统数学的影响［J］.自然辩证法通讯，2015，37（6）：20-24.

数学》《代微积拾级》的主要内容研究 [①②③④]，王红杉和郭世荣通过考察《代数学》和《代数术》，分析传入无穷级数收敛问题在中国的传播情况 [⑤]，燕学敏对中译本《代数术》的内容进行了分析 [⑥]，王全来和曹术存对《笔算数学》的内容进行分析 [⑦]，祝捷讨论了《形学备旨》的特点与影响 [⑧]，董杰对晚清汉译中学三角学教科书做了系统调查 [⑨]，张学锋讨论了《笔算数学》的内容、传播及其在清末影响 [⑩]。

郭世荣对概率论译注《决疑数学》进行系统解读，分析其中哪些知识传入中国 [⑪]，许卫和郭世荣《决疑数学》中的保险与年金计算问题 [⑫]，严敦杰对该书作了文献学研究 [⑬]，谢文耀 [⑭]、王幼军 [⑮] 从不同角度对《决疑数学》做过研究。

此外，纪志刚研究了稿本《合数术》 [⑯]，李迪研究了《四元原理》 [⑰]，韩琦调查并研究了李善兰翻译的牛顿著作《数理格致》，考察它在中国的传播 [⑱]。

---

① 张必胜.李善兰，伟烈亚力译《代数学》的主要内容研究 [J].西北大学学报（自然科学版），2013，43（6）：1021–1026.
② 张必胜.《代微积拾级》的主要内容研究 [J].西北大学学报（自然科学版），2016，46（6）：923–931.
③ 张必胜.《代微积拾级》中的传统分析学思想 [J].贵州大学学报（自然科学版），2017，34（4）：1–6，19.
④ 张必胜.《代数学》引入西方符号代数的意义 [J].西北大学学报（自然科学版），2017，47（2）：301–312.
⑤ 王红杉，郭世荣.《代数学》和《代数术》传入我国的无穷级数收敛问题 [J].咸阳师范学院学报，2015，30（6）：6–10.
⑥ 燕学敏.《代数术》中译本初探 [A]//李兆华.汉字文化圈数学传统与数学教育 [C].北京：科学出版社，2004.
⑦ 王全来，曹术存.《笔算数学》内容探析 [J].内蒙古师范大学学报（自然科学汉文版），2004（3）：327–331.
⑧ 祝捷.《形学备旨》的特点与影响初探 [J].中国科技史杂志，2014，35（1）：16–25.
⑨ 董杰.晚清汉译中学三角学教科书介绍 [J].中学数学教学参考，2015（Z3）：161–162.
⑩ 张学锋.清末《笔算数学》的内容、传播及其影响 [J].中国科技史杂志，2013，34（3）：316–329.
⑪ 郭世荣.西方传入我国的第一部概率论专著——《决疑数学》[J].中国科技史料，1989（2）：90–96.
⑫ 许卫，郭世荣.《决疑数学》中的保险与年金计算问题 [J].西北大学学报（自然科学版），2010，40（5）：923–928.
⑬ 严敦杰.跋《决疑数学》十卷 [A]//梅荣照.明清数学史论文集 [C].南京：江苏教育出版社，1990.
⑭ 谢文耀.华蘅芳和《决疑数学》[J].中国统计，1991（10）：46–47、26.
⑮ 王幼军.《决疑数学》——一部拉普拉斯概率论风格的著作 [J].自然科学史研究，2006（2）：159–169.
⑯ 纪志刚.稿本《合数术》研究 [A]//李迪.数学史研究文集：第一辑 [C].呼和浩特：内蒙古大学出版社，1990.
⑰ 李迪.第一部中译本四元数著作——《四原理》[A]//李迪.中国科学技术史论文集（一）[C].呼和浩特：内蒙古教育出版社，1991.
⑱ 韩琦.《数理格致》的发现——兼论18世纪牛顿相关著作在中国的传播 [J].中国科技史料，1998（2）：79–86.

对译注的底本研究，张奠宙考证了《代微积拾级》的原书和原作者[①]，刘秋华讨论了傅兰雅译著的底本问题[②]，祝捷考证了《形学备旨》的底本[③]，高红成考证了艾约瑟与李善兰合译《圆锥曲线说》的英文底本[④]，还考证了《代微积拾级》的底本年代[⑤]，赵振江对《圆锥曲线》的版本做了考证[⑥]，刘秋华对《算式集要》的底本做了考证[⑦]。

关于清末西方数学翻译活动的研究，燕学敏通过李善兰、华蘅芳的译著分析晚清数学家翻译的特点[⑧]，赵栓林和郭世荣总结了《代数学》和《代数术》中数学术语的翻译规则[⑨]，并分析了晚清代数学译语的出版及影响[⑩]。

郑鸳鸯对杜亚泉与寿孝天合译的《盖氏对数表》进行了分析[⑪]，黄萨日娜和代钦通过《笔算数学》分析狄考文的数学教育理念[⑫]。

（七）有关中算家对传入的微积分、解析几何、圆锥曲线、符号代数等西方数学知识的吸收、理解、接受和应用的研究

第二次西学东渐过程，西方近代数学传入中国，晚清数学家通过学习对西方近代数学、符号代数学等知识的学习，消化、接受并应用了这些知识。学术界通过对晚清数学著作的解读，探讨晚清数学家理解、应用西方数学的状况。特古斯从整体上论述了晚清数学的发展[⑬]，刘长春论述了夏鸾翔在椭

① 张奠宙.《代微积拾级》的原书和原作者 [J].中国科技史料，1992（2）：86–90.
② 刘秋华.傅兰雅翻译的数学著作的底本问题 [J].自然辩证法通讯，2015，37（6）：14–19.
③ 祝捷.《形学备旨》底本考 [J].自然科学史研究，2019，38（1）：76–86.
④ 高红成.艾约瑟与李善兰合译《圆锥曲线说》的英文底本 [J].自然科学史研究，2018，37（2）：272–278.
⑤ 高红成.《代微积拾级》底本年代考辩 [J].中国科技史杂志，2014，35（1）：26–31.
⑥ 赵振江.《圆锥曲线》版本考 [J].中国科技史杂志，2010，31（3）：323–325.
⑦ 刘秋华.《算式集要》底本考 [J].中国科技史杂志，2015，36（1）：28–32.
⑧ 燕学敏.晚清数学翻译的特点——以李善兰、华蘅芳译书为例 [J].内蒙古大学学报（自然科学版），2006（3）：356–360.
⑨ 赵栓林，郭世荣.《代数学》和《代数术》中的术语翻译规则 [J].内蒙古师范大学学报（自然科学汉文版），2007（6）：687–693.
⑩ 赵栓林.晚清代数学术语的翻译及其影响 [J].内蒙古师范大学学报（自然科学汉文版），2017，46（6）：916–920.
⑪ 郑鸳鸯.杜亚泉与寿孝天译著《盖氏对数表》探析 [J].广西民族大学学报（自然科学版），2018，24（3）：24–30.
⑫ 黄萨日娜，代钦.从《笔算数学》看狄考文的数学教育理念 [J].内蒙古师范大学学报（教育科学版），2019，32（2）：64–68.
⑬ 特古斯.晚清数学的发展 [J].哈尔滨工业大学学报（社会科学版），2009，11（1）：1–18.

圆计算方面的贡献 ①，宋华和白欣对夏鸾翔的微积分水平予以评论 ②，高红成通过夏鸾翔对二次曲线求积问题的研究，探讨中算家对微积分的早期认识和理解方式和程度 ③，冯立升和牛亚华分析了李善兰对椭圆及其应用问题的研究成果 ④，郭世荣全面考察分析了清末数学家的微积分水平 ⑤，高红成考察了李善兰对微积分的理解与运用情况 ⑥，薛芳和郭世荣考察了华蘅芳对微积分的认识程度 ⑦，徐义保概述了微积分传入中国一些历史事实 ⑧，高红成和王瑞考察晚清数学书中的椭圆积分 ⑨，张必胜探讨了李善兰微积分思想 ⑩。

在考察清末接受西方初等数学方面，特古斯考察了清代三角学的发展 ⑪，杨楠考察了清末中算家对连分数的研究和应用 ⑫，陈叶祥和萧文强考察了"马尔法蒂问题"在中国的传播 ⑬，高红成分析了晚清数学家对容圆问题的研究 ⑭，还考察了卡尔达诺公式在晚清时的传播和应用情况 ⑮，郭世荣和魏雪刚以天元术与代数学在清代后期应用情况为案例，探讨中国传统数学如何近代

① 刘长春.夏鸾翔在椭圆计算上的若干贡献 [J].内蒙古师大学报（自然科学版），1986（2）：35–42.
② 宋华，白欣.夏鸾翔的微积分水平评析 [J].内蒙古师范大学学报（自然科学汉文版），2008（4）：566–572.
③ 高红成.夏鸾翔对二次曲线求积问题的研究——兼论中算家对微积分的早期认识和理解 [J].自然科学史研究，2009，28（1）：24–37.
④ 冯立升，牛亚华.李善兰对椭圆及其应用问题的研究 [A]// 李迪.数学史研究文集：第三辑 [C].呼和浩特：内蒙古大学出版社，1992.
⑤ 郭世荣.清末数学家的微积分水平 [A]// 第二届中国少数民族科技史国际会议论文集 [C].北京：社会科学文献出版社，1996：139–142.
⑥ 高红成.李善兰对微积分的理解与运用 [J].中国科技史杂志，2009，30（2）：222–230.
⑦ 薛芳，郭世荣.华蘅芳对微积分的认识 [J].课程教育研究，2017（52）：228–229.
⑧ 徐义保.微积分传入中国150周年记 [A]// 丘成桐，杨乐，季理真.数学与人文：第1辑 [C].北京：高等教育出版社，2010：53–64.
⑨ 高红成，王瑞.椭圆积分在中国的一个历史注记 [J].数学的实践与认识，2012，42（17）：251–257.
⑩ 张必胜.李善兰微积分思想研究 [J].贵州大学学报（自然科学版），2013，30（6）：1–5.
⑪ 特古斯.清代三角学的结构与变迁 [J].内蒙古师范大学学报（自然科学汉文版），2012，41（5）：544–555.
⑫ 杨楠.清末中算家对连分数的研究和应用 [J].广西民族大学学报（自然科学版），2008（2）：37–42、46.
⑬ 陈叶祥，萧文强."马尔法蒂问题"在19世纪的中国：一则中国人学习西学的小故事 [J].自然科学史研究，2014，33（1）：64–69.
⑭ 高红成.晚清数学家对容圆问题圆心轨迹的理论探讨 [J].内蒙古师范大学学报（自然科学汉文版），2015，44（6）：839–845.
⑮ 高红成.代数布式，天元开方——卡尔达诺公式在晚清的境遇 [J].自然科学史研究，2016，35（3）：273–284.

化的过程的问题[①][②]，并且探讨了晚清中算家的数学观[③]。

此外，高红成考察了晚清中算家对《重学》中抛射运动知识的理解[④]，张必胜论述了李善兰的数学译著对清末教育的影响[⑤]，张祖贵考察了谭嗣同思想中的数学观，以及他创办浏阳算学社的历史事实[⑥]。

（八）对晚清数学教育的研究

关于晚清教育机构的研究集中在对京师同文馆、广方言馆和各地书院等教育机构的数学教育的研究。金福概述了京师同文馆开设天文算学始末[⑦]，郭金海考察分析了京师同文馆数学教学[⑧]，对官办洋务学堂上海广方言馆的数学教育也做了考察[⑨]，邓洪波研究了湖南书院的数学教育情况[⑩]。关于清末数学教师的构成、职业化和教育制度化，田淼做了系列研究[⑪][⑫][⑬][⑭]；对于清末数学教材的研究，代钦对清末中学数学教科书发展及其特点做了整体性概述[⑮]，张伟和董杰考察了数学教科书出版情况[⑯]，以及教科书的编写与审定情况[⑰]。对于数学教科书内容的研究工作比较分散，可列举如下：李迪对曹汝英

① 郭世荣，魏雪刚. 清代后期的天元术与代数学——中国传统数学近代化过程的案例研究［J］. 内蒙古师范大学学报（自然科学汉文版），2019，48（6）：528-532.
② 魏雪刚，郭世荣. 坚守与瓦解：晚清天元术向代数学的转变［J］. 自然辩证法研究，2020，36（6）：93-98.
③ 魏雪刚，郭世荣. 晚清中算家的数学观［J］. 自然辩证法研究，2017，33（5）：68-73.
④ 高红成. 晚清中算家对《重学》中抛射运动知识的数学解读［J］. 自然科学史研究，2012，31（2）：167-179.
⑤ 张必胜. 李善兰的数学译著及对清末教育的影响［J］. 中国科技翻译，2019，32（1）：52-55.
⑥ 张祖贵. 谭嗣同与数学［J］. 中国科技史料，1991（1）：3-12.
⑦ 金福. 京师同文馆开设天文算学始末［J］. 自然辩证法通讯，1992（6）：62-66.
⑧ 郭金海. 京师同文馆数学教学探析［J］. 自然科学史研究，2003（S1）：47-60.
⑨ 郭金海. 晚清重要官办洋务学堂的中算教学——从上海广方言馆到京师同文馆［J］. 汉学研究，2006，24（1）：355-385.
⑩ 邓洪波. 晚清湖南书院的数学教育［J］. 大学教育科学，2014（2）：76-81.
⑪ 田淼. 清末数学教育对中国数学家的职业化影响［J］. 自然科学史研究，1998（2）：119-128.
⑫ 田淼. 清末数学教师的构成特点［J］. 中国科技史料，1998（4）：22-27.
⑬ Tian Miao. Education of Mathematics of Traditional Academies in Late Qing China. Proceedings of the 4th international Symposium on the History of Mathematics and Mathematical Education Using Chinese characters（ed. Kobayashi Tatsuhiko, Ogawa Tsukane, Sato Ken'ichi, and Jochi Shigeru），Maebashi Institute of Technoloty, 2001: 251-269.
⑭ Tian Miao. The Early Stage of the Professionalization and Institutionalization of Mathematics in Late Nineteenth-century China. Chinese Annals of History of Science and Technology. V. 1. No. 2. 2017: 18-70.
⑮ 代钦. 清末中学数学教科书发展及其特点［J］. 课程. 教材. 教法，2015，35（1）：114-119.
⑯ 张伟，董杰. 近代数学教科书出版情况考［J］. 兰台世界，2015（2）：153-154.
⑰ 张伟，董杰. 清末数学教科书的编写与审定［J］. 兰台世界，2015（28）：103-105.

的《增修欧氏几何》进行了解读①；李兆华考察了京师同文馆《算学课艺》的内容、知识来源与特点②；聂馥玲分析了《算学课艺》中的力学问题③；刘冰楠和代钦讨论了清末新学制下最新中学教科书中的三角术④；张冬莉和代钦考察了清末中学几何教科书中"勾股定理"的演变⑤；刘盛利和代钦考察了清末微积学教科书中罗密士的教材⑥，王敏和代钦考察了日本上野清的数学教科书在清末的使用情况⑦，陈克胜和郭世荣对中国第一部近代学堂所用的工具书《算表合璧》进行了研究⑧，高红成对晚清学校历的微积分教学情况（1859—1905年）做了系统考察和分析⑨。

还有一些对在清末数学教育方面有一定贡献的人物的研究，如胡炳生论述了周达对我国现代数学教育的开创性贡献⑩，高红成介绍了方楷生平及其教育活动⑪，王全来探讨了李善兰数学工作对杨兆鋆的影响⑫，万映秋论述了刘古愚在陕西所在的数学教育工作⑬，屈蓓蓓和代钦论述了崔朝庆在数学教育方面的贡献⑭。

① 李迪．曹汝英《增修欧氏几何》初论［A］//李迪．数学史研究文集：第四辑［C］.呼和浩特：内蒙古大学出版社，1993.
② 李兆华．晚清算学课艺考察［J］.自然科学史研究，2006（4）：322–342.
③ 聂馥玲．《算学课艺》的力学问题与京师同文馆数学教育［J］.长沙理工大学学报（社会科学版），2013，28（2）：31–35.
④ 刘冰楠，代钦．清末新学制下的《最新中学教科书三角术》［J］.内蒙古师范大学学报（教育科学版），2013，26（8）：103–106.
⑤ 张冬莉，代钦．清末中学几何教科书中"勾股定理"的演变研究［J］.数学教育学报，2020,29(3)：79–85.
⑥ 刘盛利，代钦．清末罗密士的《最新微积学教科书》［J］.数学教育学报，2012,21（2）：11–13.
⑦ 王敏，代钦．上野清数学教科书研究［J］.内蒙古师范大学学报（教育科学版），2013，26（6）：100–104.
⑧ 陈克胜，郭世荣．中国第一部近代学堂所用的综合科学用表——《算表合璧》［J］.中国科技史杂志，2012，33（1）：11–21.
⑨ 高红成．试论晚清学校的微积分教学：1859–1905［J］.内蒙古师范大学学报（自然科学汉文版），2013，42（4）：471–477、485.
⑩ 胡炳生．周达对我国现代数学教育的开创性贡献［A］//李兆华．汉字文化圈数学传统与数学教育［C］.北京：科学出版社，2004.
⑪ 高红成．方楷生平要略［A］//李兆华．汉字文化圈数学传统与数学教育［C］.北京：科学出版社，2004.
⑫ 王全来．清末数学教育的一个案分析——李善兰数学工作对杨兆鋆的影响［J］.广西民族大学学报（自然科学版），2008（3）：27–30.
⑬ 万映秋．刘古愚与清末陕西的数学教育［J］.咸阳师范学院学报，2011，26（6）：83–86.
⑭ 屈蓓蓓，代钦．崔朝庆的数学教育贡献［J］.咸阳师范学院学报，2014，29（4）：68–72.

（九）对晚清数学社团、数学杂志的研究

晚清数学社团兴起，专业报刊也日益增多，对于数学知识的普及发挥了一定的作用。数学社团与数学报刊也是晚清数学史研究对象，洪震寰对黄庆澄创立"瑞安学计馆"与"瑞安天算学社"[1]和创办《算学报》的经过和影响做了调查研究[2]，余郁概述了清末的浏阳算学社和扬州知新算社的活动与业绩[3]，郭世荣对朱宪章等人创办《算学报》的历史做了调查[4]，亢小玉、姚远、宋轶文等对晚清三种《算学报》的诞生、出版发行、内容、影响及意义做了系统研究[5]，王秀良、张必胜、姚远对《湘学报》《中西闻见录》在数学传播中的作用做了分析[6][7]，郑鸳鸯对晚清数学工具书《算学名词汇编》在数学传播、数学教育中的作用做了研究[8]。

六、结　语

清代数学发展史一直是数学史界一个活跃的研究领域，传世文献最多，研究人员最多，40 年积累的研究成果也最为丰富，无论在数学知识史、数学社会史、数学文化史研究方面，还是数学交流史研究方面都取得了可喜的成绩，可以说至少改变了以往对明清数学史研究的"清不清，明不明"状况。当然，清代数学史研究中对一些算书为了解读而解读的现象，研究工作比较分散，还需要加强宏观认识。本文通过对清代数学史研究做一可能不太完整的简单梳理，旨在抛砖引玉，希望引起学界思考今后如何推进清代数学史的研究。

———————

① 洪震寰. 清末的"瑞安学计馆"与"瑞安天算学社"[J]. 中国科技史料，1988（1）：80-87.
② 洪震寰.《算学报》与黄庆澄 [J]. 中国科技史料，1986（5）：36-39.
③ 余郁. 清末时期的两个算学社 [J]. 中学数学教学参考，1994（4）：47-48.
④ 郭世荣. 清末朱宪章等人创办的《算学报》[J]. 中国科技史料，1991（2）：88-90.
⑤ 亢小玉，宋轶文，姚远. 晚清 3 种《算学报》与数学专业期刊诞生的意义 [J]. 西北大学学报（自然科学版），2017，47（1）：146-151.
⑥ 王秀良.《湘学报》与数学传播 [A] // 李兆华. 汉字文化圈数学传统与数学教育 [C]. 北京：科学出版社，2004.
⑦ 张必胜，姚远.《中西闻见录》与其数学传播 [J]. 西北大学学报（自然科学版），2011，41（5）：935-940.
⑧ 郑鸳鸯. 中国首部现代数学词典《算学名词汇编》探析 [J]. 中国科技术语，2020，22（2）：64-73.

第六节 少数民族数学史研究

◎ 格日吉

（西北民族大学数学与计算机科学学院）

　　我国少数民族数学是中华数学文化的组成部分。她丰富了少数民族文化宝库，为中华民族文化增添了光芒。研究少数民族文化不仅体现了当代中国特色社会主义优越政策，促进保护少数民族文化，而且为人类文化发展提供丰富的历史文化资源。因此，少数民族传统数学也应在整个改革浪潮中继承发扬，推动各民族的数学事业更快地向前发展。本文对 40 年来中国少数民族数学史的研究成果加以分析综述，主要分析总结了藏族、蒙古族、壮族等少数民族数学史研究领域的成果。

一、背　景

　　中国少数民族文化作为人类文明的一个重要组成部分，其学科体系和研究方式对生命、宇宙、生态和自然的量化有独特的方法。同时，它以顽强的生命力植根于少数民族繁衍的神秘土地上，为民族社会的进步、人类文化的发展起到重要的作用，且得到越来越多的有识之士的关注、认识、研究和应用。少数民族历史文化中含有极其丰富的数学思想和方法，但对其研究却较薄弱。研究少数民族数学史对民族优秀传统文化和民族数学遗产的传承、发扬光大具有一定的意义；对中国数学史、世界数学史、科技发展史等的探索与研究具有一定的理论价值。少数民族教育是我国教育事业的重要组成部分，而数学教育是少数民族教育中的薄弱环节。挖掘和研究少数民族数学史，是发展民族教育、振兴民族文化的重要前提，对推动少数民族地区的经济、文化、社会的加速发展具有现实意义和深远的历史意义。

20世纪80年代以来，国家逐步加大了对少数民族理工科高等教育及人才培养的力度，使民族地区的考生有了学习高等数学以及现代数学的机会。伴随少数民族地区现代数学与数学教育事业的发展，少数民族的数学文化史研究兴起，立足本地区从不同的角度挖掘、整理和研究少数民族数学史的工作逐渐增多，取得了丰富的研究成果，其中藏族、蒙族、壮族等数学文化研究尤为显著。

二、中国少数民族数学史研究现状及其成果简介

我国改革开放后，为了培养中国少数民族的各类高级人才，少数民族地区的理科教育和学术研究事业蒸蒸日上，其中我国少数民族数学史的研究成果硕果累累，独具一格，引人注目。

藏族古代科技史研究方面，张天锁著有《西藏古代科技简史》（1999年），其中数学部分罗列了记数工具及方法、数词及表述方法、乘法九九表等；罗绒著有《藏族科技》（2003年），其中介绍了藏族天文历法和度、量、衡计算方法。拉巴平措主编的《加强藏学研究，发展藏族科技》（第七届中国少数民族科技史国际会议论文集，中国藏学出版社出版2006年）是中国少数民族的科技成果方面的论文集，其中有拉巴平措老师的论文《探索藏族数码的历史地位和学术价值》，分析探讨了阿拉伯数码与印度数码的关系，藏族数码与印度数码、阿拉伯数码之形态比较，关于藏族数码的历史和传说。大罗桑朗杰教授的论文《西藏传统数学〈筹算八支精要〉初探》中，分析研究了《筹算学八支精要》中的算法特点和传统计量单位的转换思想方法，并认为该书是西藏最早的藏文数学教材。格日吉的《藏族传统文化中的数学思想方法和应用》（民族出版社，2013年），是系统研究藏族数学文化史的专著，对藏族传统文化中的数学思想进行广泛、深入、细致、分门别类、系统地挖掘，揭示了藏族传统文化的大量材料中所蕴含的数学思想，构建了藏族传统文化中数学思想的基本框架，从而梳理出了其理论体系，丰富和拓展了藏学研究领

域和空间。该书内容由九章组成，第一章藏族传统文化中的计数法与记数制；第二章藏族数码的历史渊源与演变历程；第三章藏族的计量单位；第四章藏族古代几何图形的出现和发展；第五章安多佛教寺院顶科扎仓的发展简史；第六章藏族天文历算与数学；第七章藏族工艺学中的数学思想；第八章藏族古代韵律学中的二项展开式；第九章敦煌吐蕃历史文书中的数学文化。书中探讨和研究了：

1. 藏族古代的计数法、藏族记数制、数词的用法、记数的表示法、数字的传统读法及其特点。

2. 比较邻国印度的早期数码，并根据藏族苯教的有些特殊资料，对藏族数码的萌芽、创建、发展过程有了新的认识和发现，考证并提出了赞普时期的藏族数码、中世纪藏族数码、近代藏族数码以及现代藏族数码等的不同特点和演变历程。

3. 藏族有很丰富的计量单位方式方法，尤其藏族历代学派对长度的计量单位有多种独特的分类。在这类内容中挖掘、分析、归纳了古代近代藏族日常生活、生产劳动和传统文化中的长度、面积、重量、体积、容积等计量单位的来龙去脉、特征、方法、应用以及其历史演变过程中如何完善了藏族的度量衡制度，同时也分析归纳了唐卡艺术中所特有的各种不同的计量单位、天文历算中常用的各种时间计量单位、古藏族钱币的计量单位等。

4. 根据西藏博物馆、藏区近来考古出土的石器、形态各异的陶器、藏族历史等为基础，对藏族旧石器时代和新石器时代文化中的几何图形进行了详细探讨，从中推断出藏族先民从打制石器到磨制石器的过渡过程中，逐渐形成了各种几何图形的观念和思想；对藏族民间的有些实物进行了调查分析，发现藏族人民所喜爱的常见的古老的图案很多，特别对菱形、臃肿图形和圆锥体都很崇拜；筛选并探讨了藏族民间劳动工具中特有的几何图形和民间棋艺几何图形的规律；并着重于数学思想和数学文化内涵的提炼。

5. 藏区的寺院也可以认为是藏族传统文化的博物馆，藏族各大佛教寺院中顶科扎仓是专门研究藏族天文历算的学院。分析研究了安多的拉卜楞寺顶科扎仓、热贡隆务寺顶科扎仓、塔尔寺顶科扎仓等的历史渊源，归纳总结了各顶科扎仓的考试制度和学位制度，同时探讨了顶科扎仓的现状与可持续发展。

6. 中国古代数学隶属于天文学。藏族天文历算是藏文化的重要组成部分，它是藏民族的祖先在长期的生产劳动和实践中创造出来，并在此基础上吸收了国内外其他民族的文化而发展起来的。其历史悠久，文献资料丰富，有着与众不同的民族特色。通过分析和研究藏族天文历算，发现了历算的天体观中的四种圆的圆周长算法与其圆周率 π 的用法，探讨了唐卡和风马中出现的三阶纵横图（或三阶幻方）的历史渊源、特点及其用处，探索了历算中的八线学与球面直角三角形的内在联系、与众不同的藏族独有的单数进位制与双数进位制的魅力，指出了数学中的集合与历算中数的异名的共同点，给出了饶卜迥和公元的互换算法公式，探讨发现了本命年的推算与等差数列的关系、带余相除法与辗转相除法在天文历算中的应用，并对藏族历算中的四则运算、乘法口诀、历算所使用的沙盘计算器的优点和其算法特点、土直卜侧影法等的特点进行了归纳总结，同时概括性地论述了部分著名藏族历代数学家的简要经历、学术成就、治学态度以及治学方法。

7. 通过藏族唐卡艺术、佛塔艺术、唐东杰波建桥、房屋修建等的研究，发现其中应用了黄金分割比数、共点线、共线点、共圆点、共点圆、图形的相等、对称图形、等分圆周、等比数列、等差数列、同心圆、平面直角坐标系和空间直角坐标系等的数学思想方法；同时比较了藏族建筑艺术中的各种三角形、各种正多边形、各种立体图形、旋转图形与几何学中这些概念的不同解释。

8. 藏学有十大学科，即大五明和小五明。韵律学属于小五明之范畴，主要内容是梵文元音、辅音的轻音重音的组合规律。通过韵律学的研究，发现了其中对诗歌轻重音排列的算法公式就是现在我们熟悉的一般的牛顿二项展开式定理，并对韵律学的二项展开式系数的历史渊源、特点及其应用方法进行了考证和分析。

9. 在敦煌吐蕃历史文献中，挖掘、整理、研究了藏族计数法和记数制的应用，并分析了那个时期（约公元前 4 世纪—公元 9 世纪）藏族的长度、面积、重量等计量单位的使用方法和特点。

大洛桑朗杰老师的论文《藏族史前文化的几何图形》和格日吉老师的论

文《论藏族石器文化中的几何学》对藏族旧石器时代和新石器时代文化中的几何图形进行了详细探讨，从中推断出藏族先民从打制石器到磨制石器的过程中，逐渐形成了各种几何图形的观念和思想；大洛桑朗杰教授的论文《筹算八支精要初探》和诺章·吾坚先生的论文《论筹算学八支精要》探讨了《筹算八支精要》一书的特色和它的独特计算方法，论文并记载《筹算八支精要》是由五世达赖喇嘛阿旺·罗桑嘉措（1617—1682）时期的精通算学学者堆琼巴·阿难达编著的西藏宿管学校的数学教材；格日吉教授的论文《藏族传统文化中的两种数学知识》探讨分析了藏族历算中圆周率 π 的用法，研究了唐卡和风马中出现的三阶纵横图的历史渊源和特点；格日吉的论文《局弥旁的等分圆周思想和方法考析》详细研究了多才多艺的藏族著名学者局弥旁大师（1846—1912 年）关于线的理论《圆周等分割数的实践》中阐述了作圆内接正多边形 3，6，12，……，3×2^m 和 4，8，16，……，4×2^m 的具体画法。尤其是大师的该理论中介绍了比较难作图的圆内接正 5、7、11、13 边的多边形的画法思想，局弥旁大师的专著中虽然没有绘画出具体的图案和图解，但格日吉老师的论文中专门探讨了大师的等分圆周的思想方法，然后用现代几何的方法详细画出了各种等分圆周图。边巴老师和拉琼老师的论文《藏族传统筹算的运演方法分析》分别探讨了算筹记位数、算筹记自然数和分数、算筹位置表示方程的系数、传统筹算的数码表示和筹式、符号的表现形式、数学运算方式、数学体系的构建、传统筹算中的四则运算、筹制的加法运算、筹制的乘方运等。范忠雄老师的论文《藏族传统文化中的现代数学思想》分析探讨了藏族唐卡绘画中的黄金比例、透视原理。

西藏大学边巴的《藏族传统筹算数学及其现代数学思想研究》详细介绍了藏族传统筹算的特色和计算方法。其项目成果中我们可以总结以下几个要点：

1. 体现了藏族古代丰富的计量单位制度，阐述了其计量单位之间互换运算方法的种类及其采用相应的方法，详细挖掘、整理和研究了古代计量单位。

2. 挖掘和归纳了藏族原始的分数原理，分数的加减乘除四则运算，分数的转换方法；分析研究了不同进位制并存现象，如六进制、十进制、二十进制，一百二十进制等的应用方法以及之间的转换思维。

3. 该成果中分析了藏族传统的计量单位之间的互换、数学符号、实物代替数字的思想、分数的通分约分、分数的四则运算、分数的速算、小数点的表示法、分数的特殊表示方法、表格的使用。

4. 通过矩阵和方程的思想方法注解了藏族筹算理论系统，丰富和发展了藏族传统文化中的数学思想理论观点。

在蒙古族古代科技史研究方面，旺齐格教授的专著《蒙古族数学史（蒙古文）》（2009 年）研究了蒙古族的数学历程及发展。李汶忠老师编著的《中国蒙古族科学技术史简编》（1990 年）分析探讨了蒙古族数的概念的产生、几何图形、"朱儿海"中的数学、元代四阶幻方和珠算、明安图的《割圆密率捷法》等问题。在回族古代科技史研究方面，王锋主编的《中国回族科学技术史》（2008 年）一书中，虽没有专门数学方面的章节，但在其第十二章回族主要科技人物栏中阐述了数名天文历算家的传记，在中国古代，天文历算家也是数学家。

中国少数民族数学史研究成果中出版的主要著作有：

① 格日吉著.藏族传统文化中的数学思想方法和应用，民族出版社 2013.

② 格日吉编.世界著名数学家简史，甘肃民族出版社，2008.

③ 旺齐格著.蒙古族数学史（蒙文），辽宁民族出版社，2009.

④ 张天锁编.西藏科技简史，西藏人民出版社，大象出版社，1999.

⑤ 牛治富.西藏科学技术史，西藏人民出版社，2003.

⑥ 李汶忠编.中国蒙古族科学技术史简编，科学出版社，1990.

⑦ 王锋主编.中国回族科学技术史，宁夏人民出版社，2008.

⑧ 拉巴平措 主编.加强藏学研究，发展藏族科技（第七届中国少数民族科技史国际会议论文集），中国藏学出版社，2006.

⑨ 杨孝斌.人类学视域下的贵州少数民族数学文化研究，四川大学出版社，2016.

发表的主要论文有：

① 诺章，吾坚.论筹算学八支精要，西藏研究（藏文版），1984,（3）.

② 黄荣肃.清代满族数学史概述，北方文物，1991,（1）.

③吕传汉，张洪林.民族数学文化与数学教育，数学教育学报，1992，（1）1.

④代钦.蒙古族传统生活中的数学文化，内蒙古师范大学（哲学社会科学版），1996年，（2）.

⑤吴双，周群体，周开瑞.彝族数学初探，西南民族学院学报（哲学社会科学版），1996.

⑥阿牛木支.彝族插枝图数学思想探讨，西南民族学院学报（自然科学版），1999.

⑦周开瑞，王世芳.羌族数学探源，西南民族学院学报(自然科学版)，2000，（4）.

⑧格日吉.论藏族古代建筑中的数学思想，西藏研究，2003.

⑨大洛桑朗杰，华谊积.藏族史前文化的几何图形，西藏大学学报，2003，18（1）.

⑩格日吉.天文历算中的八线表与三角学的关系，青海师范大学学报，2006.

⑪格日吉.八线学传入藏区的简述，西藏研究，2007.

⑫肖绍菊.苗族服饰的数学因素挖掘及其数学美，贵州民族研究.2008，（6）.

⑬范忠雄.藏族传统文化中的现代数学思想，中国藏学，2008，（2）.

⑭格日吉.论藏族传统文化中的计数法，甘肃民族师范学院，2009.

⑮格日吉.再论韵律学中的二项式定理，青海师范大学民族师范学院学报，2009.

⑯格日吉.论藏族传统文化中的计量单位，西藏研究，2009，（3）.

⑰格日吉.论敦煌藏文化中的数学文化，西北民族大学学报，2009.

⑱周长军，申玉红，杨启祥.云南德宏傣族文化中的数学因素调查分析，数学教育学报，2010，（3）.

⑲杨新荣，宋乃庆.国际民俗数学研究：特点、趋势及启示，民族教育研究，2011，（6）.

⑳格日吉.论藏族石器文化中的几何学，青海师范大学学报，2011，（2）.

㉑徐君，赵志云，田强，杨尚，王强.少数民族中学数学教师数学史素养调查研究——以内蒙古自治区包头市部分中学蒙古族教师为例，数学教育学报，2011.

㉒格日吉.论藏族韵律学中的二项展开式，西北民族大学自然科学版，2011，32（4）.

㉓申玉红，杨启祥，周长军.少数民族数学文化研究成果综述，数学教育学报，2012，（2）.

㉔乌兰其其格.蒙古族文化中的数学文化，内蒙古教育（职教版），2012，（7）.

㉕朱黎生.彝族服饰图案中数学元素的挖掘及其在教学设计中的应用尝试，民族教育研究，2012，（3）.

㉖包玉兰.蒙古文小学数学教科书发展史研究（1947—2010），内蒙古师范大学硕士论文，2012.

㉗边巴.藏族传统筹算计算方法探讨，西藏藏文学报（藏文版），2013，（4）.

㉘马葳薐.回族数学文化调查分析，凯里学院学报，2013，（6）.

㉙申玉红.云南景颇民族服饰中的数学文化及其在教学中应用的探究，数学教育学报，2013，（5）.

㉚罗永超.侗族数学文化面面观，数学教育学报，2013，（3）.

㉛周润，陆吉健，张维忠.壮族数学文化面面观，中学数学月刊，2014，（9）.

㉜罗永超，吕传汉.民族数学文化引入高校数学课堂的实践与探索——以苗族侗族数学文化为例，数学教育学报，2014，（1）.

㉝张维忠.我国少数民族生活中的数学文化，数学文化，2014，（3）.

㉞格日吉.藏族传统文化中的两种数学知识，西藏研究，2014，（4）.总第133期

㉟韦双青.壮族传统数学文化探析，凯里学院学报，2015，（33）3.

㊱吴和敏，木尔扎别克·阿不力卡斯.哈萨克族传统建筑文化中的几何

元素，图学学报，2015.

㊲ 杨孝斌，罗永超．苗族数理文化研究对中国数学人类学研究的启示，凯里学院学报，2015.

㊳ 王秀伶．1949—2000年新疆地区数学教育发展的历史脉络及其分析，中央民族大学硕士论文，2015.

㊴ 刘朦．傣族、苗族建筑中的数学元素及文化成因分析，民族论坛，2015，（15）：27.

㊵ 胡其明．黔西南彝族传统服饰中的数学文化，兴义民族师范学院学报，2016.

㊶ 余鹏，张维忠．畲族数学文化面面观，中学数学月刊，2016，（4）.

㊷ 格日吉．试论藏汉双语数学教育家和数学翻译家桑吉加先生业绩，甘肃民族师范学院，2017，（3）.

㊸ 杨燕．壮族文化在初中数学教学中的融入，中学数学教学参考，2017，（10）.

㊹ 杨敏．藏汉文化交融背景下丽江纳西族建筑五凤楼中的数学元素挖掘，艺术科技，2017.

㊺ 王培，王彭德．民间剪纸艺术中的数学文化，大理大学学报．2016（6）.

㊻ 杨梦洁，王彭德，杨泽恒．白族文化中数学元素的挖掘，数学教育学报．2017，26（2）.

㊼ 周长军，穆勒滚，赵建红，彭爱辉．基于少数民族数学文化背景下的小学数学教学个案研究——以云南德宏傣族景 颇族自治州陇川县为例，数学教育学报，2018，（27）3.

㊽ 刘冰楠，代钦．蒙古族工艺美术中的数学文化——以几何图案的解析为中心，民族论坛，2018（3）.

㊾ 王译．彝族传统文化中的度量衡，四川师范大学硕士论文，2018.

㊿ 姚春燕，陈萍．彝族数学文化中的数学元素探析，考试周刊，2018.

(51) 边巴拉琼．藏族传统筹算的运演方法分析，高原科学研究，2018，（4）.

(52) 格日吉．论帕木竹巴时期的藏族建筑技术，青海师范大学学报，2018，

（3）.

(53) 孙健 . 布依族数学文化研究——以黔西南布依族苗族自治州为例，贵州民族研究，2018.

(54) 格日吉 . 论藏族建筑大师汤东杰布铁索桥中的科技特点，中国藏学，2019，（2）.

(55) 格日吉 . 局弥旁的等分圆周思想和方法考析，西北民族大学学报 2019.

(56) 大罗桑朗杰，华宣积 . 西藏传统数学《筹算八支精要》初探，中国藏学，2019，（2）.

(57) 黄萨日娜 . 中国蒙古文小学数学教科书编译演变研究（1947—2018 年），内蒙古师范大学硕士论文，2019.

(58) 王功琪，杨芸碧 . 布依族数学文化研究——以贵州省望谟县为例，安顺学院学报，2019.

(59) 杨敏 . 纳西族建筑中的数学文化初探，中国民族博览，2019.

(60) 吴秀吉 . 黔东南苗族数学文化探究——以剑河岑松苗族数学文化为例，新课程导学，2019.

(61) 曾哲，吴秀吉 . 苗族水车中的数学文化——以黄平县重安水车为例，新课程导学，2019.

(62) 王祖美，吴秀吉 . 侗族风雨桥数学文化研究，新课程导学，2019.

(63) 黄永辉，王君，韩东晨 . 赫哲族生存发展中的数学文化研究，边疆经济与文化，2019.

(64) 陈慕丹，谢明初 . 田野调查法在民族数学研究中的运用与反思，凯里学院学报，2019.

(65) 林凌云，邹循东 . 壮族服饰中的数学文化及其在教学设计中的应用尝试，广西教育，2020.

(66) 申涛 . 藏族度量衡数学基础与历史演变研究（7—20 世纪），四川师范大学硕士论文，2020.

(67) 格日吉 . 试论嘉绒地区的碉楼特征及其科技，藏族民俗文化，2020，（2）.

三、进一步思考

当代中国研究少数民族文化领域中文科方面的成果较多，但少数民族数学史、科技史、建筑史和计量史等的研究领域成果比较匮乏。原因是多方面的：一方面，自古以来在大文化背景下中国少数民族的理工科人才培养极少，汉族又不懂少数民族语言文字；另一方面，多半少数民族满足于自给自足的生活教育状态，对科技不怎么重视。出于以上种种原因，中国少数民族的理科研究队伍是零散的、片面的。为了各民族共同发展，为了共同与时俱进，为了共同体的战略意识，为了共同实现中国梦，我们应该培养和发展中国少数民族的各级各类人才，尤其要培养理工科方面的高级人才队伍。因此，我们应从以下两个大方向去努力。

1. 挖掘和研究中国少数民族科技史，拓展少数民族科技研究领域。

2. 培养中国少数民族理工科高级人才。

此外，少数民族数学史的专门研究在国内乃至整个世界涉及此领域的研究人员很少，因此，相关的参考资料也特别匮乏，但几十年的零散的研究中取得了令人可喜的成果。然而，成果还有待于提高或尚需深入研究、分门别类、梳理层次、形成体系，大致归纳如下几点：

1. 少数民族数学家传记研究；

2. 少数民族数学史研究；

3. 少数民族数学教育史研究；

4. 史前少数民族数学萌芽状况研究；

5. 少数民族科技人物研究；

6. 少数民族科技史研究；

7. 少数民族农业科技史研究；

8. 少数民族牧业科技史研究；

9. 藏区农业工具图像资料保护、传承研究；

10. 少数民族民间的数学文化研究；

11. 藏族天文历算中的数学思想方法整理、释读研究。

四、结　语

正如李汶忠老师编著的《中国蒙古族科学技术史简编》所说的那样："我们编写科技史，就是要把前辈提供的新东西更全面更完善地再现出来，在改革浪潮中要坚持科学性和历史事实，加以继承发扬，推动各民族的数学事业更快地向前发展。"

呼吁并加大保护我国少数民族传统文化的力度。少数民族数学史的研究，将推动少数民族数学教育发展的同时也在促进少数民族边缘学科研究领域进程，更进一步地挖掘、整理和研究少数民族数学宝库等方面发挥积极作用；对中国少数民族科技史、中国数学史，乃至世界数学史等的发展研究具有一定的理论参考价值。研究少数民族数学史，不仅反映我国少数民族的文化价值、历史价值和市场价值，还将对全面了解和揭示整个少数民族人类文明的发展都具有非常重要的意义。通过少数民族数学史的研究，实现科技交流资源共享，对促进各民族共同繁荣、共同发展、弘扬中华优秀传统文化，具有重要的现实意义和学术价值。

第二章　中外数学交流史研究

第一节　丝绸之路数学交流史研究

◎ 纪志刚[1]　郭园园[2]　吕鹏[3]

([1, 3] 上海交通大学科学史与科学文化研究院；[2] 中国科学院自然科学史研究所)

一、丝绸之路数学交流研究的开拓

公元前 140 年，张骞（公元前 164—公元前 114 年）肩负着汉武帝联合大月氏抗击匈奴的使命，出陇西、陷匈奴、入大宛、至大夏，历经坎坷磨难，于元朔三年（公元前 126 年）返回汉朝。张骞出使西域带来了汉夷文化频繁交往，中原文明通过张骞开辟的西域通道迅速向四周传播。因而，张骞"凿空"西域[①]具有特殊的历史意义。1877 年，德国地理学家李希霍芬（Ferdinand von Richthofen，1833—1905 年）在其著《中国》[②]一书中，把从公元前 114 年至公元 127 年间，中国与中亚、中国与印度间以丝绸为主要贸易媒介的这条西域通道命名为"丝绸之路"，这一名词很快被学术界和大众所接受，并广为使用。

在这条连接欧亚的"丝绸之路"上，不仅有丝绸玉器、陶瓷琉璃、香料

---

① 张骞"凿空"西域之说见司马迁"大宛列传"的记载："骞所遣使通大夏之属者皆颇与其人俱来，于是西北国始通于汉矣。然张骞凿空，其后使往者皆称博望侯，以为质于外国，外国由此信之。"参见《史记·大宛列传》，第 3169 页。

② 费迪南·冯·李希霍芬是一位德国旅行家、地理和地质学家、科学家。1868 年到 1872 年间，他到中国做了七次探险，李希霍芬用在华考察的资料，完成了巨著《中国—亲身旅行和据此所作研究的成果》（China: Ergebnisse eigener Reisen und darauf gegründeter Studien, Bd.I）（China: The results of My Travels and the Studies Based Thereon，又翻译为《中国：我的旅行与研究》；简称《中国》）。该书于 1877 年出版，"丝绸之路"（Silk Road，德文作 Die Seidenstrasse）一词便首次出现于该书第一卷中。

药材，还有佛教、景教、摩尼教、伊斯兰教、儒家思想和道教方术。火药、指南针、造纸术和印刷术也是沿着丝绸之路传向西方。^①而对于中外数学文化交流来说，数学知识沿丝绸之路的传播与交流，一直为学者们所关注。本文将对中古世界沿丝绸之路的中国、印度、阿拉伯和中世纪欧洲数学知识交流与传播之研究作出学术回顾。

1925年，钱宝琮（1892—1974年）先生著文《印度数学与中国算学之关系》，通过比较和历史考证论述中国数学与印度数学的关系，讨论了佛教与中印数学的传授问题。^②1927年，钱宝琮发表《〈九章算术〉盈不足术流传欧洲考》，在该文的"结论"部分指出："中国算学西传，为西域诸民族，及欧洲中古算学所采用者，其例甚多。盈不足术，特其显而易见者耳。但近人熟悉中国算学者少。撰世界算学史者，往往藐视中国算学之地位，以为中国僻处东亚，其算学传授，可以存而不论。兹编述盈不足术之世界史，以补西洋算书之缺憾。取《〈九章算术〉盈不足术流传欧洲考》为本篇题目者，将以引起读者之注意耳。"^③

李俨（1892—1963年）先生也十分关注中外数学的交流问题。相关文章有《印度历算与中国历算之关系》（1934年）^④、《伊斯兰教与中国历算之关系》（1941年）^⑤、《阿拉伯输入的纵横图》^⑥。在李俨所著《中国算学史》（1937年）^⑦和钱宝琮的《中国数学史话》（1957年）^⑧《中国数学史》（1963年）^⑨中均列有专章论述中外数学交流。

1943年，严敦杰（1917—1988年）先生发表《欧几里得几何原本元代传

① 韩琦.中国科学技术的西传及其影响［M］.石家庄：河北人民出版社，1999.
② 钱宝琮.印度算学与中国算学之关系［J］.南开周刊，1925，1（16）.// 中国科学院自然科学史研究所.钱宝琮科学史论文选集［M］.北京：科学出版社，1983：75-82.
③ 钱宝琮.《九章算术》盈不足术流传欧洲考［J］.科学，1927，12（6）.// 中国科学院自然科学史研究所.钱宝琮科学史论文选集［M］.北京：科学出版社，1983：83-96.
④ 李俨.印度历算与中国历算之关系［J］.学艺，1934，13（9）：57-75.
⑤ 李俨.伊斯兰教与中国历算之关系［J］.回教论坛，1941，5（3）：3-26.// 李俨.中算史论丛·第五集［M］.北京：科学出版社，1955：57-75.
⑥ 李俨.阿拉伯输入的纵横图［J］.文物参考资料，1958（7）：17-19.
⑦ 李俨.中国算学史［M］.北京：商务印书馆，1998.
⑧ 钱宝琮.中国数学史话［M］.北京：中国青年出版社，1957.
⑨ 钱宝琮.中国数学史［M］.北京：科学出版社，1963.

入中国说》①，1957 年发表《阿拉伯数字传到中国来的历史》②。1956 年，沈康身（1923—2009 年）先生发表《中国古算题的世界意义》③，1985 年发表《中国与印度在数学发展中的平行性》④，1987 年发表《库塔卡与大衍求一术》⑤，1997 年出版《〈九章算术〉导读》⑥，书中"引论"专列两节"丝绸之路沿途数学文化""15—16 世纪欧洲数学"，在每章的"提要""今译今释"中，对经典数学问题在不同文明中的表述形式进行了比较分析。1966 年，杜石然先生发表《试论宋元时期中国与伊斯兰国家间的数学交流》⑦，1984 年发表《再论中国和阿拉伯国家的数学交流》⑧。梁宗巨（1924—1995 年）先生的《世界数学通史》⑨专列两章分别介绍"阿拉伯数学"和"印度数学"，提出了一些具有重要意义的判断，如："卡西《算术之钥》的许多内容和中国算法如出一辙，受到中国影响是肯定的。""阿耶波多的圆周率是否来自中国，这种可能性是存在的。"印度数学"有多少是中国去的，又有多少传入中国，有待进一步探讨。"⑩杜瑞芝教授在中世纪阿拉伯数学方面的研究有：《花拉子米的算术著作》⑪《中世纪阿拉伯国家代数学发展概论》⑫《花拉子米和他的代数论著》⑬《阿布·卡米尔的〈代数书〉》⑭《中国、印度和阿拉伯国家应用负数的历史比较》⑮，2017 年杜瑞芝主编《数学史辞典新编》，在"数学的传播与交流"类目下列有"中国和印度数学交流""中国和伊斯兰国家间的数学交流""印度计数法在伊斯兰

① 严敦杰. 欧几里得几何原本元代传入中国说 [J]. 东方杂志, 1943（13）: 35-36.
② 严敦杰. 阿拉伯数码传到中国来的历史 [J]. 数学通报, 1957（10）: 1-4.
③ 沈康身. 中国古算题的世界意义 [J]. 数学通报, 1956（6）: 1-5.
④ 沈康身. 中国与印度在数学发展中的平行性 [A] // 吴文俊. 中国数学史论文集 [M]. 济南: 山东教育出版社, 1985: 67-97.
⑤ 沈康身. 库塔卡与大衍求一术 [A] // 吴文俊. 秦九韶与《数书九章》[M]. 北京: 北京师范大学出版社, 1987: 253–268.
⑥ 沈康身.《九章算术》导读 [M]. 武汉: 湖北教育出版社, 1997.
⑦ 杜石然. 试论宋元时期中国与伊斯兰国家间的数学交流 [A] // 钱宝琮, 等. 宋元数学史论文集 [M]. 北京: 科学出版社, 1966: 241-265.
⑧ 杜石然. 再论中国与阿拉伯国家的数学交流 [J]. 自然科学史研究, 1984, 3（4）: 299-303.
⑨ 梁宗巨. 世界数学通史 [M]. 沈阳: 辽宁教育出版社, 1995.
⑩ 梁宗巨. 世界数学通史 [M]. 沈阳: 辽宁教育出版社, 1995: 565、599、658.
⑪ 杜瑞芝. 花拉子米的算术著作 [J]. 辽宁师范大学学报（自然科学版）, 1986（S1）: 50-56.
⑫ 杜瑞芝. 中世纪阿拉伯国家代数学发展概论 [J]. 辽宁师范大学学报（自然科学版）, 1986（2）: 54-65.
⑬ 杜瑞芝. 花拉子米和他的代数著作 [J]. 数学的实践与认识, 1987（1）: 79-85.
⑭ 杜瑞芝. 阿布·卡米尔的《代数书》[J]. 辽宁师范大学学报（自然科学版）, 1987（4）: 22-29.
⑮ 杜瑞芝, 刘琳. 中国、印度和阿拉伯国家应用负数的历史比较 [J]. 辽宁师范大学学报（自然科学版）, 2004（3）: 274-278.

世界的传播""花拉子米代数学的流传与影响""斐波那契《算盘书》的流传与影响"①。2004 年，依里哈木·玉素甫发表《中世纪数学家阿尔·胡塔里及其代数著作》②，2014 年发表《〈算数之钥〉中球形穹顶的测量法》③。2004 年，纪志刚发表《斐波那契〈计算之书〉中与中国古代数学相近的算题与算法》④，2015 年发表 *Needham's 19(j) and Fibonacci's Liber Abaci: A New Approach to the Communication and Transmission of Mathematical Knowledge from China to the West* ⑤。

二、在"丝路精神"的指引下

2001 年，吴文俊院士设立"数学与天文丝路基金"，用于促进有关古代中国与亚洲各国（重点为中亚各国）数学与天文交流的研究。2002 年，吴文俊院士在北京国际数学家大会开幕典礼的致辞中指出："现代数学有着不同文明的历史渊源。古代中国的数学活动可以追溯到很早以前。中国古代数学家的主要探索是解决以方程式表达的数学问题。以此为线索，他们在十进位值制记数法、负数和无理数及解方程式的不同技巧方面做出了贡献。可以说中国古代的数学家们通过'丝绸之路'与中亚甚至欧洲的同行们进行了活跃的知识交流。今天我们有了铁路、飞机甚至信息高速公路，交往早已不再借助'丝绸之路'，然而'丝绸之路'的精神——知识交流与文化融合应当继续得到很好的发扬。"⑥

① 杜瑞芝.数学史辞典新编［M］.济南：山东教育出版社，2017.
② 依里哈木·玉素甫，等.中世纪数学家阿尔·胡塔里及其代数著作［J］.广西民族学院学报（自然科学版），2004（4）：26–31.
③ 依里哈木·玉素甫，麦尔哈巴·西尔亚孜旦.《算数之钥》中球形穹顶的测量法［J］.内蒙古师范大学学报（自然科学汉文版），2014（5）：622–629.
④ 纪志刚，马丁玲.斐波那契《计算之书》中与中国古代数学相近的算题与算法［J］.广西民族学院学报（自然科学版），2004（4）：18–21.
⑤ Rowe, D. E. Horng, Wann-Sheng. A Delicate Balance: GlobalPerspectives on Innovation and Tradition in the History of Mathematics［M］. Springer: Birkhäuser，2015：165–180.
⑥ Wu W T. Proceedings of International Congress of Mathematicians. Vol.I. Beijing:Higher Education Press, 2002: 21-22. 此处引自李文林：丝路精神光耀千秋——《丝绸之路数学名著译丛》导言，李文林主编《丝绸之路数学名著译丛》，北京：科学出版社，2008: iii.

吴文俊"数学与天文丝路基金"旨在鼓励支持有潜力的年轻学者深入开展古代与中世纪中国与其他亚洲国家数学与天文学沿丝绸之路交流传播的研究，努力探讨东方数学与天文遗产在近代科学主流发展过程中的客观作用与历史地位，为科技自主创新提供历史借鉴，同时通过这些活动培养出能从事这方面研究的年轻骨干和专门人才。[①]

为了具体实施"吴文俊数学与天文丝路基金"的宗旨与计划，根据吴文俊院士本人的提议，成立了由有关专家组成的学术领导小组。受到支持的研究项目属于丝绸之路数学交流史的有（括号内为课题组负责人）：

1. 中亚地区数学天文史料考察研究（新疆大学：依里哈木、阿米尔）

2. 斐波那契《计算之书》的翻译与研究（上海交通大学：纪志刚）

3. 中世纪中国数学与阿拉伯数学的比较与交流研究（辽宁师范大学：杜瑞芝）

作为"吴文俊丝路基金"资助的研究成果《丝绸之路数学名著译丛》，已经出版 5 种译著，它们分别是《算法与代数学》[②]《算术之钥》[③]《计算之书》[④]《莉拉沃蒂》[⑤]《和算选粹》[⑥]，这 5 种著作都是数学史上久负盛名的经典，是丝绸之路上主要文明的数学珍宝。

在李文林教授的组织下，"吴文俊数学与天文丝路基金"顺利展开各项工作，卓有成效，极大地推动了东西方数学知识传播与交流的深入进行。[⑦]

自 20 世纪 90 年代以来，以硕士和博士生为主体的青年学子，投身到中外数学交流研究队伍中来，成为新生代的主力军，他们的工作极大推动了丝绸之路数学交流史的研究。兹按中国与印度、中国与阿拉伯、东方数学在欧洲的传播与影响三个方面概述如下。

---

① 李文林.丝路精神光耀千秋——《丝绸之路数学名著译丛》导言，北京：科学出版社，2008：v.
② 阿尔·花拉子米.算法与代数学［M］.依里哈木·玉素甫，武修文，编译.北京：科学出版社，2008.
③ 阿尔·卡西.算术之钥［M］.依里哈木·玉素甫译注.北京：科学出版社，2016.
④ 斐波那契.计算之书［M］.［美］劳伦斯·西格尔，英译.纪志刚，等，译.北京：科学出版社，2008.
⑤ 婆什迦罗.莉拉沃蒂［M］.［日］林隆夫，译注.徐泽林，等，译.北京：科学出版社，2008.
⑥ 徐泽林，译注.和算选粹［M］.北京：科学出版社，2008.
⑦ 郭世荣."吴文俊数学与天文丝路基金"与数学史研究［J］.广西民族学院学报（自然科学版），2004，10（4）：6-11.

（一）中国与印度数学交流之研究

1996 年，段耀勇完成硕士学位论文《印度三角学对唐代历算影响问题的探讨》[①]，论文对印度三角学影响唐代历算问题进行了概括和总结，认为印度三角学虽然在唐代传入中国，如《符天历》《九执历》，但它们并未影响到中国历算学。1999 年，段耀勇发表《印度的割圆术与 π 值》[②]《中国"勾股"术与印度三角体系的等价性探讨》[③]，2000 年发表《印度三角学对中算影响问题的探讨》[④]，此文论述了中算中的"勾股"术与印度"三角"的等价性，指出中算自身的内容蕴含着三角内容的等价体系，为唐代中算没有接受印度三角学提供了支持。1997 年，张新立在硕士学位论文《中印古几何学之比较研究》[⑤]中通过对作图工具的形状、起源、用途的分析和比较，得出中印都以圆方为基本图形，但二者作图工具的功能及服务对象不同，论文认为中印"勾股定理"普遍形式的表述年代大致相同，并都含有"出入相补"的思想。2001 年，袁敏完成博士学位论文《古代中印数理天文学比较研究》[⑥]，论文结合古代中印交流的历史背景，讨论了印度数理天文学在多元文化的影响下呈现出巴比伦、希腊及阿拉伯天文学的特点，并阐述隋唐时期印度天文学在中土的传播情况。2006 年，唐泉完成博士学位论文《希腊、印度与中国传统视差理论研究》[⑦]，同年燕学敏完成博士学位论文《中印古代几何学的比较研究》[⑧]，论文重点释读并分析了印度几何学的有关内容，澄清了一些印度学者认为中国数学不曾流传到印度的看法，认为两国几何学的交流是互动的，对文化传播带来了积极影响。燕学敏发

① 段耀勇 . 印度三角学对唐代历算影响问题的探讨 [D]. 呼和浩特：内蒙古师范大学, 1996.
② 段耀勇 . 印度的割圆术与 π 值 [J]. 武警学院学报, 1999, 15（5）: 57–58.
③ 段耀勇 . 中国"勾股"术与印度三角体系的等价性探讨 [J]. 内蒙古师范大学学报, 1999, 28（3）: 240–246.
④ 段耀勇 . 印度三角学对中算影响问题的探讨 [J]. 自然辩证法通讯, 2000, 22（6）: 64–71.
⑤ 张新立 . 中印古几何学之比较研究 [D]. 大连：辽宁师范大学, 1997.
⑥ 袁敏 . 古代中印数理天文学比较研究 [D]. 西安：西北大学, 2001.
⑦ 唐泉 . 希腊、印度与中国传统视差理论研究 [D]. 西安：西北大学, 2006.
⑧ 燕学敏 . 中印古代几何学的比较研究 [D]. 西安：西北大学, 2006.

表的相关论文有《中印两国几何学的构造性之比较》①《中印两国球积计算方法与微积分的发展》②。2010 年，吕鹏完成硕士学位论文《婆什迦罗 I〈阿耶波多历算书注释：数学章〉之研究》③，同年在国家留学基金资助下赴日本京都大学攻读印度学博士学位，2017 年获得博士学位后返回上海交通大学做博士后；2018 年发表《古代印度数系的历史发展》④，2019 年发表《印度库塔卡详解及其与大衍总数术比较新探》⑤，此文通过研读梵语原典，在说明库塔卡的产生、发展、特点和有效性之后，将它与中算大衍总数术做比较，确认后者的关键部分大衍求一术与库塔卡的互除原理、迭代计算和数字阵型上具有一定的相似性，大衍求一术问题其实是特殊类型的库塔卡，库塔卡的解题能力实际等同于大衍总数术，但在处理同余问题上库塔卡较大衍总数术要更为简单快捷。

（二）中国与阿拉伯数学交流之研究

1997 年，包芳勋完成博士学位论文《阿拉伯代数学若干问题的比较研究》⑥，论文从比较研究的角度考查阿拉伯代数学中的方程论、多项式理论和二项式定理、插值法、开方和方程的数值解法，主要集中于阿拉伯与不同国家间同类成就的思想、方法、过程以及特点。论文认为，以花拉子米为代表的阿拉伯学者的二次方程代数解法的几何证明，阿拉伯早期的开方法以及 13 世纪阿拉伯的不等间距二次内插法可能受中国传统的影响；而以奥马为代表的阿拉伯学者的三次方程的几何解法，阿拉伯的线性插值法可能受到希腊思想的影响。包芳勋发表的相关论文有《阿拉伯代数方程求解几何方法的比较研

① 燕学敏.中印两国几何学的构造性之比较［J］.咸阳师范学院学报,2011,26（2）:82-84.
② 燕学敏,华国栋.中印两国球积计算方法与微积分的发展［J］.自然辩证法通讯,2008,30（2）:71-74.
③ 吕鹏.婆什迦罗 I《〈阿耶波多历算书〉注释：数学章》之研究［D］.上海：上海交通大学,2010.
④ 吕鹏,纪志刚.古代印度数系的历史发展［J］.上海交通大学学报（哲学社会科学版）,2018,26（5）:86-93.
⑤ 吕鹏,纪志刚.印度库塔卡详解及其与大衍总数术比较新探［J］.自然科学史研究,2019,38（2）:172-188.
⑥ 包芳勋.阿拉伯代数学若干问题的比较研究［D］.西安：西北大学,1997.

究》①《阿拉伯与中国代数方程数值解法的比较研究——阿尔·徒思与宋元数学家比较的个案分析》②。2009 年,《阿拉伯数学的兴衰》出版③。

2001 年, 杨淑辉完成硕士学位论文《萨玛瓦尔和他的〈算术珍本〉》④, 论文指出在《算术珍本》中可以找到一些中国数学的影响, 如"二项展开式系数表""盈不足术"和"百鸡问题"。杨淑辉发表的相关论文有《萨玛瓦尔的〈算术珍本〉与中国古代数学问题》⑤《萨玛瓦尔的〈算术珍本〉》⑥。

2006 年, 刘琳完成硕士学位论文《9—10 世纪伊斯兰世界两部代数著作的比较研究》⑦, 论文指出在花拉子米《代数学》中可以找到来自古巴比伦、古代印度、古叙利亚和波斯等方面的影响, 花拉子米在几何证明中使用的"面积贴合法"与欧几里得的几何代数法不同, 而似乎与中国的"出入相补法"相近。艾布·卡米勒《代数书》中的几何证明直接应用了欧几里得《原本》中的命题, 只是在遇到具有无理系数的二次方程时, 才放弃几何证明, 这倒使艾布·卡米勒的代数学具有了明显的算术化趋势。2006 年刘琳发表《花拉子米〈代数学〉探源》⑧。

2009 年, 郭园园完成硕士学位论文《花拉子米〈代数学〉的比较研究》⑨。就读硕士期间, 在"吴文俊丝路基金"的支持下, 郭园园进修了阿拉伯语, 同年考入上海交通大学攻读博士学位, 2013 年完成博士学位论文《〈算术之钥〉之代数学研究》⑩。论文利用阿拉伯文献史料, 详细解读《算术之钥》中的代数学部分内容, 并就算术化代数、高次开方、双试错法和百鸟问题四个方面与早期阿拉伯数学著作及其他文明中的相关内容进行了比较研究, 揭示

① 包芳勋.阿拉伯代数方程求解几何方法的比较研究 [J].自然科学史研究, 1997, 16（2）:119–129.
② 包芳勋.阿拉伯与中国代数方程数值解法的比较研究——阿尔·徒思与宋元数学家比较的个案分析 [J].自然科学史研究, 1999, 18（3）: 196–205.
③ 包芳勋, 孙庆华.阿拉伯数学的兴衰 [M].济南: 山东教育出版社, 2009.
④ 杨淑辉.萨玛瓦尔和他的《算术珍本》[D].大连: 辽宁师范大学, 2001.
⑤ 杜瑞芝, 杨淑辉.萨玛瓦尔的《算术珍本》与中国古代数学问题 [J].广西民族学院学报（自然科学版）, 2004, 10（4）: 12–17.
⑥ 杨淑辉, 盛晓明.萨玛瓦尔的《算术珍本》[J].广西民族学院学报（自然科学版）, 2005, 11（2）: 56–61.
⑦ 刘琳.9—10 世纪伊斯兰世界两部代数著作的比较研究 [D].大连: 辽宁师范大学, 2006.
⑧ 刘琳, 杜瑞芝.花拉子米《代数学》探源[J].广西民族学院学报（自然科学版）, 2006, 12（2）: 52–58.
⑨ 郭园园.花拉子米《代数学》的比较研究 [D].天津: 天津师范大学, 2009.
⑩ 郭园园.《算术之钥》之代数学研究 [D].上海: 上海交通大学, 2013.

了阿拉伯代数学中晚期以算术化代数为主体的演变特点，分析了典型例题的复杂化及其与相应算法之间的伴生关系。此外，对于部分问题展开了跨文明的比较研究，填补了传统相关研究中重要的缺失环节，对推进中阿数学交流的深入研究具有重要意义。近年来郭园园发表的相关论文有《〈算术之钥〉与中算若干问题的比较研究》[1]《〈计算之书〉中"elchatayn"算法探源》[2]《阿拉伯数学代数量定义演化初探》[3]《萨拉夫·丁·图西三次方程数值解的研究》[4]《阿尔·卡西〈论圆周〉研究》[5]，2017 年出版专著《阿尔·卡西代数学研究》[6]，2020 年出版《代数溯源：花拉子密〈代数学〉研究》[7]。

（三）东方数学知识在中世纪欧洲的传播与影响之研究

2004 年，甘向阳完成博士学位论文《中外若干算法的比较研究》[8]，论文选取不定分析算法、插值算法和高次方程数值解算法，采用历史分析、算理分析、比较分析等方法对中国古代、印度、阿拉伯、日本和西方的相应算法进行比较研究。通过框图设计和程序实现，分析了中国大衍求一术、印度库塔卡和哥廷根抄本算法，认为前两者是成熟的算法，而后者只是试探方法。论文考察了中国古代、阿拉伯的高次方程数值解法，并比较了 Viéte、Newton、Raphson、Horner 等算法，认为增乘开方法的扩（缩）根过程保证了逐位求解，而缺少此过程的 Newton 法、Horner 法每次得到的是解的多位数值。增乘开方法的减根过程层次分明，算法特征突出，而 Horner 法继承 Ruffini 和 Budan 的多项式方程的变形技术，达到了同样的效果。甘向阳发表的相关论文有《一次不定分析算法的比较研究》[9]《中外插值算法比较研究》[10]。

① 郭园园.《算术之钥》与中算若干问题的比较研究［J］.自然科学史研究，2012，31（1）：107–128.
② 郭园园.《计算之书》中"elchatayn"算法探源［J］.内蒙古师范大学学报（自然科学版），2013（1）：84–89.
③ 郭园园.阿拉伯数学代数量定义演化初探［J］.科学技术哲学研究，2013，30（5）：89–93.
④ 郭园园.萨拉夫·丁·图西三次方程数值解的研究［J］.自然科学史研究，2015，34（2）：142–163.
⑤ 郭园园.阿尔·卡西《论圆周》研究［J］.自然科学史研究，2016，35（1）：95–119.
⑥ 郭园园.《阿尔·卡西代数学研究》［M］.上海：上海交通大学出版社，2017.
⑦ 郭园园.《代数溯源：花拉子密〈代数学〉研究》［M］.北京：科学出版社，2020.
⑧ 甘向阳.中外若干算法的比较研究［D］.西安：西北大学，2004.
⑨ 甘向阳.一次不定分析算法的比较研究［J］.湖南理工学院学报（自然科学版），2012（1）：20–24.
⑩ 甘向阳，等.中外插值算法比较研究［J］.湖南理工学院学报（自然科学版），2012（4）：28–32.

2007 年，郑方磊完成硕士学位论文《许凯〈算术三编〉研究》①。论文将《算术三编》（1484 年）中的若干算法与历史上主要文明数学中的相应内容进行了比较，发现了《算术三编》分数算法的中算源头，深化了对双假设法作为中国古代数学西传的典型算法的认识，展现了数学传播和交流研究的复杂性。论文认为《算术三编》中一些数学内容的东方来源以及《算术三编》所表现出来的明显的算法倾向，显示出东方数学通过斐波那契《计算之书》，对文艺复兴时期的欧洲数学产生了重要影响。

2009 年，马丁玲完成博士学位论文《斐波那契〈计算之书〉研究》②。论文认为《计算之书》具有多种数学文化交融，以及传播多样化等特点。例如来自印度的"三率法"等算术技巧和来自阿拉伯的代数学知识。特别是《计算之书》中存有与中国古代数学中相似的实用算题，如：追及问题、排水问题、经商问题、百鸡问题、剩余问题、不定问题等，以及和中算一致的算法：分数算法、多率法和重今有术、第二类"Elchataym 算法"和盈不足术等。通过这些问题的分析，有助于展开中国古代数学在欧洲的传播与影响的深入探索。马丁玲发表的相关论文有《〈计算之书〉中的分数思想》③《斐波那契在中西数学交流上的历史意义与研究价值》④《斐波那契〈计算之书〉中与中国古代数学相近的算题与算法》⑤。

三、丝路数学交流史研究的新征程

2003 年，在"吴文俊丝路数学与天文研究基金"的支持下，上海交通大学数学史团队开展中外数学交流史的研究，培养了一批懂得阿拉伯语、梵语、拉丁语、意大利语、希腊语的硕士、博士研究生，他们已成为中外数学交流

①　郑方磊.许凯《算术三编》研究［D］.上海：上海交通大学,2007.
②　马丁玲.斐波那契《计算之书》研究［D］.上海：上海交通大学,2009.
③　马丁玲.《计算之书》中的分数思想［J］.宁波大学学报（理工版）,2008（2）：283–287.
④　马丁玲,纪志刚.斐波那契在中西数学交流上的历史意义与研究价值［J］.上海交通大学学报（哲学社会科学版）,2008,16（2）：54–58.
⑤　纪志刚,马丁玲.斐波那契《计算之书》中与中国古代数学相近的算题与算法［M］.广西民族学院学报（自然科学版）,2004（4）：18–21.

史研究的生力军。相关译著有《计算之书》①、《东方数学选粹：埃及、美索不达米亚、中国、印度与伊斯兰》②。马丁玲完成斐波那契《计算之书》研究、郑方磊完成许凯《算术三编》研究、郭园园完成《算术之钥》的代数学研究，并出版专著《阿尔·卡西代数学》，吕鹏完成《婆什迦罗Ⅰ〈阿耶波多历算书注释：数学章〉研究》，并在依据梵语文献的基础上对中印数学交流做出进一步的研究，田春芝完成意大利语本帕乔利《数学大全》的解读与研究。朱一文在《百鸡术的历史研究》中讨论了百鸡术的中西传播与影响等相关问题③，2016年，萨日娜教授出版专著《东西方数学文明的碰撞与交流》④。上述研究为开展中外数学知识的交流与比较提供了重要的文献基础，构成了一条"丝绸之路数学交流史研究"的纵贯线。

2012年，纪志刚主持申报的"沿丝绸之路数学知识的传播与交流"课题获得教育部人文社会科学规划基金立项（12YJAZH037），经过课题组的努力，2017年完成课题并通过结项鉴定（2017JXZ074）。2018年结项成果以专著《西去东来：沿丝绸之路数学知识的传播与交流》由江苏人民出版社出版⑤。这是"丝绸之路数学交流史"的第一部专著，兹将本书相关各篇要点概述如下，作为研究成果的集中展示。

第一篇为中国传统数学的世界意义。本篇首先从"鲜明的社会性""显著的算法化"和"普世的文化价值"三个方面论述了中国传统数学的"东方特色"。中国传统数学的"世术之美"还表现在那些交口相传的趣味算题中，《孙子算经》中的"物不知数"题（下文简称"孙子问题"）与《张邱建算经》中的"百鸡问题"便是两道经典问题，鉴于这两道问题在中外数学交流史上的重要意义，本篇分两章给予专门论述。

对于中外数学交流的历史来说，"孙子问题"描绘出了一条绵延不断的

① 斐波那契.计算之书［M］.［美］西格尔，英译.纪志刚，汪晓勤，马丁玲，等，译.北京：科学出版社，2008.
② 维克多·卡兹.东方数学选粹：埃及、美索不达米亚、中国、印度与伊斯兰［M］.纪志刚，郭园园，吕鹏，等，译.上海：上海交通大学出版社，2016.
③ 朱一文.百鸡术的历史研究［D］.上海：上海交通大学，2008.
④ 萨日娜.东西方数学文明的碰撞与交流［M］.上海：上海交通大学出版社，2016.
⑤ 纪志刚，郭园园，吕鹏.西去东来：沿丝绸之路数学知识的传播与交流［M］.南京：江苏人民出版社，2018.

历史主线。首先是 1202 年意大利数学家斐波那契的《计算之书》中记载了与"孙子问题"完全一致的算题，并且称这是"占卜猜数之类的上乘大法"；大约 10 世纪晚期，尼克马朱斯（Nichomachus of Gerasa，约 60—120 年）的《理论算术》（Eisagoge Arithmetike），书后附有一道与"孙子问题"几乎完全相同的算题，显然是受到了斐波那契的影响；同样，16 世纪的哥廷根抄本对模数两两互素的同余问题给出了完整的求解方法；19 世纪德国的"慕尼黑抄本"也记载了与斐波那契完全相同的同余问题。值得注意的是，18 世纪的欧拉与19 世纪的高斯也对同余问题表示出极大的兴趣，这足以说明"孙子问题"在中外数学文化交流史上的隽永魅力和巨大意义。

《张邱建算经》记载的"百鸡问题"是世界数学史上的第一道"不定分析"问题，引起了后世算家的极大兴趣，广泛流传民间，为众多算书所收录。但由于其解算方法"语焉不详"，后世算家多方探究，至清代晚期方粲然大备。

"百鸡问题"在世界上流传很广泛，英国阿尔昆（Alcuin，735—804 年）、印度摩诃毗罗（Mahavira，9 世纪）、婆什伽罗（Bhaskara，1114—1185 年）、意大利斐波那契（Leonardo Fibonaci，1170—1250 年），阿拉伯的阿尔·卡西 (al-Kaschi，？—1436 年) 以及德国雷基奥蒙坦努斯（Reiomontanus，1436—1476 年）的著作中均有类似问题。"百鸡问题"在不同文明中的多样表现形式和不同的计算方法，揭示跨文明数学知识传播与交流的丰富性和复杂性。

第二篇为印度古代数学及其与中算的若干比较。本篇立足于梵语数学文献的研读，吸收近年来最前沿的研究成果，在以下几个方面取得了创新和突破：

1. 清楚梳理了从公元前 2 世纪到公元 10 世纪左右的印度数学通史。其中从印度最古老的文献《吠陀》、吠陀辅助学《竖地沙论》和《绳法经》、耆那教经典，到《阿耶波多历算书》《婆罗摩笈多修正体系》等中世文献中的数学内容的翻译、介绍和分析均是国内首创。这为今后印度数学史的继续研究奠定了文献基础。

2. 深入详细地阐明了印度数系理论的历史发展。对记数法、数词、数字和笔算的发展演变作了基于原始文献的确认，对于零、负数和无理数则不仅作了追根溯源，明确了印度人所达到的成就高度，还论述了它们的产生均是印度数学内部发展需求的必然结果：记数法、代数学→零，三平方定理→无理数，代数学→负数。最后还将之与中算作对比，指出了一些相同相异的地方。

3. 将印度古典数学内容与《九章算术》等中算文献做了算法和算理上的全面比较。特别是在比较中将史料分为"一般算法"（包括勾股、比例算法、几何计算、圆周率等）和"典型问题"（如坑渠谷堆问题、折竹适地莲花入水问题等）进行比较，这是方法上的一种创新。由于数学知识具有抽象和普世的特点，因此比起一般的表面上的比较，对于算理、设问表达、情景设置的分析比较更能体现出传播的可能性。通过这种方法，中印数学中存在的许多瞩目的异同点首次被发现，这为今后更加深入的研究打下了基础。

4. 通过研读梵语文献，清楚地给出了印度"库塔卡"的发生、发展及其具体的解题过程。在此之上还用现代数学方法给予了完整的证明，在沈康身的研究基础上完善了其与中算"大衍求一术"的平行性证明，特别是增加了用库塔卡解算《孙子算经》的"物不知数"题与秦九韶《数书九章》的"积尺寻源"题，更清楚地看出两种算法的各自特点。

5. 首次介绍了耆那教数学中的无穷观念，包括对于"无穷数"的分类和 8 世纪韦拉瑟那计算圆台体积时的方法。尽管在此之前沈康身已指出其与刘徽阳马术的相似之处，但韦拉瑟那其实要更进一步，在将"不易之率"还原入计算时发现无穷等比数列（公比 < 1）的求和公式。

第三篇为阿拉伯代数学的溯源与演进。本篇选取伊斯兰代数学中最有文化特色的"代数学"作为切入点，对其主要的演化脉络进行梳理，研究的创新点主要表现在：

1. 本篇涉及的所有伊斯兰代数学内容，均是基于阿拉伯文献的直接解读，从而提高了整体研究的学术价值。

2. 重新划定了中世纪伊斯兰数学的时间范围。第一本伊斯兰数学著作成书于公元 9 世纪初，以往欧美学者通常将其截止时间定在 13 世纪，这样可以和早期欧洲文艺复兴在时间上衔接起来。事实上通过研究发现，尽管 13 至 15 世纪伊斯兰世界遭到了蒙古人的侵占，但是此时阿拉伯语仍是主要的科学语言，阿拉伯数学家们的成就在世界范围内是领先的，因此将伊斯兰数学的研究截止到 15 世纪是符合史实的。

3. 对伊斯兰代数学的研究过程中，对一些关键的数学家例如萨玛瓦尔、萨拉夫·丁·图西和阿尔·卡西等人的相关数学工作进行了深入细致的研究，提出了许多独到的观点，并对整体代数学的演化脉络有了新的认识和把握。这些工作无论是对今后伊斯兰数学的进一步研究，还是对相关内容的跨文明比较研究都非常重要。

第四篇为《计算之书》中的东方数学。斐波那契是中世纪晚期（1200—1425 年）欧洲第一位伟大的数学家，他的《计算之书》是中世纪欧洲数学复兴的标志。《计算之书》的数学内容基本上遵循"题例—术文—练习"的行文模式，这与东方算术暗合，很多题目是他在旅行过程中从阿拉伯数学中学习得到的。可见斐波那契在吸收、消化东西方数学知识的同时开始了自己的创新，欧几里得《原本》对《计算之书》有很深的影响，但通览《计算之书》，我们可以看到书中以问题为主导，以算法为主线，以解决问题为主旨的"应用数学"的突出风格，可以说，《计算之书》是一块璀璨的埃及—希腊数学与印度—中国—阿拉伯数学的"合金"[①]，是欧洲数学算术算法化进程中的一部重要著作。

美国数学史家卡平斯基（L. C. Karpinski，1878—1956 年）在《算术史》（*The History of Arithmetic*）中说"在欧洲，1202 年斐波那契的巨著中所出现的许多算术问题，其东方源泉不容否认。"[②]本篇通过对《计算之书》的全篇搜览，整理出与中国传统数学相近的算题、算法 14 余条，特别考证了《计算之书》中的"双假设法"（elchataym）就是中国古代的"盈不足术"，并考察了这一算法在阿拉伯世界的来源，从而补上以往"双试错法"在跨文明传播过程中缺失的环节。本篇还考察了《计算之书》中有关 algebra 的问题与算法，指出斐波那契《计算之书》的代数内容大量来自杰拉德（Gerard）翻译的花拉子米的《代数学》以及凯拉吉的《奇妙之事》，在欧洲传播阿拉伯代数的过程

① 李文林. 丝路数学，光耀千秋——《丝绸之路数学名著译丛》导言 [A]//[意] 斐波那契. 计算之书 [M].[美] 西格尔，英译. 纪志刚，汪晓勤，马丁玲. 等，译. 北京：科学出版社，2008：ix.
② Karpinski, L. C., The History of Arithmetic（reversed edition），New York：Russell & Russell INC.，1965：30.

中起到了非常重要的作用。

这里特别指出,《计算之书》开篇介绍了"关于九个印度数字的认识,和如何用这些数字书写所用的数。"值得注意的是,在第一章的最后出现了从"2 乘以 2 等于 4",到"10 乘以 10 等于 100"的乘法表,而这正是东方的传统,或者说中国的传统。中国的"九九口诀表",在先秦以来就广为传诵。当我们强调"印度—阿拉伯数字符号"的世界意义的时候,也不容忽视计算口诀的价值。从某种意义上来说,正是"计算口诀"的熟练应用,促进了印度—阿拉伯数码在欧洲的使用与普及。

第五篇为"历史的闭环:明清之际西方数学的传入与影响"。本篇所论内容属于"明清中西数学交流史研究",此不赘述。

四、期 望

"丝绸之路数学交流史"是一个博大宏远的历史主题,我们要弘扬吴文俊院士倡导的"丝路精神",积极拓展中外数学文化的融合,在扎实的文献研究基础上,结合社会文化背景,对重要算题、算理和算法,探本溯源、察疑发微;既注意"相似性问题"的地域特点,又避免"相似即同源"的片面影响,特别注意分析算法内涵与文化背景的相互关系;既认真吸收前人成果,又不迷信专家权威;既努力探寻历史上中国古代数学在欧洲传播的史实,又不受囿于"狭隘民族主义"的制约;力求客观展示中国古代数学与印度、阿拉伯的关系,以及在中世纪欧洲的传播,分析沿丝绸之路不同文明之间数学文化的相互交流,探讨西方数学知识对中国传统数学和近代社会产生的历史影响。[①]特别是通过对梵语、阿拉伯语和拉丁语的学习和相应的原始文献研究,实现从第一手资料获得研究结果的重要突破。我们也必须清醒地认识到"就数学史而言,学习掌握有关文明的语言,直接攻读原始文献,是研究外国数

---

① 纪志刚.吴文俊"丝路精神"及其对中外数学交流研究的意义 [J].上海交通大学学报(哲学社会科学版),2019,27(1):71—81.

学史的必由之路，也是通向突破性成果的阳关大道。"①

"丝路精神，光耀千秋"，丝绸之路数学交流史的研究依然征途漫漫，但前景广阔。

---

① 李文林.《东方数学选粹》序言［A］//［美］维克多·卡兹.东方数学选粹：埃及、美索不达米亚、中国、印度与伊斯兰［M］.纪志刚，郭园园，吕鹏，等，译.上海：上海交通大学出版社，2016：4.

第二节　汉字文化圈数学史研究

◎ 徐泽林¹　冯立昇²　吴东铭³

（¹东华大学人文学院；²清华大学科技史暨古文献研究所；³南开大学历史学院暨韩国研究中心）

　　数千年间中国文化一直不断输入周边国家和地区，这些国家和地区在中国文化的基础上发展本土文化，从而形成了"汉字文化圈"。所谓汉字文化圈就是以汉文字为媒介而拥有共同价值体系的世界，地域上主要包括东亚与东南亚，历史上以宗藩·朝贡体系保持着与中国的关系，与汉字、汉学有关的律令制度、宗教信仰、学术等文化，从中国传播到朝鲜、日本、越南、琉球等地区，超越中国的民族和历史，用文字、儒家思想和道德连结着中国与周边世界的文化^①。直至 19 世纪中叶为止，汉字文化圈在文化上构成了一个完整的体系。随着大航海时代的到来，16 世纪中叶之后西方基督教文化开始传播于东亚，东西方文明逐渐交汇，19 世纪末在西方物质文明猛烈冲击下汉字文化圈逐渐解体，尽管解体后东亚各国有着不同的政治经济发展道路，但其传统文化的共性及其相互关系的根本性并未改变。因此，汉字文化圈内的文化交流不同于与圈外其他文化圈的文化交流，有着独特的历史时空，而且语言文化的差异性也比圈外小，历史文献也较丰富繁杂。以往以国家为中心的国别数学史研究，往往把中国和日本、朝鲜的数学交流，与中国和印度、阿拉伯、欧洲的数学交流不加区分笼统地归为中外数学交流，为了考虑汉字文化圈内数学交流的特殊性，兹作为一个独立的学术领域加以回顾与总结。

---

① 　具体参见日本学者西嶋定生与中国台湾学者高明士的论著。西嶋定生曾总结归纳出东亚文化圈构成四要素——汉字、儒教、佛教（汉传佛教）、律令制度。（西嶋定生 . 西嶋定生東アジア史論集第三巻 東アジア世界と册封體制［M］. 東京：岩波書店，2002：101–103.）高明士将"传统科技"增为第五要素。（高明士 . 东亚古代的政治与教育［M］. 台北：中国台湾大学出版中心，2004：255–265.）

　　本文所论汉字文化圈数学史并没有包括中国传统数学史，因为中算史研究在中国学术界是主流，有中算史专家撰写系列文章加以总结，这里主要限指中国与日本、朝鲜半岛、越南、琉球的数学交流史，以及在中算影响下的东算（朝鲜传统数学）、和算（日本传统数学）、越算（越南传统数学）以及琉球传统数学的研究。研究成果只局限于大陆地区，没有收入港澳台地区的研究成果。国内汉字文化圈数学交流史研究可以概括为三个阶段，概述如下。

一、李俨、钱宝琮的开拓性工作

　　现代学术意义的东亚数学史研究始于日本。明治维新后日本数学迅速转换为现代数学，伴随西方数学史著述在明治日本的影响和日本现代数学的建制化，日本数学史学术研究兴起，由于日本文化与中国文化的紧密关系，中算史、中日数学交流史自然成为日本数学史研究中的重要课题，三上义夫（1875—1950 年）等日本学者在此领域做了大量工作。中国的数学史研究大约始于 20 世纪 10 年代，李俨（1892—1963 年）、钱宝琮（1892—1974 年）等前辈的中算史研究中十分关心以中国为中心的中外数学交流史研究，他们的著述中都叙述中国数学传播朝鲜、日本、越南的历史，也讨论了中国与印度数学、阿拉伯地区的数学交流。如李俨在《中国算学小史》中设"中国数学输入百济、日本"一节，在《中国算学史》（1936 年）中有"唐代算学输入日本""近世中算输入朝鲜、日本"两节，在《中国数学大纲》（1931 年）中有"中国数学输入朝鲜、日本""近世期中算输入朝鲜"、"近世期中算输入日本"三节，其《中算史论丛》（第五集，1955 年）中，在"唐代算学史"中有"唐代算学输入日本"一节；另有"中算输入日本的经过"①② "从中国算学史看中朝文化交流"。钱宝琮《中国数学史》（1964 年）第三编第十二章"宋元时期的中外数学交流"，其中论述了"中国和朝鲜、日本的数学交流"。除这些一般性论述外，李俨对某些中算材料传播日本和琉球的文献做了专门研

① 李俨.中算输入日本之经过［J］.东方杂志,1925（18）：82–88.
② 李俨.中算传入日本之经过［A］//李俨.中算史论丛（第五集）［M］.北京：科学出版社，1955：168–186.

究，如《中国古代数学史料》（1954 年）中的"日本口游（970 年）书内的中国古代数学史料"，《科学》第 4 卷第 5 期上发表的"琉球之结绳与文字"①。在《中算家的内插法研究》（1957 年）中论述了"日本历算法对内插法的应用"，主要介绍关孝和的累裁招差法。李俨在中日数学交流史的研究基础上对和算内容进行研究，发表了一系列研究成果，涉及和算中的累圆术、椭圆求周术、傍斜术、圆理、角术、增约术等数学方法②③④⑤⑥⑦，同时还对《割算书》《尘劫记》《诸勘分物》《竖亥录》《因归算歌》等江户初期的和算书进行研究。李俨十分关心日本学者的研究工作，充分吸收了日本学者的和算史研究成果，向中国学术界介绍和算史家远藤利贞（1843—1915 年）⑧、林鹤一（1873—1935年）⑨的生平与业绩，并与三上义夫、小仓金之助（1885—1962 年）等人长期保持学术联系，相互寄赠资料⑩，李俨的这一基础性工作使中国科学院自然科学史研究所也收藏了一些和算资料。他晚年有全面研究和算史的计划，由于早逝而最终没有实现。钱宝琮很早也有研究和算史的意图，他在给三上义夫的书信中言及其研究计划：

> 对于贵国算学，琮为门外汉，以前毫无研究。今得见大著，史料之丰富，考穷之精确。万分钦佩，万分惭愧。琮前以不谙贵国文字为苦，本年从师习读，因得粗知文典。预料半年以后，或可阅览浅近日语参考书矣。将来拟请先生绍介贵国算学史书籍及和算旧书几种，以资研究。⑪

不过，钱宝琮并未实现这样的研究计划。第二次世界大战结束后，中日关系趋冷，中日文化交流也停止，国内汉字文化圈数学史研究也走入了低谷。

① 李俨 . 琉球之结绳与文字 [J]. 科学，1919（5）：494–495.
② 李俨 . 日算累圆术 [J]. 学艺杂志，1947（10）：22–31.
③ 李俨 . 日算椭圆周术 [J]. 科学，1949（10）：297–299.
④ 李俨 . 从中算家的割圆术看和算家的圆理和角术 [J]. 科学史集刊，1959（2）：80–125.
⑤ 李俨 . 日算旁斜术 [J]. 学艺，1951（4）：63.
⑥ 李俨 . 和算家增约术应用的说明 [J]. 科学史集刊，1960（3）：65–69.
⑦ 李俨（遗著）. 日本数学家的平圆研究 [J]. 自然科学史研究，1982（3）：208–214.
⑧ 李俨 . 日本算学史家远藤利贞小传 [J]. 科学，1917（11）：1233–1234.
⑨ 李俨 . 林鹤一传略 [J]. 科学，1936（3）：222–223.
⑩ 中国科学院自然科学史研究所图书馆收藏李俨的书信中有 116 封日本学者写给李俨的日文信件，而且日本早稻田大学综合图书馆藏的"小仓金之助传记资料"中有两封李俨的书信。
⑪ 三上義夫著，佐々木力編 . 文化史上より見たる日本の数学 [M]. 東京：岩波書店，1999：223.

二、1978—1990 年：汉字文化圈数学史研究再出发

解放后在整理祖国科学文化遗产的背景下数学史界主要研究中算史，除零星译介外国数学史知识外，对外国数学史的原创性研究几乎没有。1950 年代以后，冷战的国际政治环境和频繁的国内政治运动，造成中国学术界对外比较封闭，所有学术研究受到严重干扰，甚至后来不得不停止。当然，造成中国学界对外国数学史研究比较薄弱的原因，除上述国际国内政治因素外，还有外国历史语言障碍及获得外国历史文献较为困难的客观因素。

改革开放后，中国科学事业得到恢复并进入新的发展时期，中国科学史研究亦随之得到恢复并步入正轨，数学史研究也开始逐渐走向繁荣。外国数学史与中外数学史研究也随之逐渐成为中国学术界关心的研究方向，汉字文化圈数学交流史作为外国数学史的一部分，在中国科学院自然科学史研究所、内蒙古师范大学和杭州大学悄然兴起，研究者主要有杜石然（1929—）、李迪（1927—2006 年）、沈康身（1923—2009 年）等人，20 世纪 80 年代，杜石然给《中国大百科全书·数学卷》撰写了"和算"条目，介绍了和算的内容、方法及其发展轨迹[1]，并在《世界著名科学家传记·数学家 I》中撰写了"高木贞治"的条目[2]。沈康身根据《关孝和全集》《明治前日本数学史》等文献，介绍了《算法统宗》在和算发展中的奠基作用[3]，对关孝和的诸约术与秦九韶的大衍总数术进行了比较[4][5]，也介绍了关孝和的垛积术并与李善兰的自然数幂和公式进行了比较[6]。

[1] 中国大百科全书总编辑委员会《数学》编辑委员会，中国大百科全书出版社编辑部编.中国大百科全书·数学卷［M］.北京：中国大百科全书出版社，1988：300.
[2] 吴文俊.世界著名科学家传记·数学家 I［M］.北京：科学出版社，1990：182–189.
[3] 沈康身.《算法统宗》在和算发展中的奠基作用［A］//纪念程大位逝世 380 周年学术讨论会论文［C］.屯溪：1986：1–12.
[4] 沈康身.秦九韶大衍总数术与关孝和诸约之术［A］//吴文俊.秦九韶与数书九章［M］.北京：北京师范大学出版社，1987：285–298.
[5] 沈康身.秦九韶の大衍総数術と関孝和の諸約術［J］，数学史研究（日本），1986（109）：1–23.
[6] 沈康身.关孝和与李善兰的自然数幂和公式［A］//吴文俊.中国数学史论文集［C］.济南：山东教育出版社，1987：81–93.

三、1990—2020 年：汉字文化圈数学史研究的繁荣

伴随着中日、中韩文化交流的日益频繁，汉字文化圈数学史研究成果逐渐增多。在和算史与中日数学交流史研究方面，李迪于 90 年代初研究了清末周达在中日数学交流中的业绩[①]，那日苏概述了中国传统数学对和算的影响[②]，并介绍了和算中遗题承继的数学文化传统[③]，沈康身介绍了关孝和的求积术[④]和解高次方程算法[⑤]以及和算中的"继子立"（Josephus 问题）[⑥]，徐泽林介绍了和算点窜术并与中国的四元术进行比较[⑦]，并对和算著作《竖亥录》中的圆型平面图形计算方法及其与中算算法进行比较[⑧]。在东算史与中朝数学交流史研究方面，由于民族、语言和区位等诸要素的影响，延边大学的朝鲜族学者率先开展中朝数学交流史研究。金虎俊陆续发表系列文章[⑨⑩⑪⑫]，在中朝比较的框架下，从中国算学典籍、天文历法、儒家与道家数学文化等多个层面，考察中国算学传入后，对朝鲜半岛的影响，丰富和发展了这一领域的研究成果。与此同时，朝鲜史研究学者陆续出版关涉中朝交往的通史性著作，其中亦不乏科技交流的内容。譬如，延边大学朝鲜族学者朴真奭、姜孟山、朴文

① 李迪.周达与中日数学交流［A］//京都大学人文科学研究所编印.『中国科学史國際会議·1987 京都シソポジゥム』報告書論文［C］,日本京都,1992:27-33.
② 那日苏.中国传统数学对日本和算的影响［A］//李迪.数学史研究文集（第 3 辑）［C］.呼和浩特：内蒙古大学出版社；台北：九章出版社,1992:16-23.
③ 那日苏.日本和算中的遗题承继与算额奉揭［A］//李迪.数学史研究文集（第 3 辑）［C］.呼和浩特：内蒙古大学出版社；台北：九章出版社,1992:159-162.
④ 沈康身.关孝和求积术——《九章·刘注》对和算发展的潜移默化一例［A］//吴文俊.刘徽研究［M］.西安：陕西人民教育出版社；台北：九章出版社,1993:460-475.
⑤ 沈康身.关孝和解高次方程典型算例赏析［A］//李迪.数学史研究文集（第 4 辑）［C］.呼和浩特：内蒙古大学出版社；台北：九章出版社,1993:84-90.
⑥ 沈康身.东方约瑟夫问题研究选析［J］.自然科学史研究,2003（1）:60-68.
⑦ 徐泽林.四元术与点窜术［A］//李迪.通向现代科学之路的探索［M］.呼和浩特：内蒙古大学出版社,1993:61-70.
⑧ 徐泽林.《竖亥录》中的圆型平面图形问题［A］//李迪.数学史研究文集（第 3 辑）［C］.呼和浩特：内蒙古大学出版社；台北：九章出版社,1993:152-158.
⑨ 金虎俊.《九章算术》及刘徽的学术成就在朝鲜半岛［J］.北京师范大学学报（自然科学版）,1991（增 3）:155-156.
⑩ 金虎俊.《九章算术》《缀术》与朝鲜半岛古代数学教育［A］//李迪.数学史研究文集（第 4 辑）［C］.呼和浩特：内蒙古大学出版社；台北：九章出版社,1993:64-67.
⑪ 金虎俊.历史上的中国天算在朝鲜半岛的传播［J］.中国科技史料,1995（4）:3-7.
⑫ 金昌录,金虎俊.中国儒家和道家数学文化哲学思想在朝鲜半岛的传播［J］.高等理科教育,2002（1）:24-27.

一、金光洙和高敬洙联合撰成《朝鲜简史》，在各章分述朝鲜半岛历代政权之后，皆对各时期的科学技术进行概要性的介绍①。山东大学陈尚胜著《中韩交流三千年》，其中第三章专设"中韩天文历法和数学的交流"一节，将朝鲜半岛从三国时代至朝鲜王朝与中国的历算交流史进行了纵贯梳理，介绍了 17 世纪以来西方数学经由中国、以汉译典籍的形式传入朝鲜的情况，在中国史学界研究成果中尚属先例，丰富了中算东传的下沿与内涵②。相较中日、中韩数学交流研究，中越数学交流研究比较薄弱，只有韩琦在章用与李俨工作的基础上，研究了中国天文数学在越南的传播与影响③。

笔者认为，改革开放后促进汉字文化圈数学史研究繁荣的因素有三：其一是国际学术交流；其二是数学史专业研究生培育；其三是中科院"吴文俊天文与数学丝路基金"的推动。

（一）国际学术交流

伴随对外开放的逐渐扩大，中国学界参与和组织各种数学史国际学术研讨会逐渐常态化。20 世纪 80 年代后期，内蒙古师范大学李迪教授与日本和算史家道脇义正（1923—2004 年）联合组织了"汉字文化圈及其近邻地区数学史与数学教育研究国际学术研讨会"，此系列会议每四年召开一次，自 1987 年 8 月在日本群马县桐生市召开第一届，至 2010 年 8 月 10 日在中国呼和浩特召开第七届，一共召开了 7 次会议。此外，李迪与日本数学教育及数学文化学者横地清教授（1922—）以及大阪教育大学共同组织了"数学文化史研究国际学术研讨会"，如果说前一系列会议是中日数学史界交流的平台，那么这个系列会议则是中日数学教育学界的交流平台，不仅推动了国内对汉字文化圈数学史的研究，也使中国学者与外国学者建立了联系，在获取外国文献与研究成果方面带来了便利。

2005 年 8 月，在日本东京大学召开的"第六届汉字文化圈数及其近邻地

---

① 朴真奭，姜孟山，朴文一，等.朝鲜简史［M］.延吉：延边大学出版社，1998.
② 陈尚胜.中韩交流三千年［M］.北京：中华书局，1997.
③ 韩琦.中越历史上天文学与数学的交流［J］.中国科技史料，1991（2）：3-8.

区数学史与数学教育研究国际学术研讨会"期间，中国数学史学者郭世荣、冯立昇、徐泽林与日本数学史学者小川束、小林龙彦、森本光生、吉山青翔共同筹划了"东亚数学史研究国际会议"系列会议，每年轮流在中日两国举行，后来上海交大纪志刚教授，韩国学者洪性士教授、金英郁教授，中国台湾学者英家铭教授也先后加入。自 2006 年 3 月 17—21 日在清华大学召开第一届会议，至 2017 年 9 月 15—16 日在内蒙古师范大学召开第 13 届会议，一共召开了 13 次会议（期间在中日两国也插入召开了几次东亚科技文化文献研究方面的专题会议）。此系列会议逐渐取代了"汉字文化圈数及其近邻地区数学史与数学教育研究国际学术研讨会"，成为中日韩数学史界交流与合作的平台，推进了东亚数学史的研究。

（二）数学史研究生培养

数学史学科建制中研究生培养对数学史学术发展影响最大，1978 年后，培养数学史专业研究生的单位（1997 年以后属于科学技术史学科）主要有中国科学院自然科学史研究所、中国科学院数学研究所、内蒙古师范大学、辽宁师范大学、北京师范大学、杭州大学、西北大学、上海交通大学、河北师范大学、天津师范大学、东华大学等，汉字文化圈数学史研究的课题也成为一些研究生学位论文的选题。通过数学史专业训练，逐渐形成基于外国数学文本与一手历史文献的正规研究。20 世纪 90 年代以来，内蒙古师范大学科学史专业硕士生选题为日本、韩国数学史研究的论文如下：

① 徐泽林：《算法新书》研究（1994 年，指导教师：李迪）

② 乌云其其格：和算家安岛直圆及其圆理理论（1996 年，指导教师：李迪）

③ 包羽：三上义夫博士论文之研究（1998 年，指导教师：李迪）

④ 萨日娜：中日笔算史比较研究（1998 年，指导教师：李迪）

⑤ 任爱珍：关孝和的垛积、招差术及其定周公式研究（2000 年，指导教师：罗见今、冯立昇）

⑥ 邓可卉：关孝和对《授时历》的研究（2001 年，指导教师：冯立昇）

⑦ 张光华:《天生术演代》研究（2009年，指导教师：冯立昇、郭世荣）

⑧ 齐玉才：朝鲜数学家南秉吉《玉鉴细草详解》初探（2011年，指导教师：郭世荣）

⑨ 闫晓民:《代数学辞典》中译本研究（2012年，指导教师：冯立昇）

⑩ 吴东铭：朝鲜王朝中期算学中人及其家族研究（1657—1868年）（2019年，指导教师：郭世荣）

2006年以前，内蒙古师范大学科学史专业没有博士学位授予权，因此该校研究东亚数学史的硕士生分别报考中国科学院自然科学史研究所、中国科学院数学与系统科学研究院和西北大学攻读博士学位，但他们的博士论文选题仍然在日本数学史研究领域，这方面的博士论文有：

① 徐泽林：和算的中算基础及其与清代数学的比较（西北大学，1998年，指导教师：李文林）

② 冯立昇：中日数学关系史研究（西北大学，1999年，指导教师：罗见今）

③ 乌云其其格：和算的发生（中国科学院自然科学史研究所，1999年，指导教师：郭书春）

④ 郭世荣：中国数学典籍在朝鲜的流传与影响研究（中国科学院数学研究所，2005年，指导教师：李文林）

⑤ 白欣：西学传入之初的中日测量术（西北大学，2006年，指导教师：曲安京）

2006年，内蒙古师范大学科学史专业获得博士学位授予权后，汉字文化圈数学交流史的博士论文有：

① 徐君：安岛直圆与和田宁的圆理研究（2012年，指导教师：郭世荣）

② 张建伟：20世纪上半叶日本学者对中国数学史的研究（2015年，指导教师：冯立昇）

③ 徐喜平：长泽龟之助的中等数学教材编译研究（2016年，指导教师：罗见今）

天津师范大学硕士学位论文中有关日、韩数学史研究的有：

① 孙成功：朝鲜数学的儒学化倾向——《九数略》研究（2003年，指导

教师：徐泽林）

②周畅：《缀术算经》研究（2006年，指导教师：徐泽林）

③张建伟：江户时代和算流派研究（2006年，指导教师：徐泽林）

④张娜：《算法天生法指南》研究（2007年，指导教师：徐泽林）

⑤卫霞：论东亚传统数学中代数演算方法的发展——以"演段"为中心（2009年，指导教师：徐泽林）

⑥刘泉：和算消元法起源的历史考察（2010年，指导教师：徐泽林）

东华大学硕士研究生论文中有关日本数学史研究的论文有：

①夏青：东亚传统数学中"理"之探析（2012年，指导教师：徐泽林）

②茅清清：《小学九数名义谚解》初探（2014年，指导教师：徐泽林）

③田春芝：川边信一对《周髀算经》的校勘、注解及其与戴震的比较（2016年，指导教师：徐泽林）

④孙琳：十七世纪日本的勾股算术（2019年，指导教师：徐泽林）

此外，代钦以博士论文《儒家思想对中国传统数学的影响》（2002年）在中国社会科学院哲学研究所获得博士学位，其论文第四章"中国数学哲学对日本数学的影响"专论中国传统数学思想对和算的影响。留学日本东京大学大学院综合文化研究科的萨日娜以题为《中日数学西方化历程之比较研究》的论文获得博士学位，论文以清朝留日学生为中心对19世纪末至20世纪初的中日数学交流史以及东亚的数学教育问题做了深入研究。金玉子于2009年在韩国高丽大学撰成博士学位论文《〈默思集算法〉与17世纪朝鲜算学》，该文考察"两乱"之后朝鲜王朝的社会背景和算学实际情况，对朝鲜王朝中期算学家庆善徵撰著《默思集算法》的动机，以及该书所涉内容的来源都进行了分析，并指出《默思集算法》的选材来源于中国传入朝鲜的《杨辉算法》《算学启蒙》和《详明算法》[1]。作者在该文的基础上，经过修订于2017年出版了研究专著《朝鲜算学探源》。[2]

①　金玉子.默思集筭法과17세기朝鮮算學 [D].首尔：高丽大学校，2009.
②　金玉子.朝鲜算学探源（朝鲜文版）[M].哈尔滨：黑龙江朝鲜民族出版社，2017.

（三）丝路基金的助推

2002 年，吴文俊院士以他所获得的首届国家最高科技奖励基金在中国科学院设立"吴文俊数学与天文丝路基金"，推动古代丝绸之路沿线的中外数学交流史研究。作为"丝路东线"的汉字文化圈数学交流史研究也得到了此基金的大力支持，在该基金资助下，郭世荣系统调查中国数学典籍在朝鲜半岛的流传与影响，尤其是首次调查了清代数学著作在朝鲜的影响[①]；冯立昇对中国与日本的数学交流史做了深入研究，对清代数学著作在日本的传播以及明治后日本数学影响中国的研究贡献较大[②]；徐泽林调查了和算典籍，在整理编译和算基本文献[③④] 的基础上，着重研究了中国传统算法和数学思想对和算的影响。

四、国内汉字圈数学史研究的若干主题

1981 年以来，汉字文化圈数学史研究方法和研究内容逐步走向多元化，从国别数学史研究走向区域视野的汉字文化圈数学史研究，从以中国为中心的数学传播研究走向双向交流研究，从东亚古代数学史研究走向到东亚现代数学史研究，从传统数学知识史研究走向数学思想史、数学社会史以及数学文化史研究。

（一）数学交流史研究

中外数学交流史研究的立场与视角都是以中国科技文化为中心，不同于国别科技史研究的视角，着眼于中国数学在国外的传播与影响，以揭示中国数学文化对世界文化的影响为宗旨。自李俨开其端，汉字文化圈数学交流史研究一直持续不断，20 世纪 80 年代以来不仅有了更多、更扎实的历史考证，而且也拓宽了研究中日、中韩数学交流的历史时空。

① 郭世荣.中国数学典籍在朝鲜半岛的流传与影响［M］.济南：山东教育出版社，2009.
② 冯立昇.中日数学关系史［M］.济南：山东教育出版社，2009.
③ 徐泽林.和算选粹［M］.北京：科学出版社，2008.
④ 徐泽林.和算选粹补编［M］.北京：北京科学技术出版社，2009.

　　1999 年，李文林与徐泽林、冯立昇联合撰文，系统梳理公元 4—17 世纪中国算学典籍在朝鲜半岛的流传与影响，认为朝鲜半岛将东传的中国算学典籍完好保存，助推了朝鲜算学在 15 世纪的快速发展。同时，指出朝鲜半岛作为桥梁与纽带，在传承中国宋元时期数学与促进日本和算的兴起方面，起到了重要的继承与推动作用[①]。

　　书籍传播是汉字文化圈数学交流史研究首先关注的内容，2000 年，冯立昇与李迪根据将中、朝、日三国的历史资料考证出朝鲜、日本古代使用的，且仅日韩文献记载的《六章》《三开》两本算书，系中国北魏时期数学家高允的作品[②③]。因为《算法统宗》《算学启蒙》对朝鲜、日本近世数学的影响十分显著，所以这两本书在朝、日流传和影响研究成果较多，由此探讨珠算、实用算术、天元术等中算方法在朝鲜、日本的普及与发展，揭示了宋元代数学、明代算术对朝鲜、日本算学发展的重要影响[④⑤⑥⑦⑧⑨]。汉译西方数学著作在日本、朝鲜的传播与影响研究，不仅反映出 19 世纪中国与日本、朝鲜的数学关系，而且对于朝鲜和日本数学发展的西化过程研究有重要价值。中国学者对《代微积拾级》《梅氏历算全书》《代数术》《几何原本》等著作在日本的传播

① Li Wenlin, Xu Zelin, Feng Lisheng. Mathematical Exchanges Between China and Korea [J]. Historia Scientiarum, 1999, 9（1）: 73–83.
② 冯立昇, 李迪.《六章》《三开》新探 [J]. 西北大学学报（自然科学版）, 2000（1）: 89–92.
③ Feng Lisheng, Li Di: Gao Yun and the two Mathematical Works Liuzhang and Sankai, Proceedings of the 4th international Symposium on the History of Mathematics and Mathematical Education Using Chinese Characters, August 18–21, 1999, Maebashi, Published in Japan, 2001: 41–50.
④ 王渝生.《算学启蒙》流传朝鲜考 [A] // 中国科学技术史学会少数民族科技史研究会, 延边科学技术大学. 第二届中国少数民族科技史国际学术讨论会论文集 [C]. 北京: 社会科学文献出版社, 1996: 115–117.
⑤ 冯立昇. 关于《算法统宗》的传日及其对和算的影响 [J]. 中国科技史料, 2000（2）: 136–146.
⑥ 乌云其其格. 重审毛利重能渡明之说 [J]. 自然辩证法通讯, 2003（5）: 70–76.
⑦ 韩祥临.《算法统宗》对和算的影响 [J]. 鲁东大学学报（自然科学版）, 1999（4）: 263–267.
⑧ 冯立昇.《算学启蒙》在朝鲜的流传与影响 [J]. 文献, 2005（2）: 57–64.
⑨ 冯立昇.《算学启蒙》在日本流传及影响 [J]. 广西民族学院学报（自然科学版）, 2004（4）: 22–25.

做了深入调查，这方面著述比较丰富①②③④⑤⑥⑦⑧。萨日娜调查了清末华蘅芳汉译的西洋数学书在日本的流传与影响⑨。郭世荣的系列文章对各个时期中算典籍的东传朝鲜的历史做了调查，专题分析了朝鲜算学家学习东传朝鲜的重要汉籍的个案以及他们对中国算学知识的理解与受容情况⑩⑪⑫⑬⑭⑮。尽管20世纪以前中国人对和算、东算知之甚少，但在19世纪末出现了和算、东算反向流入中国的情形，中国学界对和算著作《算法圆理括囊》《算法天生法指南》等传播中国的情况做了调查⑯⑰。在数学人物交流研究方面，冯立昇调查了1900年周达（1873—1949年）东渡日本进行数学调查、著作《调查日本算学记》的经过⑱⑲，萨日娜以中国留日学生为中心对19世纪至20世纪初中日数学交流史展开调查，同时考察和分析了中日数学现代化过程中的制度建立过

① 冯立昇.『代微積拾級』の日本への伝播と影響［J］.数学史研究（日本），1999（162）：15-28.
② 冯立昇.《代微积拾级》在日本的流传与影响［J］.自然辩证法通讯，1999（4）：41-47.
③ 冯立昇.《梅氏历算全书》在日本的流传及影响［J］.西北大学学报（自然科学版），2005（6）：827-830.
④ 冯立昇，牛亚华.近代汉译西方数学著作对日本的影响［J］.内蒙古师范大学学报（自然科学汉文版），2003（1）：84-90.
⑤ 萨日娜.华蘅芳西算译著的东传与影响［J］.自然科学史研究，2010（4）：446-455.
⑥ 薩日娜.明治初期の日本におけるオイラーの数学—神保長致の訓点版『代数術』を中心にして—［J］.数学史研究（日本），2008（197）：1-24.
⑦ 萨日娜.《几何学原础》与欧氏几何学在日本明治初期的传播［J］.西北大学学报（自然科学版），2010（2）：737-741.
⑧ 萨日娜.《几何原本》的传日及其影响考述［J］.自然辩证法通讯，2017（2）：22-29.
⑨ 薩日娜.清末の漢訳西洋数学書の明治初期日本への伝播とその影響—華蘅芳の漢訳西洋数学書の日本への伝播を例に—［A］//横地清、鍾善基、李迪編著.中日近现代数学教育史研究（第6卷）［M］.北京：北京師範大学；ハンカイ出版印刷株式会社，2007：116-145.
⑩ 郭世荣.秦九韶《数书九章》在朝鲜半岛的流传与影响［J］.内蒙古师范大学学报（自然科学汉文版），2005（3）：314-319.
⑪ 郭世荣，李迪.朝鲜数学家对《四元玉鉴》的研究［J］.内蒙古师范大学学报（自然科学汉文版），2005（3）：320-327，358.
⑫ 郭世荣.中国数学典籍在朝鲜的流传与影响研究［D］.北京：中国科学院数学与系统科学研究院，2005.
⑬ 郭世荣.17世纪的汉译西方数学著作在朝鲜［J］.内蒙古师范大学学报（自然科学汉文版），2007（6）：683-686.
⑭ 郭世荣.从18世纪朝鲜数学家黄胤锡看中国数学在朝鲜的传播与影响［A］//万辅彬.究天人之际，通古今之变——第11届中国科学技术史国际学术研讨会论文集［C］.南宁：广西民族出版社，2009：106-116.
⑮ 郭世荣.《几何原本》在朝鲜述要［J］.自然辩证法通讯，2017（2）：30-35.
⑯ 徐泽林，张娜.中国刊刻的第一本和算著作:《算法圆理括囊》［J］.中国科技史杂志，2007（1）：34-46.
⑰ 张娜，徐泽林.《算法天生法指南》之中日版本比较［J］.广西民族大学学报（自然科学版），2007（2）：10-15.
⑱ 冯立昇.周达与中日数学交往［J］.自然辩证法通讯，2002（1）：68-71.
⑲ 冯立昇.周達と中日近代数学交流［J］.科学史・科学哲学（日本），2005（19）.

程①②③。

进入 21 世纪，中国学界对汉字文化圈数学交流史研究逐趋系统、全面，冯立昇的《中日数学关系史》不仅系统论述了两千多年中日数学交流史，而且首次对江户时代、幕末、明治时代的中日数学交流史料进行了调查和梳理，特别对明治以后日本数学对中国的影响做了深入调查研究④。郭世荣的《中国数学典籍在朝鲜的流传与影响研究》是中国学界首部专门探讨中朝数学交流的著作，作者运用比较史学方法，以中国历代算学典籍为线索，着重讨论了《算经十书》以及宋、元、明、清各时期的中国数学典籍在朝鲜的流传，对韩国收藏中国算学典籍的状况也做了全面介绍，并分析了朝鲜数学与中国数学之间的内在联系，揭示中国数学对朝鲜数学的深刻影响⑤。

（二）区域视野下的传统算法比较研究

东亚传统数学追求实用，算法为其主要内容，中算各类算法也是周边地区数学的核心内容，特别在江户日本得到发展。在区域文化视野下对东亚各国传统算法的比较研究不仅揭示中算对和算、东算、越算的影响，也能反映出周边国家的数学家在数学活动中的创造性成就，而且可以对东亚传统数学形成整体认识，由此可进一步思考中算发展的势能并与西方数学文化比较。对和算、东算中的一些算法与中算的承传关系，可以通过比较研究来加以揭示。这方面的研究始于李俨对和算一些算法的系列研究，随其后，沈康身也发表了很多中日算法的比较研究，他在《中国数学史大系》中论述了我国南北朝时期中算对和算的深远影响⑥，介绍了吉田光由的《尘劫记》和今村知商的《竖亥录》⑦中的算法，以及关孝和在几何代数、行列式、不定分析，幻方

① 萨日娜.东西方数学文明的碰撞与交融［M］.上海：上海交通大学出版社，2016.
② 萨日娜.「一高」に学んだ初期京師大学堂派遣の留学生たちについて［J］.科学史研究，2010（256）：216-226.
③ 萨日娜.東京大同学校と中国人留学生に対する数学の教育［J］.数学史研究（日本），2010（207）：1-13.
④ 冯立昇.中日数学关系史［M］.济南：山东教育出版社，2009.
⑤ 郭世荣.中国数学典籍在朝鲜的流传与影响［M］.济南：山东教育出版社，2009.
⑥ 沈康身.我国南北朝时期中算对和算的深远影响［A］// 吴文俊.中国数学史大系（第四卷）［M］.北京：北京师范大学出版社，1999：379-402.
⑦ 沈康身.今村知商及其《竖亥录》［A］// 吴文俊.中国数学史大系（副卷一）［M］.北京：北京师范大学出版社，2002：730-738.

以及继子立（Josephus 问题）研究方面的创见 [①]。

　　1990 年以来，研究和算算法及其与中算关系的成果逐渐增多。徐泽林与乌云其其格介绍了关孝和的方程理论，并与中算开方术进行了比较 [②③]。徐泽林考察分析了天元术在日本发展形成文字代数法以及多元高次方程组消元法 [④⑤] 的历史脉络与数学本质，在吴文俊数学机械化思想的影响下讨论了和算中心代数化几何 [⑥⑦]，从而从一个侧面揭示出和算的主要特征与数学意义。1980 年以来在吴文俊"古证复原"思想方法引领下，探讨古代算法的造术原理的研究较多，也出现了利用和算方法或和算家的注解来复原中算算法原理的研究，如冯立昇、徐泽林关于垛积术与招差术原理的研究 [⑧⑨⑩]，关于《授时历》白道交周算法的复原 [⑪⑫⑬]，徐泽林根据和算家建部贤弘的《授时历》注解对五星推步算法原理的分析 [⑭]，都属于此类工作。从中算视角研究和算算法而区别日本学界的民族本位立场，这也是中国学界研究和算的一个特色，其中一项工作就是通过数理分析阐释和算算法的数学原理，并进一步追溯其思想方法的中算源流，如徐泽林分析论证了建部贤弘累遍增约术本质是理查逊外推

① 沈康身. 关孝和在几何代数、行列式、不定分析，幻方以及对继子立（Josephus）问题方面的创见 [A] // 吴文俊. 中国数学史大系（副卷一）[M]. 北京：北京师范大学出版社，2002：739–799.

② 乌云其其格. 关孝和及其方程理论 [J]. 科学技术与辩证法，1996（2）：50–55.

③ 徐泽林. 中日方程论之比较 [J]. 自然科学史研究，1999（3）：206–221.

④ 徐泽林，卫霞. "演段"考释——兼论东亚代数算法方式的演变 [J]. 自然科学史研究，2011（3）：318–344.

⑤ 徐泽林. 中算数学机械化思想在和算中的发展——解伏题的机械化特征 [J]. 自然科学史研究，2001（2）：120–131.

⑥ 徐澤林. 日本の伝統の幾何とその中国における伝統 [J]. 数学史研究（日本），2010（207）：13–30.

⑦ 徐泽林. 吴方法与和式几何研究 [J]. 自然科学史研究，2008（4）：471–484.

⑧ 徐泽林. 和算对中算招差法的继承和发展 [A] // 李迪. 数学史研究（第7辑）[C]. 呼和浩特：内蒙古大学出版社；台北：九章出版社，2001：124–133.

⑨ 冯立昇. 关孝和的累裁招差法看《授时历》平立定三差法之原 [J]. 自然科学史研究，2001（2）：132–142.

⑩ 冯立昇. 关孝和幂和公式新探 [A] // 李迪. 数学史研究（第7辑）[C]. 呼和浩特：内蒙古大学出版社；台北：九章出版社，2001：110–116.

⑪ 冯立昇，王海林. 关孝和对《授时历》中白道交周问题的研究 [J]. 陕西师范大学学报（自然科学版），2004（3）：4–11.

⑫ 徐泽林. 建部贤弘对《授时历》"白道交周"问题的注解 [J]. 自然科学史研究，2015（3）：487–501.

⑬ Xu Zelin, "Takebe Katahiro and the Shoushi Calendar, Mathematics of Takebe Katahiro and history of mathematics in East Asia", Advanced Studies in Pure Mathematics 79（2018）：pp.101–125.

⑭ 徐泽林. 江户时代日本学者对《授时历》五星推步的历理分析 [J]. 自然科学史研究，2018（3）：402–416.

法 ①②③。追溯其算法源自刘徽割圆术的"以十二觚幂为率消息"和关孝和求圆周率的一遍约增术，又如徐泽林、曲安京对和算丢番图逼近算法 ④⑤⑥ 进行原理分析，将此算法追溯到中算的通其率、调日法算法。徐泽林将和算极数术思想追溯到授时历中的月亮运动计算，从而证明中算存在极值概念萌芽 ⑦。圆理即和算中的无穷小算法（圆理与极数术），也是其最高成就，也吸引中国学术界的关注，这方面的研究成果较多 ⑧⑨⑩⑪⑫⑬⑭、但主要介绍安岛直圆之前的圆理方法。徐泽林的《和算中源——和算算法及其中算源流》围绕和算的代数学方法和无穷小算法。对和算算法在中算中的源流作为了系统性溯源，旨在从数学知识内部阐述中国传统数学可以走向近代数学 ⑮。

自《周髀算经》"日高术"、《九章算术》"勾股术"发其端，建立在勾股术基础上的测量方法成为东亚传统数学的主要分支之一，江户时代一方面继承中国传统测量方法，一方面通过兰学接受西方测量方法，比较中日测量学成为东亚数学史研究的一个重要课题，白欣通过代表性测量著作对中日传统测量学方法进行了研究 ⑯⑰。萨日娜对江户测量学家伊能忠敬的测量方法以及

① 徐澤林.建部賢弘によるロンバーグ算法の発明［J］.数学史研究（日本），1998（1）：1-7.
② Xu Zelin. Takebe Katahiro and Romberg Algorithm［J］.Historia Scientiarum, vol.9, no.2（1999），pp.155–164.
③ 徐泽林.建部贤弘的累遍增约术与 Romberg 算法［J］.自然科学史研究，1998（3），240-249.
④ 徐澤林.東西数学比較：無理数の認識と実数の分類［J］.数学史研究（日本），2003（179）：1-13.
⑤ 徐澤林.和算の諸約術と Diophantus 近似及びその中算の源流［J］.数学史研究（日本），2004（180）：1-15.
⑥ 曲安京.和算家的累约术［J］.广西民族大学学报（自然科学版），2014（1）：9-15.
⑦ 徐泽林.和算极数术与中算极值概念萌芽［J］.自然辩证法通讯，2002（1）：63-67.
⑧ 徐泽林.《竖亥录》中的圆型平面图形问题［A］// 李迪.数学史研究文集（第3辑）［C］.呼和浩特：内蒙古大学出版社；台北：九章出版社，1993：152-158.
⑨ 徐泽林.四元术与点窜术［A］// 李迪.通向现代科学之路的探索［M］.呼和浩特：内蒙古大学出版社，1993：61-70.
⑩ 徐泽林.试论中日"缀术"之异同［J］.西北大学学报（自然科学），1997（4）：277-283.
⑪ 任爱珍.对关孝和的定周公式研究［J］.内蒙古师范大学学报（自然科学汉文版），2003（2）：194-196.
⑫ 徐君.和算"十字环"问题述评［J］.阴山学刊（自然科学版），2010（4）：33-37.
⑬ 萨日娜.初期和算之锥率 1/2.96 探源［J］.广西民族学院学报（自然科学版），2005（2）：35-47.
⑭ 田强，徐君.和算与中算求球体积方法的演进及比较［J］.数学教育学报，2009（1）：16-21.
⑮ 徐泽林.和算中源——和算算法及其中算源流［M］.上海：上海交通大学出版社，2012.
⑯ 白欣.《测量全义》与《量地指南》比较研究［J］.西北大学学报（自然科学版），2009（2）：333-337.
⑰ 白欣.《测量法义》与《规矩元法》比较研究［J］.西北大学学报（自然科学版），2007（3）：501-505.

江户时代测绘地图的方法进行了研究 ①②。

此外，徐泽林在吴文俊学术思想框架下，以东西方数学文化的比较的宏观视野，对 17—19 世纪的中日数学的成就和发展做了比较 ③。

（三）东亚数学社会史、思想史、文化史研究

20 世纪 80 年代以来东亚数学知识史研究是主流，进入 90 年代，数学社会史、数学思想史、数学文化史的研究成果逐渐增多，进入 21 世纪之后这类成果更为丰富。在日本数学社会史和文化史研究方面，冯立昇介绍了日本东北地区杰出和算家千叶胤秀家族 ④，徐泽林、周畅介绍了和算家建部贤弘与关孝和的人生、学术经历与承传关系 ⑤⑥⑦，张建伟研究了江户时代和算的流派 ⑧，乌云其其格对织丰时代到江户初期和算兴起的社会环境和文化基础做了系统考察与社会分析 ⑨，徐泽林对江户时代算额的起源及其教育意义做了分析 ⑩。徐泽林还从语言与汉学语境方面讨论了《大成算经》现代的整理问题 ⑪。对于明治时代日本数学社会史，乌云其其格考察了明治学制形成过程中数学教育对西算、和算采废问题 ⑫，萨日娜则对日本数学会及其"译语会"成立的过

---

① 萨日娜 . 江户时期日本的测量技术研究——以伊能忠敬为例［J］. 自然科学史研究，2014（2）：223–238.

② 萨日娜，关增建 . 江户时期《享保日本图》的绘制研究——兼及其与康熙《皇舆全览图》之比较［J］. 上海交通大学学报（哲学社会科学版），2017（3）：75–83.

③ 徐澤林 . 世界数学文化の視野における近世中日数学の比較［J］. 日本京都大学数理解析研究所講究録：数学史の研究，2005（1444）：19–28.

④ 冯立昇，柳本浩 . 日本千叶家族的业绩［A］// 李迪 . 数学史研究文集（第 6 辑）［C］. 呼和浩特：内蒙古大学出版社，台北：九章出版社，1998：102–107.

⑤ 徐澤林 . 中国から見た関孝和と建部賢弘の業績［A］// 数学のたのしみ 夏季号［M］. 東京：日本評論社，2006.

⑥ 徐泽林，周畅 . 建部贤弘的业绩与关孝和的影响［J］. 内蒙古师范大学学报（自然科学汉文版），2010（6）：640–648.

⑦ Xu Zelin, Zhou Chang. Standing on the Shoulders of the Giant Influence of Seki Takakazu on Takebe Katahiro's Mathematical Achievements Seki［A］//Eberhard Knobloch, Hikosaburo Komatsu, Dun Liu ed.Founder of Modern Mathematics in Japan:A commemoration on His Tercentenary［M］.Tokyo：Spring，2013，pp.311-329.

⑧ 张建伟 . 关孝和与关流学派［J］. 内蒙古师范大学学报（自然科学汉文版），2006（1）：591–595.

⑨ 乌云其其格 . 论和算发生的社会文化基础［J］. 自然科学史研究，2001（2）：106–119.

⑩ 徐泽林 . 江户时代的算额与日本中数学教育［J］. 数学传播（台北），2007（3）：70–78.

⑪ 徐泽林 . 中国语文献としてみた『大成算経』［J］. 日本京都大学数理解析研究所讲究録：『大成算経』の数学的・歴史学的研究，2013（1831）：120–129.

⑫ 烏雲其其格，佐々木力 . 学制制定過程における洋算の採用［J］. 思想（日本），2008（4）：126–154.

程、活动及其业绩与历史意义做了系统考察和分析[①②③④]。

在朝鲜数学社会文化史研究方面，孙成功从朝鲜儒学对算学影响的视角研究了崔锡鼎（1646—1711 年）的《九数略》[⑤]。吴东铭的硕士学位论文《朝鲜王朝中期算学中人及其家族研究（1657—1868 年）》在系统清理朝鲜王朝算学入格档案的基础上，着重分析了清州庆氏、南阳洪氏、陕川李氏三个算学望族算学官职入仕的具体情况。与此同时，该文还就朝鲜王朝的身份制度，算学官员的教育、培养、选拔和升迁制度以及算学家族彼此间的联姻情况，做了以点带面的探讨，着意阐明朝鲜数学发展与社会诸要素之间的互动关系[⑥]，对朝鲜王朝算学官员晋升体系做了专题性的探讨[⑦]。

在东亚数学思想史研究方面，重点是在中国儒学与象数学、易纬哲学的语境中分析和算家建部贤弘的数学认识论与数学方法论及其在江户时代的影响[⑧⑨⑩⑪⑫⑬]，特别关注了宋明理学、心学对和算家思想的影响[⑭]。

（四）东亚数学编史理论问题

李迪先生曾经在第五届汉字文化圈数学史与数学教育国际学术研讨会上

① 薩日娜.明治初期日本数学会における伝统数学と西洋数学の競争［J］.哲学・科学史論叢（日本），2007（9）：1-27.
② 薩日娜.东京数学会社的创立及其历史意义［A］//汉字文化圈数学传统与数学教育——第五届汉字文化圈及近邻地区数学史与数学教育国际学术研讨会论文集［C］.北京：科学出版社，2004：144-150.
③ 薩日娜.東京数学会社により考察する明治初期数学の特徴［J］.科学史・科学哲学（日本），2005（19）：2-41.
④ 薩日娜.訳語会の設立と明治初期数学用語の決定［J］.和算研究所紀要（日本），2005（6）：3-22.
⑤ 孙成功.朝鲜数学的儒学化倾向——《九数略》研究［D］.天津：天津师范大学，2003.
⑥ 吴东铭.朝鲜王朝中期算学中人及其家族研究（1657—1868）：以清州庆氏、南阳洪氏、陕川李氏家族为中心［D］.呼和浩特：内蒙古师范大学，2019.
⑦ 吴东铭，郭世荣.近世以前朝鲜王朝算学职官员晋升体系刍议［J］.前沿，2019（3）：121-127.
⑧ 徐泽林，夏青.《缀术算经》"自质说"及其理学思想渊源［J］.自然辩证法研究，2013（7）：90-96.
⑨ 徐泽林.建部贤弘的数学认识论——论《大成算经》中的"三要"［J］.自然科学史研究，2002（3）：232-243.
⑩ 代钦.建部賢弘の数学思想方法について［J］.数学教育研究（大阪教育大学数学教室），2001（31）：85-92.
⑪ 周畅.建部贤弘的数学方法论与数学思想［J］.自然科学史研究，2008（2）：213-226.
⑫ 周畅.《缀术算经》：东亚数学归纳推理的典范［J］.自然科学史研究，2010（1）：69-86.
⑬ 夏青，徐泽林.再析建部贤弘"缀术"之本质——兼论《缀术算经》的数学体系［J］.上海交通大学学报（哲学社会科学版），2013（2）：84-91.
⑭ 徐泽林，周畅，夏青.建部贤弘的数学思想［M］.北京：科学出版社，2013.

作了题为《汉字圈数学的形成、特点和评价》的报告，简明扼要地提出汉字文化圈数学形成的"三阶段"，指出汉字文化圈数学存在"以数字计算为中心、以问答式应用问题集为呈现形式、以算筹或算盘为主要计算工具、逻辑性较弱且缓慢发展"等特点，形成了一个比较成形的系统。该报告对汉字文化圈数学的宏观面貌进行了阐述，也引发对东亚数学编史的思考①。乌云其其格回顾了和算史学史②，徐泽林在回顾日本、中国、韩国数学史学术发展的基础上，论述了民族主义对东亚数学编史的影响，认为东亚各国建立现代民族国家过程中，民族主义情感激发了东亚各国数学编史事业的兴起，文化民族主义乃其灵魂。国别数学编史割裂了区域数学文化的整体性，对于东亚各国数学史仅以文化交流的视角来研究是不够的，还需要在区域文化视野下深入研究各国的文化背景与社会环境对东亚数学发展的影响③。徐泽林还通过一些具体研究案例，说明区域史研究对东亚数学史研究的重要作用④。徐泽林以和算成就对吴文俊中算史观进行了阐释⑤。

（五）中日数学教育史研究

日本明治维新后在东亚率先实现教育现代化和科学建制化，奠定了日本数学现代化的基础，也成为东亚其他国家数学现代化的表率，因此19世纪末乃至20世纪东亚数学教育史与交流史成为中国数学史界十分关注的研究课题，刘秋华概述了清末中日数学交流对中国数学教育现代化的影响⑥，代钦在论述清末数学教育受日本影响的基础上⑦，进一步对20世纪中日数学教育研究

① 李迪.汉字圈数学的形成、特点和评价［A］//李兆华.汉字文化圈数学传统与数学教育——第五届汉字文化圈及近邻地区数学史与数学教育国际学术研讨会论文集［C］.北京:科学出版社,2004:233-235.
② 乌云其其格.和算史学史述略［J］.自然辩证法研究,2000（7）:49-53.
③ 徐泽林.民族主义与东亚数学编史问题［J］.自然科学史研究,2007（1）:12-29.
④ 徐泽林.东亚数学史研究需要区域文化视野［J］.中国科技史杂志,2020（3）:360-374.
⑤ 徐泽林.和算成就对吴文俊中算史观的诠释［J］.上海交通大学学报（哲学社会科学版）,2019（1）:87-100.
⑥ 刘秋华.清末中日数学交流与中国数学教育的现代化［J］.科学技术哲学研究,2009（5）:76-80.
⑦ 代钦.中国の清末の数学教育と日本からの影響について［J］.数学教育研究（大阪教育大学数学教室）,1997（27）:191-198.

交流的历史进行了回顾与展望①，特别关注了日本现代数学教育发展的动向和
21 世纪初日本数学教育改革的状况②③④。

　　数学教育交流的途径除教育制度的复制外，还有通过数学教科书、数学
著作、数学人物等进行研究，如毕苑考察了汉译日本教科书在中国近代新教
育建立（1890—1915 年）过程中的作用⑤，其中涉及数学教科书，闫晓民调
查了日本《代数学辞典》在中国的影响⑥，徐泽林和陈明智研究了横山雅男的
《统计通论》在中国统计学教育方面的影响⑦，徐喜平对长泽龟之助数学著作在
中国的翻译与传播进行了研究⑧。这方面成果还有不少。

　　20 世纪日本一些数学精英的数学思想和数学教育思想对中国数学教育的
影响也是东亚数学教育史研究的主要课题，如李春兰和代钦研究了长泽龟之
助对中国近现代数学教育的贡献⑨，代钦介绍了藤泽利喜太郎⑪、林鹤一⑫、小
仓金之助⑬、上野清⑭、小平邦彦⑮、藤田宏⑯等人的学术思想，并考察在中
国的影响。

① 代钦.中日数学教育研究交流的回顾与展望［J］.数学通报，2011（11）：58-60.
② 代钦.日本数学教育的发展动向［J］.数学通报，2007（2）：29-33.
③ 代钦.21 世纪初的日本数学教育改革［J］.数学教育学报，2000（4）：73-77.
④ 代钦.面向 21 世纪的日本数学改革［A］// 横地清，钟善基，李迪.中日近现代数学教育史研究 第
4 卷［M］.北京：北京师范大学；ハンカイ出版印刷株式会社，2000.
⑤ 毕苑.汉译日本教科书与中国近代新教育的建立（1890—1915）［J］.南京大学学报（哲学人文科
学社会科学版），2008（3）：92-105.
⑥ 闫晓民.《代数学辞典》中译本初探［J］.山西大同大学学报（自然科学版），2012（2）：92-96.
⑦ 徐泽林，陈明智.《统计通论》的版本、内容及影响［J］.统计研究，2015（3）：104-112.
⑧ 徐喜平.长泽龟之助数学著作在中国的翻译与传播［J］.咸阳师范学院学报，2017（2）：33-37.
⑨ 李春兰，代钦.长泽龟之助对中国近现代数学教育的贡献［J］.数学教育学报，2014（2）：49-
52.
⑩ 代钦.林鹤一的数学著作在中国的传播及其影响［A］// 横地清，钟善基，李迪.中日近现代数学
教育史研究 第 4 卷［M］.北京：北京师范大学；ハンカイ出版印刷株式会社，2000.
⑪ 代钦.小仓金之助的数学教育思想：以《算学教育的根本问题》为中心［J］.内蒙古师范大学学
报（自然科学汉文版），2009（5）：591-595.
⑫ 代钦.小仓金之助的数学教育思想：以《算学教育的根本问题》为中心［J］.内蒙古师范大学学
报（自然科学汉文版），2009（5）：591-595.
⑬ 代钦.上野清数学教科书研究［J］.内蒙古师范大学学报（教育科学版），2013（6）：100-104.
⑭ 代钦.小平邦彦的数学教育思想——兼论数学家与数学教育家的争论［J］.数学通报，2007（6）：
20-24.
⑮ 代钦.对日本精英教育的怀旧及其借鉴作用——日本数学家藤田宏教授访谈录［J］.数学教育学
报，2010（2）：82-84.

五、展　望

通过上述回顾不难看出，改革开放以来，中国学术界在汉字文化圈数学史研究领域获得以下几方面的突破：（1）延拓了汉字文化圈数学交流史的历史时间，从过去主要着眼于汉唐、宋元、明代的数学交流史，延伸至 20 世纪的数学交流史；（2）改变以往以中国为中心的本位立场，不再只关注中国数学文化对周边的影响，而是关心交流双方的相互影响；（3）突破了语言的障碍，由于能够利用日文、韩文的一二手文献，所以不仅原创性历史研究成果越来越丰富，而且也为从来就是本位视角的日韩数学史研究开拓了中国的视角，提升了日韩数学史研究水平；（4）突破数学知识史研究的局限，逐渐向东亚数学社会史、数学思想史、数学文化史方向拓展，全方位审视东亚数学文化。

然而，汉字文化圈数学史研究还存在一些薄弱之处。

首先，对于各汉字文化圈国家和地区数学史研究工作的推进深度参差不齐。由于日本遗存的数学历史文献比较丰富，而且明治以来日本国内数学史研究基础雄厚，对中国现代学术发展的影响也较显著，所以中国学术界对汉字文化圈数学史研究侧重于中日数学交流史与和算史的研究。对朝鲜半岛数学史的研究，中国学界虽然借助韩国方面的原始文献与研究成果能够有所增益与弥补，但仍未展开系统的整理研究工作，而对朝鲜民主主义人民共和国境内所收藏的传统数学史文献至今还没能展开调查、知之甚少。中国学界对越南数学史、琉球数学史一直也没有展开系统的调查研究。

其次，对汉字文化圈国家的历史文化研究不足，而且对这些国家的历史文献掌握有限，缺乏广博的历史考证。数学史研究既需要数学专业背景，也需要历史文化知识背景，属于历史学中的专门史，数学史观、数学史识需要建立在坚实的史料基础之上，而且也必须置于特定国家和地区的社会、文化的大背景之中，综合的历史知识和历史研究对特定的数学史研究是十分重要的。

再次，还缺乏对汉字文化圈数学文化的整体认识，国家本位立场还是主流，而且个案性的、个体的研究居多。希望今后中国、韩国、日本、越南的数学史同行共同合作，超越国家和民族界限，从儒家文化、汉字文化的整体视野把中算、和算、东算以及越算视为整体来研究，全面认识东亚思想、数学精神与数学知识体系及其在世界数学文化史上的意义。

第三章　世界数学史研究

第一节　古代外国数学史研究

◎ 王青建

（辽宁师范大学数学学院）

数学史有多种分期方法，中外分期不尽相同。这里所说的古代外国数学史一般指 17 世纪中叶以前，以初等数学产生和发展为主要研究内容的外国数学史。

一、背　景

老一辈数学史家在数学史研究中有一种共识：要做好中国数学史的研究，必须对世界数学史有一定的了解和研究。将中国的数学成就放到世界的天平上去衡量，才能有全面的认识和正确的结论。因而，他们或多或少对外国数学史都有涉猎。如李俨的《印度历算与中国历算之关系》[1]（1934 年），其《中算史论丛·第三集》[2] 中有《对数的发明和东来》（1927 年），其《计算尺发展史》[3]（1962 年）中也多为国外相关成果的介绍与研究；钱宝琮《古算考源》[4] 中的《记数法源流考》（1921 年）涉及印度天竺数码的流传，《钱宝琮科学史论文选集》[5] 中有《印度算学与中国算学之关系》（1925 年），《李俨钱宝琮科

① 李俨.印度历算与中国历算之关系［J］.学艺.1934，13（9）：57-75.
② 李俨.中算史论丛：第三集［M］.北京：科学出版社，1955：69-190.
③ 李俨.计算尺发展史［M］.上海：上海科学技术出版社，1962.
④ 钱宝琮.古算考源［M］.上海：中华学艺社，1930：9.
⑤ 中国科学院自然科学史研究所.钱宝琮科学史论文选集［M］.北京：科学出版社，1983：75-82.

学史全集·第九卷》①中收入钱宝琮《阿拉伯数码的历史》（1959年）等；严敦杰曾发表《外国科学史研究的情况介绍》②和《数学史的研究概况》③（1980年），后者专门介绍外国对数学史的研究情况。

对于数学史研究人员而言，主要进行外国数学史研究的学者也必须有中国数学史的研究，才能得出中外比较后可信的结论。1980年，梁宗巨出版《世界数学史简编》④，是国内学者独立撰写出版的第一部世界数学史研究专著，并直接导致1981年中国数学会和中国科学技术史学会在大连联合召开了全国数学史学术讨论会，并成立了第一届全国数学史学会理事会。该书在论述外国数学史的同时，用了1/3篇幅介绍了中国古代数学的成就及贡献，其中不乏自己独到的见解，使读者可以全面了解中西数学产生、发展及其相互影响的历史。全书引用了几百种参考文献，论述严谨，文笔优雅，是集学术型和普及型于一身的著作。这也为后来梁先生及其学生超百万字的《世界数学通史》打下良好的基础。

二、基 础

全国数学史学会成立之初，相对蓬勃发展的中国数学史研究，外国数学史研究基础非常薄弱。1977年国家拟定的"数学各分支学科规划（草案）"中对数学史部分这样写道："目前我国对整个世界数学史的研究基本是空白。"1980年严敦杰在《数学史的研究概况》⑤中也指出："对世界数学史的研究，我国基础太弱，有些部门还是空白，与国外相比差距很大。"

首先是资料缺乏，特别是中文资料缺乏。新中国成立前，外国数学史的资料只有1931年翻译的专题小册子，如《西洋近世算学小史》⑥等。新中国成立后，前30年的研究专著也只有1953年翻译的《数学史》⑦和1956年翻译的

① 李俨，钱宝琮.李俨钱宝琮科学史全集：第九卷［M］.沈阳：辽宁教育出版社，1998：459–467.
② 严敦杰.外国科学史研究的情况介绍［J］.中国科技史料：第一辑，1980：91–102.
③ 严敦杰.数学史的研究概况［J］.中国科技史料：第二辑，1980：121–126.
④ 梁宗巨.世界数学史简编［M］.沈阳：辽宁人民出版社，1980.
⑤ 严敦杰.外国科学史研究的情况介绍［J］.中国科技史料：第一辑，1980：126.
⑥ 史密斯.西洋近世算学小史［M］.段育华，周元瑞，译.上海：商务印书馆，1931.
⑦ 尤什凯维奇.数学史［M］.关肇直，译.北京：中国科学院，1953.

《数学简史》①。1957年翻译的苏联带有明显地域特色的科普著作《数学故事》②勉强算一本数学史书。其他只有梁宗巨编写的《数学发展概貌》③（1955）和曾昭安编写的武汉大学讲义《中外数学史》④（1956年）等个别资料。1979—1981年，北京大学组织翻译出版了 M. 克莱因的名著《古今数学思想》⑤，翻译字数就达119.8万，成为国内研究外国数学史流传几十年的经典。1981年2月，大连会议召开前夕，还翻译出版了英国学者斯科特撰写一部《数学史》⑥，但篇幅只有27.7万字，相对前者影响较小。梁宗巨先生主要利用他在海外的亲友帮助自费购买的外文资料进行研究。这些资料国内也有一些，但一来集中在中国国家图书馆（原北京图书馆）等少数地方，二来懂外语的人很少，利用率不高。

其次是人才缺乏。数学史学会成立之前，外国数学史研究基本都是"单打独斗"。国内没有专门的培养人才机构和系统的教学计划。就连最先出版相关专著的梁宗巨先生也是"半路出家"——早年毕业于复旦大学化学系，后来教数学，再到业余研究数学史。国内少数几个招收的数学史研究生也主要研究中国数学史。外国数学史研究后继乏人，特别是古代外国数学史研究人才缺乏。1981年大连会议时，除了吴文俊在开幕式上的报告《古今数学思想》涉及这部分内容外，其余16篇会议报告、5人即席发言、13篇会议论文和写作提纲都没有古代外国数学史的内容⑦。

三、措　施

针对薄弱的基础，国内学术界采取了一系列措施加强外国数学史研究。

---

① D. J. 斯特罗伊克. 数学简史［M］. 关娴, 译. 北京: 科学出版社, 1956.
② И. 杰普门. 数学故事［M］. 齐全, 译. 上海: 上海科学技术出版社, 1957.
③ 梁宗巨. 数学发展概貌［R］. 中华全国自然科学专门学会联合会旅大分会、中国数学会旅大分会, 1955.
④ 曾昭安. 中外数学史（第一编）：上册［R］. 武汉大学, 1956.
⑤ M. 克莱因. 古今数学思想（第一至四册）［M］. 北京大学数学系数学史翻译组译. 上海: 上海科学技术出版社, 2013.
⑥ 斯科特. 数学史［M］. 侯德润, 张兰, 译. 北京: 商务印书馆, 1981.
⑦ 赵澄秋. 全国数学史学术讨论会在大连召开［J］. 科学史研究动态（第十三期）, 1981, 11: 1–4.

其中很多实施方案是对整个数学史，甚至科学史而言，并不单独惠及古代外国数学史。但我们的总结主要着眼于17世纪中叶以前的外国数学史。

（一）学位点建设

1981年是全国数学史学会成立之年，中华人民共和国国务院就批准设立了第一个世界数学史硕士学位点——辽宁师范大学数学系以梁宗巨为指导教师的硕士学位授权点。该点最初是和数学教育联名的，叫"数学史与数学教育"学位点，专业是"世界数学史"。1985年分别独立，数学史专业归为"自然科学史"，研究方向为"世界数学史"。1998年随国务院学委会调整为"科学技术史（数学史）"学科专业。1981年同时获批硕士学位授权点的还有华东师范大学（张奠宙）、北京师范大学（白尚恕）、内蒙古师范大学（李迪）、杭州大学（沈康身）等单位，但这些点主要以中国数学史研究为主。1986年增加了西北大学（李继闵）自然科学史硕士学位授权点（1990年升格为数学史博士学位授权点），后来增加了天津师范大学（李兆华）、河北师范大学（邓明立）、上海交通大学（纪志刚）等多所院校的数学史硕士学位点和博士学位授权点。这些学位点在古代外国数学史方面均有工作。其中西北大学和上海交通大学后来居上，相关工作全面而深入，逐渐成为古代外国数学史研究的重镇。如赵继伟等人对意大利数学家卡尔达诺、法国数学家韦达等人著作的研究颇为深入。纪志刚等人关于希腊欧几里得几何原本研究，郭园园关于阿拉伯数学的研究，吕鹏关于古印度数学的研究等已有丰硕成果和广泛影响。2018年5月，吉林师范大学成立"数学教育与数学史研究中心"，使数学史学位点建设有了新的增长点。

（二）刊物出版

1981年，由《中国科技史料》编辑部编辑、中国科学技术出版社出版的《中国科技史料》在试出两期后正式创刊。该刊办刊宗旨里有"发掘整理中国的科技史料，同时也介绍一些对中国科技事业有影响的、有成就的外国科学家的有关历史事迹和他们的研究成果"的内容[①]。开始是季刊，1985—1987 年曾改为双月刊，1989 年恢复季刊。2005 年更名为《中国科技史杂志》，仍为季刊。在办刊想法中推测："中国近现代科学技术史的研究将会占较大比例。但是我们将对中国古代科技史和世界科技史研究持同样的欢迎态度。"[②]

1982 年，原《科学史集刊》(1958—1984 年，共出版 11 期）正式创刊为《自然科学史研究》季刊，首任主编为中国科学院自然科学史研究员严敦杰。"编者的话"说：过去所发表的文章多属于我国古代科技史范畴，鉴于国家"四化"的需要，今后将逐渐增加有关我国和世界的近代和现代科技史的内容。[③]在这种思想指导下，该刊很少发表外国古代数学史文章。前 15 年刊登的 88 篇数学史论文中只有 4 篇涉及外国古代数学史（另有 8 篇涉及外国近现代数学史）[④]。后来才慢慢有所改观。

1980 年，自然科学史研究所创办了《科学史译丛》，"专门介绍国外对科技史的研究情况"[⑤]。当年试刊两期，自 1981 年以季刊形式发行。该刊刊登过苏联著名数学史家尤什凯维奇关于阿拉伯数学家花拉子米算术著作的研究[⑥]等，但外国古代数学史（包括科技史）明显偏少。遗憾的是，该刊 1989 年后停刊，且未见有相应的替代刊物。

同样是 1980 年，中国科学院数学研究所试刊《数学译林》，其中就"包括国外有关数学研究及教学的动态、书评、数学史及数学家小传等"内容。[⑦]试刊两年（每年 3 期）后，于 1982 年正式创刊，每年一卷，每卷四期，延续至今。"内容以综合报告和专题介绍为主，也提供与数学有关的各方面的材料，包括历史、传记、数学教育、数学争鸣以及某些富有启发性的趣味问题，

① 裴丽生.致读者[J].中国科技史料：第一辑，1980（1）：2.
② 孙小淳.大处着眼小处着手——关于办刊的一些想法[J].中国科技史杂志.2005,26（1）：3.
③ 编者的话[J].自然科学史研究.1982,1（1）：封二.
④ 本刊编辑部.《自然科学史研究》第 1 至 15 卷分类目录索引[J].自然科学史研究.1996,15（4）：376–378.
⑤ 发刊词[J].科学史译丛.1980（1）：1.
⑥ 尤什凯维奇.论穆哈默德·伊本·穆萨·阿尔-花拉子米的算术著作[J].科学史译丛.1988（1）：27–35.
⑦ 《数学译林》编辑部.试刊说明[J].数学译林（试刊），1980（1）：106.

等等。"① 专门设有"数学史""人物与传记"等栏目，刊登过《作为数学家的Pythagoras》②、《什么是古代数学》③④等古代外国数学史的文章。

此外，《自然辩证法通讯》《自然辩证法研究》《科学技术与辩证法》《科学技术哲学研究》《数学教育学报》等刊物也刊登过数学史或数学家传记方面的文章。不少大学的学报，特别是有数学史学位点的大学学报刊登过很多数学史论文，《辽宁师范大学学报·自然科学版》率先出版数学史增刊⑤，为数学史学科研究的论文发表开拓渠道。此后，《华中师范大学学报》⑥《内蒙古师范大学学报》⑦⑧《安徽师范大学学报》⑨等相继出版了数学史增刊或科学史增刊。

（三）人员培训

1984年7月21日—8月17日，中华人民共和国教育部委托北京师范大学举办了由全国高等院校100余名教师参加的"中外数学史讲习班"。江泽涵、吴文俊、王梓坤等著名数学家出席了开幕式并讲话。讲课试用并修订了两部教材：《中国数学简史》和《外国数学简史》。其中后者由多所院校教师和山东教育出版社共同发起编写、江泽涵作序，称之为"我国第一个外国数学简史的教本"。⑩

1984年7月15—28日，在哈尔滨黑龙江林业教育学院还举办了"数学史、数学方法论讲习会"。来自全国各地高校和中学的近百名教师参加，徐利治、刘凤璞等做授课教师。这种两个同类会议时间上有一定重叠的现象说明当时数学史教师培训的迫切性。

1993年10月11—15日，全国数学史学会在北京中国科学院数学研究所举办了"中外联合数学史讨论班"，来自国内外近40人参加。时任国际数学史学会秘书长、丹麦奥胡斯（Aarhus）大学科学史系主任的安诺生

① 《数学译林》编辑委员会. 发刊词［J］. 数学译林，1982，1（1）：插页.
② Leonid Zhmud. 作为数学家的 Pythagoras［J］. 陈培德，译. 数学译林.1991,10（4）：319-330.
③ Ilan Vardi. 什么是古代数学？（Ⅰ）［J］. 夏艳清，王青建，译. 数学译林.2000，19（1）：81-88.
④ Ilan Vardi. 什么是古代数学？（Ⅱ）［J］. 夏艳清，王青建，译. 数学译林.2002，21（1）：66-71.
⑤ 辽宁师范大学学报·自然科学版·增刊（数学史专辑）.1986.12.
⑥ 华中师范大学学报·自然科学版·数学史专辑.1987.10.
⑦ 内蒙古师大学报·（汉文）自然科学版·科学史增刊.1989.4.
⑧ 内蒙古师大学报·自然科学汉文版（科学史增刊）.1993.9.
⑨ 安徽师大学报·自然科学版·科学史研究专辑.1993.12.
⑩ 江泽涵. 外国数学简史·序［M］. 济南：山东教育出版社，1987.

（K. Andersen）女士和荷兰乌得勒支（Utrecht）大学数学研究所教授、《精密科学史档案》编委博斯（H. Bos）作系列演讲，内容以欧洲数学史为主。

2018 年 10 月，丹麦科学史家奥伊鲁普（J. Høyrup）为上海交通大学科学史与科学文化研究院的研究生开设了为期三周的有关近代欧洲早期代数学发展历程的讲座，内容多为古代外国数学史。

2018—2019 年，北京教育学院初等教育学院开设"数学史视野下小学教师的数学素养提升"专题培训，旨在通过对北京市区级以上小学数学骨干教师进行数学史的学习提升自身数学素养以落实提升学生数学素养及全面提高课堂教学质量的目标。两期学员共 45 名，邀请李文林、郭书春、汪晓勤、郭园园等专家学者讲座。

（四）会议召开

全国数学史学会成立后，除了个别年份外，基本保持了四年一次的学术年会。新世纪结合 HPM，增加到两年一次的例行学术会议。在这些会议上都有古代外国数学史研究的会议论文。此外，学会还组织过专门的古代外国数学史会议，如"沿着丝绸之路——古代及中世纪中西方之间的数学和天文学交流"国际研讨会（2005 年，北京），"第一届丝绸之路数学与天文学史国际会议"（2005 年，西安）等。

四、成　果

学会成立 40 年来，涉及古代外国数学史的成果不胜枚举。这其中，数学史前辈们起了很好的带头与引导作用。《外国数学简史》（1987 年）编写组中几乎囊括高校所有老一辈数学史家（如梁宗巨、白尚恕、李迪、沈康身、李继闵、张奠宙等）。此外，专题研究成果斐然。例如严敦杰"波斯古历甲子考"[1]（1982 年）；杜石然"再论中国和阿拉伯国家间的数学交流"[2]（1984 年）；

---

① 严敦杰. 波斯古历甲子考［J］. 自然科学史研究，1982，1（3）：237–241.
② 杜石然. 再论中国和阿拉伯国家间的数学交流［J］. 自然科学史研究，1984，3（4）：299–303.

沈康身"中国与印度在数学发展中的平行性"①（1985年）、"库塔卡与大衍求一术"②（1987年）；白尚恕"大衍术与欧洲的不定分析"③（1987年）；李迪"纳速拉丁与中国"④（1990年）；郭书春"希腊与中国古代数学比较刍议"⑤（1988年）；李文林"算法、演绎倾向与数学史的分期"⑥（1986年）等。

（一）著作

1. 译著

通史类有［苏］Б.В.鲍尔加尔斯基著《数学简史》⑦（1984年）；［美］H.伊夫斯著《数学史概论》⑧（1986年，1993年）；［美］吉特尔曼著《数学史》⑨（1987年）；［美］M.克莱因著《数学：确定性的丧失》⑩（1997年）；M.克莱因著《西方文化中的数学》⑪（2000年）；V. J. Katz著《数学史通论》⑫（2004年）；［美］Mario Livio著《数学沉思录：古今数学思想的发展与演变》⑬（2010年）；J.Stillwell著《数学及其历史》⑭（2011年）；［美］卡尔·B.博耶著《数学史（修订版）》⑮（2012年）；［美］D. J. 斯特罗伊克著《数学简史（第4版）》⑯（2018年）等。

专题类的有［美］T. 丹齐克著《数，科学的语言》⑰（1985年）；［美］H.伊夫斯著《数学史上的里程碑》（1990年，选取自远古至1976年39个专题）⑱；

① 沈康身. 中国与印度在数学发展中的平行性［G］// 中国数学史论文集（一）. 济南：山东教育出版社，1985：67–97.
② 吴文俊. 秦九韶与《数书九章》［M］. 北京：北京师范大学出版社，1987：253–268.
③ 吴文俊. 秦九韶与《数书九章》［M］. 北京：北京师范大学出版社，1987：299–313.
④ 李迪. 纳速拉丁与中国［J］. 中国科技史料. 1990，11（4）：6–11.
⑤ 郭书春. 希腊与中国古代数学比较刍议［J］. 自然辩证法研究. 1988，4（6）：41–47.
⑥ 李文林. 算法、演绎倾向与数学史的分期［J］. 自然辩证法通讯. 1986，（2）：46–50.
⑦ Б.В.鲍尔加尔斯基. 数学简史［M］. 潘德松，沈金钊，译. 上海：知识出版社，1984.
⑧ H.伊夫斯. 数学史概论［M］. 欧阳绛，译. 太原：山西人民出版社，1986；修订本. 山西经济出版社，1993.
⑨ 吉特尔曼. 数学史［M］. 欧阳绛，译. 北京：科学普及出版社，1987.
⑩ M.克莱因. 数学：确定性的丧失［M］. 李宏魁，译. 长沙：湖南科学技术出版社，1997.
⑪ M.克莱因. 西方文化中的数学［M］. 张祖贵，译. 上海：复旦大学出版社，2000.
⑫ V. J. Katz. 数学史通论［M］. 李文林，邹建成，胥鸣伟，等，译. 北京：高等教育出版社，2004.
⑬ Mario Livio. 数学沉思录：古今数学思想的发展与演变［M］. 黄征，译. 北京：人民邮电出版社，2010.
⑭ J. Stillwell. 数学及其历史［M］. 袁向东，冯绪宁，译. 北京：高等教育出版社，2011.
⑮ 卡尔·B.博耶. 数学史（修订版）［M］.［美］尤塔·C.梅兹巴赫修订. 秦传安，译. 北京：中央编译出版社，2012.
⑯ D. J. 斯特罗伊克. 数学简史（第4版）［M］. 胡滨，译. 北京：高等教育出版社，2018.
⑰ T. 丹齐克. 数，科学的语言［M］. 苏仲湘，译. 北京：商务印书馆，1985.
⑱ H. 伊夫斯. 数学史上的里程碑［M］. 欧阳绛，等，译. 北京：北京科学技术出版社，1990.

［美］威廉·邓纳姆著《天才引导的历程——数学经典定理》（1994 年，选取自古希腊至 1891 年 12 个专题）[①]；［美］M. 克莱因著《数学与知识的探求》[②]（2005 年，选取完全依赖数学的 13 个科学发现专题）；［荷］安国风著《欧几里得在中国：汉译〈几何原本〉的源流与影响》[③]（2008 年，该书获 2009 年度科学文化与科学普及优秀图书"佳作奖"）等。另有国外学者撰写的中文著作，如项武义著《几何学的源起与演进》[④]（1983 年）等。

原著类的有《欧几里得·几何原本》[⑤]（1990 年；繁体字本，1992 年；修订版，2003 年；第三版，2011 年）；《阿基米德全集》[⑥]（1998 年；修订版，2010 年）；《阿波罗尼奥斯·圆锥曲线论（卷 I—Ⅳ）》[⑦]（2007 年），《阿波罗尼奥斯·圆锥曲线论（卷 V—Ⅶ）》[⑧]（2013 年）；［法］勒内·笛卡儿著《几何》[⑨]（1992 年）；李文林主编《数学珍宝——历史文献精选》[⑩]（1998 年，选取自埃及纸草书和巴比伦泥版至 19 世纪末的 100 篇珍贵数学文献进行翻译、注释和点评）；以及"丝绸之路数学名著译丛"中［印］婆什迦罗《莉拉沃蒂》[⑪]（2008 年）、［阿拉伯］阿尔·花拉子米《算法与代数学》[⑫]（2008 年）、［意］斐波那契《计算之书》[⑬]（2008 年）、［日］关孝和等人的《和算选粹》[⑭]（2008 年）、［伊朗］阿尔·卡西《算术之钥》[⑮]

① 威廉·邓纳姆.天才引导的历程——数学经典定理［M］.苗锋，译.北京：中国对外翻译出版公司，1994.
② M. 克莱因.数学与知识的探求［M］.刘志勇，译.上海：复旦大学出版社，2005.
③ 安国风.欧几里得在中国：汉译《几何原本》的源流与影响［M］.纪志刚，等，译.南京：江苏人民出版社，2008.
④ 项武义.几何学的源起与演进［M］.北京：科学出版社，1983.
⑤ 欧几里得.几何原本［M］.兰纪正，朱恩宽，译.西安：陕西科学技术出版社，1990；台北：九章出版社，1992.
⑥ T.L. 希斯.阿基米德全集［M］.朱恩宽，李文铭，等，译.西安：陕西科学技术出版社，1998.
⑦ 阿波罗尼奥斯.圆锥曲线论（卷 I—Ⅳ）［M］.朱恩宽，等，译.西安：陕西科学技术出版社，2007.
⑧ 阿波罗尼奥斯.圆锥曲线论（卷 V—Ⅶ）［M］.朱恩宽，等，译.西安：陕西科学技术出版社，2013.
⑨ 勒内·笛卡儿.几何［M］.袁向东，译.武汉：武汉出版社，1992.
⑩ 李文林.数学珍宝——历史文献精选［M］.北京：科学出版社，1998.
⑪ 婆什迦罗.莉拉沃蒂［M］.［日］林隆夫译注，徐泽林，等，译.北京：科学出版社，2008.
⑫ 阿尔·花拉子米.算法与代数学［M］.伊里哈木·玉素甫，武修文，编译.北京：科学出版社，2008.
⑬ 斐波那契.计算之书［M］.［美］劳伦斯·西格尔，英译，纪志刚，等，译.北京：科学出版社，2008.
⑭ 关孝和，等.和算选粹［M］.徐泽林，译注.北京：科学出版社，2008.
⑮ 阿尔·卡西.算术之钥［M］.伊里哈木·玉素甫，译注.北京：科学出版社，2016.

（2016 年）；徐泽林译注《和算选粹补编》①（2009 年）；[美]维克多·J. 卡兹主编《东方数学选粹：埃及、美索不达米亚、中国、印度与伊斯兰》②（2016年，首次汇编世界五大文明中的经典数学文献，集中概括了自 19 世纪中叶以来国际学术界对东方数学文献的发掘与研究）；[英]史蒂芬·霍金编评《改变历史的数学名著：上帝创造整数》③（2019 年，追溯了自公元前 300 年至1936 年间 17 位数学家 31 篇里程碑式的著作）等等。

传记类的有[美]E.T. 贝尔著《数学精英》④（1991 年，讲述了 30 多位古往今来杰出数学家的生活逸事、性格爱好和在数学上所做出的杰出贡献）等。

科普类有[日]矢野健太郎著《数学家的故事》⑤（1983 年，收入 24 位数学家）；[苏]Н.И.科万佐夫著《数学与数学家趣话》⑥（1983 年）；[美]艾萨克·阿西莫夫著《我们怎样发现了——数字》⑦（1984 年，作者是出版了 500 多本书的美国著名科普作家）；[美]理查德·曼凯维奇著《数学的故事》⑧（2002 年，使用大量丰富多彩的图片展示数学的变化轨迹）；罗宾·J. 威尔逊著《邮票上的数学》⑨（2002 年，收录了几百枚与数学相关的邮票，并有适当评注）；[法]德尼·盖之著《鹦鹉的定理》⑩（2002 年，以推理小说的故事结构讲述人类数学发展史）；[美]约瑟夫·马祖尔著《雨林中的欧几里得》⑪（2006 年，一部故事化的数学简史，连续 60 周荣登《纽约时报》科普畅销书榜）；[美]约翰·塔巴克著"数学之旅丛书"中的《代数学》⑫（2007 年）、《几何学》⑬（2008 年）、《概率

① 今村知商等. 和算选粹补编 [M]. 徐泽林，译注. 北京：北京科学技术出版社，2009.
② 维克多·J. 卡兹. 东方数学选粹：埃及、美索不达米亚、中国、印度与伊斯兰 [M]. 纪志刚，等，译. 上海：上海交通大学出版社，2016.
③ 史蒂芬·霍金. 改变历史的数学名著：上帝创造整数 [M]. 李文林，等，译. 长沙：湖南科学技术出版社，2019.
④ E.T. 贝尔. 数学精英 [M]. 徐源，译. 北京：商务印书馆，1991.
⑤ 矢野健太郎. 数学家的故事 [M]. 王纪卿，译. 长沙：湖南教育出版社，1983.
⑥ Н.И.科万佐夫. 数学与数学家趣话 [M]. 陈淑敏，尹世超，译. 哈尔滨：黑龙江科学技术出版社，1983.
⑦ 艾萨克·阿西莫夫. 我们怎样发现了——数字 [M]. 赵莉，译. 北京：地质出版社，1984.
⑧ 理查德·曼凯维奇. 数学的故事 [M]. 冯速，译. 海口：海南出版社，2002.
⑨ 罗宾·J. 威尔逊. 邮票上的数学 [M]. 李心灿，等，译. 上海：上海科技教育出版社，2002.
⑩ 德尼·盖之. 鹦鹉的定理 [M]. 马金章，译. 北京：作家出版社，工人出版社，2002.
⑪ 约瑟夫·马祖尔. 雨林中的欧几里得 [M]. 吴飞，译. 重庆：重庆出版社，2006.
⑫ 约翰·塔巴克. 代数学 [M]. 邓明立，胡俊美，译. 北京：商务印书馆，2007.
⑬ 约翰·塔巴克. 几何学 [M]. 张红梅，刘献军，译. 北京：商务印书馆，2008.

论和统计学》①（2007 年）、《数学和自然法则》②（2007 年）、《数》③（2008 年）；
［美］热威尔·内兹、威廉·诺尔著《阿基米德羊皮书》④（2008 年，讲述"将
从根本上改变我们对科学史的理解"的发现与研究过程）；"图灵新知"丛书中
的［以］Eli Maor 著《勾股定理：悠悠 4000 年的故事》⑤（2010 年）、［美］John
Derbyshire 著《代数的历史：人类对未知量的不舍追踪》⑥（2010 年）。等等。

2. 著作

国内学者撰写的著作呈爆发式增长，仅前 30 年通史类著作就有数十种，其中
较有影响的有：袁小明编著《初等数学简史》⑦（人民教育出版社，1990 年）；梁
宗巨著《数学历史典故》⑧（1992 年；繁体字版，1995 年；该书 1994 年获中国数
学会"数学传播图书奖"）；袁小明、胡炳生、周焕山著《数学思想发展简史》⑨
（高等教育出版社，1992 年）；李迪主编《中外数学史教程》⑩（1993 年）；杜石
然、孔国平主编《世界数学史》⑪（1996 年；第 2 版，2009 年）；张奠宙主编《数
学史选讲》⑫（全国中小学教师继续教育教材，1997 年）；李文林著《数学史教
程》⑬（2000 年；第二版《数学史概论》，2002 年；第三版，2011 年；第四版，
2021 年）；梁宗巨等著《世界数学通史》⑭（2001 年，2005 年新版收入"中国文库"
第二辑）；李文林主编《文明之光——图说数学史》⑮（2005 年，用 230 余幅精美、
珍贵的图片展示数学发展的历程）；蔡天新著《数学与人类文明》⑯（2008 年）；纪

① 约翰·塔巴克.概率论和统计学［M］.杨静，译.北京：商务印书馆，2007.
② 约翰·塔巴克.数学和自然法则［M］.王辉，胡云志，译.北京：商务印书馆，2007.
③ 约翰·塔巴克.数［M］.王献芬，等，译.北京：商务印书馆，2008.
④ 热威尔·内兹，威廉·诺尔.阿基米德羊皮书［M］.曾晓彪，译.长沙：湖南科学技术出版社，
2008.
⑤ Eli Maor.勾股定理：悠悠 4000 年的故事［M］.冯速，译.北京：人民邮电出版社，2010.
⑥ John Derbyshire.代数的历史：人类对未知量的不舍追踪［M］.冯速，译.北京：人民邮电出版社，
2010.
⑦ 袁小明.初等数学简史［M］.北京：人民教育出版社，1990.
⑧ 梁宗巨.数学历史典故［M］.沈阳：辽宁教育出版社，1992；台北：九章出版社，1995.
⑨ 袁小明，胡炳生，周焕山.数学思想发展简史［M］.北京：高等教育出版社，199.
⑩ 李迪.中外数学史教程［M］.福州：福建教育出版社，1993.
⑪ 杜石然，孔国平.世界数学史［M］.长春：吉林教育出版社，1996；第 2 版，2009.
⑫ 张奠宙.数学史选讲［M］.上海：上海科学技术出版社，1997.
⑬ 李文林.数学史教程［M］.北京：高等教育出版社，施普林格出版社，2000.
⑭ 梁宗巨，王青建，孙宏安.世界数学通史［M］.沈阳：辽宁教育出版社，2001.
⑮ 李文林.文明之光——图说数学史［M］.济南：山东教育出版社，2005.
⑯ 蔡天新.数学与人类文明（第二版）［M］.杭州：浙江大学出版社，2008.

志刚著《数学的历史》①（2009 年，韩语版，2011 年）等。

　　辞典类和工具书也有十数种，如华青、白水编《数学家小辞典》②（1987 年，收录近 500 人）；梁宗巨主编《数学家传略辞典》③（1989 年，收录 2200 余人）；河北教育学院编写《数学史小辞典》④（1989 年）；邓宗琦主编《数学家辞典》⑤（1990 年，收录近 3000 人）；杜瑞芝等编著《简明数学史辞典》⑥（1991 年）；梁宗巨主编《自然科学发展大事记·数学卷》⑦（1994 年）；杜瑞芝主编《数学史辞典》⑧（2000 年，该书 2001 年获第四届国家辞书奖二等奖）；杜瑞芝主编《数学史辞典新编》⑨（2017 年）等。

　　传记类的有吴文俊主编《世界著名科学家传记·数学家 I—VI》⑩（1990—1994 年，收录 147 人）、《世界著名数学家传记》⑪（1995 年，收录 153 人）；袁小明著《世界著名数学家评传》⑫（1990 年，评传 29 人）；谢恩泽、徐本顺主编《世界数学家思想方法》⑬（1994 年，收入 80 余人）等等。

　　原著类研究的有莫得主编《欧几里得几何原本研究》⑭（1992 年，收录 11 篇论文）；莫得、朱恩宽主编《欧几里得几何原本研究论文集》⑮（1995 年，收录 14 篇论文）；莫德《欧几里得几何学思想研究》⑯（2002 年）；王青建主编《科学名著赏析·数学卷》⑰（2006 年，赏析 10 部数学名著）；郭园园《阿尔·卡西代数学研究》⑱（2017 年）、《代数溯源：花拉子密〈代数学〉研究》⑲（2020 年）等。

①　纪志刚.数学的历史［M］.南京：江苏人民出版社，2009.
②　华青，白水.数学家小辞典［M］.上海：知识出版社，1987.
③　梁宗巨.数学家传略辞典［M］.济南：山东教育出版社，1989.
④　河北教育学院.数学史小辞典［M］.石家庄：河北教育出版社，1989.
⑤　邓宗琦.数学家辞典［M］.武汉：湖北教育出版社，1990.
⑥　杜瑞芝等.简明数学史辞典［M］.济南：山东教育出版社，1991.
⑦　梁宗巨.自然科学发展大事记·数学卷［M］.沈阳：辽宁教育出版社，1994.
⑧　杜瑞芝.数学史辞典［M］.济南：山东教育出版社，2000.
⑨　杜瑞芝.数学史辞典新编［M］.济南：山东教育出版社，2017.
⑩　吴文俊.世界著名科学家传记·数学家 I—VI［M］.北京：科学出版社，1990–1994.
⑪　吴文俊.世界著名数学家传记［M］.北京：科学出版社，1995.
⑫　袁小明.世界著名数学家评传［M］.南京：江苏教育出版社，1990.
⑬　谢恩泽，徐本顺.世界数学家思想方法［M］.济南：山东教育出版社，1994.
⑭　莫得.欧几里得几何原本研究［M］.呼和浩特：内蒙古人民出版社，1992.
⑮　莫得，朱恩宽.欧几里得几何原本研究论文集［M］.海拉尔：内蒙古文化出版社，1995.
⑯　莫德.欧几里得几何学思想研究［M］.呼和浩特：内蒙古教育出版社，2002.
⑰　王青建.科学名著赏析·数学卷［M］.太原：山西科学技术出版社，2006.
⑱　郭园园.阿尔·卡西代数学研究［M］.上海：上海交通大学出版社，2017.
⑲　郭园园.代数溯源：花拉子密〈代数学〉研究［M］.北京：科学出版社，2020.

比较类有"比较数学史丛书"，包括冯立昇著《中日数学关系史》①（2009年），郭世荣著《中国数学典籍在朝鲜半岛的流传与影响》②（2009年），邓可卉著《希腊数理天文学溯源——托勒玫〈至大论〉比较研究》③（2009年），包芳勋、孙庆华著《阿拉伯数学的兴衰》④（2009年），杨泽忠著《明末清初西方画法几何在中国的传播》⑤（2015年）等。

中外交流研究的有萨日娜著《东西方数学文明的碰撞与交流》⑥（2016年），纪志刚、郭园园、吕鹏著《西去东来——沿丝绸之路数学知识的传播与交流》⑦（2018年）等。

著作中科学普及类占有一定比重，对数学史教育和扩大影响起到很好作用。如袁向东、李文林《三个女数学家》⑧（1981年）；傅钟鹏《数学名人漫记》⑨（1986年，收录31人）、《三次方程风云录》⑩（1987年）；李心灿、黄汉平编著《数坛英豪》⑪（1989年，收录50余人）；李学数《数学和数学家的故事1—11》⑫（1978—2016年）；沈康身《历史数学名题赏析》⑬（2002年）；蔡天新《数学传奇——那些难以企及的人物》⑭（2016年，该书获国家科技进步二等奖）；宋乃庆等主编"小学数学文化丛书"中《历史与数学》⑮（2016年）、《数学家与数学》⑯（2016年）；杜瑞芝主编《数学家传奇丛书》⑰（2001—2006年，2018年）等。

① 冯立昇.中日数学关系史［M］.济南：山东教育出版社，2009.
② 郭世荣.中国数学典籍在朝鲜半岛的流传与影响［M］.济南：山东教育出版社，2009.
③ 邓可卉.希腊数理天文学溯源——托勒密《至大论》比较研究［M］.济南：山东教育出版社，2009.
④ 包芳勋，孙庆华.阿拉伯数学的兴衰［M］.济南：山东教育出版社，2009.
⑤ 杨泽忠.明末清初西方画法几何在中国的传播［M］.济南：山东教育出版社，2015.
⑥ 萨日娜.东西方数学文明的碰撞与交流［M］.上海：上海交通大学出版社，2016.
⑦ 纪志刚，郭园园，吕鹏.西去东来——沿丝绸之路数学知识的传播与交流［M］.南京：江苏人民出版社，2018.
⑧ 袁向东，李文林.三个女数学家［M］.成都：四川少年儿童出版社，1981.
⑨ 傅钟鹏.数学名人漫记［M］.沈阳：辽宁教育出版社，1986.
⑩ 傅钟鹏.三次方程风云录［M］.天津：新蕾出版社，1987.
⑪ 李心灿，黄汉平.数坛英豪［M］.北京：科学普及出版社，1989.
⑫ 李学数.数学和数学家的故事1–11［M］.香港：广角镜出版社；北京：新华出版社；上海：上海科学技术出版社，1978–2016.
⑬ 沈康身.历史数学名题赏析［M］.上海：上海教育出版社，2002.
⑭ 蔡天新.数学传奇——那些难以企及的人物［M］.北京：商务印书馆，2016.
⑮ 宋乃庆，张健.历史与数学［M］.重庆：西南师范大学出版社，2016.
⑯ 宋乃庆，康世刚.数学家与数学［M］.重庆：西南师范大学出版社，2016.
⑰ 杜瑞芝.数学家传奇丛书［M］.济南：山东教育出版社，2001-2006；哈尔滨：哈尔滨工业大学出版社，2018.

（二）论文

1. 发表论文

论文发表渠道众多，成果丰硕，难以全面阐述。现仅以《自然科学史研究》为例进行说明。前面提到，该刊前 15 卷涉及外国数学史论文共有 12 篇，其中古代外国数学史的 4 篇，占 1/3。如杜石然"再论中国和阿拉伯国家的数学交流"[①]（1984 年），刘钝"托勒密的'曷捺楞马'与梅文鼎的'三级通机'"[②]（1986 年）等；第 16-30 卷共刊登 122 篇涉及外国数学史的论文，其中古代外国数学史有 14 篇，这两个数据对比前 15 卷都有大幅增长。如［德］E.Knobloch "数学长青——古代、文艺复兴和近代的数学"[③]（2005 年），徐泽林"中日方程论之比较"[④]（1999 年），包芳勋"阿拉伯代数方程求解几何方法的比较研究"[⑤]（1997 年），乌云其其格"论和算发生的社会文化基础"[⑥]（2001年），赵继伟"婆什迦罗球表面积公式的古证复原"[⑦]（2006 年）、"卡尔达诺关于三次方程的特殊法则"[⑧]（2010 年）等。但古代外国数学史论文占比不到12%，这与办刊宗旨有关。这些论文的研究范围包含古代希腊、巴比伦、玛雅、阿拉伯、古印度和欧洲文艺复兴时期的数学。第 31-39 卷共刊登涉及外国数学史的论文 47 篇，其中古代外国数学史只有 4 篇，占比 8.5%：欧阳晓丽、Christine Proust "两河流域六十进制位值记数法早期发展的新证据及其分析"[⑨]（2015 年）、郭园园"萨拉夫·丁·图西三次方程数值解的研究"[⑩]（2015年）、郭园园"阿尔·卡西《论圆周》研究"[⑪]（2016 年）、吕鹏，纪志刚"印

① 杜石然.再论中国和阿拉伯国家的数学交流［J］.自然科学史研究.1984，3（4）：299-303.
② 刘钝.托勒密的"曷捺楞马"与梅文鼎的"三级通机"［J］.自然科学史研究.1986，5（1）：68-75.
③ E. Knobloch. 数学长青——古代、文艺复兴和近代的数学（Mathesis Perennis: Mathematics in Ancient，Renaissance，and Modern Times）［J］.自然科学史研究.2005，24（增刊）：10-22.
④ 徐泽林.中日方程论之比较［J］.自然科学史研究.1999，18（3）：206-221.
⑤ 包芳勋.阿拉伯代数方程求解几何方法的比较研究［J］.自然科学史研究.1997，16（2）：119-129.
⑥ 乌云其其格.论和算发生的社会文化基础［J］.自然科学史研究.2001，20（2）：106-119.
⑦ 赵继伟.婆什迦罗球表面积公式的古证复原［J］.自然科学史研究.2006，25（2）：131-138.
⑧ 赵继伟.卡尔达诺关于三次方程的特殊法则［J］.自然科学史研究.2010，29（2）：197-215.
⑨ 欧阳晓丽，Christine Proust.两河流域六十进制位值记数法早期发展的新证据及其分析［J］.自然科学史研究.2015，34（2）：201-221.
⑩ 郭园园.萨拉夫·丁·图西三次方程数值解的研究［J］.自然科学史研究.2015，34（2）：142-163.
⑪ 郭园园.阿尔·卡西《论圆周》研究［J］.自然科学史研究.2016，35（1）：95-119.

度库塔卡详解及其与大衍总数术比较新探"①（2019 年）。

内蒙古师范大学李迪主编的《数学史研究文集》（1—7，1990—2001 年）中古代外国数学史偏少，总计 176 篇论文中只有 24 篇涉及此类课题，约占13.6%，其中还有 11 篇是日本数学史，2 篇译文，占去大半。李迪主编的《通向现代科学之路的探索》（1993 年）中 22 篇论文中有 2 篇古代外国数学史，约占 9%。

《辽宁师范大学学报·自然科学版增刊（数学史专辑）》（1986 年）收入13 篇论文（或摘要），其中涉及古代外国数学史的 8 篇，约占 61.5%。《华中师范大学学报·自然科学版·数学史专辑》（1987 年）收入 20 篇论文，其中涉及古代外国数学史的 10 篇，占 50%。其余增刊极少涉及古代外国数学史。

2. 会议论文

全国数学史学会成立以来，各种学术会议相继举办，其中基本都有古代外国数学史的论文。现仅以学会的年会和后来增加的 HPM 会议论文为例说明。

1981 年第一届年会时，除了吴文俊的报告，其余 30 多篇论文和和发言等都没有古代外国数学史的内容。1985 年第二届时有所改观，91 篇会议论文中有 8 篇涉及古代外国数学史（其中 4 篇为辽宁师范大学提供）。1988 年第三届年会共有 88 篇会议论文，但涉及古代外国数学史的篇数不详，只查到 21 个大会发言中有 2 位涉及，包括梁宗巨的《"代数"词源考》。1994 年第四届年会 32 篇论文中有 4 篇涉及古代外国数学史（其中辽宁师范大学 3 篇）。至此可以看出，古代外国数学史的研究还没有普遍，仅局限在个别单位。1998 年第五届年会和 2002 年第六届年会这种状况大为改观，古代外国数学史的论文分别为 16/87 和 16/77 篇，达到历届占比高峰（后者为 20.78%），这与年会主题"数学思想的传播与变革：比较研究国际学术讨论会"和"数学史国际会议——2002 年国际数学家大会西安卫星会议"有关。其中，国外学者提交的论文也达到年会历史高峰，体现了真正的国际意义，也促进了古代外国数学史研究的交流与进展。

---

① 吕鹏，纪志刚 . 印度库塔卡详解及其与大衍总数术比较新探［J］. 自然科学史研究 . 2019,38（2）: 172–188.

2005 年第一届 HPM 会议召开，此后两年一届，逢四年一次的年会（自 2007 年始）则合并进行。例如 2019 年"第十届中国数学会数学史分会学术年会暨第八届数学史与数学教育会议"共 99 篇论文，其中涉及古代外国数学史的 9 篇。统计历届年会及 HPM 会议论文，在总计 1072 篇会议论文中，古代外国数学史的约 107 篇，占 9.98%。可喜的是，撰写此类论文的作者已经有了大幅扩展，昭示古代外国数学史研究后继有人。

3. 硕士和博士学位论文

据《数学史通讯》第 9、21、29 期刊登的 1978—2012 年入学的"数学史研究生名录"统计，涉及古代外国数学史的硕士学位论文共有 46 篇，博士学位论文共有 18 篇。其中指导导师众多，研究领域广泛。

辽宁师范大学的研究重点在 17 世纪以前的外国数学史，因而其硕士论文占一大半（25 篇），内容涵盖古代记数法、计算工具、巴比伦数学、埃及数学（《莱茵德纸草书》）、古希腊数学（穷竭法、丢番图《算术》、几何代数、柏拉图、尼科马霍斯《算术入门》等）、罗马数学、古印度数学（代数、几何、算术）、玛雅数学、阿拉伯数学、欧洲中世纪数学（代数学、斐波那契《平方数书》、雷格蒙塔努斯《论各种三角形》）、专题比较（勾股定理、最小公倍数、黄金分割、资本主义萌芽时期的商业算术、数学游戏等）。仅发表在《自然科学史研究》上的延伸成果就涉及古希腊（邵明湖"面积贴合法在希腊数学中的几何起源和作用"[1]，1995 年）、阿拉伯（杜瑞芝"中世纪伊斯兰世界的平行线理论"[2]，1990 年）、玛雅（李家宏"玛雅数学初探"[3]，1997 年）等国家和地区。

其他高校和科研单位的学位论文举例如下：李迪指导的"印度三角学对唐朝代历算影响问题的探讨"（段耀勇，内蒙师大硕士，1996 年）；李文林指导的"阿拉伯代数学若干问题的比较研究"（包芳勋，西北大学博士，1997 年）、"托勒密天文系统之数学研究"（王辉，西北大学博士，2001 年）、"中国数学典籍在朝鲜的流传与影响研究"（郭世荣，中科院数学所博士，2004 年）；

① 邵明湖，吴培群.面积贴合法在希腊数学中的几何起源和作用 [J].自然科学史研究.1995，14（1）：1–11.
② 杜瑞芝.中世纪伊斯兰世界的平行线理论 [J].自然科学史研究.1990，9（2）：101–107.
③ 李家宏.玛雅数学初探 [J].自然科学史研究.1997，16（1）：344–356.

郭书春指导的"和算的发生"（乌云其其格，中科院科学史所博士，2000 年）；
罗见今指导的"唐代中印天文学专题比较研究"（袁敏，西北大学硕士，1998
年）、"中日数学关系史研究"（冯立昇，西北大学博士，1999 年）、（"古代中
印数理天文学比较研究"（袁敏，西北大学博士，2001 年）、"中外古代算法体
系比较研究"（甘向阳，西北大学博士，2004 年）、"中印古代几何学的比较研
究"（燕学敏，西北大学博士，2006 年）；徐泽林指导的"朝鲜数学的儒学化
倾向——《九数略》研究"（孙成功，天津师大硕士，2003 年）、"古代中印晷
影测算方法之比较研究"（刘丽芳，天津师大硕士，2008 年）、"花拉子米《代
数学》的比较研究"（郭园园，天津师大硕士，2009 年）、"东亚数学验算方法
的历史演变——以'演段'为中心"（卫霞，天津师大硕士，2009 年）、"和算
消元法起源的历史考察"（刘泉，天津师大硕士，2010 年）；纪志刚指导的"许
凯《算术三编》研究"（郑方磊，上海交大硕士，2007 年）、"斐波那契《计
算之书》研究"（马丁玲，上海交大博士，2009 年）、"婆什迦罗Ⅰ《〈阿耶波
多历算书〉注释：数学章》之研究"（吕鹏，上海交大硕士，2010 年）、"古希
腊几何与《自然哲学的数学原理》对比研究初步"（朱文超，上海交大硕士，
2012 年）、"《算术之钥》之代数学研究"（郭园园，上海交大博士，2012 年）；
曲安京指导的"丢番图《算术》研究"（杨宝山，西北大学博士，2003 年）、
"《大术》研究"（赵继伟，西北大学博士，2005 年）、"希腊、印度与中国传统
视差理论研究"（唐泉，西北大学博士，2006）年、"《度量之书》研究"（王
鹏云，西北大学硕士，2009 年）、"关于代数方程论的研究"（王宵瑜，西北
大学硕士，2011 年）、"韦达对倍角三角形的研究"（王雪茹，西北大学硕士，
2015 年）；邓明立指导的"概率论思想的历史演变"（杨静，河北师大硕士，
2003 年）、"无穷级数的发展演化"（王辉，河北师大硕士，2006 年）；汪晓勤
指导的"椭圆的历史与教学"（邹佳晨，华东师大硕士，2010 年）、"基于数学
史的统计概念教学研究"（吴骏，华东师大博士，2013 年）；邓可卉指导的"帕
普斯《数学汇编》及其问题在中国"（杨坤，内蒙师大硕士，2009 年）；王宪
昌指导的"中西古代数学价值观探讨——《几何原本》传入中国的研究"（牟
晓宇，吉林师大硕士，2012 年）等。

五、结 语

古代外国数学史在基础性研究方面已经做了大量工作，研究成果涉及几乎所有古代有数学成就的国家和地区。辽宁师范大学起步较早，1988 年出版的《中国大百科全书·数学》①可从一个侧面反映出当时的现状。该书是汇集全国数学界、数学史界各专业的专家，历时近十年才完成的巨著。其中辽宁师范大学的作者共撰写 56 个条目，近 7 万字，内容涉及断代史、专题史和人物传记等多个领域。此外，辽宁师范大学在数学家传记（1989 年）、数学原著翻译（1990 年）、数学史辞典（1991 年）、数学编年史（1994 年）、数学史电化教学（1995 年）、数学通史（1996 年、2001 年）、数学原著（2006 年）等研究领域都较早做了基础性工作。2003 年参与"吴文俊数学与天文丝路基金"项目研究，在"中世纪中国数学与阿拉伯数学的比较与交流研究"方面做出一定成果。

进入 21 世纪后，随着网络上外国数学史料越来越丰富，国际学术交流越来越方便，古代外国数学史研究有新的突破。主要表现在两个方面：一是对原著的深入研究，例如纪志刚团队对欧几里得《几何原本》版本和内容、斐波那契《计算之书》的研究，徐泽林、萨日娜等对和算起源的研究，赵继伟对意大利数学家卡尔达诺著作、法国数学家韦达著作、巴比伦泥板的研究，郭园园对阿拉伯数学家卡西《论圆周》等著作的研究，吕鹏等对古印度数学的研究，等等。有些研究突破语言障碍，可以从数学家原文的原著中获取第一手资料，使得结论更具可信性。二是结合数学教育，在古代数学中获取案例。HPM 中涉及的多为古代数学，直接加强了古代外国数学史的研究。例如汪晓勤等对椭圆教学的"古为今用"研究有很好的实用价值，对勾股定理、对数、黄金分割、完全数等教学的研究推动了相关历史史料的深入发掘。

古代外国数学史研究存在的问题：一是从业人员偏少，特别是年轻人，应该发扬老一辈的优良传统，正确认识古代外国数学史的历史地位，积极投

---

① 中国大百科全书总编辑委员会《数学》编辑委员会 . 中国大百科全书·数学 [Z].北京：中国大百科全书出版社，1988.

身此类研究；二是发表渠道狭窄，许多刊物或明或暗地拒载古代外国数学史的论文，而热衷于近现代数学史和中国数学史。《自然科学史研究》2020 年第39 卷不仅没有古代外国数学史论文，甚至没有一篇外国数学史研究的论文，这不利于学术的深入研究和国际化。

古代外国数学史研究的趋势也是整个数学史研究的趋势：一是深入原著进行研究，不局限于以往依赖二手文献从业的现状；二是向数学思想史的转化，不局限于古代有什么，而深入探讨数学成果的思想根源；三是向社会史的转化，探讨数学成果的社会背景及其应用价值；四是结合数学文化和数学教育，HPM 为此开辟了广阔的道路。

第二节　近现代世界数学史研究

◎ 邓明立[1]　李文林[2]

（1 河北师范大学数学科学学院教授；2 中国科学院数学与系统科学研究院研究员）

自 1981 年中国数学会数学史分会（中国科学技术史学会数学史专业委员会）正式成立以来，学会已走过整整四十年的历程，在此"不惑之年"，有必要对已取得的成就做一次较为完整的回顾与总结，以期未来有更好的发展。

近现代数学一般指 17 世纪以来的数学，上继承了古代与中世纪以来数学的光辉遗产，下奠定了当代数学的基础。法国大数学家庞加莱（J.H.Poincaré，1854—1912 年）有句名言："如果我们希望预知数学的将来，适当的途径是研究这门学科的历史和现状。"只有深入了解近现代数学的发展历史，才能更好地理解当代数学之目标与成就。对于正在走向数学强国的中国，数学史研究无疑有助于营造中华民族的数学文化氛围，进而对数学学习、数学教育、数学研究都有很大助益！尤其是在国家提倡文化自信之时，可以预见我们将会迎来数学史研究的春天。

近现代世界数学史纵跨约 400 年，有关史料成千累万。与国外近现代世界数学史研究情况相比，国内的近现代世界数学史研究在相当长一段时期内基本空白，起步迟晚，另外国内数学史界的"主力军团"都集中在中国古代数学史研究上，再加上语言、资料获取等壁垒阻隔，使得开展相关研究步履维艰，成果寥寥。

幸好有老一辈数学史家不畏艰难、奋力开拓，新一代学者薪火传承、开来继往，终使国内近现代世界数学史研究摆脱空白，不断发展并渐入佳境。目前参与研究的院校、机构越来越多，研究人员有增无已，研究成果不胜枚举。虽然与国际相比仍有较大差距，但国内近现代世界数学史研究发展势态良好，呈现出朝气蓬勃、蒸蒸日上的局面。

由于近现代世界数学史工作者坚持不懈的耕作，学术论文、译著、学术专著与日俱增。本文将首先回顾 1981 年之前的研究工作，再主要依据相关各位学者的论著及博士学位论文，论述 1981 年以来国内近现代世界数学史（以下简称"近现代数学史"）研究的发展概况。资料繁多，难免挂一漏万。

一、艰难开创，砥砺前行

（一）1949—1980 年近现代数学史研究的点点星火

中华人民共和国成立初期，世界数学史著述可谓凤毛麟角。出版的著作笔者查阅到的只有 1953 年关肇直翻译的《三十年来的苏联数学（1917—1947）数学史》①，1956 年关娴（关肇直之妹）翻译的《数学简史》②（2018 年胡滨翻译了此书的第四版③），还有个别讲义④⑤。为了改变世界数学史研究的这种贫瘠之貌，梁宗巨从 20 世纪 50 年代初开始探足这一领域。1955 年，由他撰写的《数学发展概貌》以 6 万多字简洁概述了整个世界数学史的发展，是国内早期介绍世界数学史发展概况的著作，但当时仅在辽宁省内发行，供辽宁省数学教师学习和教学参考。

1977 年，国家拟定的"数学各分支学科规划（草案）"中对数学史部分这样描述道："目前中国对整个世界数学史的研究基本是空白。"为填补这一空白，辽宁师范大学的梁宗巨呕心沥血将《数学发展概貌》扩写为约 38 万字的《世界数学史简编》⑥，于 1980 年由辽宁人民出版社出版，这是我国学者编著的第一部世界数学史专著，为世界数学史在中国的研究和普及开创了先河。

特别值得一提的是，1979 年以北京大学数学系为主的 20 多位数学家（其

---

① 尤什凯维赤. 三十年来的苏联数学（1917—1947）数学史 [M]. 关肇直，译. 北京：中国科学院，1953.

② 斯特洛伊克. 数学简史 [M]. 关娴，译. 北京：科学出版社，1956.

③ 斯特洛伊克. 数学简史 [M]. 胡滨，译. 4 版. 北京：高等教育出版社，2018.

④ 曾昭安. 武汉大学讲义：中外数学史第 1 编上 [M]. 1956.

⑤ 曾昭安. 武汉大学讲义：中外数学史第 1 编下 [M]. 1956.

⑥ 梁宗巨. 世界数学史简编 [M]. 沈阳：辽宁人民出版社，1980.

中有四位院士：江泽涵、张恭庆、程民德和姜伯驹）倾注大量心血，翻译出版了 M. 克莱因（M. Kline, 1908—1992 年）的《古今数学思想》①。该书厚今薄古，主要篇幅是叙述近现代数学的发展，着重在 19 世纪的数学，为国人打开了一扇通向西方数学史研究之窗，同时推动了国人学习西方数学史的热情。

1981 年之前，近现代数学史的研究寥寥无几，有关成果仅有：梁宗巨的"数学发展的几个阶段"②"幂与指数概念的发展及符号的使用"③"失明的数学家欧拉"④"监狱里的数学研究"⑤"从文盲到大几何学家"⑥；白尚恕的"圆锥曲线小史"⑦；郭书春为《科学技术发明家小传》写的一篇"解析几何的奠基者笛卡儿"⑧；杜石然的"函数概念的历史发展"⑨"纪念伽罗华诞生 150 周年"⑩"阿贝尔和伽罗华"⑪"虚数的来历"⑫；袁向东与李文林合作写的"笛卡尔的《几何》和解析几何的诞生（Ⅰ）"⑬ 及 "笛卡尔的《几何》和解析几何的诞生（Ⅱ）"⑭。这一阶段的研究比较零散，且大多是出于学者的个人兴趣。

（二）世界数学史的译、著成果（1981—2021 年）

1. 翻译打开国人眼界

尽管二十世纪七八十年代近现代数学史国内研究成果寥寥无几，但国外

① 克莱因. 古今数学思想［M］. 北京大学数学系数学史翻译组，译. 上海：上海科学技术出版社，1979.
② 梁宗巨. 数学发展的几个阶段［J］. 科学研究汇刊，1956（4）.
③ 梁宗巨. 幂与指数概念的发展及符号的使用［J］. 辽宁师范学院学报：（自然科学版），1979（2）：7–16.
④ 梁宗巨. 失明的数学家欧拉［J］. 数学园地，1979（2）.
⑤ 梁宗巨. 监狱里的数学研究［J］. 数学园地，1980（1）.
⑥ 梁宗巨. 从文盲到大几何学家［J］. 数学园地，1980（1）.
⑦ 白尚恕. 圆锥曲线小史［J］. 数学通报，1964（2）：36–41.
⑧ 郭书春. 解析几何的奠基者笛卡儿［M］// 中国科学院自然科学史研究所，北京第一机床厂《小传》编写组. 科学技术发明家小传. 北京：人民出版社，1978：189–197.
⑨ 杜石然. 函数概念的历史发展［J］. 数学通报，1961（6）：36–40.
⑩ 秉航. 纪念伽罗华诞生 150 周年［J］. 数学通报，1961（7）：39–40,15.（当时杜石然先生署名秉航）
⑪ 杜石然. 阿贝尔和伽罗华［M］// 中国科学院自然科学史研究所，北京第一机床厂《小传》编写组. 科学技术发明家小传. 北京：人民出版社，1978.
⑫ 方圆. 虚数的来历［N］. 光明日报，1978-9-1.（当时杜石然先生署名方圆）
⑬ 袁向东，李文林. 笛卡尔的《几何》和解析几何的诞生（Ⅰ）［J］. 数学的实践与认识，1980（2）：75–77、81.
⑭ 袁向东，李文林. 笛卡尔的《几何》和解析几何的诞生（Ⅱ）［J］. 数学的实践与认识，1980（4）：77–79.

近现代数学史的研究成果颇丰，翻译国外近现代数学史的研究名著，便是国内研究者开眼看世界的第一步。

1980 年中国科学院数学研究所创办《数学译林》（季刊），目前仍是国内唯一的综合性数学译刊。主要介绍国外数学最新进展、现代数学知识、各种数学观点、数学史及人物传记资料等，其中大多为近现代数学史的内容。

1981 年，中国科学院自然科学史研究所数学史组和数学研究所数学史组共同翻译了著名数学家 F. 克莱因（F. Klein, 1849—1925 年）、希尔伯特（D. Hilbert, 1862—1943 年）和冯·诺依曼（J. Neumann, 1903—1957 年）等的重要论著及介绍他们成就的论文，汇集成《数学史译文集》[①] 出版；为介绍更多的数学名著和数学史重要论文，1985 年又出版了《数学史译文集续集》[②]。中科院的李文林、胡作玄、袁向东、张祖贵等翻译了国外大量近现代数学史名著，在数学史研究和传播方面贡献巨大。

另外再版次数较多，影响较大的世界数学史通史译著还有：（英）斯科特的《数学史》（1981 年）[③]，（美）伊夫斯的《数学史概论》（1986 年）[④]，（美）卡兹的《数学史通论》（2004 年）[⑤]，（美）博耶的《数学史（修订版）》（2012 年）[⑥] 等。

2. 国内学者关于世界数学史的著述

20 世纪 50 年代，我国曾把数学史列为高等师范院校的选修课，但由于师资和教材的原因，未能成行。到了 20 世纪 80 年代，越来越多的大学开设数学史课，编写合适的教材刻不容缓。

白尚恕、李迪、李兆华、李继闵、沈康身、罗见今、张奠宙、袁小明、梁宗巨、黄顺基、欧阳绛组成了"中外数学简史编写组"，经过一年多夙兴夜

① 中国科学院自然科学史研究所数学史组，中国科学院数学研究所数学史组 . 数学史译文集 ［M］. 上海：上海科学技术出版社，1981.
② 中国科学院自然科学史研究所数学史组，中国科学院数学研究所数学史组 . 数学史译文集：续集 ［M］. 上海：上海科学技术出版社，1985.
③ 斯科特 . 数学史 ［M］. 侯德润，张兰，译 . 北京：商务印书馆，1981.
④ 伊夫斯 . 数学史概论 ［M］. 欧阳绛，译 . 太原：山西人民出版社，1986.
⑤ 卡兹 . 数学史通论 ［M］. 李文林等，译 . 2 版 . 北京：高等教育出版社，2004.
⑥ 博耶 . 数学史（修订版）［M］. 秦传安，译 . 北京：中央编译出版社，2012.

寐的编撰，于 1986 年、1987 年分别出版了《中国数学简史》[1] 和《外国数学简史》[2]，对中外数学发展概况做了较为全面又简洁的介绍。这是国内首次出版的中外数学史教材。之后涌现了一批数学通史教材，如 1989 年钱克仁所著《数学史选讲》[3]（该书荣获首届全国科技史优秀图书二等奖），1990 年张素亮主编《数学史简编》[4]；1991 年袁小明著《数学思想史导论》[5]；1992 年袁小明、胡炳生、周焕山合著《数学思想发展简史》[6]，刘逸、纪志刚编著《数学史导引》[7]，徐品方主编《数学简明史》；1993 年李迪主编《中外数学史教程》[8]；1997 年张奠宙主编《数学史选讲》[9]；2004 年王青建著《数学史简编》[10] 和朱家生著《数学史》（2011 年出版第二版）[11]；2017 年蔡天新著《数学简史》[12] 等。

1996 年 6 月梁宗巨所著《世界数学通史（上、下册）》出版（上册为梁宗巨独立撰写；下册由于梁宗巨病重逝世未能全部完成，后由其学生王青建、孙宏安继承先师遗愿而最终完稿，于 2001 年出版，2005 年 1 月新版收入《中国文库》第二辑"科学技术类"），以时间为经，全面系统地阐述世界数学 2000 多年的发展史，为国内出版的第一部超百万字的世界数学史专著。

1996 年 9 月，杜石然和孔国平主编的《世界数学史》[13] 基本按时间顺序从古代巴比伦数学一直写到 20 世纪的数学，简洁清晰描绘出中外数学发展的脉络。同时将中国数学放到世界数学之中去撰写。该书 2009 年再版，对内容重新做了修改和补充，是《自然科学史丛书》之一，且为"十一五"国家重点图书出版规划项目。

[1] 中外数学简史编写组.中国数学简史［M］.济南：山东教育出版社，1986.
[2] 中外数学简史编写组.外国数学简史［M］.济南：山东教育出版社，1987.
[3] 钱克仁.数学史选讲［M］.南京：江苏教育出版社，1989.
[4] 张素亮.数学史简编［M］.呼和浩特：内蒙古大学出版社，1990.
[5] 袁小明.数学思想史导论［M］.南宁：广西教育出版社，1991.
[6] 袁小明，胡炳生，周焕山.数学思想发展简史［M］.北京：高等教育出版社，1992.
[7] 刘逸，纪志刚.数学史导引［M］.北京：北京师范大学出版社，1992.
[8] 李迪.中外数学史教程［M］.福州：福建教育出版社，1993.
[9] 张奠宙.数学史选讲［M］.上海：上海科学技术出版社，1997.
[10] 王青建.数学史简编[M].北京：科学出版社，2004.
[11] 朱家生.数学史[M].北京：高等教育出版社，2004.
[12] 蔡天新.数学简史[M].北京：中信出版社，2017.
[13] 杜石然，孔国平.世界数学史[M].长春：吉林教育出版社，1996.

2000 年，李文林所著《数学史教程》①（第二版、第三版更名为《数学史概论》）由高等教育出版社出版。该书以深刻又简洁的篇幅和最大的时空跨度勾画出数学科学发展的清晰轮廓，书中体现了作者的数学史观，同时融入了包括作者本人工作在内的新的研究成果，尤其是 20 世纪数学的概观，受到陈省身先生盛赞。吴文俊先生读后评价该书："这无疑将是一部传世之作。它对数学历史的认识与研究，将起不可估量的影响。"该书现为大多数高等院校开设数学史课程所选教材，版次最多，发行量最大。

还有国内其他学者的数学史通史论著，不再一一列举。

二、逐步深入，成绩斐然——近现代数学史研究成果综述

在世界数学史研究基础上，近现代数学史研究逐渐开展起来，并取得硕果累累。现将近现代数学史领域中的重大成果分类述之。

（一）综合性研究

（1）1984 年，张奠宙与赵斌合著《20 世纪数学史话》②以优美的文笔描绘出近现代数学的基本内容和演变历史，为我国第一部全面介绍 20 世纪数学概貌的书，是我国近现代数学史研究的优秀成果。该书的问世，不仅在国内受到数学史界与数学教育界的一致好评，还引起著名物理学家杨振宁的重视，受到著名数学家陈省身的称赞。之后，张奠宙将《20 世纪数学史话》经过改写和扩充，出版了《20 世纪数学经纬》③，汇集了作者 20 年研究近现代数学史的成果和心得。

张奠宙后来在杨振宁和陈省身两位大师的指点下，陆续推出《中国现代数学的发展》《几何风范——陈省身》④等著作。2010 年，张奠宙与王善平合

① 李文林.数学史教程［M］.北京：高等教育出版社；海德堡：施普林格出版社，2000.
② 张奠宙，赵斌.20 世纪数学史话［M］.北京：知识出版社，1984.
③ 张奠宙.20 世纪数学经纬［M］.上海：华东师范大学出版社，2002.
④ 张奠宙.几何风范——陈省身［M］.济南：山东画报出版社，1998.

著的《当代数学史话》①对 20 世纪和 21 世纪的重要数学家及其重要贡献做了梳理，介绍了数学在物理、计算机、医学、经济及战争中的应用以及数学中的奖项及获得者的主要工作。张奠宙，华东师范大学教授，他同时极为重视中学数学教学，率先提出"让数学史融入数学教育"的教育理念，积极倡导国内 HPM（History and Pedagogy of Mathematics）的研究与实践，为中国数学教育和数学史学科的发展做出了突出贡献。1999 年，张奠宙当选为国际欧亚科学院院士；2017 年，当选为当代教育名家。

（2）20 世纪，数学思想的很多重要数学观念和思想方法，根源于 19 世纪的数学发生的一系列深刻变革。2006 年，胡作玄出版《近代数学史》②，综合研究了近代数学（17 世纪—19 世纪）的发展历程，着重阐述了 19 世纪数学各学科思想的来龙去脉，科学建构了近现代数学史的整体框架，从数学思想内部理清了近现代数学的发展脉络。最后一章（第 18 章）着重阐述 20 世纪纯粹数学的主流"结构数学"的源流，为 20 世纪数学思想史的研究做了铺垫。

（3）张光运编著的《近现代数学发展概论》③简明扼要地概述了近现代数学大部分分支的历史发展过程，着重介绍各个时期最为突出并且对于后期数学发展起着主导作用的主流工作；另外也介绍了我国数学家在近现代数学各发展时期中的重要贡献。

（二）数学思想史研究

数学的核心是数学思想，对数学思想的起源和发展的研究始终是近现代数学史研究的核心。

（1）1999 年，胡作玄与邓明立合著的《20 世纪数学思想》④探索了 20 世纪数学理论发展的源流，对 20 世纪纯粹数学的主流——结构数学进行综合性历史论述，强调从结构的观点来看整个数学，丰富了国内 20 世纪数学思想史的研究。《20 世纪数学思想》荣获第十二届中国图书奖。

---

① 张奠宙，王善平.当代数学史话［M］.大连：大连理工大学出版社，2010.
② 胡作玄.近代数学史［M］.济南：山东教育出版社，2006.
③ 张光运.近现代数学发展概论［M］.重庆：重庆出版社，1991.
④ 胡作玄，邓明立.20 世纪数学思想［M］.济南：山东教育出版社，1999.

（2）王幼军的《拉普拉斯的概率哲学思想阐释》①全面而系统地解读了拉普拉斯概率哲学思想，并对拉普拉斯的著作《概率的哲学探究》做了详细的译注，为完整地理解拉普拉斯的概率哲学思想提供了重要参考依据。

（三）学科史、专题史研究

一门学科趋于成熟之后，追根溯源，纵向探索学科发展进程，横向摸索其逐渐扩展状况，并考察新学科如何从已有的学科中脱胎而出，以更好地引导其进一步发展的方向。学科史和专题史研究是近现代数学史成果最丰富的研究领域，成果分述如下：

（1）数理逻辑

随着数字技术的发展，逻辑代数已经成为分析和设计逻辑电路的基本工具和理论基础。2001年，程钊的博士学位论文《逻辑代数的产生》②（李文林指导）对数理逻辑中逻辑代数的产生进行了系统的研究，包括对逻辑代数的创立背景与过程的历史重构，对与此有关的几位重要人物（尤其是布尔）的逻辑工作的新考察和评价等。

（2）代数学

代数学是数学中最重要、最基础的分支之一，研究数、数量、关系、结构与代数方程等。

行列式理论是线性代数的一个基本分支，有着悠久的历史。2004年，杨浩菊的博士学位论文《行列式理论历史研究》③（李文林指导）分东、西两条线索对它的历史进行全方位的分析与研究，并简要介绍了行列式理论在中国的传播。

向量理论活跃在数学的各个分支，孙庆华在2006年的博士学位论文《向量理论历史研究》④（李文林指导）中，按照起源于力和速度的平行四边形法

① 王幼军.拉普拉斯的概率哲学思想阐释［M］.上海：上海交通大学出版社，2017.
② 程钊.逻辑代数的产生［D］.北京：中国科学院数学与系统科学研究院，2001.
③ 杨浩菊.行列式理论历史研究［D］.西安：西北大学，2004.
④ 孙庆华.向量理论历史研究［D］.西安：西北大学，2006.

则的向量理论、与位置几何有关的向量理论、源自复数几何表示的向量理论发展这样的三条线索对它的历史发展进行了分析和研究。

有限域是抽象代数的一个重要分支。2002 年，邓明立的博士学位论文《有限域思想的历史演变》①（李文林、康庆德指导）以有限域的发展为中心，对有限域的思想演变做了系统的分析和总结，并叙述了它在组合数学中的应用。

有限单群分类完成是 20 世纪数学的重大成果之一。2009 年，胡俊美的博士学位论文《有限单群分类的历史研究》②（李文林、邓明立指导）对有限单群分类的历史进行了系统的梳理与总结。

李群是一种有着深刻意义、在数学及物理学上有着重要应用的群，2011 年，阎晨光的博士学位论文《李群早期发展的历史研究》③（邓明立指导）围绕对李、基灵和嘉当工作的比较研究，对李群理论的起源及创立、基灵和嘉当对半单李代数的分类等进行了系统的分析和研究。

群的呈示是群最早的抽象定义。2017 年，王艳的博士学位论文《群呈示及其相关领域的历史研究》④（邓明立指导）对群的呈示在分别由伯恩赛德与戴恩等人引导的方向上的发展进行了历史分析。

代数不变量于 19 世纪下半叶成为数学研究的核心课题之一，对 20 世纪整个数学的发展产生了深刻的影响。金英姬在 2013 年博士学位论文《代数不变量的早期历史研究》⑤（曲安京指导）的基础上，进一步深入钻研出版学术专著《代数不变量的源流》⑥，对代数不变量理论的早期历史进行了较为详细的研究，特别注重不同时期核心人物数学思想之间的传承关系，以及不同学科间的交叉和融合。

环论是抽象代数学中较为深刻的部分，分为交换环论和非交换环论两大类。王淑红在博士学位论文《交换环论的早期历史研究》⑦（姚远指导）的基

① 邓明立. 有限域思想的历史演变［D］. 石家庄：河北师范大学，2004.
② 胡俊美. 有限单群分类的历史研究［D］. 石家庄：河北师范大学，2009.
③ 阎晨光. 李群早期发展的历史研究［D］. 石家庄：河北师范大学，2011.
④ 王艳. 群呈示及其相关领域的历史研究［D］. 石家庄：河北师范大学，2017.
⑤ 金英姬. 代数不变量的早期历史研究［D］. 西安：西北大学，2013.
⑥ 金英姬. 代数不变量的源流［M］. 西安：西安交通大学出版社，2017.
⑦ 王淑红. 交换环论的早期历史研究［D］. 西安：西北大学，2015.

础上于2020年出版了学术专著《环论源流》①，从思想史角度剖析环论的演化，探讨环论与其他相关学科之间的关联，认识在环论发展过程中起主导作用的集合论、公理化、抽象化和结构化等思想。同时从数学文化史的角度，探讨数学家之间的师承关系及其对数学思想的影响。

（3）几何学

几何学是数学的一大分支，研究空间结构及其性质。郭卫中和孔令令主编的《几何学简史》②分为七章，介绍了几何学的起源、欧几里得几何学、射影几何学、解析几何学、非欧几何学、微分几何学和拓扑学的简要发展历史及相关的主要问题，是几何学历史方面比较全面的专题论著。

2007年，李铁安的博士论文《基于笛卡尔数学思想的高中解析几何教学策略研究》（宋乃庆、李文林指导）探讨了笛卡儿解析几何的教育意义，提供了数学史与数学教育融合的案例。

微分几何学是几何学的一个重要分支。2007年，陈惠勇的博士学位论文《高斯的内蕴微分几何学与非欧几何学思想之比较研究》（李文林指导）深入研究了高斯的内蕴微分几何学思想与非欧几何学思想产生的历史背景与内在联系，为18世纪末19世纪初几何学发展的历史研究提供了一个新的视角，在此基础上陈惠勇2005年出版了同名专著③。

2016年，刘宇辉的博士学位论文《高斯的内蕴微分几何理论研究》④（曲安京指导）对欧拉的微分几何思想、高斯的内蕴微分几何思想根源以及他们对后来的数学发展的深远影响作了全面考察。

从高斯到黎曼的内蕴微分几何学发展，是微分几何学的历史上一个极为重要的转变。2018年，刘建新的博士学位论文《从高斯到黎曼的内蕴微分几何学发展》⑤（曲安京指导）在关注这段历史的核心人物高斯、黎曼的同时，系统考察了高斯内蕴几何思想的接受过程，同时对微分几何核心概念追

① 王淑红.环论源流［M］.北京：科学出版社，2020.
② 郭卫中，孔令令.几何学简史［M］.哈尔滨：哈尔滨工业大学出版社，2018.
③ 陈惠勇.高斯的内蕴微分几何学与非欧几何学思想之比较研究［M］.北京：高等教育出版社，2015.
④ 刘宇辉.高斯的内蕴微分几何理论研究［D］.西安：西北大学，2016.
⑤ 刘建新.从高斯到黎曼的内蕴微分几何学发展［D］.西安：西北大学，2018.

根溯源，总结了黎曼与高斯的内蕴微分几何思想的传承关系及本质不同所在。2020 年刘茜的博士学位论文《古典微分几何的历史研究》（曲安京指导）对古典微分几何的历史做了系统研究。

分形几何学的诞生是几何学史上的一次重大革命。2018 年江南的博士学位论文《分形几何的早期历史研究》①（曲安京指导）全面系统地考察了分形几何早期历史的内容和思想，深入剖析了分形几何创立的原因。

非欧几何的诞生是几何观念的一次革新。2020 年，郭婵婵的博士学位论文《非欧几何的早期历史研究》（曲安京指导）全方位考察了非欧几何的早期发展情况。

（4）拓扑学

点集拓扑、代数拓扑和微分拓扑是拓扑学的三大重要分支。干丹岩的专著《代数拓扑和微分拓扑简史》②以时间为序介绍代数拓扑和微分拓扑学科中重大事件的发生、各基本概念和基本方法的创始和发展、各位重要人物所起的作用和各时期的重大成就之间的联系。

2012 年，王昌的博士学位论文《点集拓扑学的创立》③（李文林、曲安京指导）结合了集合论、分析学以及公理化方法等背景，对点集拓扑学的创立过程进行了较为详细的研究。

十四集定理和杨忠道定理是一般拓扑空间中两个重要的定理。2016 年，韩刚的博士学位论文《拓扑学中两个重要定理的历史研究》④（特古斯指导）以两定理各自的产生、发展和历史影响为主线，将它们从一般拓扑空间到模糊拓扑空间的发展历程清晰地整理出来，并且详细地讨论了两个定理之间的关系。

（5）分析学

分析学是最重要、最基础的数学分支学科之一。1987 年周述岐的《微积分思想简史》⑤简要介绍了 15 世纪至 19 世纪微积分萌芽、发展、最终确立为

① 江南.分形几何的早期历史研究［D］.西北：西北大学，2018.
② 干丹岩.代数拓扑和微分拓扑简史［M］.长沙：湖南教育出版社，2005.
③ 王昌.点集拓扑学的创立［D］.西安：西北大学，2012.
④ 韩刚.拓扑学中两个重要定理的历史研究［D］.呼和浩特：内蒙古师范大学，2016.
⑤ 周述岐.微积分思想简史［M］.北京：中国人民大学出版社，1987.

现代形式的全过程，以及在此期间为发展微积分作出贡献的数学家们，是一部较为全面介绍微积分思想发展历史的著作。1998 年，李家宏的博士学位论文《微积分若干基本概念的现代发展》①对微积分的若干基本概念的现代发展做了全面系统的分析与评价。2005 年龚升、林立军著的《简明微积分发展史》②对微积分发展各阶段代表人物的学术思想与成就择要述之，并对它们的工作予以恰当地分析与评价。

傅立叶级数理论的产生引领数学分析走向严格化，是数学发展史上的重大事件。2010 年，贾随军的博士学位论文《傅立叶级数理论的起源》③（李文林指导）系统探讨了傅立叶级数理论的起源、发展及影响。

魏尔斯特拉斯系统建立了实分析和复分析的基础，与柯西、黎曼同为复变函数论的奠基人。2009 年，潘丽云的博士学位论文《魏尔斯特拉斯的复变函数思想分析》④（李文林指导）以魏尔斯特拉斯复变函数思想、方法与理论的形成与发展为主旨，剖析、梳理了魏尔斯特拉斯的复变函数理论构架。

（6）常微分方程

常微分方程理论从创立至今已有 300 多年的历史，是一门理论意义和实际应用并重的学科。2008 年，任瑞芳的博士学位论文《常微分方程理论的形成》⑤（李文林指导）从常微分方程的理论产生背景到理论最终形成进行了深入研究，并简要介绍了我国微分方程理论的传播和发展情况。

Runge-Kutta 方法是常微方程数值解法的一个重要分支。2003 年，林立军的博士学位论文《Runge-Kutta 方法及其在 Hamilton 系统中的应用之发展研究》⑥（孙耿、李文林指导）在简要考察常微分方程数值解法产生的历史背景基础上，对 Runge-Kutta 方法的发展历程及其在 Hamilton 系统中的应用进行了系统的研究。

---

① 李家宏.微积分若干基本概念的现代发展［D］.北京：中国科学院，1998.
② 龚升，林立军.简明微积分发展史［M］.长沙：湖南教育出版社，2005.
③ 贾随军.傅立叶级数理论的起源［D］.西安：西北大学，2010.
④ 潘丽云.魏尔斯特拉斯的复变函数思想分析［D］.西安：西北大学，2009.
⑤ 任瑞芳.常微分方程理论的形成［D］.西安：西北大学，2008.
⑥ 林立军.Runge-Kutta 方法及其在 Hamilton 系统中的应用之发展研究［D］.北京：中国科学院数学与系统科学研究院，2003.

（7）偏微分方程

偏微分方程理论作为数学和物理结合的产物，其理论意义与应用价值都难以估量。2005 年，任辛喜的博士学位论文《偏微分方程理论起源》（李文林指导）对偏微分方程理论的起源进行细致研究。孤立子理论是当代非线性数学的重要前沿之一。2006 年，王丽霞的博士学位论文《孤立波的 KdV 方程前史》[①]（李文林指导）对孤立波的发现和理论探索过程进行了系统研究和合理重构。

（8）泛函分析

变分法是研究泛函极值的数学分支，有着十分广泛的应用。2008 年，贾小勇的博士学位论文《19 世纪以前的变分法》[②]（曲安京指导）结合微积分学、物理学（特别是变分原理）以及几何学等背景，对变分法的起源和创立进行了系统分析和研究。

函数空间理论是泛函分析的重要内容，起源于对积分方程的求解和变分法的研究。李亚亚 2015 年完成博士论文《希尔伯特的积分方程理论》[③]（曲安京指导），在此基础上和王昌编著了《积分方程视角下函数空间理论的历史》于 2018 年出版。该书在积分方程的视角下，对函数空间理论产生的背景、形成的原因、发展的过程进行了论述，展示了这个重要数学分支从研究的初始阶段到发展成熟，再向更高层次延伸的历史脉络。

对偶空间理论是泛函分析的核心内容之一。冯丽霞在 2016 年博士学位论文《对偶空间理论的形成与发展》[④]（李文林指导）的基础上于 2019 年出版了专著《对偶空间简史》[⑤]，以积分方程的求解为主线，较为深入与细致地研究了对偶空间理论形成的历史脉络。

20 世纪 40 年代末，法国数学家施瓦兹（L. Schwartz, 1915—2002 年）在前人研究工作的基础上建立了广义函数理论（他称之为"分布理论"），是泛函分析的一个重要发展。李斐在 2016 年完成博士学位论文《分布理论的建

---

① 王丽霞.孤立波的 KdV 方程前史［D］.北京：中国科学院数学与系统科学研究院，2008.
② 贾小勇.19 世纪以前的变分法［D］.西安：西北大学，2008.
③ 李亚亚.希尔伯特的积分方程理论［D］.西安：西北大学，2015.
④ 冯丽霞.对偶空间理论的形成与发展［D］.西安：西北大学，2016.
⑤ 冯丽霞.对偶空间简史［M］.北京：电子工业出版社，2019.

立》①（曲安京指导）的基础上，和王昌合著了《广义函数简史》②，论述了广义函数理论创建的背景、过程、原因，以及这一理论对线性偏微分方程理论发展的影响；并从主、客观两个方面论述了施瓦兹能够成功创建广义函数理论，有幸成为广义函数理论奠基者的原因。

巴拿赫空间是泛函分析的重要研究对象之一，积分方程之巴拿赫空间理论是研究巴拿赫空间结构及定义在该空间中积分方程性质的理论，与许多数学分支有着密切的关系。2015年李威的博士学位论文《积分方程之巴拿赫空间理论的形成》③（李文林、曲安京指导）系统研究了积分方程理论对巴拿赫空间理论形成的影响。

（9）概率论与数理统计学

概率论与数理统计是数学的一个重要分支，近些年发展迅速。陈希孺的著作《数理统计学简史》④概述了自17世纪中叶以来三百多年间数理统计学发展的历史，记录了数理统计学中的一些重大事件、重要人物的思想和贡献等内容。

徐传胜2007年的博士学位论文《彼得堡数学学派的概率思想研究》⑤（曲安京指导）以概率论思想为主线，对彼得堡数学学派概率思想的发展进行了系统而全面的分析和研究。其专著《从博弈问题到方法论学科——概率论发展史研究》⑥，较为全面、翔实地论述了概率论发展的简要历史，清晰勾勒出该学科的发展脉络，并简要介绍了当前概率论的主要研究方向。

王幼军2007年的专著《拉普拉斯概率理论的历史研究》⑦是作者在2003年同名博士学位论文⑧（江晓原、纪志刚指导）的基础上经过修改而定稿，是国内第一部概率论史研究专题专著。书中勾画出拉普拉斯概率理论产生、发

① 李斐.分布理论的建立［D］.西安：西北大学，2016.
② 李斐，王昌.广义函数简史［M］.北京：电子工业出版社，2018.
③ 李威.积分方程之巴拿赫空间理论的形成［D］.西北大学，2015.
④ 陈希孺.数理统计学简史［M］.长沙：湖南教育出版社，2002.
⑤ 徐传胜.彼得堡数学学派的概率思想研究［D］.西安：西北大学，2007.
⑥ 徐传胜.从博弈问题到方法论学科——概率论发展史研究［M］.北京：科学出版社，2010.
⑦ 王幼军.拉普拉斯概率理论的历史研究［M］.上海：上海交通大学出版社，2007.
⑧ 王幼军.拉普拉斯概率理论的历史研究［D］.上海：上海交通大学，2003.

展的清晰脉络，对拉普拉斯贡献的历史地位做了中肯分析，并对其在中国的传播情况做了可靠论证，构成了对拉普拉斯概率理论完整的全案分析。

莫斯科数学学派在过去很长一段时间内一直都是世界概率论的研究中心，引领着概率论的研究方向。2012年赵晔的博士学位论文《莫斯科数学学派的概率思想研究》①（曲安京指导）探讨了莫斯科数学学派概率思想的演化历程及其对概率论的发展做出的巨大贡献。

布朗运动是随机过程理论中一个重要的研究对象，杨静在2006年博士学位论文《布朗运动的数学理论的历史研究》②（李文林指导）中，对布朗运动的发展历史进行了全面而系统的研究。

随机微积分是现代概率理论中最重要的组成部分之一，其应用极大地推动了数理金融学研究的进程。2007年，武修文的博士学位论文《随机微积分及其在数理金融学中应用之历史发展》③（李文林指导）对随机微积分的发展以及它在数理金融学中的应用及其意义进行了系统的研究。

时间序列分析是统计学中的重要概念。聂淑媛的专著《时间序列分析发展简史》④是在她2012年博士学位论文《时间序列分析的早期发展》⑤（李文林指导）研究的基础上修改、扩充而成，以概念、思想和方法形成与发展的时间顺序为主线，勾勒出时间序列分析的起源、历史发展的脉络。稳健统计学是统计学的重要分支，对统计学的发展产生了重要的影响。2013年赵晨阳的博士学位论文《稳健统计学的产生与发展》⑥（曲安京指导）勾画了稳健统计学发展的历史脉络。

（10）运筹学

博弈论是运筹学的一个重要分支。尚宇红在2003年博士学位论文《博弈

---

① 赵晔.莫斯科数学学派的概率思想研究［D］.西安：西北大学，2012.
② 杨静.布朗运动的数学理论的历史研究［D］.北京：中国科学院数学与系统科学研究院，2006.
③ 武修文.随机微积分及其在数理金融学中应用之历史发展［D］.北京：中国科学院数学与系统科学研究院，2007.
④ 聂淑媛.时间序列分析发展简史［M］.北京：科学出版社，2019.
⑤ 聂淑媛.时间序列分析的早期发展［D］.西安：西北大学，2012.
⑥ 赵晨阳.稳健统计学的产生与发展［D］.西安：西北大学，2013.

论前史研究》①（李文林指导）的基础上，出版了同名专著②。从数学史的角度，对博弈论的形成过程进行了新的探讨，梳理出博弈论产生及早期发展的清晰脉络，并提出了一些新的见解。

线性规划是运筹学中形成最早、应用广泛的分支之一。2014 年敖特根的博士学位论文《线性规划的起因和发展》③（曲安京指导）对线性规划问题的历史进程进行了较为详细的研究。

（11）组合学

组合学在 20 世纪 60 年代才独立成为数学的一个分支，但其历史悠久。2003 年刘建军的博士学位论文《组合学史若干问题研究》④（罗见今指导）探究了组合学的东西方起源以及古今中外数学家对组合学相关内容的研究，最后还对现代组合学中较抽象化的内容组合集论予以讨论。

（12）数论

代数数论是数论的重要分支之一。冯克勤的专著《代数数论简史》⑤从代数数论前史开始，直到现代代数数论及其应用，介绍了代数数论二百年的发展途径，并沿着历史的线索讲述了代数数论的主要思想、方法、成就和一些重大事件。

（13）交叉学科的研究

许多现代科学的重大突破、重大原创性科研成果的产生，大多是多学科交叉融合的结果。生物数学是一门具有丰富数学理论基础的交叉学科。2011年赵斌的博士学位论文《生物数学的起源与形成》⑥（李文林指导）系统探讨了生物数学的起源与形成过程。

（14）专题史研究

第三次数学危机对数学的发展影响深刻。1985 年胡作玄的《第三次数学

---

① 尚宇红.博弈论前史研究［D］.西安：西北大学，2003.
② 尚宇红.博弈论前史研究［M］.上海：上海财经大学出版社，2011.
③ 敖特根.线性规划的起因和发展［D］.西安：西北大学，2014.
④ 刘建军.组合学史若干问题研究［D］.西安：西北大学，2003.
⑤ 冯克勤.代数数论简史［M］.长沙：湖南教育出版社，2002.
⑥ 赵斌.生物数学的起源与形成［D］.西安：西北大学，2011.

危机》^①以史为经，以数学及哲学为纬，介绍了第三次数学危机的产生根源及对数学影响。

梁宗巨的专著《数学历史典故》^②选择数学中常见的 20 个专题，用详尽的史料辅以独到的见解加以阐释，在数学专题史研究上做了新的尝试。该书荣获第二次全国数学传播优秀图书奖（1994 年）。

费马大定理被誉为"会下金蛋的鹅"，悬置 350 余年的时间终被英国数学家维尔斯（Andrew Wiles，1953—）彻底攻克。1996 年，胡作玄所著《350 年历程——从费尔马到维尔斯》^③从历史视角分析了数学家是如何通过各种角度解决费马大定理的，以及解决这一著名难题对代数数论和算术代数几何学的促进。

数学的一大特征便是符号化。2006 年，徐品方、张红著《数学符号史》^④，是我国第一部专门的数学符号史论著。该书研究了常见的 200 余个符号的来龙去脉，着重探讨了常用的 100 多个符号的产生、发展历史。吴文俊院士高度评价该书："……考证旁引，并富有见地，是一不可多得之作。"

伽罗瓦理论是方程理论的最高成就，冯晓华的博士学位论文《伽罗瓦及其理论传播史》^⑤（李文林指导）较为全面、清晰地阐述了伽罗瓦及其理论的传播情况，同时澄清了其中的一些历史事实，并简要考证了伽罗瓦及其理论在中国的传播情况。

流形是 20 世纪数学有代表性的概念和理论，已成为现代数学最重要的思想之一。2015 年王涛的博士学位论文《流形及其相关领域历史的若干研究》^⑥（邓明立指导）梳理了流形的历史渊源，并总结了其理论框架；探索早期数学家对流形的不同认识并考察了后期数学家对流形的贡献。

（15）比较研究

比较研究法是数学史研究中常用的基本方法，为历史研究提供了一种新的

---

① 胡作玄.第三次数学危机［M］.成都：四川人民出版社，1985.
② 梁宗巨.数学历史典故［M］.沈阳：辽宁教育出版社，1992.
③ 胡作玄.350 年历程——从费尔马到维尔斯.济南：山东教育出版社，1996.
④ 徐品方，张红.数学符号史［M］.北京：科学出版社，2006.
⑤ 冯晓华.伽罗瓦及其理论传播史［D］.西安：西北大学，2006.
⑥ 王涛.流形及其相关领域历史的若干研究［D］.石家庄：河北师范大学，2015.

观察角度。李文林 2005 年出版的《数学的进化——东西方数学史比较研究》①是从他 20 多年来发表的有关中外数学史研究的论文中选择编辑而成，是东西方数学比较的总结性著作。书中分别论述了数学史上的算法倾向、数学学派与数学发展、以及数学社会史和数学交流史等专题。其中算法、演绎倾向于数学史分期是被引用最广泛的数学史论文之一，与关于中国古代算法和牛顿微积分、笛卡尔几何中的算法特征研究一起构成作者独立鲜明的数学史观。

（16）希尔伯特问题探讨

希尔伯特 1900 年提出的 23 个问题涉及现代数学大部分重要领域，推动着 20 世纪数学的发展。1981 年李文林、袁向东的 "希尔伯特数学问题及其解决简况"② 是国内对希尔伯特问题进行系统深入研究的发端。

蔡立的《无穷大的历史演变与希尔伯特第一问题探讨》③ 对连续统问题分为上、下两篇进行探讨，上篇主要讲述无穷大的历史演变和连续统问题的来龙去脉，同时还对康托尔、希尔伯特、哥德尔和科恩等人的工作进行分析讨论。下篇主要阐述作者处理连续统问题的基本思想以及根据这一思想作者所做的研究工作。

胡久稔的《希尔伯特第十问题》④ 介绍了第十问题的内容和研究情况，阐述了它对整个当代数学研究的影响。

（四）学派研究

学派是一种有效的科研组织形式，在发展学科方面起着极大的推动作用，如学生的培养、研究课题的确立、研究风格的传承与创新精神的培养等许多成功的经验都可以借鉴。数学学派研究是数学史研究中的一个重要方面。布尔巴基学派、哥廷根学派、莫斯科学派、剑桥分析学派等都是对数学发展有巨大作用的学派。1980 年以来，中国学者对各大数学学派进行了系统研究，并取得了可喜的成果。

① 李文林.数学的进化——东西方数学史比较研究［M］.北京：科学出版社，2005.
② 李文林，袁向东.希尔伯特数学问题及其解决简况［J］.数学的实践与认识，1981(3)：56-62.
③ 蔡立.无穷大的历史演变与希尔伯特第一问题探讨［M］.上海：上海交通大学出版社，2016.
④ 胡久稔.希尔伯特第十问题［M］.沈阳：辽宁教育出版社，1987.

布尔巴基学派是对现代数学影响巨大的数学家团体。1984 年胡作玄所编的《布尔巴基学派的兴衰——现代数学发展的一条主线》①叙述了布尔巴基学派的思想来源、成长过程、繁荣兴盛乃至开始衰落的历史，并概述了布尔巴基学派及其主要成员对数学的重大贡献，并对"数学结构"做了简要介绍。

1998 年，高嵘的博士学位论文《数学学派的理论探讨与案例分析》②（李文林指导）系统探讨了数学学派的起源、定义、类型、形成条件及特征、功能与影响等，并对数学学派的衰落原因进行了分析，为数学学派提供了一个系统的理论概括。

张奠宙的《20 世纪数学经纬》③第二章哥廷根学派的黄金时期中，涉及苏联数学学派的形成、波兰学派的崛起、格丁根学派的兴衰以及布尔巴基学派的成长等。

李文林的《数学的进化——东西方数学史比较研究》④中第二部分介绍了历史上的各种数学学派：剑桥分析学派、莫斯科数学学派、哥廷根的数学传统等。

徐传胜在 2007 年博士学位论文《彼得堡数学学派的概率思想研究》⑤（曲安京指导）基础上，于 2016 年出版学术专著《圣彼得堡数学学派研究》⑥。这部专著是作者长期对圣彼得堡数学学派研究的成果，从多角度探讨该学派的基本思想体系、发展契机和学术风格，藉此探究数学学派的演化机理、一般特征和社会功能，弥补了我国对圣彼得堡数学学派研究的空白。

2012 年，赵晔的博士学位论文《莫斯科数学学派的概率思想研究》⑦（曲安京指导）着重对莫斯科数学学派的概率思想的演化历程及其对概率论的发展做出的巨大贡献进行探讨。

（五）人物研究

数学的历史是数学家创造的，回溯数学家的成长历程和创造过程，可以

———————

① 胡作玄.布尔巴基学派的兴衰——现代数学发展的一条主线［M］.北京：知识出版社，1984.
② 高嵘.数学学派的理论探讨与案例分析［D］.北京：中国科学院，1998.
③ 张奠宙.20 世纪数学经纬［M］.上海：华东师范大学出版社，2002.
④ 李文林.数学的进化——东西方数学史比较研究.北京：科学出版社，2005.
⑤ 徐传胜.彼得堡数学学派的概率思想研究［D］.西安：西北大学，2007.
⑥ 徐传胜.圣彼得堡数学学派研究［M］.北京：科学出版社，2016.
⑦ 赵晔.莫斯科数学学派的概率思想研究［D］.西安：西北大学，2012.

使我们从前人的探索与奋斗中汲取教益，获得鼓舞增强信心。人物研究的成果分为个人研究和集体传记，分述如下。

1. 个人研究

德国数学家康托尔（G. Cantor, 1845—1918 年）创立了集合论，对数学的发展影响深远。1993 年，胡作玄出版的人物传记《引起纷争的金苹果——哲人科学家康托尔》①介绍了康托尔作为数学家把无穷由神秘观念变成数学科学的过程；作为思想家，在神学和哲学上所做的伟大探索；并探讨了集合论对数学基础和哲学的冲击。

维纳（N. Wiener, 1894—1964 年）是美国应用数学家，控制论的创始人，1995 年胡作玄的人物评传《通向信息世界的异端之路——维纳》②全面介绍维纳的成长之路以及维纳创立控制论的渊源，这是一本全面了解维纳的权威佳作。

冯·诺依曼是 20 世纪杰出的数学家，1996 年，杨泰俊等编的《冯·诺依曼和维纳》③全面介绍了两人在发展测度论、随机过程、公理化结构、数字式电子计算机以及创立对策论、控制论中的思想方法；论述了他们的品行、个性、政治态度和哲学观。

德国数学家、物理学家赫尔曼·外尔（H. Weyl, 1885—1955 年）是 20 世纪上半叶最重要的数学家之一。2002 年，郝刘祥的博士学位论文《赫尔曼·外尔关于空间问题的数理分析和哲学思考》④（刘钝指导）考察了外尔 1917 年至 1924 年这段时间围绕空间、时间和物质问题而展开的数学、物理学研究和哲学思辨。

博雷尔（E. Borel, 1871—1956 年）是对 20 世纪函数理论发展有重要影响的一位法国数学家。2006 年王全来的博士学位论文《对 E. Borel 在函数论的几个工作研究》⑤（李文林指导）对博雷尔在函数逼近理论、发散级数可和理论、函数奇点理论、测度理论、解析开拓理论等函数理论的五个方面的工作进行详细探讨。

图论是一门应用广泛的重要数学分支，塔特（W. Tutte, 1917—2002 年）

① 胡作玄. 引起纷争的金苹果——哲人科学家康托尔［M］. 福州：福建教育出版社，1993.
② 胡作玄. 通向信息世界的异端之路——维纳［M］. 福州：福建教育出版社，1995.
③ 杨泰俊，陆锦林，李安瑜，张云皋. 冯·诺依曼和维纳［M］. 北京：科学技术文献出版社，1996.
④ 郝刘祥. 赫尔曼·外尔关于空间问题的数理分析和哲学思考［D］. 北京：中国科学院自然科学史研究所，2002.
⑤ 王全来. 对 E.Borel 在函数论的几个工作研究［D］. 西安：西北大学，2006.

是 20 世纪最具国际影响力的图论学家之一，被誉为"图论之父"。2010 年，王献芬的博士学位论文《塔特对图论的贡献》[①]（胡作玄、邓明立指导）从图着色、图因子及其分解、图多项式和拟阵论四个领域系统研究了塔特对图论的贡献及影响。

贝祖（E. Bezout, 1730—1783 年）是 18 世纪法国数学家，他关于结式的工作开启了求解方程组的现代消元理论研究的大门。2012 年，周畅的博士学位论文《Bezout 的代数方程理论之研究》[②]（李文林指导）对贝祖在代数方程理论方面的工作进行了系统而全面的研究。

2. 集体传记

1989 年梁宗巨主编，杜瑞芝、王青建、陈一心合编的《数学家传略辞典》[③]，收录了古今中外数学家 2200 余人，记述他们的生平事迹和主要贡献，是国内第一部大型数学家传记工具书。

1989 年，李心灿与黄汉平编著的《数坛英豪》[④]以历史发展为序，介绍了古今中外近 60 位数学家的事迹，以及国际数学家及数学竞赛的情况。

1990 年，邓宗琦主编的《数学家辞典》[⑤]收录古今中外数学家约 3000 人，介绍他们的生平及主要贡献，人数之多，史料之丰，难能可贵，其中中国数学家占相当大比例。

1990 年，袁小明主编的《世界著名数学家评传》[⑥]，载录了在数学发展的许多重要阶段起关键作用的 29 位世界著名数学家的传记。

1994 年，吴文俊主编的《世界著名科学家传记·数学家》[⑦]全套 6 册全部出齐，共收入古今中外著名数学家传记 147 篇，其中外国的数学家占了绝大篇幅。

1994 年，《科学家传记大辞典》出齐，共收入科学家传记 600 余篇，其中

① 王献芬.塔特对图论的贡献［D］.石家庄：河北师范大学，2010.
② 周畅.Bezout 的代数方程理论之研究［D］.西安：西北大学，2012.
③ 梁宗巨.数学家传略辞典［M］.济南：山东教育出版社，1989.
④ 李心灿，黄汉平.数坛英豪［M］.北京：科学普及出版社，1989.
⑤ 邓宗琦.数学家辞典［M］.武汉：湖北教育出版社，1990.
⑥ 袁小明.世界著名数学家评传［M］.南京：江苏教育出版社，1990.
⑦ 吴文俊.世界著名科学家传记数学家（1–6）［M］.北京：科学出版社，1990–1994.

包括数学家传记 50 余篇。

1994 年，由解恩泽、徐本顺主编，徐利治、梁宗巨任顾问的《世界数学家思想方法》①出版，150 多万字的巨著对 82 位数学家、2 个数学家族和 1 个数学学派思想方法进行深入挖掘、整理与分析，展示了他们数学思想的精华。

2001 年，张奠宙等编著《现代数学家传略辞典》②，主要收录国外现代数学家（包括在国外工作的华人数学家），共 600 多个条目，介绍了每个人的生平及主要学术成就。收录的数学家大致有两个层次：一个层次为对 20 世纪的数学有重要影响的著名数学家，大约近 200 人；另一个层次基本上是国内现有的中文工具书中没有收录的，或者是本词典有较多补充的。

2016 年，蔡天新的《数学传奇——那些难以企及的人物》③（原《难以企及的人物——数学天空的群星闪耀》，2009）以文学笔触生动讲述了历史上重要数学家的故事，该书获国家科技进步二等奖。

3. 获奖者传

1984 年，胡作玄与赵斌编写的《菲尔兹奖获得者传》④介绍了菲尔兹奖的来历，按获奖年代的先后简介二十七位获奖者的工作和成就，并对二十世纪数学发展的趋势作出合理预测。这是首部全面介绍菲尔兹奖的著作，是窥视当时国际数学主流发展的一扇窗口。李心灿著《当代数学大师——沃尔夫数学奖得主及其建树与见解》⑤（现已修订至第四版），以及李心灿与其他学者合编的《当代数学精英》⑥（已修订至第三版）分别介绍了当代极负盛名的 50 位沃尔夫数学奖得主和 43 位菲尔兹奖得主的生平与成就，以及获奖者对数学研究、数学教育等方面的独到见解，展现出当代数学发展的某些前景和规律。

（六）数学原著的翻译整理

数学原著是世界数学史研究的基础，过去国内很少出版这方面的史料。中

---

① 解恩泽，徐本顺.世界数学家思想方法［M］.济南：山东教育出版社，1994.
② 张奠宙.现代数学家传略辞典［M］.南京：江苏教育出版社，2001.
③ 蔡天新.数学传奇——那些难以企及的人物［M］.北京：商务印书馆，2016.
④ 胡作玄，赵斌.菲尔兹奖获得者传［M］.长沙：湖南科学技术出版社，1984.
⑤ 李心灿.当代数学大师——沃尔夫数学奖得主及其建树与见解［M］.北京：高等教育出版社，1994.
⑥ 李心灿.当代数学精英［M］.上海：上海科技教育出版社，2019.

国科学院自然科学史研究所数学史组与数学研究所数学史组联合编译的《数学史译文集》和《续集》，是向国内学术界提供西方数学原始资料的一种尝试，其中有希尔伯特《数学问题》、F.克莱因《埃尔朗根纲领》等有划时代意义的文献。

1998年，李文林编译的《数学珍宝——历史文献精选》[1]是国内第一本数学原著选译，选取数学历史文献之精华100篇，这些珍贵文献或是代表了一个新的数学分支的肇兴，或是体现了一种数学思想方法的产生，或是说明了一些重大数学问题的提出和解决。各文前有编者按语，把这些按语综合起来就可以勾画出数学思想发展的简明脉络。2019年，由李文林组织翻译出版了霍金主编的数学原著集《上帝创造整数——改变历史的数学名著》（上、下册）[2][3]，这些都为读者进一步查阅原始著作提供丰富线索，是数学史基础建设的系统工程。

1990年以来，陆续出版的外国数学重要原著有：欧几里得《几何原本》[4]（兰纪正、朱恩宽译，1990年、2003年）、《阿基米德全集》[5]（朱恩宽、李文铭等译，1998）、阿波罗尼奥斯《圆锥曲线论》[6][7]（朱恩宽、张毓新、张新民、冯汉桥等译，2007年、2014年）、笛卡儿《几何》（袁向东译，1992年、2008年）[8]、牛顿《自然哲学的数学原理》（赵振江译，2006年）[9]、傅里叶《热的解析理论》（桂质亮译，1993年）[10]等。这方面的工作还亟待各方面协力推进。

（七）工具书

1994年，《自然科学发展大事记·数学卷》，由梁宗巨、李文林、袁向东、

---

[1] 李文林.数学珍宝——历史文献精选［M］.北京：科学出版社，1998.
[2] 霍金.上帝创造整数——改变历史的数学名著（上）［M］.李文林，等，译.长沙：湖南科学技术出版社，2019.
[3] 霍金.上帝创造整数——改变历史的数学名著（下）［M］.李文林，等，译.长沙：湖南科学技术出版社，2019.
[4] 欧几里得.欧几里得几何原本［M］.兰纪正，朱恩宽，译.西安：陕西科学技术出版社，2003.
[5] 阿基米德.阿基米德全集［M］.朱恩宽，李文铭，等，译.西安：陕西科学技术出版社，1998.
[6] 阿波罗尼奥斯.圆锥曲线论（1—4卷）［M］.朱恩宽，张毓新，张新民，等，译.西安：陕西科学技术出版社，2007.
[7] 阿波罗尼奥斯.圆锥曲线论（5—7卷）［M］.朱恩宽，冯汉桥，郝克琦，译.西安：陕西科学技术出版社，2014.
[8] 笛卡儿.几何［M］.袁向东，译.武汉：武汉出版社，1992；北京：北京大学出版社，2008.
[9] 牛顿.自然哲学的数学原理［M］.赵振江，译.北京：商务印书馆，2006.
[10] 傅里叶.热的解析理论［M］.桂质亮，译.武汉：武汉出版社，1993.

孙宏安、王青建编写，收入从远古到 20 世纪 60 年代末数学发展的重大事件，是国内第一本数学史年表。

杜瑞芝、王青建、孙宏安等编著的《简明数学史辞典》①（1991 年）是国内第一部较为系统的大中型综合性数学史工具书，收录 11 个门类的历史条目 840 多个。《数学史辞典》②（2000 年）在《简明数学史词典》的基础上，积十年之成果扩充而成，辞条数增至 1270 多个，字数达 126 多万字。王梓坤院士称之为"十分重要的工具书……是数学史方面的一部高水平的学术著作"，此书还获得了第四届国家辞书奖二等奖（2001 年）。在《数学史辞典》基础上杜瑞芝等对所有辞条重新审定，或增加或修改或重新撰写，编写了《数学史辞典新编》③（杜瑞芝主编，王青建、孙宏安副主编，2017 年），收录了与中外数学相关的内容共 14 个门类，有关辞条共约 1580 个。

三、人才培养，薪火相传

硕、博士研究生是学科发展的后备力量，1981—1990 年间，近现代数学史方向的硕、博士毕业生比较少，只有 1988 年以论文《论莱步尼茨的科学观与自然观》（孙小礼指导）取得北京大学硕士学位的张祖贵；1990 年以论文《早期群论思想的历史演变》（杜石然、胡作玄、王国政指导）取得中国科学院研究生院硕士学位的邓明立。1990 年以来，尤其是步入 21 世纪之后，近现代数学史方向的硕、博士研究生逐渐增多，人才培养逐渐形成可观的规模。在近现代数学史人才培养方面，中国科学院、西北大学、河北师范大学贡献最为突出。

（一）中国科学院引领近现代数学史的研究

1978 年，研究生招生制度一恢复，严敦杰、杜石然就开始招收硕士生。1982 年，中国科学院自然科学史研究所被国家学位委员会批准设立数学史博

---

① 杜瑞芝.简明数学史辞典［M］.济南：山东教育出版社，1991.
② 杜瑞芝.数学史辞典［M］.济南：山东教育出版社，2000.
③ 杜瑞芝.数学史辞典新编［M］.济南：山东教育出版社，2017.

士点。1984 年，以北京师范大学为首的八所高等学校，共同制定了《高校中、外数学史教学大纲（草案）》以及《数学史研究生培养方案（草案）》，并呈报给国家教委备案。自此数学史方向研究生培养工作逐步走上正轨。中科院数学研究所和系统科学研究所（现数学与系统科学研究院）作为数学一级学科学位授予权单位，从 1991 年起也开始招收数学史方向的博士研究生，成为国内近现代数学史人才培养的核心阵地。胡作玄、袁向东、李文林等在近现代数学史研究、传播以及人才培养方面不遗余力地大加倡导，贡献卓著。

胡作玄，中国科学院数学与系统科学研究院研究员。现已至耄耋之年，仍笔耕不辍，为我国近现代数学史研究和传播做出了突出贡献！胡作玄通晓英、法、德等多门语言，在近现代数学史研究领域涉猎广泛，研究深入，成果颇丰，发表研究论文 200 余篇，出版著作近 40 部。他的专著《近代数学史》每一章或每一专题都足以写成洋洋大观的宏篇，对当今蓬勃发展的近现代数学史研究是一笔不可或缺的财富！胡作玄史学修养之深厚、数学知识之渊博、数学眼光之敏锐、著作成果之丰硕，国内至今罕有可比。

袁向东，中国科学院数学与系统科学研究院研究员，主要从事数学史的研究和翻译，发表的论文涉及哥廷根学派、中国近现代数学发展等专题。另外，袁向东与李文林、冯绪宁等合作翻译、撰写多部数学史原著和数学科普著作，如《希尔伯特》（1982 年出版，2018 年收入大数学家传记丛书）、《三个女数学家》（1984 年）、笛卡儿《几何》（1992 年、2008 年）、《数学及其历史》（2011 年）、《数学问题》（2014 年）等，为数学史建设与数学文化的传播做出极大贡献。

李文林，中国科学院数学与系统科学研究院研究员，西北大学教授。1990 年，他经国务院学位委员会批准为博士生导师后，在中科院和西北大学两地先后指导数学史博士研究生近四十人，为我国培养数学史博士研究生人数最多，影响最大。徐泽林、曲安京、郭世荣、纪志刚、邓明立等均出其门，现已成长为数学史研究领域的中坚人物。李文林对近现代数学史研究和学科建设、人才培养付出了毕生的精力。

（二）近现代数学史研究在各高校逐渐展开

近现代数学史的研究在中国从几乎空白，到逐渐成为数学史研究的新趋势与新热点，离不开老一代学者砥砺前行，艰难开创。20世纪与21世纪之交，新一代研究力量正逐渐成长起来！在世界数学史研究方面，辽宁师范大学一马当先；在近现代数学史研究方面，西北大学、河北师范大学平分秋色。

梁宗巨，辽宁师范大学教授，首创我国世界数学史的教学与研究，国内第一位世界数学史方向硕士学位指导教师，培养了一批世界数学史专业人才，如杜瑞芝、王青建、孙宏安等，构建了辽宁师范大学世界数学史研究团队。该团队在世界数学史研究领域著作颇丰，贡献卓著。在梁宗巨作古之后，杜瑞芝、王青建接过世界数学史研究的火炬，在辽宁师范大学继续开展世界数学史的研究与学生培养工作。杜瑞芝，辽宁师范大学教授，1979年跟随梁宗巨读基础数学研究生，1981年毕业时对数学史产生极大兴趣，留校专职从事数学史研究与教学。王青建，辽宁师范大学教授，1982年考入辽宁师范大学数学系读数学史方向研究生，为梁先生指导的第一批硕士研究生。1996—1998年主持国家自然科学基金面上资助项目，是该基金第一个世界数学通史类的资助项目。王青建还较早提出数学史必须与数学教育相结合的问题，近些年对数学文化研究亦多有涉足。

西北大学科学技术史学科研究基础深厚，1986年获得自然科学史（数学史）硕士授予权，1990年获得自然科学史（数学史）博士学位授权，1997年调整为科学技术史一级学科博士点，2003年建立全国首批科学技术史博士后科研流动站。中科院的李文林1991年被聘为西北大学兼职教授（1997年改为双聘教授）后，一直在西北大学积极提倡近现代数学史的研究和学生培养工作。广泛的近现代数学史研究领域也逐渐引起西北大学教授曲安京的兴趣。曲安京，教育部长江学者特聘教授，2002年国际数学家大会45分钟邀请报告人，2016年当选国际科学史研究院院士。曲安京在2008年完成论著《中国数理天文学》之后，开始探足近现代数学史的研究，积极探索近现代数学史研究的新方法，基于"为什么数学"创造性地提出"重构路线图"的研究范式，在微分几何、泛函分析、概率论与数理统计、代数方程理论等领域的历史研究中取得一系列有新意的成果。西北大学现已是国内重要的近现代数学史人才培养基地之一。

国内近现代数学史的另一科研基地为邓明立领导的河北师范大学近现代数学史研究团队。邓明立，河北师范大学教授。自 20 世纪 80 年代至今，邓明立已在近现代数学史领域开展研究超过 30 年，是我国近现代数学史研究的主要成员之一。邓明立对 19、20 世纪的结构数学有深入研究与独到见解，带领研究生们在抽象代数，尤其是群论的几乎所有专题都进行了深耕细作，提出诸多富有创见的新观点，多年来的研究成果丰富。2016 年出版的《历史与结构观点下的群论》一书，将历史与逻辑结合在一起讲述群论，尝试破解群论"概念抽象，难以理解"的难题；另外，邓明立特别注重学科交叉，尤其是数学诸多分支学科的交叉。胡作玄和李文林都曾任河北师范大学数信学院兼职教授，在二位先生的多次悉心指导下，邓明立创建的河北师范大学近现代数学史研究团队逐渐成长起来，成为国内数学史研究特别是近现代数学史研究的重镇。

除西北大学与河北师范大学两大科研基地之外，近现代数学史研究在国内众多高校渐次展开，并取得了一定的科研成果。

四、学术交流，促进发展

学术会议是学术交流的有效方式。1981 年，在梁宗巨的建议和协助下，由中国数学会和中国科学技术史学会联合主办的第一次全国数学史学术讨论会在大连召开，会上决定成立"全国数学史学会"，即为现在的数学史学会。数学史学会为二级学会，分别隶属于一级学会"中国数学会"和"中国科学技术史学会"，正式名称是"中国数学会数学史分会"或"中国科学技术史学会数学史专业委员会"。数学史学会每四年举行一次数学史年会，进行学术交流和学会理事会选举。

数学史学会的建立，使全国的数学史工作者有了交流的平台，有了自己的组织，标志着数学史学术共同体的形成，对全国数学史的研究起了重要的推动作用。此后分别在河北、西安、上海、北京等地召开了"数学史学会年会"

共十次会议。自第四届（1994年）起开设世界和中国近现代数学史专场报告。

2005年，由全国数学史学会、西北大学主办的"第一届全国数学史与数学教育会议"在西安召开，闭幕式上决定成立全国数学史与数学教育学会。全国"数学史与数学教育"会议是系列会议，旨在研究和推进数学史在数学教育中的渗透和作用，为中国数学教育改革的发展做出独到的贡献。目前已召开八次会议。

除国内学术交流之外，我们也积极加强国际学术交流。1998年，全国数学史学会和华中师范大学联合主办的"数学思想的传播与变革——比较研究国际学术讨论会"在武汉举行，这是改革开放以来的首次大型数学史国际会议，英、美、德、法、俄、日、荷兰、丹麦等多国著名数学史家参加了此次会议，特别是国际数学史委员会连续三任主席（J. W. Dauben 教授、Kristi Andersen 教授、E. knobloch 教授）都参加了会议并作学术报告，为我国数学史领域国际交流与合作的良好开端。2000年，据陈省身先生的建议，吴文俊院士担任会议主席，中国数学会与西安交通大学联合主办了"20世纪数学传播与交流国际会议"，会议旨在提倡推动20世纪中西数学发展的比较及中国与欧美等西方国家的数学交流方面的研究，中、德、日30余位学者参加了会议。这对于认识现代数学的趋势和特点，促进数学研究与教育起到积极推动作用。2002年，国际数学家大会西安卫星会议——数学史国际会议在西北大学召开。会议包括数学的传播与交流；20世纪数学思想；中国及其邻国数学史，伊斯兰国家数学史三大主题。2010年，在全国数学史学会的积极倡导和组织下，由西北大学曲安京发起了"近现代数学史与数学教育国际会议"系列会议。迄今为止，西北大学已主办四次"近现代数学史国际会议"（分别为2010年第一届、2012年第二届、2014年"第三届近现代数学史与数学教育暨浙江近现代数学史国际会议"和2019年第五届），2017年"第四届近现代数学史与数学教育国际会议"由四川师范大学主办。一系列的国际会议加强了中国数学史学界和国际重要数学史研究机构和人员的交流和合作，有利于国内近现代数学史研究的深入开展。

另外，各高校、研究机构还主办了各类专题会议、讲座。如1998年中国科学院数学研究所主办的"中外联合数学史讨论班"；2011年中国科学院自然科学史研究所主办的"代数学史国际讨论会"；西北大学主办的"吴文俊近现代数学思想讲座"系列（2008—2015 年），西北大学 2016 年主办的"近现代数学史国际前沿问题高级研讨班"；山西师范大学 2019 年主办的"近现代数学史研究理论与实践工作坊"研讨会；上海各高校轮流主办的"上海数学史会议"；上海交通大学主办的"两至论坛"以及学会主办的"青年数学史学术研讨会"等等。

在国内外知名数学史专家、学者的大力支持与积极参与下，"数学史学术年会"的顺利召开，"数学史与数学教育""近现代数学史国际会议"以及系列专题会议的成功举办，加强了各高校之间的学术交流与合作，产生了深远的学术影响和良好的社会效果。通过会议上的交流与讨论，与会者产生新的思考，有利于进一步开展国内近现代数学史的深入研究。

五、展望未来，大有可为

数学科学作为一种文化，是整个人类文化的重要组成部分，更是推进人类文明的重要力量。对每一个希望了解整个人类文明史的人来说，数学史是必读的篇章。对今后近现代数学史的研究目标与研究方向，我们想提出几点建议，供大家参考。

1. 为历史而历史

作为历史的数学史，其主要任务是探究、澄清甚至恢复数学发展历史的本来面目，这是数学史工作者的基本工作。恢复历史的本来面目，一要发掘考证具体的数学知识演化过程，二要认清数学发展的主流。

2. 为数学而历史

数学史要为现实的数学研究服务，认清数学过去的"源"，才能深刻理解数学现在的"流"。

3. 为教育而历史

数学要为数学教育服务，帮助学生理解历史的概念、方法、思想；帮助学生体会活的数学创造过程；帮助学生了解数学的应用价值和文化价值；从而达到明确学生学习数学的目的，增强学习数学的动力的目的。

目前，无论是数学史研究，还是人才培养方面，我们都已取得显著成效。

随着从事近现代数学史研究人员的增多，新的研究成果不断涌现。近现代数学史研究也渐渐由粗转精，由粗线条、大框架的构架逐渐转为具体细节的描绘、思想发展脉络的探析。未来可做的研究还有很多：思想史研究、学科史研究、专题史研究、学派研究（如波兰数学学派、法国函数论学派、德国柏林学派、意大利代数几何学派、美国普林斯顿学派的研究在国内尚不充分）、人物研究、交叉学科等方面的研究仍然是研究的重点热门领域。尤其是学科间交叉应用与融合的历史研究正逐渐成为近现代数学史研究的重要主题。十九、二十世纪的数学成果丰硕，百花争艳，正逐渐成为数学史研究领域的新热点。

另外，对同一主题，我们还可以开展比较研究。从不同学者、不同国家和地区、不同文化背景等出发进行多角度的探讨、多维度的分析，从不同的视野和深度对原始资料进行解读。

这里特别强调，做近现代数学史切忌急功冒进。我们绝不仅是做某一学科的历史研究，更重要的是对数学的概况要有全面的了解，对数学的进展要有一定的认识，这样才能判断该学科在数学发展进程中的历史地位。另外，在数学上也要下功夫，懂数学才能做出好的数学内史研究。

不可否认，对西方数学史的研究客观上存在着资料、语言及文化背景上的困难，这就要求数学史研究人员自身的数学、语言及历史文化修养进一步提高，才能深化数学史的研究，加强对当前数学的理解。另外，如何通过第一手的原始文献，做出令欧美数学史界认可的、具有中国特色的近现代数学史研究，是我们需要不断努力的方向。

尽管有《自然科学史研究》《自然辩证法研究》《自然辩证法通讯》《科学技术哲学研究》等十余种国家顶级学术期刊给数学史方向提供了研究论文发表园地，但国内依然缺乏专业的数学史研究杂志。为研究人员创刊数学史杂志，传播学术信息，发表学术研究成果仍是目前亟待解决的问题。

科学给人以知识，历史给人以智慧！现代数学的体系犹如"茂密繁茂的深林"，使人"站在外面窥不见它的全貌，深入内部又可能陷身迷津"，数学史的作用就是指引方向的"路标"，给人以启迪和明鉴。数学史不仅研究过去，更要研究现在，预测未来！数学史的研究大有裨益，大有可为，方兴未艾！

第三节　中国近现代数学史研究

◎ 郭金海 [1]　陈克胜 [2]

（1 中国科学院自然科学史研究所；2 西北大学科学史高等研究院）

中国近现代数学史一般指 19 世纪中叶西方现代数学开始有系统地传入以来的中国数学发展史，是数学史的研究方向之一。对于这一方向，民国时期我国学者已有涉猎。1936 年，中国数学界元老、交通大学科学学院教授顾澄发表《四十年中数学之进步》一文，回顾了 1896 至 1936 年中国数学的发展情况，分析了这 40 年中国数学发展遇到的阻力。[①] 1947 年，复旦大学理学院院长李仲珩发表《三十年来中国的算学》，主要考察了此前 30 年中国重要的数学家和数学研究工作，指出中国已形成北京、天津、杭州、上海、南京、武汉 6 个数学研究中心。[②] 但民国时期，这一方向的研究十分薄弱。

1949 年中华人民共和国成立后，在有计划发展中国现代数学的背景下，摸清中国现代数学的家底成为时代的需要，中国现代数学史研究出现起色。1953 年，华罗庚于《科学通报》发表《中国数学现况介绍》一文，介绍了此前 25 年中国的数学研究工作。[③] 此后，以 1955 年创刊的《数学进展》为重要阵地，陆续刊登了关于数学各分支的综述性论文，也发表了关于现代数学分支在中国发展的文章。[④] 1959 年，由中国顶尖数学家执笔的《十年来的中国科学·数学》一书出版，总结了中华人民共和国成立 10 年来数理逻辑、数论、代数学、拓扑学、函数论、微分方程论、积分方程论、泛函分析、概率论、

① 顾澄.四十年中数学之进步［J］.交通大学四十周年纪念刊, 1936: 118–130.
② 李仲珩.三十年来中国的算学［J］.科学, 1947, 29（3）: 67–72.
③ 华罗庚.中国数学现况介绍［J］.科学通报, 1953,（2）: 1–5.
④ 刘秋华.1947 年以来中国现代数学史研究述评［J］.自然辩证法研究, 2011,27（7）:86–93.

数理统计、运筹学、计算数学、几何学 13 个现代数学分支领域的发展状况 [①]。但"文化大革命"发生后，形势急转直下，相关工作被迫中断。

1981 年，在中国数学会和中国科学技术史学会共同努力下，全国数学史学术讨论会举行，并于当年成立全国数学史学会，从而中国的数学史研究有了正规的组织机构和学术交流平台，但当时主要研究方向是中国古代数学史，中国近现代数学史研究基本处于停滞状态。到 20 世纪 80 年代后期，在众多中国数学家的呼吁和推动下，国内的中国近现代数学史研究逐渐步入正轨。本文以大量研究文献为基础，回望 1981 年迄今的 40 年国内的中国近现代数学史研究状况，以纪念数学史学会成立 40 周年。由于关于国内清代数学史研究的状况，本书另有专文综述，本文不赘述。

一、中国近现代数学史的综合性研究

中国现代数学史的综合性研究首推张奠宙的工作。1987 年，张奠宙以笔名莫由与许慎合作完成的《中国现代数学史话》，拉开了全国数学史学会成立以来的中国现代数学史综合性研究的序幕。1993 年，张奠宙将此书进行了扩充，出版《中国现代数学史略》，并将其最新研究成果纳入其中。从数学史学术规范的意义上来说，这两本著作并不是中国现代数学史的通史性著作，而主要是由人物和事件为主题的专题论文组成的论文集。此后，经过多年的持续研究，2000 年，张奠宙出版了《中国近现代数学的发展》，这成为较权威的中国现代数学史著作。该书全书分为 8 章、1 个结束语和 13 个资料性附录，其特点是：首先，该书线索清晰，体系严整。以人物和事件为中心，该书对中国现代数学做了较为合理的分期，并将重要人物和事件较为恰当地安排在有关章节中。其次，该书对每个时期中国数学的成就和基本特征做了比较客观的总结和概括。最后，该书资料丰富，并且利用了大量第一手材料。但是该书也存在不完善的地方，如某些重要的研究成果没有被参考，史料的引用

---

① 中国科学院编译出版委员会.十年来的中国科学·数学 [M].北京：科学出版社，1959.

和考订不完全；对中国现代数学思想的发展的讨论不太深入；对中国数学与社会的联系也讨论得不够多。除了上述著作外，科学技术史和相关期刊陆续刊登了中国现代数学史的综合性研究论文，作者主要有张奠宙、张弓、王元、张友余等。下面以年代为分期，作简要的介绍。

20 世纪 80 年代，主要有张奠宙和张弓发表的论文。张奠宙的《中国现代数学的形成（1850—1935）》[①]，阐述中国现代数学的形成以中国数学会的成立为标志，回顾从 1850 年以来中国数学前辈创业的历史足迹，总结历史经验教训，经历了清朝末年中国数学发展迟缓、辛亥革命和五四运动对数学的推动和 1930 年代中国现代数学事业的初步形成三个阶段。同年，张奠宙在《自然科学史研究》上发表《二十世纪的中国数学与世界数学的主流》[②]，回顾了 20 世纪中国数学的发展历程，指出中国现代数学水平同世界数学存在很大的差距，并总结历史经验教训，提出中国发展现代数学的观点。这两篇论文的成果后来都收录在其《中国近现代数学的发展》中。张弓以《中国现代数学发展概述》为题发表在《数学教学》上，通过与日本现代数学发展的比较，阐述自清朝末期以来中国现代数学发展的曲折过程，列举若干中国现代数学的成就，分析中国现代数学发展的制约因素，由此展望中国现代数学发展。[③] 实际上，这篇论文是在张奠宙的研究基础上进行概述、浓缩。

20 世纪 90 年代之后，中国现代数学史综合性研究的期刊论文逐渐增多，主要有王元、张友余等，但总的来说，篇数还是较少。王元撰写的《中国数学的现状和展望》，是将中国数学与数学发达国家做比较，并尝试进行评估，既看到中国数学的优点，又要认识中国数学的不足，以增强信心。[④] 张友余撰写的《从数字看 20 世纪上半叶现代数学在中国的发展》，将中国现代数学分为 5 个阶段，通过数据来说明 20 世纪上半叶的中国现代数学发展情况，认为现代数学在中国基本完成了从引入、播种，到开花、结果的过程，虽然数学

①　张奠宙.中国现代数学的形成（1850—1935）[J].科学、技术与辩证法，1986，（2）:54-57.
②　张奠宙.二十世纪的中国数学与世界数学的主流[J].自然科学史研究，1986，5（3）:274-280.
③　张弓.中国现代数学发展概述[J].数学教学，1985，（3）:7-9.
④　王元.中国数学的现状和展望[J].科学，1991，43（4）:260-276.

研究的力量仍很薄弱，但从当时的国情而言，成绩是巨大的。①

总的来说，中国现代数学史综合性研究篇幅较少，个中的原因可能是涉及现代数学本身和中国现代数学家成就评述的难度。

二、中国近现代数学社会史的研究

从社会发展的视角来研究中国现代数学史开展得比较晚，这主要是受数学史范式研究转变的影响和启发，并成为中国现代数学史研究主流方向。中国现代数学社会史的最早研究成果可能是美国数学史家道本周（J. W. Dauben），于1996年在西班牙的一次国际学术会议上的演讲，后来在学术期刊上发表。而国内较早的有杨忠泰和冶智英撰写的《中国现代数学的肇始——19世纪末20世纪初中国数学发展的历史考察》。该文通过对19世纪末20世纪初中国数学的社会建制状况和所取得的丰硕成果两方面的考察，认为从21世纪初开始，中国数学终于进入了从传统数学向现代数学的转换过程，并从数学发展的社会条件和内在规律等多方面分析了其历史成因。②进入21世纪后，中国数学史家从不同的研究视角来探讨中国现代数学发展与其社会因素，代表者主要有杨忠泰、卜晓勇、亢宽盈、汤彬如等。杨忠泰撰写的《中国传统数学向现代数学的转换及其成因》，对19世纪末20世纪初中国数学发展进行了历史考察，认为从20世纪初开始，中国数学终于进入了从传统数学向现代数学的转换过程，并从数学发展的社会条件和内在规律等多方面分析了其历史成因。③卜晓勇撰写的《中国现代数学精英师承关系及其特征状况研究》④，分析中国现代数学精英师承关系，揭示不同时期中国数学英才成长特点，早期数学精英的火种作用，继承者培养后学的扩张发展等师承作用，进而探讨中国近现代高级数学人才成长的一般规律。亢宽盈撰写的《20世纪上半叶中国高等数学教

① 张友余. 从数字看20世纪前半叶现代数学在中国的发展［J］. 高等数学研究 2004,7（1）：54-57.
② 杨忠泰，冶智英. 中国现代数学的肇始——19世纪末20世纪初中国数学发展的历史考察［J］. 宝鸡文理学院学报（自然科学版），1993,（2）：128-133.
③ 杨忠泰. 中国传统数学向现代数学的转换及其成因［J］. 科学技术和辩证法，2000,17（6）：26-30.
④ 卜晓勇. 中国现代数学精英师承关系及其特征状况研究［J］. 科学技术哲学研究，2009,26（4）：102-107.

育的体制化》认为：1913 年北京大学数学门招生标志着中国现代高等数学教育的正式开始，从这时到 20 世纪 20 年代末是中国高等数学教育体制的初创期。这一时期归国留学生在国内高校创建了不少的数学系，高校中还出现了一些数学方面的团体和刊物，到 20 世纪 20 年代末中国高等数学教育体制初见端倪。1930—1937 年是中国高等数学教育体制的形成期。这一时期全国数学系的规模不断扩大，随着归国留学生的日渐增多，高校师资力量也得到了加强，高校数学教学思想和教学方法也日渐成熟（这主要以清华大学、北京大学和浙江大学等的算学系或数学系为代表），许多高校在教学的同时还进行数学研究，并且还有几所高校开始培养数学专业硕士研究生，到 1937 年抗战全面爆发前夕中国高等数学教育体制已基本形成。1937—1949 年，中国高等数学教育体制又得到了进一步的发展。汤彬如撰写的《中国数学：从传统到现代之路》指出：中国传统数学在历史上曾经有过辉煌，但在 14 世纪中叶以后落后了，经过 17 世纪初和 19 世纪中叶两次西方数学的传入，1911 年辛亥革命后，中国才有了现代数学的开端。中国数学从传统到现代之路是：把学习和创造结合起来，把中国传统数学的优秀成果和现代数学结合起来，中国数学正在走向世界。[①] 魏善玲撰写的《留学生与中国现代数学学科的创建》认为，中国现代数学基本上是从西方移植过来的，这个移植过程也是我国数学留学先驱将西方现代数学知识传入中国的过程。自 19 世纪末开始，中国以育才于异邦的形式培养了大批数学人才。这些人才归国后在中国各大学创办数学系，编写数学教材，创办数学团体及科研机构，为国家培养了大批数学人才。可以说，这些归国人才为西方现代数学知识的传入与发展及中国现代数学学科的创建立下了汗马功劳。到 20 世纪中叶，中国现代数学已经在世界数学界占有重要地位，这与留学生在中国现代数学发展中起到的中流砥柱作用是分不开的。[②]

　　除了上述期刊论文之外，还有一篇博士论文，即西北大学博士学位论文《中国现代数学早期发展——经由期刊的传播与演进》[③]（2015 年）。该文通过

①　汤彬如.中国数学：从传统现代之路［J］.南昌教育学院学报，2004,19（1）：31-34.
②　魏善玲.留学生与中国现代数学学科的创建［J］.沈阳师范大学学报，2017，（2）：119-124.
③　亢小玉.中国现代数学早期发展——经由期刊的传播与演进［D］.西安：西北大学，2015.

期刊在中国的早期发展来考察中国现代数学，勾勒现代数学在近代中发展的历史转变，对期刊如何介入中国传统数学的消亡与西方数学的传入、数学期刊如何推动数学建制化的历史阶段划分，以及数学学科体系的生成、发展和期刊之间的关系进行分析。

总的来说，受科学技术史研究范式转变的影响，已有的研究更多地从社会等外部因素来分析和研究中国由传统数学向现代数学的转变、发展状况，试图探讨现代数学在中国发展的背后影响因素、规律和机制。

三、中国近现代数学组织、制度史研究

组织、制度的发展演变是科学建制化的重要组成部分。在现代数学史的研究中，组织、制度史的研究是不可或缺的内容。在中国现代数学组织、制度史研究方面，20世纪80年代以来，我国学者取得的成果较为丰硕，其中涉及大学数学系的成果占有相当的比例。1981年，清华大学校史编写组所撰《清华大学校史稿》论及清华大学数学系、西南联合大学数学系的发展情况。[①]1987年，张奠宙和许慎的《中国现代数学史话》介绍了南开大学、清华大学、浙江大学等高校数学系的创办情况。[②]1989年，南开大学校史编写组撰著的《南开大学校史（1919—1949）》述及1919—1949年南开大学数学系的教学、科研活动，以及培养的数学人才。[③]1993年，张奠宙的专著《中国现代数学史略》对《中国现代数学史话》做了增订，丰富了清华大学、北京大学等高校数学系的内容。[④]1996年，西南联合大学北京校友会编《国立西南联合大学校史：一九三七至一九四六年的北大、清华、南开》考察了西南联合大学数学系的历史。[⑤]1998年，萧超然等编《北京大学校史（1898—1949）》对全面抗

① 清华大学校史编写组.清华大学校史稿［M］.北京：中华书局，1981：184-193，341-342.
② 莫由，许慎.中国现代数学史话［M］.南宁：广西教育出版社，1987：32-52.
③ 南开大学校史编写组.南开大学校史（1919—1949）［M］.天津：南开大学出版社，1989：153-156，291，339.
④ 张奠宙.中国现代数学史略［M］.南宁：广西教育出版社，1993：43-68.
⑤ 西南联合大学北京校友会.国立西南联合大学校史：一九三七至一九四六年的北大、清华、南开（修订版）［M］.北京：北京大学出版社，2006：144-154.

战前和西南联大时期北京大学数学系的课程有所介绍。①

不仅如此，2000年以来我国学者关于大学数学系的研究逐渐增强。2000年，张奠宙所著《中国近现代数学的发展》，分专节考察了全面抗战前南开大学、清华大学和中央大学、北京大学、浙江大学等高校数学系的历史，西南联合大学数学系的数学活动。②同年，张玮瑛、王百强、钱辛波主编的《燕京大学史稿》以专节论述了燕京大学数学系的历史。③2013年，上海交通大学数学系所编《数学系八十年》回顾了交通大学数学系前80年的发展历程，介绍了顾澄、陈怀书、胡敦复、胡明复、范会国、武崇林等在该系工作过的教师生平，并收录了张友余、姜玉平、毛杏云、张克邦、向隆万、范援朝、季波、吴文俊等学者关于该系历史的论文与史料④。北京大学数学学科创建百周年庆典筹备委员会、筹备工作小组集体编写的《北京大学数学学科百年发展历程：1913—2013》，围绕北京大学数学系的发展演变，考察了1913—2013年北京大学数学学科的发展历程。⑤2015年，李仲来主编的《北京师范大学数学科学学院史》以编年形式梳理了该院院史，其中包括数学系时期的历史，并附有大量资料。⑥2016年，四川省数学会、四川大学数学学院主编的《四川数学史话文集》考察了四川大学数学系的源流和该系部分教师的生平事迹。⑦2019年，郭金海所著《现代数学在中国的奠基：全面抗战前的大学数学系及其数学传播活动》聚焦于北京大学、南开大学、清华大学、北平师范大学、浙江大学、武汉大学、中央大学的数学系，探讨了全面抗战前中国大学数学系的创建、发展经过与数学传播活动，综合呈现了现代数学在中国奠基的主要历程。⑧

①　萧超然.北京大学校史（1898—1949）（增订本）［M］.北京：北京大学出版社，1998：190-234，277-317，381-404.
②　张奠宙.中国近现代数学的发展［M］.石家庄：河北科学技术出版社，2000：57-92，136-139.
③　张玮瑛，王百强，钱辛波.燕京大学史稿［M］.北京：人民中国出版社，2000：265-271.
④　上海交通大学数学系.数学系八十年［M］.上海：上海交通大学出版社，2013.
⑤　北京大学数学学科创建百周年庆典筹备委员会，筹备工作小组.北京大学数学学科百年发展历程：1913—2013［M］.北京：北京大学数学科学学院（内部交流），2013.
⑥　李仲来.北京师范大学数学科学学院史：1915—2015［M］.北京：北京师范大学出版社，2015.
⑦　四川省数学会，四川大学数学学院.四川数学史话文集［A］.成都：四川大学出版社，2016.
⑧　郭金海.现代数学在中国的奠基：全面抗战前的大学数学系及其数学传播活动［M］.广州：广东人民出版社，2019.

20世纪90年代以来，还有一些关于大学数学系的个案研究和专题论文。如丁石孙、袁向东、张祖贵合作的《北京大学数学系八十年》，综合考察了北京大学数学系前80年的历史，对教师、课程、教材、研究工作都有探讨。[①] 亢宽盈在博士学位论文《留学生与中国现代数学的体制化（1901—1949）》中考察了全国大学数学系成立情况，探讨了浙江大学数学系、武汉大学数学系的教学与科研活动。[②] 张奠宙梳理了华东师范大学数学系初创时期的历史，考察了该系对全国高等师范院校数学教育发展所做的贡献。[③] 戴美政论述了西南联合大学数学系的发展情况，探讨了该系与北京大学、清华大学、南开大学3校数学系的渊源关系。[④] 刘晓婷的硕士学位论文《北京师范学院数学系史研究》考察了1954—1989年北京师范学院数学系的建立和发展历程。[⑤]

关于中国现代数学研究机构、数学社团，我国学者也开展了不少研究工作。1991年，刘洁民的论文《姜立夫先生和中央研究院数学研究所》，基于中国第二历史档案馆的档案，考察了中央研究院数学研究所的筹建经过与姜立夫所做出的重要贡献。[⑥]1992年，袁向东发表《功崇惟志，业广惟勤——记中国科学院数学研究所的成立》一文，以大量历史资料，重建了中国科学院数学研究所筹备处的主要活动和数学研究所的成立经过。[⑦] 张祖贵对中华人民共和国成立后的数学研究机构、中国数学会做过研究，研究成果被纳入董光璧主编的《中国近现代科学技术史》。[⑧] 李文林和王慧娟对中国科学院数学与系统科学院的历史做了系统的研究。[⑨] 任南衡和张友余通过系统收集史料，编著

① 丁石孙，袁向东，张祖贵.北京大学数学系八十年[J].中国科技史料，1993，14（1）：74-85.
② 亢宽盈.留学生与中国现代数学的体制化（1901—1949）[D].北京：中国科学院自然科学史研究所博士学位论文，1999.
③ 张奠宙.华东师范大学数学系的初创时期（1951—1960）[J].高等数学研究，2012，15（1）：118-120.
④ 戴美政.西南联大数学家的科学贡献与学会活动——探寻北大、南开、清华到联大的数学历程//西南联大研究所.西南联大研究：第3辑[A].昆明：云南教育出版社，2017：471-494.
⑤ 刘晓婷.北京师范学院数学系史研究[D].北京：首都师范大学，2008.
⑥ 刘洁民.姜立夫先生和中央研究院数学研究所[J].数学的实践与认识，1991，（3）：93-96.
⑦ 袁向东.功崇惟志，业广惟勤——记中国科学院数学研究所的成立[J].数学的实践与认识，1992，（4）：75-79.
⑧ 张祖贵.数学.董光璧主编.中国近现代科学技术史[M].长沙：湖南教育出版社，1997：1295-1320.
⑨ 李文林，王慧娟.中国科学院数学与系统科学研究院[M]//王扬宗，曹效业.中国科学院院属单位简史：第1卷上册.北京：科学出版社，2010：75-111.

了《中国数学会史料》[①]，编撰了中国数学会大事记。[②]杨乐和李忠对 1935 至 1995 年中国数学会 60 年的历史做了考察[③]。陈克胜在前人史料基础上撰写了《中国数学会史》。该书对民国时期的中国数学会作了系统的历史研究，考察和分析了中国数学会历届年会的情况，以及在中国数学会的领导下，中国数学所取得的成就。[④]张剑分析了中国数学会领导群体的社会结构及与上海的关系，对 1935 年中国数学会成立后在上海的活动做了探讨。[⑤]张友余对"五四"新文化运动时期的北京大学、北京高等师范学校、武昌高等师范学校的数理学会、南京高等师范学校数理化研究会做了较为深入的研究[⑥]，并对 20 世纪 30 年代前后的北平师范大学数学会及其《数学季刊》做了考察[⑦]。郭金海基于《北京大学日刊》和《北京大学数理杂志》，系统考察了北京大学数理学会的成立经过、活动、会务、消亡的原因。[⑧]

四、中国近现代数学人物研究

人物是科学活动的核心要素，研究科学史离不开对人物的研究。数学史研究自不例外。在中国近现代数学人物方面，20 世纪 80 年代中后期我国展开了有组织的大型的传记编写活动。在中国科学院的领导下，1991 至 1994 年科学出版社出版了 6 集本的《中国现代数学家传记》，共收入 61 位数学家的传记。[⑨]

①　任南衡，张友余.中国数学会史料［M］.南京：江苏教育出版社，1995.
②　任南衡，张友余.中国数学会大事记//杨乐，李忠.中国数学会60年［A］.长沙：湖南教育出版社，1996：13-67.
③　杨乐，李忠.改革开放再创辉煌——庆祝中国数学会成立六十周年//杨乐，李忠.中国数学会60年［A］.长沙：湖南教育出版社，1996：3-12.
④　陈克胜.中国数学会史［M］.重庆：西南师范大学出版社，2020.
⑤　张剑.学术与工商的聚合和疏离——中国数学会在上海［J］.近代史学刊，2005：105-120.
⑥　张友余."五四"时期的数理学会和数理杂志及人才成长//张友余.二十世纪中国数学史料研究：第1辑［M］.哈尔滨：哈尔滨工业大学出版社，2016：43-60.
⑦　张友余.三十年代前后的北平师大数学会和《数学季刊》［J］.数学通报，1994，（5）：38-40.
⑧　郭金海.新文化运动时期的北京大学数理学会［J］.自然科学史研究，2014，33（4）：494-508.
⑨　《科学家传记大辞典》编辑组.中国现代科学家传记.第1集［M］.北京：科学出版社，1991；《科学家传记大辞典》编辑组.中国现代科学家传记.第2集［M］.北京：科学出版社，1991；《科学家传记大辞典》编辑组.中国现代科学家传记.第3集［M］.北京：科学出版社，1992；《科学家传记大辞典》编辑组.中国现代科学家传记.第4集［M］.北京：科学出版社，1993；《科学家传记大辞典》编辑组.中国现代科学家传记.第5集［M］.北京：科学出版社，1994；《科学家传记大辞典》编辑组.中国现代科学家传记.第6集［M］.北京：科学出版社，1994.

1986 年 6 月，中国科学技术协会第三次代表大会决定编撰出版《中国科学技术专家传略》。目前，共有 2 卷为数学家传记。一卷是 1996 年出版的理学编数学卷 1，包括 39 位数学家[①]；另一卷是 2006 年出版的理学编数学卷 2，包括 37 位数学家。[②] 进入 20 世纪 90 年代，程民德主持编写了 5 卷本的《中国现代数学家传》，自 1994 年陆续出版，共收入 197 位数学家的传记。[③] 这些套书中的数学家大都于 1949 年后仍从事数学活动。这些传记侧重人物成长经历与数学成就的论述，为中国数学史提供了丰富的侧面。

除数学家单篇传记的合集外，20 世纪 90 年代以来，有多部以专著或口述史著作形式的数学家传记出版。其中，包括顾迈南《华罗庚传》[④]、王元《华罗庚》[⑤]、张奠宙、王善平《陈省身传》[⑥]、顾鹰《数学巨星陈景润》[⑦]、沈世豪《陈景润》[⑧]、陈竹如、李争光《困苦玉成：王梓坤》[⑨]、胡作玄、石赫《吴文俊之路》[⑩]、骆祖英《一代宗师："钝叟"陈建功》[⑪]、王晓军《中国现代数学教育先驱陈建功》[⑫]、王增藩《苏步青传》[⑬]，张剑、段炼和周桂发《一个共产党人的数学人生——谷超豪传》[⑭]、张维《数学泰斗熊庆来》[⑮]、杨静《在断了 A 弦的琴上奏出多复变最强音：陆启铿传》[⑯]、李福安《人生几何情系代数：万哲

① 中国科学技术协会编，王元本卷主编.中国科学技术专家传略·理学编·数学卷 1［M］.石家庄：河北教育出版社，1996.
② 中国科学技术协会编，王元本卷主编.中国科学技术专家传略·理学编·数学卷 2［M］.石家庄：河北教育出版社，2006.
③ 程民德.中国现代数学家传.卷 1［M］.南京：江苏教育出版社，1994；程民德主编.中国现代数学家传.卷 2［M］.南京：江苏教育出版社，1995；程民德主编.中国现代数学家传.卷 3［M］.南京：江苏教育出版社，1998；程民德主编.中国现代数学家传.卷 4［M］.南京：江苏教育出版社，2000；程民德主编.中国现代数学家传.卷 5［M］.南京：江苏教育出版社，2002.
④ 顾迈南.华罗庚传［M］.石家庄：河北人民出版社，1985.
⑤ 王元.华罗庚传［M］.北京：开明出版社，1994；王元.华罗庚［M］.台北：九章出版社，1995.
⑥ 张奠宙，王善平.陈省身传［M］.天津：南开大学出版社，2004.
⑦ 顾鹰.数学巨星陈景润［M］.长春：吉林文史出版社，2010.
⑧ 沈世豪.陈景润［M］.厦门：厦门大学出版社，1997.
⑨ 陈竹如，李争光.困苦玉成：王梓坤［M］.哈尔滨：哈尔滨出版社，2001.
⑩ 胡作玄，石赫.吴文俊之路［M］.上海：上海科学技术出版社，2002.
⑪ 骆祖英.一代宗师："钝叟"陈建功［M］.北京：科学出版社，2007.
⑫ 王晓军.中国现代数学教育先驱陈建功［M］.杭州：浙江大学出版社，2019.
⑬ 王增藩.苏步青传［M］.上海：复旦大学出版社，2005.
⑭ 张剑，锻炼，周桂发.一个共产党人的数学人生：谷超豪传［M］.北京：中国科学技术出版社，2014.
⑮ 张维.数学泰斗熊庆来［M］.昆明：云南人民出版社，2015.
⑯ 杨静.在断了 A 弦的琴上奏出多复变最强音：陆启铿传［M］.北京：中国科学技术出版社，2017.

先学术传记》①、吴明静《采数学之美为吾美：周毓麟传》②，宁肯、汤涛《冯康传》③，杜瑞芝主编《传奇数学家徐利治》④；邓若鸿和吴天骄访问整理的《走自己的路——吴文俊口述自传》⑤、袁向东和郭金海访问整理的《徐利治访谈录》⑥、《有话可说——丁石孙访谈录》⑦，杨静访问整理的《数海沧桑——杨乐访谈录》⑧、李文林和杨静访问整理的《我的数学生活：王元访谈录》⑨ 等。顺便提到，著名美籍华裔数学家丘成桐与史蒂夫·纳迪斯（Steve Nadis）合著有英文专著《几何人生：一位数学家对于宇宙隐藏着的几何的探索》（*The Shape of a Life: One Mathematician's Search for the Universe's Hidden Geometry*），为丘成桐的自传。⑩ 2021 年，此书被译为中文《我的几何人生：丘成桐自传》出版。⑪ 这些著作虽然详略程度、水平参差不齐，但都较为完整地展现了传主的数学人生，有助于了解传主所处时代的中国或世界数学发展情况。而且，以王元《华罗庚》为代表的部分著作在国内外学界和国内社会颇具影响。该书出版后，立即引起国内外学者特别是数学家的关注，至 1999 年 6 月共印刷和销售了约 25000 本。江苏省电视台还将该书改编成 8 集电视连续剧。中央电视台播放了两遍。⑫ 1999 年，该书英文版由世界著名出版机构施普林格出版社出版⑬。

　　20 世纪 90 年代以来，关于胡明复、华罗庚、陈省身、吴文俊等著名数学家，我国学者关注较多，发表大量论文。胡明复是我国第一位现代数学博士。

① 李福安 . 人生几何情系代数：万哲先学术传记［M］. 北京：科学出版社，2017.
② 吴明静 . 采数学之美为吾美：周毓麟传［M］. 北京：中国科学技术出版社，2018.
③ 宁肯，汤涛 . 冯康传［M］. 杭州：浙江教育出版社，2019.
④ 杜瑞芝主编 . 传奇数学家徐利治［M］. 哈尔滨：哈尔滨工业大学出版社，2019.
⑤ 吴文俊口述，邓若鸿，吴天骄访问整理 . 走自己的路——吴文俊口述自传［M］. 长沙：湖南教育出版社，2015.
⑥ 徐利治口述，袁向东，郭金海访问整理 . 徐利治访谈录［M］. 长沙：湖南教育出版社，2009.
⑦ 丁石孙口述，袁向东，郭金海访问整理 . 有话可说——丁石孙访谈录［M］. 长沙：湖南教育出版社，2013.
⑧ 杨乐口述，杨静访问整理 . 数海沧桑——杨乐访谈录［M］. 长沙：湖南教育出版社，2018.
⑨ 王元口述，李文林，杨静访问整理 . 我的数学生活：王元访谈录［M］. 北京：科学出版社，2020.
⑩ Shing-Tung Yau, Steve Nadis. The Shape of a Life: One Mathematician's Search for the Universe's Hidden Geometry. New Haven: Yale University Press, 2019.
⑪ 丘成桐，史蒂夫·纳迪斯著，夏木清译 . 我的几何人生：丘成桐自传［M］. 南京：译林出版社，2021.
⑫ 王元 . 华罗庚［M］. 南昌：江西教育出版社，1999.5.
⑬ Wang Yuan. Hua Loo-Keng: A Biography. Translated by Peter Shiu. Singapore, New York: Springer, 1999.

关于他的论文，不下 10 篇，涉及他的生平、数学成就、创办和主持大同大学的史事、参与创办中国科学社的活动、科学论思想、数学思想等。其中，包括夏安《中国科学事业的开路小工—胡明复》①《胡明复的生平及科学救国道路》②，张祖贵《中国第一位现代数学博士胡明复》③、范铁权《试论胡明复与中国科学社》④、张友余《甘当开路小工的中国第一位数学博士胡明复》⑤，钱永红、张友余《胡明复攻读博士学位考》⑥，李醒民《胡明复的科学论思想及其导源》⑦，宋晋凯、张培富《民国算学哲学反思之先声——胡明复算学思想探析》⑧ 等。

华罗庚和陈省身是 20 世纪中国最杰出的两位数学家。关于华罗庚的论文，有袁向东《华罗庚致陈立夫的三封信》⑨，郭金海、袁向东《清华大学聘华罗庚为数学系主任始末》⑩，亢小玉、姚远《〈学艺〉和〈科学〉扶持华罗庚典型个案研究》⑪，王扬宗《华罗庚在数学与政治的夹缝中》⑫，李文林《从蓝图到宏业——华罗庚的所长就职报告与中国科学院的数学事业》⑬，郭金海《1945 年华罗庚对中国发展计算机的建议及其流变》⑭《中央研究院与华罗庚对苏联的访问》⑮ 等。关于陈省身的论文，有张洪光《陈省身和现代微分

① 夏安.中国科学事业的开路小工——胡明复［J］.科学，1991，43（2）：123-127.
② 夏安.胡明复的生平及科学救国道路［J］.自然辩证法通讯，1991，13（4）：66-80.
③ 张祖贵.中国第一位现代数学博士胡明复［J］.中国科技史料，1991，12（3）：46-53.
④ 范铁权.试论胡明复与中国科学社［J］.河北大学学报（哲学社会科学版），2003，28（1）：78-82.
⑤ 张友余.甘当开路小工的中国第一位数学博士胡明复∥张友余.二十世纪中国数学史料研究：第 1 辑［A］.哈尔滨：哈尔滨工业大学出版社，2016：229-245.
⑥ 钱永红，张友余.胡明复攻读博士学位考∥张友余.二十世纪中国数学史料研究：第 1 辑［A］.哈尔滨：哈尔滨工业大学出版社，2016：246-248.
⑦ 李醒民.胡明复的科学论思想及其导源［J］.哲学分析，2018，9（2）：145-166，199.
⑧ 宋晋凯，张培富.民国算学哲学反思之先声——胡明复算学思想探析［J］.山西大学学报（哲学社会科学版），2019，42（2）：129-133.
⑨ 袁向东.华罗庚致陈立夫的三封信［J］.中国科技史料，1995，16（1）：60-67.
⑩ 郭金海，袁向东.清华大学聘华罗庚为数学系主任始末［J］.中国科技史料，2001，22（4）：368-375.
⑪ 亢小玉，姚远.《学艺》和《科学》扶持华罗庚典型个案研究［J］.编辑学报，2009，21（6）：485-487.
⑫ 王扬宗.华罗庚在数学与政治的夹缝中［M］∥丘成桐，等.改革开放前后的中外数学交流.北京：高等教育出版社，2018：83-93.
⑬ 李文林.从蓝图到宏业——华罗庚的所长就职报告与中国科学院的数学事业［J］.中国科学院院刊，2019，34（9）：1028-1035.
⑭ 郭金海.1945 年华罗庚对中国发展计算机的建议及其流变［J］.内蒙古师范大学学报（自然科学汉文版），2019，48（6）：479-489.
⑮ 郭金海.中央研究院与华罗庚对苏联的访问［J］.中国科技史杂志，2020，41（4）：496-509.

几何》①《二十世纪伟大的几何学家陈省身》②《陈省身数学业绩与数学思想初探》③，郭金海《陈省身在中央研究院数学研究所——张奠宙、王善平著〈陈省身传〉补正》④等。王喜亲还以《陈省身数学教育思想研究》为题，撰写了硕士学位论文⑤。关于华罗庚和陈省身，王作跃和郭金海发表了论文《跨国数学与迁徙：从第二次世界大战到冷战时期的陈省身、华罗庚和普林斯顿高等研究院》(Transnational Mathematics and Movements: Shiing-Shen Chern, Hua Luogeng, and the Princeton Institute for Advanced Study from World War II to the Cold War)。该文根据中美史料重建了陈省身和华罗庚在 20 世纪 40 年代访问美国普林斯顿高等研究院的经过。该文提出，陈省身和华罗庚在中美之间进行跨国迁徙时，他们的动机和选择比现有研究所呈现出来的更加复杂和多面，而且是社会、政治因素与个人、专业考量交织在一起的结果。⑥

　　吴文俊在拓扑学、数学机械化和中国数学史研究领域成就卓著。关于吴文俊的论文，有高小山、石赫《吴文俊院士的科学成就》⑦，纪志刚《吴文俊与数学机械化》⑧，胡作玄《吴文俊——从拓扑学到数学机械化》⑨《吴文俊工作的历史分析》⑩，李文林《古为今用、自主创新的典范——吴文俊院士的数学史研究》⑪，许康、何超《试论吴文俊与中国运筹学及数量经济学的渊源》⑫，郭书春《重温吴文俊先生关于现代画家对古代数学家造像问题的教诲——庆祝

①　张洪光 . 陈省身和现代微分几何 [J]. 中国科技史料，1988，9（3）：51-58.
②　张洪光 . 二十世纪伟大的几何学家陈省身 [J]. 中国科技史料，1994，15（4）：41-54.
③　张洪光 . 陈省身数学业绩与数学思想初探 [J]. 赣南师范学院学报，1996，（1）：1-6.
④　郭金海 . 陈省身在中央研究院数学研究所——张奠宙、王善平著《陈省身传》补正 [J]. 自然科学史研究，2006，25（4）：398-409.
⑤　王喜亲 . 陈省身数学教育思想研究 [D]. 呼和浩特：内蒙古师范大学，2008.
⑥　Zuoyue Wang, GuoJinhai. Transnational Mathematics and Movements: Shiing-Shen Chern, Hua Luogeng, andthe Princeton Institute for Advanced Study from World War II to the Cold War (J). Chinese Annals of History of Science and Technology, 2019, 3（2）：118-165.
⑦　高小山，石赫 . 吴文俊院士的科学成就 [J]. 高等数学研究，2001，4（3）：9-11.
⑧　纪志刚 . 吴文俊与数学机械化 [J]. 上海交通大学学报（社科版），2001，9（3）：13-18.
⑨　胡作玄 . 吴文俊——从拓扑学到数学机械化 [J]. 自然辩证法通讯，2003，25（1）：81-89、112.
⑩　胡作玄 . 吴文俊工作的历史分析 [J]. 高等数学研究，2009，12（4）：3-7.
⑪　李文林 . 古为今用、自主创新的典范——吴文俊院士的数学史研究 [J]. 内蒙古师范大学学报（自然科学汉文版），2009，38（5）：477-482、490.
⑫　许康，何超 . 试论吴文俊与中国运筹学及数量经济学的渊源 [J]. 内蒙古师范大学学报（自然科学汉文版），2009，38（5）：483-490.

吴文俊先生90华诞》[①]，郭世荣《吴文俊院士与我国高校数学史研究》[②]，罗见今《吴文俊院士关心珠算事业的发展》[③]，胡作玄《吴文俊工作的历史分析》[④]，徐泽林《和算成就对吴文俊中算史观的诠释》[⑤]，王渝生《吴文俊：从寓理于算到机器证明》[⑥]，邓明立、王涛《吴文俊早期与惠特尼的学术渊源》[⑦]，陈克胜《"拓扑地震"：吴文俊对拓扑学发展的影响》[⑧]，郭金海《中国科学院科学奖金评奖吴文俊折桂始末》[⑨]等。

20世纪90年代以来，关于王季同、陈在新、冯祖荀、黄际遇、胡敦复、姜立夫、熊庆来、杨武之、陈建功、苏步青、江泽涵、许宝騄、董铁宝、汤璪真等数学家和李俨、钱宝琮、严敦杰等数学史家，都有论文发表。如郭金海《从"九章"到"中国古算书"——王季同致李俨信解读》[⑩]《陈在新与〈四元玉鉴〉的英文译注》[⑪]，张友余《中国高等学校数学系第一位系主任冯祖荀》[⑫]《在大江南北创建高等学校数学系的黄际遇》[⑬]《中国数学会首任主席胡敦复》[⑭]、吴大任《姜立夫先生的生平和贡献——纪念姜立夫诞辰一百周年》[⑮]、

① 郭书春.重温吴文俊先生关于现代画家对古代数学家造像问题的教诲——庆祝吴文俊先生90华诞[J].内蒙古师范大学学报（自然科学汉文版），2009，38（5）：491-495.
② 郭世荣.吴文俊院士与我国高校数学史研究[J].内蒙古师范大学学报（自然科学汉文版），2009，38（5）：496-502.
③ 罗见今.吴文俊院士关心珠算事业的发展[J].内蒙古师范大学学报（自然科学汉文版），2009，38（5）：503-507、519.
④ 胡作玄.吴文俊工作的历史分析[J].高等数学研究，2009，12（4）：3-7.
⑤ 徐泽林.和算成就对吴文俊中算史观的诠释[J].上海交通大学学报（哲学社会科学版），2019，27（1）：82-95.
⑥ 王渝生.吴文俊：从寓理于算到机器证明[J].科技导报，2008，（1）：96.
⑦ 邓明立，王涛.吴文俊早期与惠特尼的学术渊源//纪志刚，徐泽林.论吴文俊的数学史业绩[A].上海：上海交通大学出版社，2019：207-218.
⑧ 陈克胜."拓扑地震"：吴文俊对拓扑学发展的影响//纪志刚，徐泽林.论吴文俊的数学史业绩[A].上海：上海交通大学出版社，2019：219-233.
⑨ 郭金海.中国科学院科学奖金评奖吴文俊折桂始末//纪志刚，徐泽林.论吴文俊的数学史业绩[A].上海：上海交通大学出版社，2019：234-245.
⑩ 郭金海.从"九章"到"中国古算书"——王季同致李俨信解读[J].广西民族大学学报（自然科学版），2015，21（1）：14-18.
⑪ 郭金海.陈在新与《四元玉鉴》的英文译注[J].中国科技史杂志，2005，26（2）：142-154.
⑫ 张友余.中国高等学校数学系第一位系主任冯祖荀//张友余.二十世纪中国数学史料研究：第1辑[A].哈尔滨：哈尔滨工业大学出版社，2016：183-195.
⑬ 张友余.在大江南北创建高等学校数学系的黄际遇//张友余.二十世纪中国数学史料研究：第1辑[A].哈尔滨：哈尔滨工业大学出版社，2016：196-209.
⑭ 张友余.中国数学会首任主席胡敦复//张友余.二十世纪中国数学史料研究：第1辑[A].哈尔滨：哈尔滨工业大学出版社，2016：210-225.
⑮ 吴大任.姜立夫先生的生平和贡献——纪念姜立夫诞辰一百周年[J].中国科技史料，1990，11（3）：44-57.

张洪光《中国现代数学的先驱——姜立夫》[1]、陶李《熊庆来与云南大学》[2]、杨绍军《熊庆来对云南大学的历史贡献》[3]、张莉《杨武之——中国当代杰出的数学教育家》[4]、王斯雷《纪念陈建功教授诞辰一百周年》[5]、刘鹏飞、卞显新《论陈建功对中国数学教育的贡献》[6]，黄友初《苏步青与数学教育》[7]、胡炳生《中国拓扑学的奠基人——江泽涵》[8]、张尧庭《许宝騄思想方法》[9]、王涛《董铁宝对中国计算数学的贡献》[10]、黄金子《汤璪真对绝对微分学中微分分配性质的改进》[11]、杜石然《从李俨先生的一些亲笔资料看他的生平和事业》[12]、邹大海《李俨与中国古代圆周率》[13]、徐义保《李俨与史密斯的通信》[14]、钱永红《钱宝琮先生的数学教育理念与实践》[15]、王渝生《科学史家严敦杰先生传略》[16]、郭金海《严敦杰与中国科学院自然科学史研究所》[17]等。关于顾澄[18]、萧君绛[19]民国数学家的数学活动、工作等，也有学位论文做了探讨。

关于中国现代数学家谱系和数学学派，近年我国学者也有研究。如陈克胜

① 张洪光.中国现代数学的先驱——姜立夫［J］.科学，1990，（3）：218-220.
② 陶李.熊庆来与云南大学//云南省纪念熊庆来先生百周年诞辰筹备筹备委员会.熊庆来纪念集——诞辰百周年纪念［A］.昆明：云南教育出版社，1992.16-31.
③ 杨绍军.熊庆来对云南大学的历史贡献［J］.云南教育，2002，（36）：14-17.
④ 张莉.杨武之——中国当代杰出的数学教育家［J］.科学技术与辩证法，2007，24（5）：89-93，112.
⑤ 王斯雷.纪念陈建功教授诞辰一百周年［J］.杭州大学学报（自然科学版），1993，20（3）：245-250.
⑥ 刘鹏飞，卞显新.论陈建功对中国数学教育的贡献［J］.长春师范大学学报，2017，36（12）：8-13.
⑦ 黄友初.苏步青与数学教育［J］.数学通报，2011，50（4）：6-8，11.
⑧ 胡炳生.中国拓扑学的奠基人——江泽涵［J］.中国科技史料，1995，16（1）：43-49.
⑨ 张尧庭.许宝騄思想方法［J］.曲阜师范大学学报，1993，19（1）：1-8.
⑩ 王涛.董铁宝对中国计算数学的贡献［J］.内蒙古师范大学学报（自然科学汉文版），2019，48（6）：499-503.
⑪ 黄金子.汤璪真对绝对微分学中微分分配性质的改进［J］.广西民族大学学报（自然科学版），2017，23（3）：28-32.
⑫ 杜石然.从李俨先生的一些亲笔资料看他的生平和事业［J］.中国科技史杂志，2020，41（2）：232-240.
⑬ 邹大海.李俨与中国古代圆周率［J］.中国科技史料，2001，22（2）：99-108.
⑭ 徐义保.李俨与史密斯的通信［J］.自然科学史研究，2011，30（4）：472-495.
⑮ 钱永红.钱宝琮先生的数学教育理念与实践［J］.数学教育学报，2010，19（2）：8-10.
⑯ 王渝生.科学史家严敦杰先生传略［J］.广西民族大学学报（自然科学版），2018，24（1）：9-14.
⑰ 郭金海.严敦杰与中国科学院自然科学史研究所［J］.自然科学史研究，2018，37（3）：315-326.
⑱ 杜良.顾澄数学译著与数学教育活动研究［D］.北京：中国科学院自然科学史研究所硕士学位论文，2017.
⑲ 黄金子.萧君绛与代数学在中国的传播［D］.北京：中国科学院自然科学史研究所硕士学位论文，2019.

研究了中国拓扑学家谱系，发表了论文《中国拓扑学家谱系与学术传统》，基于中国部分拓扑学家的学术谱系探讨了拓扑学的中国学术传统，得出拓扑学在中国已形成传统，并用以解释拓扑学在中国发展比较好的原因。[1] 李大潜和华宣积的论文《苏步青与中国微分几何学派》，研究了 20 世纪 30 年代，苏步青海外学成回国执教于浙江大学，在极其艰苦的环境中，创立了中国微分几何学派，后又在复旦大学努力将其发扬光大，由此培养了一批优秀的中国数学家，特别是微分几何学家。[2] 骆祖英的论文《陈建功与浙江大学数学学派》介绍了陈建功的生平事迹，阐述了他创立和发展浙江大学数学学派的史实和功绩[3]。薛有才、刘炜和彭佳的论文《浙江大学函数论学派 1928—1950 年的学术贡献》，从傅里叶级数在中国的研究概况、中国傅里叶级数的教育概况、中国傅里叶级数学者的师承脉络等方面讨论了 1928—1950 年浙江大学函数论学派对中国现代数学发展的贡献。该文指出，1928—1950 年，陈建功、王福春、卢庆骏、徐瑞云、程民德、项黼宸等浙江大学函数论学派学者在国外学术期刊发表傅里叶级数相关学术论文 84 篇，在国内学术期刊发表学术论文 25 篇，出版专著 1 部，获得国民政府学术奖项 4 项，培养数学硕士研究生 3 名。[4]

除此之外，20 世纪 90 年代以来陆续有我国著名数学家的纪念文集出版。其中，包括《熊庆来纪念集——诞辰百周年纪念》[5]《杨武之先生纪念集》[6]《数学泰斗世代宗师》[7]《一棵挺拔的大树：程民德先生纪念文集》[8]《文章道德仰高风——庆贺苏步青教授百岁华诞文集》[9]《纪念陈省身先生文集》[10]《传奇

[1] 陈克胜.中国拓扑学家谱系与学术传统［J］.自然辩证法研究，2019，35（5）：79-84.
[2] 李大潜，华宣积.苏步青与中国微分几何学派［J］.高等数学研究，2013，16（2）：1-6.
[3] 骆祖英.陈建功与浙江大学数学学派［J］.中国科技史料，1991，12（4）：3-11.
[4] 薛有才，刘炜，彭佳.浙江大学函数论学派 1928—1950 年的学术贡献［J］.浙江大学学报（理学版），2020，47（5）：521-530.
[5] 云南省纪念熊庆来先生百周年诞辰筹备筹备委员会.熊庆来纪念集——诞辰百周年纪念［M］.昆明：云南教育出版社，1992.
[6] 清华大学应用数学系.杨武之先生纪念文集［M］.北京：清华大学出版社，1998.
[7] 江泽涵先生纪念文集编委会.数学泰斗世代宗师［M］.北京：北京大学出版社，1998.
[8] 程民德先生纪念文集编委会.一棵挺拔的大树：程民德先生纪念文集［A］.北京：北京大学出版社，2000.
[9] 谷超豪，胡和生，李大潜.文章道德仰高风——庆贺苏步青教授百岁华诞文集［M］.上海：复旦大学出版社，2001.
[10] 丘成桐，刘克峰，季理真.纪念陈省身先生文集［M］.杭州：浙江大学出版社，2005.

第三章 世界数学史研究 253

数学家华罗庚：纪念华罗庚诞辰 100 周年》①《贴近人民的数学大师：华罗庚百年诞辰纪念文集》②《道德文章垂范人间：纪念许宝騄先生百年诞辰》③《论吴文俊的数学史业绩》④《吴文俊全集·附卷：回忆与纪念》⑤ 等。这些文集涉及所纪念的数学家的生平事迹，数学工作、交往、成就，或获得的奖励等多个方面，对了解和认识所纪念的数学家的数学生涯，具有重要史料价值。

五、中国近现代数学分支史研究

近现代数学分支史是近现代数学史的核心内容之一。20 世纪 80 年代以来国内学者进行了一些研究。1995 年，中国数学会成立 60 年，中国数学会组织20 余位著名数学家综述了现代数学多个分支在中国的发展情况或历程。研究成果包括丁石孙和冯克勤的《代数数论在中国》、万哲先的《矩阵几何》、马志明的《中国学者在随机分析领域的若干成果》、王元的《解析数论在中国》、王世强的《概型论对经典数学的应用》、石生明的《有限群模表示论研究在中国的开展》、石钟慈和林群的《有限元方法在中国》、刘应明的《Fuzzy 拓扑在中国》、严士健的《概率论在中国的发展概况和近年的若干进展》、陈希孺的《我国非参数统计研究的若干成果》、严绍宗和李炳仁的《泛函分析在中国的某些发展》、谷超豪的《混合型偏微分方程在中国》、周毓麟和郭柏灵的《力学与物理学中非线性发展方程的研究》、胡和生的《杨—米尔斯场、调和映照和孤立子的几何理论》、陈翰馥的《系统控制的数学理论在中国的若干发展》，程民德、邓东皋和龙瑞麟的《经典调和分析在中国的发展概况》。⑥

关于中国近现代数学分支史，还有一些专著出版，包括冯绪宁和袁向东《中国近代代数史简编》、陈克胜《民国时期中国拓扑学史稿》等。前书分 5

① 丘成桐，杨乐，季理真.传奇数学家华罗庚：纪念华罗庚诞辰 100 周年 [M].北京：高等教育出版社，2010.
② 徐伟宣.贴近人民的数学大师：华罗庚百年诞辰纪念文集 [M].北京：科学出版社，2010.
③ 许宝騄先生纪念文集编委会.道德文章垂范人间：纪念许宝騄先生百年诞辰 [M].北京：北京大学出版社，2010.
④ 纪志刚，徐泽林.论吴文俊的数学史业绩 [M].上海：上海交通大学出版社，2019.
⑤ 李邦和，高小山，李文林.吴文俊全集·附卷：回忆与纪念 [M].北京：龙门书局，2019.
⑥ 杨乐，李忠主编.中国数学会 60 年 [M].长沙：湖南教育出版社，1996：122-303.

章，系统考察了20世纪初至80年代代数学在中国的发展历程，介绍了曾炯、华罗庚、柯召、张禾瑞、段学复、王湘浩、严志达、周炜良、萧君绛、万哲先等我国在代数方面做出突出成就的中国数学家。① 后书论述了民国时期拓扑学在中国的发展情况，中国拓扑学家开展的教学、研究、学术交流、翻译活动，着重考察了中国拓扑学家的研究工作。②

六、中国近现代数学教育史和数学教科书研究

中国近现代数学教育是推动19世纪中叶以来中国数学发展的重要科学活动。数学教科书是供教师教学和学生学习数学用的主要教材，也是数学教育中知识传播的最主要的载体，对数学教育至关重要。因此，数学教育和数学教科书关系密切，数学教育史和数学教科书都是中国近现代数学史的重要研究对象。1987年，魏庚人、李俊秀和高希尧编著的《中国中学数学教育史》出版。该书是首部中国近现代数学教育史专著，分如下6个时期，探讨了1862年至1949年9月中国中学数学教育的发展情况：晚清兴办学堂时期（1862—1901年）、清末制定学制时期（1902—1911年）、民初中学四年制时期（1912—1922年）、"民国中期（上）——课程纲要时期"（1922年9月—1927年4月）、"民国中期（下）——课程标准时期"（1927年4月—1937年7月）、抗日战争和解放战争时期（1937年7月—1949年9月）。该书注重对数学教科书和数学参考书的研究，对各时期出版的数学教科书和数学参考书的种类、内容、形式等都有探讨。③

1989年，马忠林、王鸿钧、孙宏安和王玉阁在东北师范大学和辽宁师范大学给数学教育专业研究生讲课用的数学教育史讲义的基础上撰著了《数学教育史简编》。该书分上下两篇，上篇为"中国数学教育简史"，下篇为"外国数学教育简史"。上篇共9章，前6章论述先秦至清代鸦片战争前中国的数

① 冯绪宁，袁向东.中国近代代数史简编［M］.济南：山东教育出版社，2006.
② 陈克胜.民国时期中国拓扑学史稿［M］.北京：科学出版社，2014.
③ 魏庚人，李俊秀，高希尧.中国中学数学教育史［M］.北京：人民教育出版社，1989.

学教育，后 3 章分别对中国"近代数学教育"、"现代数学教育"与"新中国的数学教育"做了考察，均涉及数学教科书。该书将 1919 年"五四运动"作为"近代数学教育"和"现代数学教育"的分水岭。在内容上，纳入"新中国的数学教育"，是该书与上述《中国中学数学教育史》的主要不同之处，也是一个大胆的尝试。"新中国的数学教育"一章以 1949 年 10 月 1 日新中国成立以来数学教育大纲和数学教材的变革为线索，主要探讨新中国成立后 40 年的中学数学教育发展情况。①《数学教育史简编》于 1991 年出版，后经修订，更名为《数学教育史》于 2001 年再版。②

2011 年，内蒙古师范大学代钦与日本学者松宫哲夫的《数学教育史——文化视野下的中国数学教育》出版。该书共 10 章，后 3 章论述了"清末数学教育""民国数学教育""新中国成立后的数学教育"。这 3 章采用了作者收藏的大量第一手珍贵文献，展现了鸦片战争结束后 160 余年中国数学教育的概貌。"新中国成立后的数学教育"一章分 5 个阶段，重点考察了 1950 年以来的 50 余年中学数学教科书的变迁。③该书后经修订，更名为《中国数学教育史》于 2018 年再版④。李春兰对 1902—1952 年中国中小学数学教育思想史做了系统的研究，于 2020 年出版了专著《中国近现代中小学数学教育思想史研究：1902—1952》⑤。

除上述专著外，2009 年，吕世虎完成的博士学位论文《中国当代中学数学课程发展的历程及其启示》，以教学大纲、教材为线索，系统梳理了 1949—2000 年中国数学课程的发展历程，并通过对教学大纲、教材的定量和定性比较，揭示了中国当代中学数学课程发展的特点，分析了中国当代中学数学课程发展的历史对当今数学课程改革的启示。⑥在此基础上，2013 年，

---

① 马忠林，王鸿钧，孙宏安，等.数学教育史简编［M］.南宁：广西教育出版社，1991.
② 马忠林，王鸿钧，等.数学教育史［M］.南宁：广西教育出版社，2001.
③ 代钦，松宫哲夫.数学教育史——文化视野下的中国数学教育［M］.北京：北京师范大学出版社，2011.
④ 代钦.中国数学教育史［M］.北京：北京师范大学出版社，2018.
⑤ 李春兰.中国近现代中小学数学教育思想史研究：1902—1952［M］.呼和浩特：内蒙古大学出版社，2020.
⑥ 吕世虎.中国当代中学数学课程发展的历程及其启示［D］.长春：东北师范大学，2009.

吕世虎出版专著《中国中学数学课程史论》，系统研究了1862年至21世纪10年代初中国中学数学课程的发展历程，探讨了中国当代中学数学课程发展的特点及其启示。① 2016年，吕世虎指导曹春艳完成博士学位论文《民国时期中学数学课程发展研究》。该文考察了民国时期中学数学课程的发展历程、特点，以及对当今中国数学课程改革的启示。② 另有王敏博士学位论文《欧美对中国中小学数学教育的影响（1902—1949）》从清末民国时期发生教育变革的背景出发，系统探讨了1902—1949年欧美数学教育对中国数学教育的影响。③

中国近现代数学教科书，是近十余年来国内数学史界研究的一个热点，有大量论文问世。其中，有不少是博士和硕士学位论文。博士学位论文有陈婷的《20世纪我国初中几何教科书编写的沿革与发展》④、刘冰楠的《中国中学三角学教科书发展史研究（1902—1949）》⑤、张美霞的《清末民国时期中学解析几何学教科书研究》⑥、张彩云的《中国中学几何作图教科书发展史（1902—1949）》⑦、常红梅的《中国初中算术教科书发展史研究（1902—1949）》⑧、张冬莉的《中国数学教科书中勾股定理内容设置变迁研究（1902—1949）》⑨ 等。硕士学位论文有张伟的《中国近现代数学教科书发展史研究》⑩、王靖的《中国近现代高中立体几何教科书研究：1902—1949》⑪、张学锋的《清末民初小学算术教科书的演变——从〈笔算数学〉到〈共和国教科书·新算术〉》⑫、邹岩的《新中国成立以来我国高中教科书中函数内容60年

① 吕世虎.中国中学数学课程史论［M］.北京：人民教育出版社，2013.
② 曹春艳.民国时期中学数学课程发展研究［D］.兰州：西北师范大学，2016.
③ 王敏.欧美对中国中小学数学教育的影响（1902—1949）［D］.呼和浩特：内蒙古师范大学，2014.
④ 陈婷.20世纪我国初中几何教科书编写的沿革与发展［D］.重庆：西南大学，2008.
⑤ 刘冰楠.中国中学三角学教科书发展史研究（1902—1949）［D］.呼和浩特：内蒙古师范大学，2015.
⑥ 张美霞.清末民国时期中学解析几何学教科书研究［D］.呼和浩特：内蒙古师范大学，2018.
⑦ 张彩云.中国中学几何作图教科书发展史（1902—1949）［D］.呼和浩特：内蒙古师范大学，2019.
⑧ 常红梅.中国初中算术教科书发展史研究（1902—1949）［D］.呼和浩特：内蒙古师范大学，2020.
⑨ 张冬莉.中国数学教科书中勾股定理内容设置变迁研究（1902—1949）［D］.呼和浩特：内蒙古师范大学，2020.
⑩ 张伟.中国近现代数学教科书发展史研究［D］.呼和浩特：内蒙古师范大学，2008.
⑪ 王靖宇.中国近现代高中立体几何教科书研究：1902—1949［D］.呼和浩特：内蒙古师范大学，2012.
⑫ 张学锋.清末民初小学算术教科书的演变——从《笔算数学》到《共和国教科书·新算术》［D］.北京：中国科学院自然科学史研究所，2013.

演变研究》①、张涛的《温德华氏数学教科书之研究》②、卢鸿的《中国中学数学教科书翻译引进历史研究（1949—2001）》③等。这些论文有的是关于某一历史时期数学教科书的整体研究，有的是关于某一历史时期某一科目的数学教科书的考察，有的是关于某一人的数学教科书的研究，有的则是关于数学教科书中某一种知识的具体探讨，其中多数为关于中学数学教科书的研究。

七、结　语

上述所列文献基本上列举了自 1981 至 2021 年国内学者关于中国近现代数学史的研究成果，但可能还有一些遗漏。从总体来说，1981 年全国数学史学会成立之际，国内中国近现代数学史研究基础薄弱，基本处于停滞状态。近 40 年来，通过我国学者不懈努力，这一研究方向渐趋活跃，研究成果日益增多，其中关于中国近现代数学人物、数学教育和教科书的研究成就尤为显著。因此，可以说目前已出现初步繁荣的景象。

但不可否认，中国近现代数学史研究还有可深入的广阔空间。中国近现代数学史的综合性研究，至今还缺乏有深度的基于翔实的原始文献的全面、系统的通史性研究成果。中国近现代数学分支史的研究，仅有代数、拓扑等少数数学分支得到较为系统、深入的探讨。在中国近现代数学组织、制度史的研究方面，关于大学数学系、数学研究机构、数学社团的系统研究还比较有限。关于中国近现代数学教育史和教科书的研究，虽然研究成果比较丰富，但系统研究中华民国数学教育史、中华人民共和国数学教育史、中国中学数学教科书、中国大学数学教科书的专著尚未问世。因此，近 40 年来国内中国近现代数学史的研究虽然已取得长足的进步，但仍有待加强。

---

① 邹岩.新中国成立以来我国高中教科书中函数内容 60 年演变研究［D］.呼和浩特：内蒙古师范大学，2013.
② 张涛.温德华氏数学教科书之研究［D］.呼和浩特：内蒙古师范大学，2014.
③ 卢鸿.中国中学数学教科书翻译引进历史研究（1949—2001）［D］.呼和浩特：内蒙古师范大学，2020.

第四章　数学史与数学教育

第一节　中国特色 HPM 的发展道路

◎ 余庆纯 [1]　汪晓勤 [2]

（1 华东师范大学数学科学学院；2 华东师范大学教师教育学院）

数学史与数学教育（The Relations between the History and Pedagogy of Mathematics, 简称 HPM）是重要的数学教育研究领域之一。19 世纪，西方部分数学家、数学史家和数学教育家已经认识到数学史在认识数学本质、探析学习障碍、激发学习动机、涵养数理人文、助力教师发展等方面所具有的独特价值 [1]。1972 年，在英国举行的第二届国际数学教育大会（ICME-2）上，初步组建了"数学史与数学教学关系国际研究小组"。1976 年，该研究小组正式隶属于国际数学教育委员会（ICMI）。1980 年，北美、英国等部分地区陆续出版了 HPM 相关的通讯。1984 年，在第五届国际数学教育大会（ICME-5）上，首次将不同地域的 HPM 通讯整合为统一的国际性刊物《HPM 通讯》（*The HPM Newsletter*），收录国际 HPM 研究成果，交流学术发展动态。

在国内，HPM 的发展经历了"萌芽探索—整合发展—改革提升—融合赋能"四个历史阶段，逐渐从"为历史而历史"演化成"为教育而历史"。今天，国内 HPM 研究方兴未艾，正朝着理论研究多元化、教育实践实证化、技术赋能普及化的新趋势蓬勃发展。

欣逢中国数学会数学史分会（中国科学技术史学会数学史专业委员会）成立 40 周年，我们需要追溯我国 HPM 发展的历史轨迹，总结中国特色 HPM

---

[1]　汪晓勤，欧阳跃. HPM 的历史渊源［J］. 数学教育学报，2003（3）：24-27.

研究的经验，为新时代中国特色 HPM 研究与实践提供借鉴。

一、HPM 研究的历史嬗变

（一）国际背景

作为一个国际学术研究领域，数学史与数学教育研究早期可以追溯到公元前 4 世纪古希腊学者欧德摩斯（Eudemus）对早期数学史的系统性研究。18 世纪法国数学史家蒙蒂克拉（J. E. Moutucla，1725—1799 年）的数学史经典著作《数学史》(1758 年)、19 世纪德国数学史家康托尔（M. Cantor，1829—1920 年）的《数学史讲义》（1880—1908 年）对后世产生广泛的影响[①]。然而，早期的数学史家聚焦于数学历史本身，尚未关注数学史的教育价值。

直到 19 世纪，西方数学史家才开始关注数学史的教育价值。其中，法国犹太数学家泰尔康（O. Terquem，1782—1862 年）曾在 19 世纪 30—50 年代对关键的数学术语、数学家的生平事迹等历史进行考证。1855 年，泰尔康创办数学史专业刊物《数学文献、历史与传记通报》（后为《新数学年刊》的副刊），发表了系列教育取向的数学史文章，旨在为学校师生的数学学习服务。1891 年，美国著名数学史家、数学教育家史密斯（D. E. Smith，1860—1944 年）在密歇根州立师范学院开设数学史课程，且在其《数学史》（1923—1925 年）的前言中明确地指出："数学史已被公认为师范教育以及大学、中学学生博雅教育中重要的学科"[②]。后来，许多高等师范院校也纷纷开设数学史课程，将其作为重要的学位课程之一。

19 世纪，英国数学家德摩根（A. De Morgan，1860—1871 年）最早关注到数学错误的"历史相似性"，指出"人类数学思想的早期历史引导我们发现自己的错误，从这个方面来说，关注数学史是大有裨益的"[③]。史密斯在《初等数学的教学》中提出以史为鉴的数学教学观："数学史展现了不同方法的成败

---

① 汪晓勤. 泰尔凯：19 世纪前瞻的数学史家［J］. 自然辩证法研究，2002（8）：78-80，82
② Smith DE. A History of Mathematics［M］. Boston:Ginn & Company，1923: iii.
③ 汪晓勤. 德摩根：19 世纪的数学名师、数学家和科学史家［J］. 自然辩证法通讯，2001（1）：70-84.

得失，使得今人可以从中汲取思想养料，少走弯路，获得最佳教学方法"①。1932 年，德国数学家、数学教育家 F·克莱因（F. Klein，1849—1925 年）提出类似的数学家教学观，认为"科学的教学方法只是引导人们进行科学的思考，并不是一开始就接触冰冷的、经过科学洗练的知识系统。推广这种自然的真正科学教学的主要障碍就是缺乏历史知识"②。可见，数学史对数学教学具有重要的指导意义。

对于"为何"将数学史融入数学教学，许多学者进行了理论上的探讨。19 世纪末 20 世纪初，美国数学史家卡约黎（F. Cajori，1859—1930 年）撰写了《数学史》《初等数学史》等系列数学史书籍，生动形象地指出，数学的历史乃是"使面包与黄油更加可口的蜂蜜"，是"有效的教学工具"③④。从数学史的文化价值来看，美国数学家哈斯勒（J. O. Hassler，1884—1974 年）指出，数学史使得师生了解到数学的价值、数学与人类文明发展之间的密切联系⑤。此外，美国数学家米勒（G. A. Miller，1863—1951 年）认为"数学史使数学人性化"⑥，比利时-美国科学史家萨顿（G. Sarton，1884—1956 年）认为"数学史家的重要职责之一是解释数学的人性化"⑦，可见数学史还具有其独特的文化和德育价值，这与美国著名数学家、数学史家、数学教育家 M·克莱因（M. Kline，1908—1992 年）的教育思想不谋而合⑧。

回溯整个 20 世纪，欧美数学界逐渐认可教育取向的数学史对学生学力提升、教师专业发展等方面具有显著性的教育意义⑨：1. 学生方面，激发数学学习兴趣，形成动态的数学观，引导学生亲近数学、欣赏数学、热爱数学；2. 教师方面，有助于理解学生的认知障碍，解决数学教学中的问题，提升教学

① Smith D E. Teaching of Elementary Mathematics［M］. New York: The Macmillan Company，1900: 42–43.
② Klein F. Elementary Mathematics from an Advanced Standpoint［M］. London: Macmillan & Co，1932: 268.
③ Cajori F. The pedagogic value of the history of physic［J］. The School Review，1899，7(5): 278–185.
④ Cajori F.A History of Elementary Mathematics［M］. New York: The Macmillan Company,1917: v+233.
⑤ Hassler J O. The use of mathematical history in teaching［J］. Mathematics Teacher, 1929, 22(3): 166-171.
⑥ Miller G. A. History Introduction to Mathematical Literature［M］. New York:The Macmillan Company, 1927: 38–39.
⑦ Sarton G. The Study of the History of Mathematics［M］. Cambridge: Harvard University Press，1936.
⑧ Kline M.Mathematical Thought from Ancient to Modern Times［M］. New York:Oxford University,1972.
⑨ 汪晓勤，欧阳跃.HPM 的历史渊源［J］.数学教育学报，2003（3）: 24–27.

质量。

（二）国内发展

国内 HPM 的发展经历了四个历史阶段，即萌芽探索阶段、整合发展阶段、改革提升阶段、融合赋能阶段。

1. 1930—1984 年：萌芽探索阶段

回顾近现代中国数学史研究，著名数学史家李俨（1892—1963 年）、钱宝琮（1892—1974 年）两位先生不仅是我国现代数学史乃至整个科学史研究的开创者和奠基人，更是数学史教育的启蒙者和导师[1]。20 世纪 30 年代起，李俨先生的著作《中国算学史》（1937 年初版，1955 年修订）、《中国古代数学史料》（1954 年初版，1963 年修订）、《中国数学大纲》（1958 年）与钱宝琮先生的《中国数学史》（1964 年）等著作成了现代数学史教育的奠基性教材[1]。20 世纪 50 年代以来，我国数学史研究学者普遍分布于南北地区，深耕史学，共同发展。在我国北方，北京的中科院是数学史研究的大本营，除此之外，还有北京师范大学的白尚恕（1921—1995 年）、辽宁师范大学的梁宗巨（1924—1995 年）、内蒙古师范大学的李迪（1927—2006 年）、西北大学的李继闵（1938—1993 年）等；在南方地区，有杭州大学的沈康身（1923—2009 年）、上海的张奠宙（1933—2018 年）等一批数学史研究的专业学者[2]。以"钱、李"两位先生领衔的中国数学史研究团队兢兢业业、攻坚克难，通过考古发现与史料挖掘，系统地构建中国数学史研究的理论体系，开创了现代中国数学史研究的基本范式，奠定了中国传统数学在人类文化史上的重要地位。

20 世纪 50 年代至 80 年代，数学史家们逐渐关注数学史的教育研究。当时，我国高等院校数学史的教育主要聚焦在各类师范院校、个别大专院校数学系开设的数学史课程，一方面是为了践行爱国主义教育，培育新一代从事数学史研究的优质人才；另一方面是促进国内数学史教材编撰与修订工作，

---

① 傅海伦，贾如鹏. 试析我国高校数学史教育发展及研究现状 [J]. 高等理科教育，2005（4）：9-11.
② 张奠宙. 我国数学史全面融入数学教育的一个历史性标志 [J]. 数学教学，2017（8）：49-50.

推动我国数学史研究事业的不断发展。一时间，在中国数学史研究的深厚积淀的土壤中，高等教育阶段的数学史教育研究悄然萌芽，在筚路蓝缕的初期摸索中缓慢发展。然而，此时高等院校普遍关注"为历史而数学史"或"为数学而数学史"，对于"为教育而数学史"的研究相对比较滞后。

对于数学史与数学教育关系的探讨，我国数学史家、数学家曾做过初步探索。著名数学史家李俨、钱宝琮两位先生在开展中国数学史研究时，明确地指出：数学史研究要致力于服务数学教学。从事六十多年数学史研究和数学教育工作的钱宝琮先生提出"数学史研究的一个重要目标是为中学数学教师服务"，且关注学生的心理发展指出："中学高中年级数学教学注重演绎论证，低年级不妨利用直观与归纳法。高年级教学贵能知类通达、理想超脱；低年级但求能解决特例及实用问题，教学方法随学生之心理发展而异"[1]。

此外，中国科学院院士、数学家、数学史家吴文俊（1919—2017 年）也曾参与中学数学教育建设工作。1940 年，吴文俊毕业于国立交通大学（现上海交通大学），后在育英中学教书，兼任教务员。1941 年后，辗转来到培真中学工作，认真钻研中学数学教学，曾用多种方法讲授"负负得正"等内容。[2] 1984 年，受到中国古代数学思想启迪的吴文俊逐步从数学研究转向数学史研究，高瞻远瞩地鼓励全国各高等院校开设数学史课程，向青年一代普及古今中外的数学史[3]。可见，我国数学史与数学教育存在密切联系，不仅要立足高校数学史研究与教育，更应该关注基础教育阶段的师生需求。

20 世纪 30 年代至 80 年代初期，以李俨、钱宝琮为代表的我国老一辈数学史家，不仅是现代数学史乃至整个科学史研究的开创者，更是我国数学史与数学教育研究在"萌芽探索"阶段的启蒙者与奠基人。此后，越来越多的史学研究者们关注到教育取向的数学史研究，在"为历史而数学史"的基础研究上，逐步转向"为教育而历史"。

① 钱永红.钱宝琮先生的数学教育理念与实践 [J].数学教育学报，2010（2）：8–10.
② 胡作玄.吴文俊 [A] // 程军德，王建军，等.中国现代数学家传 [M].南京：江苏教育出版社（第一卷），1994：377–400.
③ 吴文俊.在教育部主办的全国高校中外数学史讲习班开学典礼上的讲话 [A] // 吴文俊.中国数学史论文集（二）[C].济南：山东教育出版社，1986：3–7.

2. 1985—2002 年：整合发展阶段

据数据统计，1986 年，我国约有 40 所大专院校数学系开设了数学史选修课程，到 2001 年全国大多数高等院校已普遍开设数学史选修课程[①]。当时，高校数学史课程中选用的数学史教材内容丰富、种类繁多，既有数学史研究专著、经典数学名著译作、数学家传记，又有自编的数学史讲义、教学参考书等材料，如《世界数学史简编》（梁宗巨，1980）、《20 世纪数学史话》（张奠宙，1984）、《中国数学史简编》（李迪，1986）、《中算导论》（沈康身，1986）、《数学史教学导论》（骆祖英，1996）、《数学史选讲》（张奠宙，1997）、《数学史教程》（李文林，2000）等[①]。其中，国际欧亚科学院院士、我国著名数学史家、当代教育名家张奠宙的《20 世纪数学史话》（后修订为《20 世纪数学经纬》）[②][③]与著名数学史专家李文林的《数学史教程》（后再版为《数学史概论》）[④][⑤]两本数学史教育教学的必备经典教材令人印象深刻，都曾经历过反复打磨与修订，成为 20 世纪世界近现代数学史研究、中国当代数学史教育研究瑰璨星空中的闪闪明星。

20 世纪 80 年代，华东师范大学数学系张奠宙教授与赵斌老师合作，出版了国内首部系统地论述近现代世界数学史的著作《20 世纪数学史话》，广受好评。其以 30 篇精炼文章，翔实地介绍了 20 世纪国际数学的发展历程及其代表性数学流派、代表人物与重要事件[②]。正如浙江师范大学数学系骆祖英教授（1939 年至今）所言：两位学者以高昂的激情、坚强的毅力和精深广博的知识，把 20 世纪庞杂的数学梳理编制得井井有条，像一块琢磨得晶莹闪光的白玉……[⑥]。可见近现代世界数学史研究之艰难。20 世纪 90 年代至 20 世纪末，张奠宙先生到美访学，曾与陈省身、杨振宁等多位数学名家深入交流，认真追溯了 20 世纪国际数学史研究的历史演进轨迹：现代数学的开端时期（1900—1918 年）—哥廷根学派的黄金时期（1918—1933 年）—反法西斯

① 傅海伦，贾如鹏.试析我国高校数学史教育发展及研究现状［J］.高等理科教育，2005（4）：9-11.
② 张奠宙.20 世纪数学史话［M］.北京：知识出版社,1984.
③ 张奠宙.20 世纪数学经纬［M］.上海：华东师范大学出版社,2002：i-ii、427-434.
④ 李文林.数学史教程［M］.北京：高等教育出版社，2000.
⑤ 李文林.数学史概论［M］.3 版.北京：高等教育出版社，2011.
⑥ 骆祖英.向读者推荐一本难得的好书《二十世纪数学史话》［J］.教学与研究，1986（7）：43.

战争时期（1933—1945年）—战后美苏数学争雄（1945—1980年）—20世纪80年代以来的数学人物与事件（1980—2000年），出版了《20世纪数学经纬》一书①。书中，张先生在谈及"20世纪数学教育"时指出：1960年代前，大多数数学教育研究都是基于经验的思辨研究。对于数学教育研究的探索发展，他赞同弗赖登塔尔（Hans Freudenthal，1905—1990年）关于"数学教育研究"的鲜明观点，认为数学教育研究应该与数学研究一样，需要探讨数学教育的规律，提出新观点，增加新内容，努力在前人研究的基础上有所前进①。后来，张奠宙先生也在1996年第八届国际数学教育大会（ICME-8）上提到，尽管我国数学教育逐渐走向世界舞台，但国内的数学教育大多数关注"数学解题"研究，对于"数学史与数学教学"等国际研究课题的"本土化"研究，几乎无人问津②。

1988年秋，数学史家李文林先生基于在北京大学讲授数学史选修课的讲义，对远古到现代数学的东西方数学历史演进轨迹，进行全面翔实的梳理与扩充，出版《数学史教程》一书③。后进入千禧之年，《数学史教程》再版更名为《数学史概论》，成为我国高等院校开设数学史课程的重要参考教材。正如吴文俊先生在读书序言中写道，本书有同类史书不能企及的四个鲜明特点：（1）跨越时空，中肯述评；（2）忠于史实，兼叙兼议；（3）溯源史络，翔实介绍；（3）史评史论，精辟史观；（4）奇闻轶事，趣味盎然④。全书中西合璧、古今交融，以图文并茂的形式展现丰富生动的数学史实，是各类综合性大学、师范院校的数学史课程教学的必备工具书，在一定程度上推动了我国数学史与数学教育的整合发展。

20世纪70年代至21世纪初，吴文俊先生深耕于数学史研究领域中，在"两条主流"、"古证复原"、"古为今用"、"丝路精神"四个方面均有出色的研究贡献，成为自主创新的典范，引领继李俨（1892—1963年）、钱宝琮

① 张奠宙.20世纪数学经纬［M］.上海：华东师范大学出版社，2002：i–ii、427–434.
② 张奠宙.参加第八届国际数学教育大会的报告——中国数学教育正在走向世界［J］.数学教学，1996（5）：2.
③ 李文林.数学史教程［M］.北京：高等教育出版社，2000.
④ 李文林.数学史概论［M］.3版.北京：高等教育出版社，2011.

（1892—1974 年）先生之后的中国数学史研究的新局面[①]。吴文俊先生提出要将数学史写进中学数学教学大纲和教材，并积极推动"数学史与数学教育"成为数学学科六大主干专业之一[②]。20 世纪末，吴文俊院士基于数学史视角对我国基础教育阶段的数学教材建设、课程改革等方面，有理有据地论述了数学史与数学教育相互整合、相互促进的密切关系。

在教材建设方面，担任人民教育出版社顾问的吴文俊于 1986 年前后曾明确提出："把较高的基础知识有条件地适当地纳入较低的基础教材之内，已是一项提到教材改革日程上来的问题。无弃旧无以纳新……"此外，他还提到初等微积分应该处于最优先考虑的地位[③]。初等微积分纳入基础教材等弃旧纳新的建议，经过长时间的教育实践考验，逐渐纳入普通高中数学教材之中，延续至今。

在课程改革方面，1993 年在国家教委基础教育课程教材研究中心召开的数学家座谈会上，吴文俊先生认真严肃地说："中小学生的数学素质如何，直接会影响未来世纪的国家建设……数学教育改革一定要慎重考虑，一定要经过试验。"[④] 的确，基础数学教育的目标不是培育数学家，而是要培育学生适应未来社会生活的正确价值观念、必备品格和关键能力等方面的数学素养。对于问题解决、创新能力等数学教育热点问题，他认为：任何数学都要讲究逻辑推理，但这只是问题的一方面，更重要的是用数学去解决问题，解决日常生活中、其他学科中出现的数学问题。学校里给出的数学题目都是有答案的……但是将来到了社会上，所面对的问题大多是预先不知道答案，甚至不知道是否会有答案。这就要培养学生的创造能力，学会处理各种实际数学问题的方法[④]。对于公理与原理、传统几何、解析几何等课程改革内容，他认为：中小学的几何课程根本做不到、也没有必要追求欧几里得《几何原本》、希尔伯特《几何基础》那样的严密公理化，可以选择若干原理贯穿中

① 纪志刚，徐泽林.论吴文俊的数学史业绩 [M].上海：上海交通大学出版社，2019：1.
② 骆祖英.吴文俊与中国数学史研究 [J].中国科技史料，1993（2）：59–65.
③ 吴文俊.关于教材的一点看法 [A] // 吴文俊.吴文俊文集 [C].济南：山东教育出版社，1986：120–121.
④ 吴文俊.慎重地改革数学教育 [J].数学教育学报，2009，18（2）：1.

小学几何内容，并从原理出发严格推理或论证几何学的基础命题与结论[①]。他曾多次指出：中国古代的辉煌成就，说明了中国人民不但有高度的分析问题和解决问题的能力，还有高度的抽象能力，善于以广泛的实践为基础，提炼出有普遍意义的概念[①]，进一步提议在传统几何课程中引入"出入相补"这一重要原理。对于解析几何，他认为中学里结合解析几何方法学习平面几何值得做进一步研究，而是否在中学里渗透数学定理的机械化证明思想，需要谨慎[①]。

可见，吴文俊基于数学史的数学教育思想聚焦于"推陈出新"[②]，即夯实基础，开拓创新。正如吴先生本人所言：创新是要有基础的，新和旧之间是有辩证的内在联系[③]。此时，数学史与数学教育逐渐关注教育取向的数学史研究，强调以史为鉴，古为今用。

20世纪90年代，骆祖英教授在探讨"数学史的德育价值"时谈到：数学史是世界科技发展史的重要组成部分，有助于涵养爱国主义与国际主义教育；数学史是数学内部矛盾运动发展史，充满辩证唯物主义，有助于形成动态的数学观；同时，数学史是数学家奋斗拼搏史，展示着数学家为真理献身的精神人格[④]。可见，数学史中蕴含数学学科德育的丰富教学资源，对优化数学学习、完善道德人格、提高数学素养等方面具有重要的教育价值，因此数学史融入数学教学是践行数学学科德育、落实"立德树人"的有效途径之一。

20世纪末，我国台湾地区数学史与数学教育研究逐渐兴起。1996年，台湾师范大学数学系的洪万生教授受邀筹划举办千禧之年的第九届国际数学教育大会（ICME-9）的HPM卫星会议。1998年，洪万生教授创办《HPM通讯》，在其"刊首语"中记录着其创刊的赤子初心："本刊肩负着推动或促进HPM研究活动的使命"[⑤]，大大地推动了国际HPM研究走向本土化、特色化。

① 吴文俊.数学与四个现代化［A］//吴文俊.吴文俊文集［C］.济南：山东教育出版社，1986：122-125.
② 张奠宙，方均斌.研究吴文俊先生的数学教育思想［J］.数学教育学报，2009，18（2）：5-7.
③ 吴文俊.推陈出新 始能创新［N］.文汇报，2007-11-14.
④ 骆祖英.略论数学史的德育教育价值［J］.数学教育学报，1996（2）：10-14.
⑤ 洪万生.HPM发刊词［J］.HPM通讯，2000（1）：1.

21 世纪初，数学、数学史、数学教育界杰出的"三栖学者"张奠宙先生站在跨学科的学术领域交织点上，提倡我国数学教育要重视数学史的教育价值，并将数学史融入数学教学之中。2002 年，张先生在《数学教学》上创办"数学史与数学教育"栏目，大力推动基础教育阶段教育取向的数学史研究，积极探索中国特色 HPM 研究的实践道路。同年，华东师范大学数学系汪晓勤教授在《数学教学》上发表文章《你需要数学史吗》[1]，从一线数学教师"巧妇难为无米之炊"的教育现象引入，讲述了数学教师数学史知识匮乏所导致的系列"数学教学困境"，再以热爱数学的法国女数学家苏菲·热尔曼（Sophie Germain，1776—1831 年）、发明对数的英国数学家纳皮尔（J. Napier，1550—1617 年）与英国数学家布里格斯（H. Briggs，1561—1630 年）的"旷世之约"等趣味故事，阐述如何将"数学史素材"转化为"数学教学工具"，促进学生理解数学、欣赏数学、热爱数学。

20 世纪 80 年代至 21 世纪初，HPM 进入"整合发展"阶段，从"为历史而历史"转变为"为（高等）教育而历史"，且从高等教育阶段的数学史教育，逐渐关注到基础教育阶段的数学史融入数学教学的重要性与必要性。

3. 2003—2017 年：改革提升阶段

21 世纪初，HPM 理论与实践研究均有长足的改革提升。随着我国基础教育阶段数学课程改革，基础教育阶段逐渐倡导"数学文化"融入课程、教材与教学，"为（基础）教育而数学史"的热潮由此兴起。《普通高中数学课堂标准（实验）》建议在高中数学课程中，要在适当的内容中提出对"数学文化"的学习要求，设立"数学史选讲"等专题[2]。其在"课程基本理念"中强调"数学史与数学文化在数学教学中的重要作用"。

数学是人类文化的重要组成部分。数学课程应适当反映数学的历史、应用和发展趋势，数学对推动社会发展的作用，数学的社会需求，社会发展对数学发展的推动作用，数学科学的思想体系，数学的美学价值，数学家的创新精神。数学课程应该帮助学生了解数学在人类文明发展中的作用，逐步形

① 汪晓勤. 你需要数学史吗？［J］. 数学教学，2002（4）：3–5.
② 中华人民共和国教育部. 普通高中数学课程标准（实验）［M］. 北京：人民教育出版社，2003.

成正确的数学观①。

后来，著名数学史家李文林先生加入《全日制义务教育数学课程标准（实验稿）》修订组，关注数学史、数学文化融入义务教育阶段数学课程、教材、教学等方面，是数学史研究进入数学教育领域的一个标志性事件②。

2002 年 8 月，在天津师范大学举行了"第五届汉字文化圈及近邻地区数学史与数学教育国际学术研讨会"。这一国际学术研讨会自 1987 年举行首届会议以来，已是第五届了，尽管每届会议议题各有侧重，然而核心内容仍聚焦于汉字文化背景下的数学史与数学教育研究，强调探索与建构不同文化背景下的数学教育的理论基础、目标途径③。本届国际学术研讨会上，众多学者共同探讨东方古典数学研究、汉字文化圈的交流史研究，亚洲数学由传统向现代化发展的历史研究，亚洲数学教育的比较研究，为数学史研究者与师范院校相关专业的师生提供参考、借鉴③。当时，李文林先生在会议上做主题报告"数学史与数学教育"，其在北京大学、清华大学和首都师范大学等处开设的"数学史与数学文化"等选修课程的实践及其反思中，从四个方面总结数学史对数学教育的重要价值：数学史有利于帮助学生加深对数学概念、方法、思想的理解；帮助学生体会鲜活的数学创造过程，培养创造性思维能力；帮助了解数学的应用价值和文化价值，明确学习数学的目的，增强学习数学的动力；帮助树立科学品质，培养良好的科学精神③。在谈及"数学文化"时，李文林先生指出：在介绍中国古代数学成就时，要适当激励学生的爱国精神，但不能仅有"历史虚无主义"倾向，而忽略其他国家数学文化的独特贡献与相互交融③。因此，HPM 研究者需要实事求是地了解各国各地区数学文化的演进历程与历史贡献，古为今用，洋为中用，传承中国特色的传统文化，培育文化自信，品味多元文化。

2005 年，第一届全国数学史与数学教育学术研讨会（CHPM-1）在西北

---

① 中华人民共和国教育部.普通高中数学课程标准（实验）[M].北京：人民教育出版社，2003.
② 李文林.数学课程改革中的传统性与时代性——在第四届世界华人数学家大会中学数学教育论坛上的发言[J].数学通报，2008（1）：7，10.
③ 李文林.数学史与数学教育[A]//李兆华.汉字文化圈数学传统与数学教育[M].北京：科学出版社，2004：178-191.

大学召开，HPM 逐渐受到中国大陆教育界的关注。华东师范大学汪晓勤教授在会上报告了"HPM 研究的内容与方法"①，初步总结了 HPM 的一些研究课题与方法。当时，组委会的委员们还集体倡议，在全国范围内征集 HPM 教学案例。然而，当时国内 HPM 研究尚在起步阶段，数学史融入数学教学实践的时机尚未成熟，其教学案例征集无果而终。

2007 年 4 月，在北京师范大学举行"中国数学教育的传统及其现代发展"研讨会，为 2008 年在墨西哥举行的第 11 届国际数学教育大会（ICME-11）做好筹备规划。当时，中国科学院数学与系统科学研究院李文林研究员在会议上做主题报告《稳步前进，构建具有中国特色、和谐有度的现代数学教育体系——关于基础教育数学课程改革若干问题的思考》，指出 21 世纪数学课程改革的主要目的是：建立符合培养现代化人才需要的、具有我国鲜明特色的课程体系与教材体系②。

关于数学教育课程改革，李文林先生明确提出了四对基本关系：（1）历史继承与现实改革的关系，强调面对历史不能采取"虚无主义"，要在继承历史的基础上前进，实现改革发展；（2）知识传授与能力培养的关系，知识是能力培养的载体，而能力是发展又促进学生知识的深度学习与实际运用，两者相辅相成，共同促进学生的全面发展；（3）聚焦结果与重视过程，从历史角度来看，人类长期积累的知识应该有选择性地传授给新一代，不必事事重复前人的发现过程，应该在探究数学的过程中培养、发展创造力；（4）传统性与时代性，在义务教育阶段，欧氏几何的重要性在于培养学生逻辑推理素养，但并不要求学生完全掌握其公理化体系。过去对算法重视程度不足，随着计算机的发展，应当加强算法的学习与运用②。

2008 年，张奠宙先生提出数学教育中运用数学史知识，还需要提高社会文化意识，努力挖掘数学史料的文化内涵，特别是在数学教学中运用数学史知识时，不能简单地就事论事地介绍史实，而应该着重蕴含于历史进程中的

① 汪晓勤，张小明 . HPM 研究的内容与方法［J］. 数学教育学报，2006（1）：16-18.
② 李文林 . 稳步前进，构建具有中国特色、和谐有度的现代数学教育体系——关于基础教育数学课程改革若干问题的思考［J］. 数学通报，2007（5）：12-16.

数学文化价值，营造数学的文化意境，以提升数学教育教学的文化品位①。此后，基于数学史的数学文化研究逐渐兴起。

2009 年，山东师范大学傅海伦教授回顾近 20 年来数学史教育的演变发展，总结我国当前数学史教育的研究现状、存在问题与优化建议。研究现状方面，国内各类学校对数学史研究与教学参与程度明显提升，数学史教材、参考书（含译著）日益增多，学术交流不断加强，数学史与数学教育的结合逐渐起色。存在问题方面，我国高校数学史教学缺乏规范的教学大纲或教学计划，多数数学专业的大专院校（含教育学院）中有半数以上专业课程与数学史无关，教育取向的数学史教材相对匮乏，且数学史专业的教师缺口较大。优化建议方面，数学界、数学教育界要提高对数学科学史教育的重要认识，建构中国特色的高等教育阶段数学学科史课程，出台相关师范院校、教育学院中的数学专业数学史教学大纲与计划，加快数学科学史教材建设，引导中学数学教师定期进行规范的数学科学史培训②。因此，我国需要加大力度做好数学史与数学教育的课程变革，才能稳步地推进 HPM 教学实践，更好地适应 21 世纪多元人才的全面发展需要。

2010 年伊始，上海、浙江等地的教师相继开展数学史融入数学教学研究，形成了若干教学案例。2011 年，在第四届数学史与数学教育学术研讨会（CHPM-4）上，张奠宙先生再次积极提议：立足教育实践，开发系列 HPM 教学案例。后来，有更多的中小学一线教师陆续开展数学史融入数学教学的实践。

从前六届全国 HPM 学术研讨会（2005—2015 年）来看（见表 1-1），尽管关注 HPM 的教师日益增多，数学史融入数学教学的意义已成为人们的共识，但迄今为止，尚无成熟的研究方法，数学史"高评价、低运用"的现象依然普遍存在，且思辨议论颇多，实证研究不足；总结"为何"运用数学史的研究较多，探讨"如何"运用数学史的研究偏少。

---

① 张奠宙.关于数学史和数学文化 [J].高等数学研究，2008（1）：18-22.
② 傅海伦，贾如鹏.我国数学史教育和数学史研究的发展 [A] // 中国地方教育史志研究会，《教育史研究》编辑部.纪念《教育史研究》创刊二十周年论文集（4）——中国学科教学与课程教材史研究 [C].中国地方教育史志研究会，2009.

表 1-1 2005—2019 年全国 HPM 学术研讨会概览

届次	年份	地点
1	2005 年	西北大学
2	2007 年	河北师范大学
3	2009 年	北京师范大学
4	2011 年	华东师范大学
5	2013 年	海南师范大学
6	2015 年	中山大学
7	2017 年	辽宁师范大学
8	2019 年	上海交通大学

2017 年，被张奠宙先生誉为"我国数学史全面融入数学教育的一个历史性标志"[1] 的著作《HPM：数学史与数学教育》一书出版[2]，该书呈现了 HPM 的六个主题：(1) HPM 理论研究；(2) 教育取向的数学史研究；(3) 历史相似性的实证研究；(4) 数学史融入数学教材研究；(5) 数学史融入教学实践研究；(6) HPM 与教师专业发展，初步构建了中国特色的 HPM 理论，即一个视角、两座桥梁、三维目标、四种方式、五项原则、六类价值。

一个视角，是指 HPM 视角，即聚焦数学史与数学教育关系的视角。

两座桥梁，是指 HPM 视角下的数学教学沟通了"历史与现实"、"数学与人文"两座桥梁。前者统筹协调了历史序、逻辑序与认知序，展现数学史古今相连、古为今用，体现"以学生为本"的教学理念。后者将数学的学术形态转化为教育形态，使数学教学充满人文芬芳。两座桥梁交相辉映，共同保障良好的 HPM 教学生态。

三维目标，是指教师专业发展的三个重要维度，即知识、能力与信念。知识方面，借鉴教学取向的数学知识（Mathematical Knowledge for Teaching，简称 MKT）理论框架[3]，对教师学科内容知识与教学内容知识进行测评。能力方面，常常关注教师的教学设计能力、信息化教学能力等。信念方面，指教

[1] 张奠宙. 我国数学史全面融入数学教育的一个历史性标志 [J]. 数学教学，2017（8）：49-50.
[2] 汪晓勤. HPM：数学史与数学教育 [M]. 北京：科学出版社，2017.
[3] Ball D L, et al. Content Knowledge for teaching [J]. Journal of Teacher Education, 2008, 59 (5): 389-407.

师对数学、数学教学的价值观念，具体表现为理性精神、动态数学观、数学实用观等。

四种方式，是指数学史融入数学教学的四种方式——附加式、复制式、顺应式和重构式（见表 1-2）。在基础教育阶段，数学史融入数学教学的方式是多元的。若单一采用附加式，则容易出现低水平的教学效果；若综合运用后三种方式，则有助于提升更高层次的教学质量。可见，需要综合考虑教学实际，合理运用数学史料。

表 1-2　数学史融入数学教学的四种方式

运用方式	内涵界定
附加式	展示相关的历史素材或数学家图片，介绍某个数学主题的历史发展，讲述数学故事等，去掉后对教学内容没有影响
复制式	直接采用历史上数学的概念与术语、命题与证明、问题与求解等内容
顺应式	对历史上的数学问题、思想方法进行教育取向的史料改编或根据历史素材创设问题情境、编制数学问题等
重构式	借鉴历史，基于"历史序—逻辑序—认知序"，重构知识的发生、演进过程，促使融入数学史的数学教学自然而然

五项原则，是指选取数学史料的五项原则，即科学性、可学性、有效性、趣味性、人文性（见表 1-3），聚焦史料选取的重要性与必要性，彰显 HPM 教学特色。

表 1-3　数学史融入数学教学的五项原则

融入原则	具体要求
科学性	数史素材出处明晰，史料运用科学客观，符合史实
可学性	以"学生为本"，融入的数学史料接近学生的"最近发展区"，易于学生学习与提升
有效性	选取的史料对学生理解数学、运用数学等方面有所帮助
趣味性	选取的史料蕴含美学标准、智力好奇、趣味娱乐等因素，能够激发学生学习的兴趣与求知欲
人文性	选取的史料还原数学的火热思考、理性追求等人文风貌，展示古今中外数学演进的多元文化

六类价值，是指数学史融入数学教学有助于构建知识之谐，彰显方法之美，营造探究之乐，实现能力之助，展示文化之魅，达成德育之效。实践表明，HPM 教学在不同程度上体现了数学史的六类教育价值[1]。

此外，该书以生动有趣的教学案例，记录了 21 世纪以来我国高校研究者与中小学一线教师共同组成的"HPM 专业学习共同体（HPM Professional Learning Community，简称 HPMPLC）"从书斋到课堂、从经验到实证的 HPM 研究故事，紧密地将学术理论与教学实践融会贯通，促进学生学力提升，优化教师专业发展，具有"上通理论、下达实践"的学术特点，为职前与在职数学教育教育课程"数学史与数学教育"的建设奠定基础，为数学史融入数学教学提供有价值的指导。

2017 年，华东师范大学出台《加强教育实证研究，促进研究范式转型的华东师大行动宣言》，创建"教育实证研究论坛"，设立"教育实证研究优秀成果奖"，推动全国规范教育研究范式改革，提升社会教育科学研究水平，接轨国际教育研究[2]。在一定程度上，这促进了 HPM 研究方法的改进，推动了 HPM 教学实证研究的规范化。

4. 2018 年至今：融合赋能阶段

随着"互联网 + 教育"的蓬勃发展，数学史与数学教育研究逐渐转入"融合赋能"的历史新阶段，聚焦"为（实证）教育而历史"。

2018 年伊始，HPM 课例研究活动日益增多。3 月，依据上海市"立德树人"数学教育教学研究基地"充分发挥基地的师范、引领与辐射作用，加大培养优骨干教师力度"的宗旨，成立数学史与数学教育（HPM）工作室，组建高中、初中、小学三个基础教育学段的 HPM 教学专业研究团队，秉承着"为教师搭建一个专业发展平台，建立 HPM 学习共同体，立足教学课例研究，促进教师专业发展，推动基础数学教育质量"的教育理念，致力于工作室五个"一"的发展———一个 HPM 研究领域，一个 HPM 研究视角，一个 HPM

[1] Wang X, Qi C, Wang K. A categorization model for educational values of history of mathematics: an empirical study[J]. Science & Education，2017 (26): 1029–1052.
[2] 加强教育实证研究、促进研究范式转型的华东师大行动宣言[J]. 教师教育研究，2017, 29（5）: 2, 127.

专业学习共同体、一条 HPM 课例研究专业路径、一批 HPM 教学案例，共同促进全国 HPM 学习共同体交流研讨、资源共享与专业发展。

早在 21 世纪初，上海市教育科学研究院数学教育专家顾泠沅教授开展了基于数学学科的课例教学研究，依据"行动研究"的实证范式，总结数学教师教学特征与实践智慧，推进新世纪数学教师队伍的专业发展。[①] 可见，课例研究是教师专业发展的有效抓手。HPM 工作室是如何开展 HPM 课例研究呢？通常由高校 HPM 研究者与一线数学教师、教师教育者共同组建的 HPM 专业学习共同体针对特定的数学主题，聚焦具体的教学问题，经历选题与准备、研讨与设计、实施与评价、整理与写作 4 个基本环节（如图 1-1）[②]。教学中，以学生喜闻乐见的形式呈现数学知识的来龙去脉、再现历史上的数学思想方法、渗透数学学科德育，落实立德树人。在此过程中所形成的课例，简称为 HPM 课例。

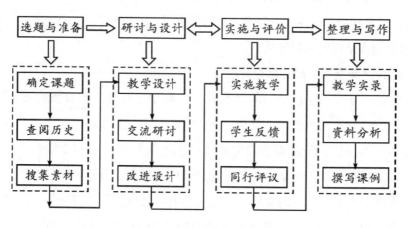

图 1-1　HPM 课例研究流程

（1）选题与准备。HPM 专业学习共同体依据教学重难点、教学进度、史料翔实程度等因素，共同选择课例主题。确定主题后，高校研究者依托原始

---

① 顾泠沅，王洁.教师在教育行动中成长——以课例为载体的教师教育模式研究［J］.全球教育展望，2003，32（1）：44-49.
② 汪晓勤.HPM：数学史与数学教育［M］.北京：科学出版社，2017.

一手文献与二手文献开展史料查阅，进行教育取向的数学史研究。同时，数学教师、教师教育者则搜集相关的教学素材，如以往教学设计、课例视频或教辅资源等。该环节中，HPM 专业学习共同体分工合作，各展优势。

（2）研讨与设计。数学教师聚焦该主题，自主开展史料研习与首版教学设计。接着，HPM 专业学习共同体交流研讨本主题涉及的历史材料、课标要求、教材顺序、教学实况、学情基础等相关内容，综合考虑历史序、逻辑序与认知序的有机统一，改进教学设计。本环节中，高校研究者与数学教师跨界交互，共享资源。

（3）实施与评价。HPM 课例实施分为试讲课、正式课。教学前后，常以问卷调查、深度访谈等形式收集学生反馈，而 HPM 专业学习共同体则在课后围绕"史料的适切性""方法的多元性""融入的自然性""价值的深刻性"等评价指标进行同行评议。之后任课教师进行微观的复盘，撰写课例教学反思，精炼教学设计。此时，HPM 专业学习共同体跨界融合，互联互通。

（4）整理与写作。任课教师撰写课例教学实录，依据 HPM 理论分析资料，撰写课例文章，以实证研究方法分析 HPM 课例研究过程中"数学史料的运用""教育价值的达成""教师知能的发展""专业学习共同体的协作"等维度，进行宏观性的总结。

可见，在"融合赋能"新阶段，我国 HPM 研究规范化教育取向的数学史研究、数学教育研究的实证方法与实践路径，依据中国特色的 HPM 理论体系，系统性地开展 HPM 课例研究过程，促进学生数学核心素养的培育，推动 HPM 学习共同体的专业成长，提升基础教育阶段 HPM"教—学—评"的一致性，为我国基础数学教育改革赋能！

2018 年起，HPM 国际、国内会议陆续举办，国际国内交流更上一个新台阶。2018 年 5 月，在台湾师范大学举行"台北—上海 HPM 数学史与教学双城论坛会议"，中国台湾的洪万生、苏意雯、刘柏宏教授与上海的汪晓勤、黄友初等教授围绕教育取向的数学史研究、数学史融入数学教科书研究、数学史融入数学教学研究、HPM 与教师专业发展等主题，展开深入的探讨交流。

2018 年 7 月，第八届数学教育中的历史与认识论欧洲暑期大学在挪威奥斯陆城市大学举行，本次会议共有 6 场大会报告，1 场大会专题讨论，20 场工作坊，52 场口头保持，1 场展览会，主要围绕教育取向的数学史、数学教育史、HPM 理论基础探讨、数学史融入教科书研究、HPM 课例开发与教学实践、HPM 与教师专业发展、HPM 与学生学习、HPM 与跨学科研究等主题，展现当前国际 HPM 研究趋势：着力历史研究，聚焦实践应用；立足本体知识，细化研究主题；重视信息技术，强调学科联系；夯实理论基础，拓展研究方法[①]。

同年 10 月，第三届华人数学教育大会（简称 CCME-3）在华东师范大学举行。大会"数学史与数学教育"分论坛共有 2 个邀请报告、33 个口头报告与 7 个壁报展示。报告与壁报内容共涉及 HPM 领域七类研究主题，分别为：（1）HPM 理论探讨；（2）数学教育史研究；（3）教育取向的历史研究；（4）数学史融入教材研究；（5）HPM 教学实践与案例开发；（6）HPM 与教师专业发展；（7）技术与 HPM。本次分论坛彰显出当前中国特色的 HPM 研究的若干特点：关注理论研究，注重史料挖掘；重视教学实践，聚焦专业发展；融入教育技术，助力学生学习[②]。

2019 年 5 月，在上海交通大学举行第十届中国数学会数学史分会学术年会暨第八届全国数学史与数学教育学术研讨会，本次会议主要分为"中国古代数学史研究""近现代数学史研究""西方数学史研究""数学史融入数学教育"4 个主题。其中，"数学史融入数学教育"主题的大会报告（见表 1-4）与分组报告聚焦张奠宙先生纪念、数学文化与数学教育、HPM 理论探讨、数学史融入课程与教学实践、基于数学史的数学学科德育、HPM 与大学教育、HPM 学术资讯等[③]，展现出新时期数学史与数学教育的深度融合、相互促进、动态循环的紧密关系，深化基础教育阶段 HPM 理论与实践研究，推进中国特色 HPM 研究的国际化发展。

---

① 孙丹丹，岳增成，沈中宇，等.国际视野下的数学史与数学教育——"第八届数学教育中的历史与认识论欧洲暑期大学"综述［J］.数学教育学报，2018，27（6）：92–97.
② 余庆纯，姜浩哲，沈中宇.第三届华人数学教育大会 HPM 分论坛综述［J］.数学教学，2019（4）：1–5.
③ 田春芝.第十届中国数学会数学史分会学术年会暨第八届数学史与数学教育学术研讨会纪要［J］.自然科学史研究，2019，38（2）：253–256.

表 1-4　第八届全国数学史与数学教育学术研讨会"数学史融入数学教育"主题的大会报告

报告主题	报告人	报告内容
挖掘数学文化进课堂：意义、路径与展望	中国教育科学研究院，李铁安	中小学数学教育、课程改革中存在的突出问题、数学文化内涵及其融入数学教学的意义、价值与策略
挖掘小学数学课程中的数学史，促进学生学习发展	西南大学，宋乃庆	研究数学史融入小学数学课程的内涵、意义与方式，旨在促进小学阶段学术数学学习的发展
数学教育与数学历史的连接：以 HPM 2020 为例	澳门大学，孙旭花	介绍 HPM2020 会议的筹备情况，倡导中国数学史与数学教育界研究学者与国际接轨，让世界数学史与数学教育界倾听到华人的声音
基于数学史的数学学科德育案例分析	华东师范大学，汪晓勤	基于数学史的数学学科德育分为理性、信念、情感与品质 4 个维度，深度解析 10 个初中 HPM 课例中蕴含的数学学科德育内涵，指明数学史融入数学教学是实施数学学科德育的有效路径之一

随着"互联网＋教师教育"的不断发展，首届"HPM 初中数学教师网络研修班"于 2019 年 8 月正式上线，开启"HPM 云教育时代"。HPM 网络研修班基于腾讯会议、微信、钉钉等网络研讨平台，开展史料解析、教学研讨、实践反思等线上交流，助力一线数学教师的专业发展。2020 年初，受全球新冠疫情的影响，全国实施"停课不停学"教育举措。为进一步维持全国 HPM 教学的正常开展，HPM 工作室立足上海，辐射全国，启动"线上—线下融合（ Online Merge Offline，OTO ）"的教研模式，为基础教育阶段高中、初中、小学三个学段开设公益性"HPM 数学教师网络研修班"，助力全国数学教师跨区实时、异地同步的网络化交流，保障后疫情时期全国数学教育教学的稳步推进。

21 世纪至今，数学史与数学教育进入"融合赋能"的历史新阶段，推动

HPM 国际、国内"双循环"研究的系统发展，以多元化 HPM 国际交流带动本土化国内 HPM 研究，以中国特色 HPM 研究丰富国际 HPM 的新时代发展。同时，微视频、GGB、希沃白板、问卷星等信息技术为 HPM 教学与测评研究插上腾飞的翅膀，承载数学史从"学术形态"到"教育形态"的转变过程，展现数学演进历程，可视化数学思想方法，及时掌握学生学情动态，优化教学形式，提高数学教学效率，推动信息化 HPM 教学的历史性嬗变，彰显"互联网 +HPM"的多元教育价值，赋能 HPM 研究领域蓬勃发展、欣欣向荣。

二、HPM 研究特征

当前，中国大陆的 HPM 研究方兴未艾，呈现出如下的基本特征：扎根历史，跨界融合；上通理论、下达实践；聚焦实证，技术赋能。

（一）扎根历史，跨界融合

歌德曾在《颜色理论序》说过："一门科学的历史就是这门科学本身"。数学史蕴含着数学学科丰富的教学素材和思想养料，是数学学科教育的重要基石。可见，历史研究是 HPM 研究的根基，在一定程度上决定着 HPM 研究的科学性、可学性。20 世纪 30 年代至今，我国 HPM 研究经历四个历史阶段，相继呈现了数学史与数学教育之间的四类互动关系（如图 1-2）。

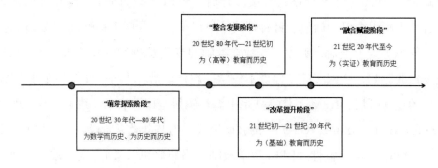

图 1-2 我国 HPM 研究四个重要的历史阶段

在"萌芽探索"的初期阶段，我国 HPM 研究主要关注纯历史研究，以数学史家李俨、钱宝琮为代表的我国老一辈数学史家聚焦"为历史而历史"、

"为数学而历史"，为国际 HPM 研究本土化奠定坚实的研究基础。20 世纪 80 年代至 21 世纪初期，国内 HPM 研究逐渐走进"整合发展"的新阶段，逐步关注数学史的教育价值，转向"为（高等）教育而历史"的时代嬗变。高等学府、大专院校数学系陆续开设数学史选修课程，其数学史教材内容丰富、种类繁多。当时，数学家吴文俊先生逐渐从"数学研究"转向"中国古代传统数学史研究"，在"两条主流""古证复原""古为今用""丝路精神"等方面均做出卓越的贡献，引领新时期我国数学史研究发展，同时助推我国数学教育课程、教材建设。张奠宙先生曾阐释了数学史的教育价值，积极提倡数学史融入数学教育教学，旨在探索中国特色 HPM 研究的实践道路，推动我国基础教育阶段新课程、新教材、新教学的世纪改革。21 世纪初至 21 世纪 20 年代，HPM 理论与实践研究进入"改革提升"阶段，聚焦"为（基础）教育而历史"，明确 HPM 研究内容与方法，探索基于数学史的数学文化内涵，强调古为今用，洋为中用，传承中国特色的数学文化，发挥数学文化的育人价值，兴起"数学文化"融入数学教育教学的浪潮。21 世纪 20 年代至今，走进"融合赋能"新阶段的 HPM 研究强调"为（实证）教育而研究"，推动基础教育阶段 HPM "教—学—评"的一致性，赋能我国基础数学教育发展。同时，HPM 国际、国内"双循环"研究的系统发展、基于信息技术的"互联网 + 教育"共同赋能国内 HPM 研究的可持续发展！

同时，对于 HPM 专业学习共同体来说，高校 HPM 研究者致力于教育取向的历史研究，聚焦理论化、国际化的数学教育洞见；一线教研员、数学教师则立足于数学课堂教学，提供本土化、实践化的数学教学智慧，二者均打破既定学科的传统边界，创造性地形成"中小学—大学"合作机制（School and University Partnership Mechanism，简称 SUPM）"，在相互交流、合作学习、共同发展中推动基础数学教育与高等数学教育的互融互通。此时，HPM 研究真正建构起"从书斋到课堂、从理论到实践"的教育新生态，有效地促进学生的学力提升、助力教师的专业发展，在"教学相长"的良性互动中不断发展。

（二）上通理论，下达实践

长期以来，HPM 研究普遍关注基于数学史的教育实践经验、数学史的教育价值等思辨性内容，缺乏科学性、系统性的 HPM 研究理论指导与实践路径。21 世纪以来，HPM 研究秉承"上通理论，下达实践"的理念，聚焦理论体系与实践经验的本土化。

在"为历史而历史""为（高等）教育而历史"的历史阶段，仅有零星的 HPM 知识。后借鉴国际 HPM 研究的"他山之石"，扎根在本土化的课例开发、教学实践与教师专业发展等主题的实践研究中，立足课堂教学、自下而上地逐步析出我国 HPM 研究本土化的概念内涵与理论指标，建构中国特色的 HPM 研究理论体系，即为"一个视角、两座桥梁、三维目标、四种方式、五项原则、六类价值"，彰显理论指导实践的重要性，这是 HPM 研究领域走向成熟的重要标志。同时，基于"历史相似性"的基本规律，将火热的数学史科学有效、生动有趣地融入数学教学实践，开展各学段系列 HPM 课例研究，培育学生的数学素养，推动教师的专业发展，丰富了 HPM 研究内容与教育价值。

（三）聚焦实证，技术赋能

21 世纪以来，实证研究一直是国际数学教育研究的主流趋势。作为国际数学教育知名学术研究期刊《数学教育研究杂志》（*Journal for Research in Mathematics Education*，简称 *JRME*）的主编，蔡金法教授曾基于数学教育的跨科学本质、理论框架、研究问题、研究方法、研究模式等方面，深入地论述了开展高质量数学教育实证研究的价值意义与实践路径[①]。在 HPM 研究领域中，普遍聚焦历史研究、行动研究、调查研究、个案研究、实验研究等实证研究方法，规范化 HPM 研究的科学性、客观性、有效性。

1. 历史研究。美国著名数学家、数学教育家 M. 克莱因（M. Kline）曾

---

① 朱雁. 对话 JRME 主编蔡金法教授：做实证的数学教育研究［J］. 数学教育学报，2015，24（6）：1-6.

说：数学史是教学的指南。在教育取向的数学史研究中，常常按照历史发展顺序对不同主题下的数学史料进行教育性解析的方法，以史为镜，古今对照，古为今用。如在教育取向的数学史研究，常常聚焦数学概念术语、定理命题、思想方法、问题解决等内容开展研究，如代数中"方程定义"、平面几何中"垂径定理"、解析几何中"双曲线方程""圆与椭圆"与三角学中"弧度制""高度测量"等主题内容，研究者往往基于原始文献、二手文献进行系统深入的历史研究。

2. 行动研究。在 HPM 领域中，行动研究常运用于数学史融入教学实践研究等方面。最早溯源到 2005 年，张小明曾基于"计划—行动—反馈—反思"的研究环节，开展中学数学教学中融入数学史的行动研究，总结四点发现：一是选取的数学史材料宜做适度的筛选和剪裁；二是教学设计需考虑"历史序—逻辑序—认知序"的有机统一；三是数学史引入中学数学教学的方式以"融入式"为主；四是师生均可自主拓展学习数学史料[①]。随着数学教学改革的落实，HPM 专业学习共同体逐渐聚焦数学史融入具体数学主题的行动研究，旨在改进 HPM 教学"高评价、低运用"的实践困局，优化学生数学学习，促进教师专业发展。

3. 调查研究。对于古今相似性的调查研究来说，往往采用抽样调查的方式，结合历史研究的初步发现，调查 HPM 教学中学生在学习数学过程的认识发展是否存在历史相似性，进一步参照数学史来测评、预测学生数学学习的认知水平，帮助学生有效地跨越认知障碍，提高数学学习效率，提升数学学习兴趣，这是"古为今用"地将数学史的史学形态转化为教育形态的有效途径。如在高中阶段，对于"切线"概念的理解一直是教学难点，在一项比较研究中发现：苏、沪、皖三地绝大多数高中生对切线的理解停留在古典几何阶段，需要依据公共点个数来判别切线，与古希腊数学家的理解相似；且对切线从"静态直观定义"到"动态分析定义"的过渡仍存在困难，表现出高

① 张小明，汪晓勤.中学数学教学中融入数学史的行动研究［J］.数学教育学报，2009，18（4）：89–92.

度的历史相似性①。

4. 个案研究。在 HPM 领域中，个案研究常运用于数学史融入教学实践研究、HPM 与教师专业发展等方面。HPM 课例教学中，常会以"单一课例"或"同课异构"的形式进行，因此对学生认知水平发展、教师专业发展的刻画便可通过一个或多个案例进行深度刻画、解析。如在一项数学史融入统计概念教学的个案研究中，研究 6 名八年级初中生教学前后的认知发展，研究发现：其中 5 名学生认知水平得到明显提升，仅有 1 名学生的认知水平与原先持平，可见数学史融入统计教学加强学生对统计概念的理解，提升学生的认知发展②。2013 年，基于个案研究，阐释了初中数学教师运用数学史融入教学后发生的系列转变：教师逐渐形成教学风格，提升批判性地解析、拓展教材的意识，对认知规律有更加深刻的理解，教学研究能力得以改善，这有力地实证了 HPM 促进数学教师专业发展③。

5. 实验研究。实验研究常运用于数学史融入教学研究中，关注数学史或数学文化融入教学前后对学生学习、教师教学等方面的影响。在一项应用数学史知识的教学研究中，在高等院校、高中、初中 3 所不同属性的学校中分别选择一名教师所带的两个基本条件相近的平行班（即实验班、传统班）开展教学实验研究，运用观察、问卷、考试等方式开展对应学段数学史融入教学的对比分析，发现数学史融入教学有 3 点显著的教学效果：一是听课时学生的精神状态显著改观；二是课堂教学效率明显提高；三是学习成绩显著上升④。

在"互联网＋教育"时代，技术推动信息化 HPM 研究。其中，HPM 专业学习共同体常常借助腾讯会议、钉钉、微信等技术媒介搭建网络学习社区，运用腾讯文档、思维导图等技术工具呈现教学设计、开展在线编辑，实施全国跨区、在线同步、实时交互的信息化课例研讨，助推基础数学教育与高等

① 何百通，汪晓勤．高中生对切线的错误理解［J］．数学教育学报，2013，22（6）：45-48.
② 吴骏．基于 HPM 教学的学生认知发展个案研究［J］．数学教育学报，2017，26（2）：46-49，91.
③ 汪晓勤．HPM 与初中数学教师的专业发展——一个上海的案例［J］．数学教育学报，2013，22（1）：18-22.
④ 高月琴，薛红霞，张岳洋，等．应用数学史知识的实验研究［J］．太原师范学院学报（自然科学版），2006（3）：36-38.

数学教育的交流互动。在 HPM 视角下的数学教学中，教师常结合几何画板、GeoGebra、希沃白板、流转笔记等信息化教学技术，再现数学家探寻概念公式、定理命题等曲折历程中的火热思索，或基于 PPT、数位板、白板等演示技术制作的 HPM 微视频、微课，生动地展示数学知识的来龙去脉、数学思想的古今传承，彰显不同时期、不同国家的数学文化，感悟文化之魅。

三、研究展望

HPM 是一个特色鲜明、前景广阔的学术研究领域，其横跨数学史与数学教育两个重要学科，在"历史与现实"、"数学与人文"的两座桥梁上，穿越时空，历览古今，赏析数理，品味人文，培育动态的数学发展观，领悟火热的数学思想方法。未来，HPM 专业学习共同体需要在以下几方面继续努力，进一步推动 HPM 领域的发展。

（一）夯实历史研究，完善理论体系

教育取向的历史研究，是数学史与数学教育研究的基础。对于 HPM 专业学习共同体中的高校 HPM 研究者来说，夯实历史研究是重中之重。研究者往往基于原始文献、二手文献等历史文本素材，聚焦数学概念术语、定理命题、思想方法、问题解决等内容，进行系统深入的历史研究，如代数中"方程定义"、平面几何中"垂径定理"、解析几何中"双曲线方程"、"圆与椭圆"与三角学中"弧度制"、"高度测量"等主题内容。其中，一手文献包括原始文献，如两河流域的泥板书、古埃及纸草书、东西方数学名著、英美早期教材等。二手文献包括数学通史、数学专题史、数学人物传记等。

吴文俊先生曾指出，我国历史研究要摒弃"辉格史（whig history）"的研究进路，在"反辉格史（anti-whig history）"史观的基础上坚持"古证复原"、"古为今用"等研究原则 ①。因此，教育取向的历史研究要始终坚持还原真实

① 吴文俊.我国古代测望之学重差理论评介——兼评数学史研究中某些方法问题［A］//吴文俊.吴文俊论数学机械化［M］.济南：山东教育出版社，1996：112-150.

的历史本源，站在数学史原著的历史情境下梳理数学史的来龙去脉，认真考量古人当时的知识基础、思想方法与数学工具，不能用现代的眼光研究过去，曲解古人研究数学的本意。在历史相似性研究中，需要把握"古为今用"的原则，借助历史研究体验数学家在探究发现、推理证明、应用推广等曲折漫长的探索过程，汲取古人克服认知障碍的历史经验，总结数学知识发展的认知规律。同时，基于学生认知与教师教学的双向教育需求，挖掘与中小学数学主题的相关数学史史料，展现数学发展的来龙去脉，实现数学文化"润物细无声"的多元教育价值。可见，教育取向的数学史料挖掘不仅 HPM 教学实践的指南，更是 HPM 理论建构的重要基石。

另一方面，高校 HPM 研究者要立足中国数学教育的基本国情，坚持构建、完善新时代具有中国特色的 HPM 理论体系，拓宽 HPM 研究主题，丰富 HPM 研究内涵，聚焦 HPM 理论"自下而上"的研究路径，这是理论指导实践、理论涵养实践的关键要义。

（二）聚焦教学实践，加强实证研究

HPM 教学实践，是数学史与数学教育研究的主体。张奠宙先生在谈及"数学文化融入数学课堂教学"时曾提出：如果数学课堂能够有广博的文化知识滋养，充满高雅的文化氛围，弥漫着优秀的文化传统，数学教学可以说达到最高境界了[1]。可见，基于数学史的数学教学实践不仅需要关注数学的知识源流，更要关注数学知识所蕴含的文化内涵，包括学科联系、社会角色、审美娱乐、多元文化的维度[2]。

对于 HPM 专业学习共同体中的一线数学教研员、教师而言，开展数学文化视角下的 HPM 教学实践，需要的数学史知识不仅仅是数学家的故事，而是拥有数学教材中有关概念、定理、思想方法产生和发展的历史知识，如勾股定理的证明、球体积公式的推导、三角公式的图说、幂和公式的发展、等比

---

[1] 张奠宙. 数学教育纵横 [M]. 南宁：广西教育出版社，2018：378–379.
[2] 余庆纯，汪晓勤. 基于数学史的数学文化内涵实证研究 [J]. 数学教育学报，2020，29（3）：68–74.

数列的求和……拥有必要的数学史知识，一线教师、教研员将会在从"学术形态"到"教育形态"转变的数学教学中，更加游刃有余地解决学生的困惑、疑问与好奇所带来的尴尬与无奈，并将数学教得更有趣一些、容易一些、快乐一些，引导学生去理解数学、欣赏数学、热爱数学[①]。

然而，囿于 HPM 教学实践的丰富性、内隐性与默化性，许多数学史深厚的教育价值未能在短期很好地展现，数学学科德育的熏陶未能有效地彰显，数学文化"以文化人"的涵养未能实时性、可视化地外显出来。因此，教育实证研究方法是 HPM 研究的"好帮手"，有效地基于实践 HPM 教学实践询证数学史的内涵表现、教育理念、运用方式、多元价值。

在 HPM 研究领域中，常常扎根于一线教学，层层抽象出 HPM 教育教学的理论框架、实践方式与评价指标等，因此在 HPM 领域中诸如历史研究、行动研究、个案研究等相关的质性研究较多，量化研究相对较少。尽管量化研究中，也有调查研究、实验研究等研究方法的运用，但仅仅停留在描述性分析的初级量化研究水平上，对于中高级量化研究的涉猎，目前相对较少，这是人文社科领域中教育实证研究范式驱动下的发展趋势。

未来，HPM 研究需要加强质性研究信效度的询证探索，提升量化研究的运用水平，乃至基于两者的混合研究的协调发展。同时，要聚焦长期性、跟踪性的 HPM 教学实践研究，达成 HPM "教—学—评"循证的一致性。

（三）传承中国特色，加强国际交流

华东师范大学的王建磐教授曾指出："中国特色"的数学教育勇于架起传统与发展的桥梁，站在优秀传统教育的肩膀上创新务实地发展，承载着落实"立德树人"根本任务、发展素养教育的时代使命，为未来我国数学教育的发展提供指南[②]。

中国 HPM 研究在孕育"四基""四能"的数学教育肥沃土壤中，架起了"历史与现实""数学与人文"两座桥梁，基于"历史相似性"等实证研究，

[①] 汪晓勤.你需要数学史吗 [J].数学教学，2002（4）: 3-5.
[②] 王建磐.历史视角下的数学素养：讲好我们自己的故事 [J].数学教育学报，2019，28（3）: 1.

开展"中国特色"的数学史融入数学教学实践,传承中国传统数学,赏析多元文化。同时,丰富的史料宝藏蕴含数学家孜孜不倦的理性追求与克服困难的坚定信念,展现出动态的数学发展观,揭示数学史在形成理性思维、激发积极情感、树立正确信念、培养优秀品质等方面具有独特作用,是落实数学学科"立德树人"根本任务的重要载体。在全球信息化的新时代,多元文化深入人心,拓展学术视野,借鉴他山之石,加强国际交流,既是中国 HPM 研究国际化的发展趋势,更是在国际学术圈中建立中国话语权的必然需求。

第二节 课标与教科书中的数学史

◎ 曹一鸣[1] 代钦[2]

（1 北京师范大学数学科学学院；2 内蒙古师范大学科学技术史研究院）

数学史研究的价值很重要的一个方面是在为了数学教育而研究。课程是实现教育目的的重要载体，将数学史融入数学课程，有利于帮助认识数学的本质、了解数学发展的历史、体会数学的价值、感悟数学家精神、激发数学学习的兴趣，形成正确的数学观念和思维方式。

数学教科书是数学课程标准（教学大纲）的重要载体，不同时期的数学课程标准和教科书在一定程度上体现了当时数学教育的发展方向。通过对数学课程标准（教学大纲）和教科书中对数学史的要求具体呈现的分析与梳理，有助于充分发挥数学史的作用，促进数学教育的发展。本文以课程标准为主线，依照时间主线分成四个阶段，对新中国成立 70 余年来，从我国数学课程标准（大纲）和教科书中数学史内容的要求和呈现内容进行梳理，期盼读者能对此有一个比较全面的了解。

一、第一阶段：1966 年前

（一）教学大纲中的数学史

教育部于 1950 年 6 月颁布了《数学精简纲要（草案）》，作为草案供全国中学教学时参考。在数学史方面，认为应该教授一点数学史，它不但可以提高学生学习数学的兴趣，增高爱国的情绪，而且数学史料本身也是数学的一部分。①

1952 年《中学数学教学大纲（草案）》中提出，在教学的过程中要引导学生注意"数学在文化史上的巨大价值，在科学体系中的地位，在祖国建设上的实际应用。因此，对于讲授数学历史的知识要有足够的注意，特别是在讲解我国、苏联和各人民民主国家优秀数学家的贡献和作用上。"②并具体提道：例如在讲到"勾股弦定理"时，应当指出这个定理是我国早在先秦时期就已经发现了（所以我们称它为"勾股弦定理"，不称毕氏定理）；在讲到圆周率时，应当指出南北朝数学家祖冲之的伟大贡献；在讲到二项展开式的系数时，应当指出宋朝贾宪、杨辉等的巨大成绩；在讲到质数时，应当指出我国现代数学家华罗庚的著作在世界科学上的重要地位。在几何课内研究平行线和直线的理论时，应当指出除了在学校里所学习的欧几里得几何外，还有非欧几里得几何。非欧几里得几何中，有一种是由著名的俄罗斯科学家洛巴尺夫斯基所创造的，③并以他的名字而命名为洛巴尺夫斯基几何学。在高中三年级学习"数的概念的发展"时，应当指出俄罗斯数学家契比什夫和苏维埃数学家关于数的理论方面的著作在世界科学上有伟大的意义。

《中学数学教学大纲（修订草案）》1954 年 10 月和 1956 年 5 月，教育部又对 1952 年的大纲进行了修订，先后两次颁布了大纲的修订草案和《高级中学制图教学大纲（草案）》（1956），提出"必须使学生注意到数学在文化史上的巨大价值"④"要充分注意教给学生数学的历史知识，特别要介绍关于我国优秀数学家的生活和成就"⑤等意见。

1960 年，教育部送呈"关于修订中、小学数学教学大纲和编写中、小学数学通用教材的请示报告"，指出应根据我国社会主义建设事业对提高中、小

① 陈宏伯，饶汉昌，等.新中国中小学教材建设史 1949—2000 研究丛书（数学卷）[M].北京：人民教育出版社，2010：356.
② 课程教材研究所.20 世纪中国中小学课程标准·教学大纲汇编（数学卷）[M].北京：人民教育出版社，2001：356.
③ 1954 年《中学数学教学大纲（修订草案）》中改为罗巴切夫斯基.
④ 课程教材研究所.20 世纪中国中小学课程标准·教学大纲汇编（数学卷）[M].北京：人民教育出版社，2001：377.
⑤ 课程教材研究所.20 世纪中国中小学课程标准·教学大纲汇编（数学卷）[M].北京：人民教育出版社，2001：398.

学教学质量的要求和初中算术下放后的变化情况，需要重新修订中、小学数学教学大纲和编写中、小学数学通用教材。

（二）数学教科书中的数学史

根据教育部颁发的《数学精简纲要（草案）》，于 1951 年秋季开学前人民教育出版社出版了一套中学数学精简课本，这是全国第一套通用的中学数学课本。这套通用的中学数学精简课本，起了统一全国中学数学教材的历史作用，结束了全国教材不统一的局面。[①] 在 1952 年版《初级中学课本代数（上册）》介绍了代数符号与计算顺序的历史、正负数及其四则的历史。1952 年版《高级中学课本代数（第二册）》中介绍了印度太子西拉谟奖励军棋发明家的故事（脚注形式）、分指数和负指数的发明者、纳氏（纳皮尔）对数（脚注形式）。

1954 年和 1956 年先后颁布的《中学数学教学大纲（修订草案）》是中学数学教科书改编的重要依据。从 1954 年起，人民教育出版社根据《中学数学教学大纲（修订草案）》对 1952 年秋使用的中学数学教科书进行了改编。这套中学数学课本的初中部分包括初级中学课本《算术》（上、下册）、初级中学课本《代数》（上、下册）和初级中学课本《平面几何》（全一册）等。这套初中教科书注重数学史。1955 年版《高级中学课本平面几何》中介绍了丰富的数学史内容，如亚几默德的故事及其公理、《周髀算经》、中国古代数学家刘徽所著《海岛算经》和勾股定理的两种中国证法、黄金分割比的应用历史、我国南宋数学家秦九韶在《数书九章》卷五中的"有已知三边求三角形的面积问题"、祖冲之及圆周率的历史等。1956 年版《高级中学课本代数第一册》中强调我国古代学者很早就知道了乘方的方法、二次和二次以上的方程，如《九章算术》。1957 年版《高级中学课本代数第一册》中介绍了我国《周髀算经》很早就提到了等差数列，并给出相关题目 4 道。1957 年版《高级中学课本代数第三册》介绍了杨辉在《详解九章算法》中有二项式系数表、隶美弗及其定理、余数定理（斐蜀定理）及数学家斐蜀、高斯及代数基本定理

---

① 课程教材研究所 .20 世纪中国中小学课程标准・教学大纲汇编（数学卷）［M］.北京：人民教育出版社，2001：426.

（高斯定理）。

1959 年秋季，这套课本开始被一套暂用课本所代替。暂用本中的多数课本是这套改编课本的重新分册或小修订本，少数是它的改编本。在编写新课本时，注意培养学生的爱国主义思想和集体主义精神等。在平面几何课本里，也在学生可以接受的前提下，结合教材的内容，介绍了一些数学历史的知识，特别是苏联和我国的优秀数学家的伟大贡献。[①]

1960 年，人民教育出版社编辑出版了《初级中学课本——代数（暂用本）》第二分册。全书共四章。该书有一特点值得一提，有多道应用题选自我国古算书，如第 79 页第 4 题，书中注明这题选自明朝程大位所著的《算法统宗》（1592 年）卷七。原题是："今有米换布七匹，多四斗，换九匹，适足，问米布价各若干。答曰：米一石八斗，布匹价米二斗。"第 80 页 14 题，选自元朝朱世杰所著的《算学启蒙》（1209 年）。原题是："良马日行二百四十里，驽马日行一百五十里。驽马先行一十二日，问良马几何日追及之。答曰：二十日。"[②]

二、第二阶段：1966—1976 年

在 1966 到 1976 年"文化大革命"期间，数学教育也遭到了破坏。削减了大量数学基础课程，大大降低了中学数学水平要求，严重造成了数学教育的大倒退。虽然 1968 年开始复课，但是学制缩短了，课程内容减少，教学内容要求突出政治、联系实际、少而精，教材由各地自编供应。这期间，各地所编教材大致有三大类型：一是精简型，即将 1963 年教材加以精简并增加一些实际的应用；二是实用型，城市以联系工业生产的计算、绘图、测量等为主，农村以珠算、会计、测量等为主；三是介乎以上两者之间的中间型。"文化大革命"期间各省、自治区和直辖市自编的数学教科书中也有一些数学史内容，多为中国数学史内容。

① 陈宏伯，饶汉昌，等.新中国中小学教材建设史 1949—2000 研究丛书（数学卷）[M].北京：人民教育出版社，2010：315.
② 张伟.中国近现代数学教科书发展史研究 [D].呼和浩特：内蒙古师范大学，2008.

三、第三阶段: 1978—1999 年

(一) 教学大纲中的数学史

在 1978 年至 2000 年期间,共颁布了《全日制十年制学校中学数学教学大纲 (试行草案)》(1978 年 2 月)、《全日制十年制学校中学数学教学大纲 (试行草案)》第二版 (1980 年 5 月)、《全日制六年制重点中学数学教学大纲 (征求意见稿)》(1982 年)、《全日制中学数学教学大纲》(1986 年)、《九年制义务教育全日制初级中学数学教学大纲 (初审稿)》(1988 年)、《全日制中学数学教学大纲 (修订本)》(1990 年)、《九年义务教育全日制初级中学数学教学大纲 (试用)》(1992 年) 以及《全日制普通高级中学数学教学大纲 (供试验用)》(1996 年) 8 份教学大纲。

1978 年以后,教学大纲中开始提出渗透对数学史的要求。1978 年 2 月的《全日制十年制学校中学数学教学大纲 (试行草案)》首先针对高中二年级阶段复数教学内容提出了"了解数的概念的发展";而后在 1980 年 5 月印行的第二版《全日制十年制学校中学数学教学大纲 (试行草案)》以及 1982 年的《全日制六年制重点中学数学教学大纲 (征求意见稿)》同样强调了"了解数的概念的扩展"。1983 年颁发的《关于颁发高中数学、物理、化学三科两种要求的教学纲要的通知》附件中提出了"高中数学教学纲要 (草案)",其中也包含了在复数的教学中"了解数的概念的扩展"。后在陆续修订的课程标准中均将"了解数的概念的扩展,了解引入复数的必要性"作为复数教学中的基本内容。[①]

1986 年颁布的《全日制中学数学教学大纲》、1990 年的《全日制中学数学教学大纲 (修订本)》以及 1992 年的《九年义务教育全日制初级中学数学教学大纲 (试用)》,在教学要求中均提出应注意"介绍我国古今数学成就"。[②]

1988 年的《九年制义务教育全日制初级中学数学教学大纲 (初审稿)》在

---

① 课程教材研究所. 20 世纪中国中小学课程标准·教学大纲汇编 (数学卷) [M]. 北京: 人民教育出版社, 2001: 453-513.
② 课程教材研究所. 20 世纪中国中小学课程标准·教学大纲汇编 (数学卷) [M]. 北京: 人民教育出版社, 2001: 578-604.

代数部分提出"结合数的发展史和我国古代数学家对 π 的研究，激励学生科学探求的精神、激发他们爱国主义的精神"，并且加入了几何部分对数学史的要求：通过有关的几何史料（如勾股定理、圆周率）的介绍，对学生进行爱国主义教育。在"线段、角"一节的学习中还要求"通过几何简史的教学，对学生进行几何知识来源于实践的教育与爱国主义教育，使学生了解为什么要学习几何，从而激发学生学习几何的热情。"[①]

在1990年修订的《全日制中学数学教学大纲（修订本）》的初中阶段以及1992年的《九年义务教育全日制初级中学数学教学大纲（试用）》与1988年版的教学大纲要求一致。

1992年《九年义务教育全日制初级中学数学教学大纲（试用）》中，还增加了"利用有关的代数史料和社会主义建设成就，对学生进行思想教育"和三角形部分中"通过介绍我国古代数学家关于勾股定理的研究，对学生进行爱国主义教育。"[②]

1996年的《全日制普通高级中学数学教学大纲（供试验用）》在总教学内容和教学目标中要求"了解引入复数概念的必要性；在数学任意选修课里，可选学有关数学应用、拓宽知识面、数学历史知识等方面的内容，如数学在经济生活中的应用，增长率的模型及其应用、数学在计算机中的应用、简单的最优化问题、矩阵知识简介、组合数学初步，《九章算术》的光辉成就等。"并且在教学中应该注意的问题时提出了"介绍我国古今的数学成就"的要求。[③]

（二）数学教科书中的数学史

这一时期的数学教科书根据教学大纲的要求，对数学史的内容进行了编排。1978年改革开放后，人民教育出版社出版"文化大革命"后第一套中小学数学课本（以下人民教育出版社出版的教科书称为"人教版"教科书），其

---

① 课程教材研究所.20世纪中国中小学课程标准·教学大纲汇编（数学卷）[M].北京：人民教育出版社，2001：553.
② 课程教材研究所.20世纪中国中小学课程标准·教学大纲汇编（数学卷）[M].北京：人民教育出版社，2001：604.
③ 课程教材研究所.20世纪中国中小学课程标准·教学大纲汇编（数学卷）[M].北京：人民教育出版社，2001：631–645.

中的数学史内容与 1966 年教科书相比较少。在 1979 年版《全日制十年制学校高中课本》第二、三、四册中有"古代数学家祖暅在公元五世纪证明了球体积公式"、数学家欧勒、德·莫干、数学家拉格朗日、牛顿和莱布尼茨。1981 年版《六年制重点中学高中数学课本（试用本）立体几何》（甲种本）及 1983 年乙种本中均有我国古代数学家祖暅的介绍，并指出欧洲直到十七世纪，才由意大利的卡发雷利提出"两个等高的立体，如在等高处的截面积恒相等，则体积相等"的原理。人民教育出版社从 1994 年至 1996 年，编写了义务教育初中数学实验课本代数和几何，在几何教科书中证明勾股定理前，介绍我国古代研究几何的一种重要方法——演段法，这是我国古代在数学方面的一项重大成就。教科书中"读一读"及配套的课外读物丛书中均适当地介绍国内外的相关数学史内容。

九年义务教育内地版教科书是受国家教育委员会委托，由四川省教育工作委员会与西南师范大学（现西南大学）合作编写的，分《代数》和《几何》两部分，共七册。每节有"学习要求"，每章有"自我小结""自测题"，选编了历史性、知识性、趣味性融为一体的"阅读材料"，设有"想一想""注意""为什么""观察"等栏目。[①]在这些栏目中也有一定数学史内容。

四、第四阶段：2000—2020 年

（一）课程标准中的数学史

1. 义务教育课程标准

2000 年颁布的《九年义务教育全日制初级中学数学教学大纲（试用修订版）》同样延续了 1992 年的"试用稿"对代数和几何部分涉及的数学史的要求。教学大纲指出在教学中应该注意的问题："要视条件许可注意阐明数学产生和发展的历史，并经常介绍我国和其他国家的古今数学成就"。[②]

---

① 石鸥.新中国中小学教科书图文史：数学［M］.广州：广东教育出版社，2015.
② 课程教材研究所.20 世纪中国中小学课程标准·教学大纲汇编（数学卷）［M］.北京：人民教育出版社，2001：632.

2001年7月，中华人民共和国教育部颁布了《全日制义务教育数学课程标准（实验稿）》，该标准提出"数学是人类的一种文化，它的内容、思想、方法和语言是现代文明的重要组成部分。"该标准的目标与2000年的教学大纲相比，关于知识传授、能力培养、个性品质等方面都有较大变化。同时还增加了大量的辅助材料，如数学史的背景知识、数学家的介绍、数学的应用等。在对教科书的编写上，强调"介绍有关的数学背景知识"。

在2011版的"课标"中同样说明了"数学是人类文化的重要组成部分"。"课标"第四部分"实施建议"的第四部分"社会教育资源"明确提出了数学史的教学要求："在数学教学活动中，应当积极开发利用社会教育资源，学校应充分利用图书馆、少年宫、博物馆、科技馆等，寻找合适的学习素材，如学生感兴趣的自然现象、工程技术、历史事件、社会问题、数学史与数学家的故事和其他学科的相关内容等。""课标"同时指出了作为学习素材的数学史的教学价值：开阔学生的视野，丰富教师的教学资源。[1] 但是数学史的明确条款并未出现在课程理念、课程设计、课程目标或内容以及教学建议、评价和教材编写中，只是作为课程资源的开发与利用出现。[2]

在教材编写建议方面，"课标"较为明确地指出了数学文化在教材中渗透的内容，要求教科书"适时地介绍有关背景知识，包括数学的自然与社会中的应用，以及数学发展史的有关资料"。"数学发展史"被明确确定为数学文化渗透的一部分，并专门举例阐明了数学文化素材选取，可以为"介绍《九章算术》、珠算、《几何原本》、机器证明、黄金分割、CT技术、蒲丰投针等。"

2. 普通高中课程标准

2000年的《全日制普通高级中学数学教学大纲（试验修订版）》是在1996年的基础上，在教学内容和教学目标中增加了与微积分有关的数学史的要求："了解微积分、微积分学建立的时代背景和历史意义"，并且指出"教学中要注意阐明数学产生和发展的历史，使学生了解我国和世界各国的古今数

---

① 中华人民共和国教育部.全日制义务教育数学课程标准［M］.北京：北京师范大学出版社，2011.
② 陈朝东、李欣莲，等.义务教育数学课程标准对数学史的定位与思考［J］.教育导刊，2016（4）：53-56.

学成就""认识数学的文化内涵"。①

2003 年的《普通高中数学课程标准（实验）》中强调要体现数学的文化价值，并将其作为十大基本理念之一，"数学是人类文化的重要组成部分。数学课程应适当反映数学的历史、应用和发展趋势，数学对推动社会发展的作用，数学的社会需求，社会发展对数学发展的推动作用，数学科学的思想体系，数学的美学价值，数学家的创新精神。数学课程应帮助学生了解数学在人类文明发展中的作用，逐步形成正确的数学观。为此，高中数学课程提倡体现数学的文化价值，并在适当的内容中提出对'数学文化'的学习要求，设立'数学史选讲'等专题。这是我国第一次明确将数学史、数学文化作为高中数学的教学内容。"②

"课标"中对《数学史选讲》提出了明确的要求：通过生动、丰富的事例，了解数学发展过程中若干重要事件、重要人物与重要成果，初步了解数学产生与发展的过程，体会数学对人类文明发展的作用，提高学习数学的兴趣，加深对数学的理解，感受数学家的严谨态度和锲而不舍的探索精神。完成一个学习总结报告。对数学发展的历史轨迹、自己感兴趣的历史事件与人物，写出自己的研究报告。在教学内容方面，本专题增加 11 个与数学史有关的专题，并要求选题内容应反映数学发展的不同时代的特点，要讲史实，更重要的是通过史实介绍数学的思想方法，选题的个数以不少于 6 个为宜。③ 基于"课标"要求，出现了各版教科书的《数学史选讲》，不尽相同，各有特色。在"课标"的第三部分还安排了"数学文化"板块，是"课标"中唯一不单独授课或组织活动的教学内容。"课标"在"教材编写建议"中强调要"体现知识的发生和发展过程，促进学生的自主探索"和"渗透数学文化，体现人文精神"。"课标"中数学文化的参考选题共有 19 个，其中明显是数学史

① 课程教材研究所 .20 世纪中国中小学课程标准·教学大纲汇编（数学卷）[M] .北京：人民教育出版社，2001.
② 陆书环，张蕾 .中日高中新课程数学史与数学教学内容整合的比较研究 [J] .数学教育学报，2009，18（1）：67-70.
③ 王青建，陈洪鹏 .《数学课程标准》中的数学史及数学文化 [J] .大连教育学院学报，2009，25（4）：40-42.

的有"数的产生与发展""拓扑学的产生"等 4 个。①

　　教育部于 2018 年 1 月 16 日颁布了《普通高中数学课程标准（2017 年）》，"新课标"做了很大的改动，"新课标"首次明确了数学文化的概念，结束了关于数学文化内涵的争议，并明确指出数学文化要在整个高中数学教学过程中有所体现。"新课标"指出教材应当把数学文化融入到学习内容中，可以适当地介绍数学和科学研究的成果，开拓学生的数学眼界，激发学生的学习热情与好奇心，培养学生对科学的关注与了解。在相应课程内容的地方给出了数学文化的提示，并注意与时俱进，体现教育的时代性。同时希望教材编写者重视中国传统文化中的数学元素，发扬民族文化自豪感。"新课标"中对数学文化内涵给出了说明，传递了在整个高中数学内容中渗透数学文化的理念。②

　　2017 年版高中课程标准在主题四中提出：数学建模活动与数学探究活动的 C 类课程中，"逻辑推理初步"专题的"公理化方法"要求：通过数学史和其他领域的典型事例，了解数学公理化的含义，了解公理体系的独立性、相容性、完备性，了解公理化思想的意义和价值。课程标准关于案例"复数的引入"，指出"在数学史上，虚数以及复数概念的引入经历了一个曲折的过程，其中充满着数学家的想象力、创造力和不屈不挠、精益求精的精神。由此，在复数概念的教学中，可以适当介绍历史发生发展过程，一方面可以让学生感受数学的文化和精神，另一方面也有助于学生理解复数的概念和意义。"在案例"杨辉三角"部分，要求通过杨辉三角，了解中华优秀传统文化中的数学成就，体会其中的数学文化。③

　　"新课标"中还提出如何将数学史融入中小学的数学教学是数学教育领域的一个重要课题。通过数学概念和思想方法的历史发生发展过程，一方面可以使学生感受丰富多彩的数学文化，激发数学学习的兴趣；另一方面也有助于学生对数学概念和思想方法的理解。数学史在数学课堂中的融入方式可以

---

① 王青建，陈洪鹏.《数学课程标准》中的数学史及数学文化［J］.大连教育学院学报，2009，25（4）：40–42.

② 李信杰. 数学文化融入高中数学概念教学的研究［D］.福州：福建师范大学，2018.

③ 中华人民共和国教育部.普通高中数学课程标准（2017 年版）［S］.北京：人民教育出版社，2017：10.

是多种多样的，相关的网络资源也十分丰富，教师应该根据教学的需要选择合适的资料和教学方式。另外，在 2017 年高考数学大纲中明确规定增加对数学文化的考察，这是对数学文化加以重视的体现。

（二）数学教科书中的数学史

数学史主要以数学课本、数学读本、选修课程和专题研究等形式呈现在数学课程中。我国教科书中的数学史素材遍布正文、例题、习题与阅读材料等各个栏目。传统数学课本以及现行教科书中均有少量数学史材料，或以数学趣题引入新的内容，或插入某位数学家的画像并简介其生平，或是在课文之后附加一则阅读材料。①

1. 义务教育阶段数学教科书——以初中教科书为例

新课程改革背景下数学史成为数学教育的重要组成部分，义务教育阶段小学数学教材中渗透数学史主要体现在数学的传承与融合、数学应用以及数学与社会生活的联系。

按照《全日制义务教育数学课程标准（实验稿）》要求编写的义务教育课程标准实验教科书《数学》（人教版）。这套教科书三年制《几何》第二册"轴对称""中心对称"两种作业包括了观察、比较、发现、猜想、实验、作（画）图等各种要求，还编进了 15 幅插图，其中中山陵和河南登封观星台的照片是第一次进入我国中学数学教科书，这也是人教版数学教科书继插入部分数学史料之后，将数学与文化联系在一起的进一步体现。修订后的教科书增加了数学史料，注重数学史知识的呈现。② 在介绍国外数学史内容方面，在修订后的人教版三年制初中教科书《代数》第二册中，增加了一篇"读一读"，简单介绍发现无理数的数学史，这一材料不仅给学生解释了 $\sqrt{2}$ 为什么不是有理数，而且批判了古希腊的毕达哥拉斯学派关于"宇宙间的一切现象都能归结为整数或整数之比"的信条，揭示了无理数的发现被誉为数学思想

---

① 朱哲，张维忠.中小学数学课程中数学史的呈现方式［J］.浙江师范大学学报（自然科学版），2004（4）：102-105.

② 陈宏伯，饶汉昌，等.新中国中小学教材建设史 1949-2000 研究丛书（数学卷）［M］.北京：人民教育出版社，2010.

史上的一次革命，是数学史上一个重要的里程碑。学生通过阅读中外数学史料，还能够对数学这一全人类的共同财富有一个整体的认识。

江苏教育出版社的《义务教育课程标准实验教科书数学》（7-9年级），以"生活·数学"和"活动·思考"为主线展开课程内容。教材在"阅读"栏目中，也介绍了一些数学史料和知识性的内容。①

青岛出版社的《义务教育课程标准实验教科书数学》相比以前教科书及部分其他版本教科书，突出数学史料的补充，并以多种形式增加了数学阅读资料，提升了数学的趣味性。

华东师范大学出版社的《义务教育课程标准实验教科书数学》（7-9年级）也适当地介绍了数学内容的背景知识与数学史料，将背景材料与数学内容融为一体等。

上海科学技术出版社的《义务教育课程标准实验教科书数学》中安排了有关"数学史话"内容，让学生了解数学的历史和文化背景。

2005年人教版《义务教育课程标准实验教材数学》中的数学史内容的安排，首先是以"阅读与思考"的形式呈现，如九年级上册"二次根式"一章的"阅读与思考"内容为"海伦—秦九韶公式"。其次是以"古代数学问题、历史上的数学名题"的形式融入数学史。教科书对这些古代数学问题的处理多是以现代白话文的形式呈现，并附上古代文言文的历史原题，部分习题甚至介绍了问题出处及著作图片。如八年级下册"勾股定理"一章习题18.1的"综合运用"习题10即为《九章算术》中的"引葭赴岸"问题。然后是以小的"专题片断"的形式呈现数学史，多是在有关知识内容旁边以框架的形式将某些内容及符号的历史做简短介绍，再次，在"章前语"中涉及数学史。章前语中的数学史相对简略，主要是为了说明本章所要学习的主要内容，所涉及的史料不完整。如九年级上册"圆"一章的章前语有笛卡尔对圆的赞美。最后，在具体教学内容中融入数学史，基本上都是通过简单的史料作为引入新知识的铺垫，史料主要作为问题情境来使用。如七年级上册第98页中利用

① 石鸥.新中国中小学教科书图文史：数学［M］.广州：广东教育出版社，2015.

"纸莎草文书"中的一个著名问题引入"系数为分数的一元一次方程"。[①]

2013 年的人教版初中教科书，从分布来看，在各册书中都有涉及数学史内容，各栏目中数学史的分布情况主要涉及"章节前言""例题""课后习题""边框""正文""阅读与思考"以及其他（包括"数学活动""观察与猜想""实验与探究""信息技术应用"等）。应用数学史最多的栏目是"阅读与思考"，均用了较长的篇幅介绍了与所在章节相关的数学史内容。同时，教科书还利用边框来设置相关的数学小史。从内容分布来看，初中数学教科书中既有古代数学史，也有近现代数学史；既有外国数学史，也有中国数学史。

2. 普通高中课程标准实验教科书

根据启动于 2004 年的高中课程改革的进展需要，截至 2009 年，出版了高中数学课程标准实验教科书一共有 6 套，分别由人民教育出版社、江苏教育出版社、湖南教育出版社、北京师范大学出版社、湖北教育出版社等机构出版发行。下面以人教版普通高中课程标准实验教科书《数学》为例，介绍数学史在教科书中的运用情况。

2004 年，人民教育出版社出版了普通高中课程标准实验教科书《数学》，分为 A、B 两个版本。在两个版本教科书中的数学史是主要以小的"专题片断"的形式呈现。这些"专题片断"多是在有关知识内容旁边以框架的形式将某些内容及符号的历史做简短介绍，如必修 2 对于"公理化方法"的简短解释。其次在"阅读与思考"中均用较长篇幅介绍了有关内容的发展历史。除了这两种形式之外，人教版高中教科书还有以下几种呈现数学史料的方式：第一，数学家头像及生平介绍。第二，"章前语"中的数学史料相对简略，主要是为了说明本章所要学习的主要内容。如必修 2 第三章（直线与方程）"章前语"罗列了解析几何的发展历史。第三，在正文内容中融入数学史料。通过简单的史料作为引入新知识的铺垫，史料主要作为问题情境来使用。如必修 5 中以高斯计算"1+2+3+……+100"引入"等差数列前 n 项和"。第四，以案例的形式融入数学史料。这种方式直接以数学史料作为学习案例。如必修 3 第 37

[①] 刘超 . 人教版初中、高中数学教材中数学史的调查分析［J］. 基础教育，2011，8（2）：99–105.

页的"秦九韶算法"。第五,以例题的形式引入数学史料,例如必修 3 中对于"更相减损术"的应用。这应是数学史料融入教材的一种简单而实用的好方式,即将数学发展史上的名题直接作为例题、习题使用。①

教科书的选修课增加了《数学史选讲》等内容,为爱好数学和对数学有兴趣的学生提供了大量丰富的数学史内容。《数学史选讲》中的选题可分为两个方面:(1)介绍数学思想的专题;(2)介绍数学家科学探索精神的专题。

2019 年出版的新人教 A 版高中数学必修教科书中,共有 60 多处数学史料的体现,并且在必修各册中的分布较为均衡。对于数学史所处的知识主题分布,在必修教科书中呈现数学史的次数多少依次为函数、几何、代数、概率与统计、预备知识,在章前语和"阅读与思考"中有一定数量的数学史内容。

五、结 语

新中国成立 70 多年以来,我国课程标准(大纲)与教科书中格外重视数学史的融入,主要目的在于培养学生学习数学的兴趣,开阔学生视野,提高学生分析问题与解决问题能力。更重要的是进行爱国主义教育和政治思想教育,充分发挥数学的育人作用。每一个发展阶段在课程标准(教学大纲)中对融入数学史教学目标要求的表述以及教科书中的呈现有所不同,反映了社会发展对数学教育所提出的要求。就整体而言,在教科书中的数学史内容中中国数学史内容所占较大。从融入的内容分类看,有历史上的数学成就、著名数学家、著名的数学命题、数学名著中的典型题目、数学的应用、数学故事等诸方面。从所呈现的分布来看,有章节开头、正文、脚注或旁注、习题、阅读与思考等内容。从数学史内容的表述看,均采用通俗化和趣味化的形式,避免了学术型的表述方式。

---

① 刘超.人教版初中、高中数学教材中数学史的调查分析[J].基础教育,2011,8(2):99-105.

第三节 数学文化进课堂的意义与实践

◎ 李铁安[1]　蒋秋[2]

（1 中国教育科学研究院基础教育研究所；2 西南大学数学与统计学院）

进入 21 世纪以来，我国基础教育数学新课程的改革与实践，为数学文化走进中小学数学教育教学提供了良好契机和广阔舞台。关于数学文化的理论与实践研究方兴未艾，丰富多彩，蔚为壮观。与此同时，HPM 研究也必然触及数学文化这一主题。因此，全面系统地总结梳理分析数学文化进课堂的研究成果和实践活动，是一件极其困难的事情。本文尝试通过西南大学数学教育团队开展数学文化进课堂（数学史融入数学教育）的研究和实践活动的案例，讨论数学文化走进中小学数学课堂的路径及其成效。

一、背景溯源

（一）基础教育课程改革：为数学文化进课堂实践拉开序幕

21 世纪初，我国基础教育课程改革的核心理念是以人为本，以人的全面发展为本。这一理念追求的是对人的全面教化，是一种人本化的科学文化教育。而其中一个重要内涵就是把科学精神和人文精神统一于课程的"文化内涵"之中，"突出科学与人文整合的课程文化观"①。这种科学与人文的融合也是新课程文化精神的一个重要特征。

---

① 宋乃庆，靳玉乐，徐仲林 . 中国基础教育新课程的理念与创新［M］. 北京：中国人事出版社，2003：28.

　　要实现科学与人文整合的课程文化观，需要将教育内容从知识扩展到整个文化。不仅要关注学生基础知识、基本技能的掌握，同时也要关注学生对科学文化创造过程的理解、创造性思维能力的培养以及情感态度价值观的陶冶和提升。让学生得到包括知识在内的、关乎科学文化创造过程、关乎科学精神与文化精神的整个文化的全面传承、浸润和发展。

　　在这一基本理念的要求下，数学教育无疑要强调学生数学素养和人文修养的辩证统一，致力于数学知识和数学精神的沟通与融合。数学教育的宗旨应是全面培养学生的数学科学文化素养。数学科学文化素养的基本因素是学生的数学学习态度、思维品质、创新意识、情感体验和数学观等，而数学科学文化素养的生成在于个体对数学科学文化价值的认同。因此，要全面培养学生数学科学文化素养，数学教育应让学生在经历数学知识的形成过程中，构建数学知识——掌握数学的"双基"；体验数学思想——会数学地思考和解决问题、认识世界；领悟数学精神——能形成科学的世界观、价值观和完美的个性品质；并为学生的终身发展奠定基础。为此，基础教育数学课程改革从课程的基本理念和要求，到课程目标和内容的选择、定位、要求等方面，都做出了以全面发展学生的数学科学文化素养为本和强调学生数学素养和人文修养的辩证统一的文化数学课程观的理论构建。《义务教育数学课程标准》强调让学生"了解数学的价值，激发好奇心，提高学习数学的兴趣，增强学好数学的信心，养成良好的学习习惯，具有初步的创新意识和实事求是的科学态度"；《普通高中数学课程标准》强调使学生"具有一定的数学视野，逐步认识数学的科学价值、应用价值和文化价值，形成批判性的思维习惯，崇尚数学的理性精神，体会数学的美学意义，从而进一步树立辩证唯物主义和历史唯物主义世界观"，并专门列出数学文化专题选讲。可见，数学文化、数学史已是数学新课程理念中必不可少的重要部分，而课程标准中提倡的"关注过程""强调本质""体现数学的文化价值""发展数学应用意识"等，充分突出了以文化为主题的数学观、数学课程观和数学教学观。

　　综上可以看出，新课程理念下，数学教育要谋求新的发展，必须以学生为主体，以传承和发展人类数学文化为主线；以数学的文化价值为主题；以展示数学创造的结果与数学发现的过程为主渠道；以全面培养学生数学科学文化素养为主旨。

（二）主动结缘数学史：为数学文化进课堂提供学术资源

"数学史研究数学概念、数学方法和数学思想的起源与发展，及其与社会政治、经济和一般文化的联系。"[1] 从总体上说，数学史是研究数学发展进程与规律的学科，它所反映的是数学发展的历史和逻辑。动态地考察数学产生和发展的过程是数学史的特征，数学发展的历史和逻辑也是人类进行数学文化创造活动的历史和逻辑。因此，数学史也可以说是数学文化的历史。

我国自 20 世纪 50 年代开始就认识到数学史的教育价值。许多数学家、数学史家和数学教育家都从不同角度提出数学教育中应有机地融入数学史，特别是华罗庚、吴文俊等著名数学家亲自为中小学生撰写数学科普读物，在不同时期我国中小学数学教科书也都选入有关数学史的题材等。进入 21 世纪以来，数学史的教育价值愈发得以彰显。徐利治教授认为："就培养学生的数学思维能力而言，前人数学思维发展中的经验、教训是最有借鉴意义的。……以往的数学教育比较重视理论知识本身的传授，这就使人们很少接触数学史的素材，很少运用数学史的生动事例启发和培养学生的思维能力，难以体会数学史对于数学教育的价值。""要改变这种状况，必须多方面探索将数学史研究成果运用于数学教育的途径。"[2] 张奠宙教授强调："有关数学史教学不能老讲比西方早多少年"[3]，要"让数学史成为数学教育的有机组成部分：返璞归真，用数学史知识增进学生的数学理解；多方渗透，与数学教育有机结合。"张奠宙教授还特别呼吁"数学文化必须走进课堂"[4]。李文林研究员指出：数学史研究的意义在于"三为"，即为历史而历史；为数学而历史；为教育而历史。"在数学教育中有机地融入数学史，有利于帮助学生加深对数学概念、方

① 李文林.数学史概论 [M].台北：九章出版社，2003：1.
② 徐利治.徐利治论数学方法学 [M].济南：山东教育出版社 2000：668.
③ 张奠宙.数学教育争鸣十题 [J].数学教育学报，1995（5）：3.
④ 张奠宙，梁绍君，金家梁.数学文化的一些新视角 [J].数学教育学报，2003（1）：37-40.

法和思想的理解，有利于帮助学生体会活的数学创造过程、培养学生的创造性思维能力，有利于帮助学生了解数学的应用价值和文化价值、明确学习数学的目的、增强学习数学的动力，有利于帮助学生树立科学品质、培养良好的精神。"①

为了推动国内实现"为教育而历史"的理念和实践，2005 年 5 月，数学史学会率先在西北大学组织召开了第一届全国数学史与数学教育研讨会。数学史家把学术目光投向了改革中的数学教育，旨在谋求在新课程理念下数学史与数学教育的融合，以期充分发挥数学史的功效，促进数学教育与数学课程改革的发展。正是在这次学术会议上，西南大学宋乃庆教授应邀做了题为"发掘数学史教育功能，促进数学教育发展"的主旨报告。宋乃庆教授报告中指出："数学史是数学教育最好的启发式之一。充分发挥数学史的教育功能，应把数学史的'史学形态'转化为'教育形态'。"② 作为这一理念的实践，宋乃庆教授特邀李文林研究员指导数学教育的博士生培养，将数学史专业知识应用于数学教育研究，如共同指导博士生李铁安撰写博士论文"基于笛卡儿数学思想的高中解析几何教学策略研究"，开辟了西南大学将数学史与数学教育融合研究的新方向。2007 年 4 月，在河北师范大学召开的第二届全国数学史与数学教育研讨会上，宋乃庆教授进一步指出："数学史融入数学教育的研究应该夯实理念层面，深化理论层面，加强实践层面。重点和关键是对数学史料育人价值的'挖掘'和'转化'。"③ 从 2005 年到 2019 年，宋乃庆教授带领西南大学数学教育团队参加了连续八届的全国数学史与数学教育研讨会，汇报交流研究成果。与此同时，截至 2020 年，宋乃庆教授培养的博（硕）士研究生中有 16 名学生的学位论文均围绕数学文化（数学史与数学教育）这个主题展开研究。

---

① 李文林. 数学史与数学教育［A］// 李兆华. 汉字文化圈数学传统与数学教育 —— 第五届汉字文化圈及邻近地区数学史与数学教育国际学士研讨会论文集［C］. 北京：科学出版社，2004：179-191.
② 宋乃庆，李铁安. 发掘数学史教育功能，促进数学教育发展 // 第一届全国数学史与数学教育会议报告. 西安，2005.
③ 宋乃庆，李铁安. 新课程理念下数学史融入数学教育的思考 // 第二届全国数学史与数学教育会议报告. 石家庄，2007.

（三）组织学术会议：为数学文化进课堂搭建实践舞台

以西南大学数学教育团队以及中国教育科学研究院基础教育研究所数学教育团队为代表的国内"数学文化进课堂"研究和实践活动，得到了中国数学会数学史分会的鼎力支持，在学会直接领导和指导下，2017 年和 2019 年，研究团队核心成员、中国教育科学研究院李铁安研究员两次牵头承办了"第七届数学史与数学教育学术研讨会暨全国中小学'数学文化进课堂'优质课观摩会"和"数学文化进课堂：意义、路径与展望国际论坛"。2017 年的数学文化进课堂会议，为调动广大中小学数学教师积极开展将数学史、数学文化融入课堂教学研究与实践，特别举行了"中小学'数学文化进课堂'优秀案例评选活动"及中小学"数学文化进课堂优质课观摩活动"，共有来自全国各地的 25 名教师获得"中小学'数学文化进课堂'优秀案例评选活动"一等奖，有从小学到高中的四节数学文化教学观摩课向全体会议代表做了展示。大连市红星海学校的数学文化长廊也给代表们留下深刻印象。这反映了数学史与数学文化走进课堂、走进校园，在我国已经从理念、设想与理论变为了现实。2019 年数学文化进课堂的高端论坛，主要探讨数学文化进课堂的理路策略、发展方向。主要报告有：

1. 数学文化进入小学数学新课程的实践研究（报告人：宋乃庆，西南大学教授）

2. Math Culture in US Classroom（报告人：Shuhua An，美国加州州立大学教授）

3. 华罗庚学术生涯的教育与文化意义（报告人：李文林，中国科学院数学与系统科学研究院研究员）

4. Creating Mathematical Discourse Culture from Problem Posting（报告人：刘祥通，中国台湾嘉义大学教授）

5. Exploring the Numeration System through History of Mathematics（报告人：Oliver Chapman，加拿大卡尔加里大学教授）

6. The Comparison of Cross-trait Distinguished Teachers' Mathematics Classrooms from the Sociocultural Perspective（报告人：林碧珍，中国台湾清华

大学教授）

7. 艺术中的数学文化——以数学文化中的女性角色为中心（报告人：代钦，内蒙古师范大学教授）

8. 数学：让人快乐·使人长寿（报告人：王青建，辽宁师范大学教授）

9. 数学文化进课堂：意义、路径与展望（报告人：李铁安，中国教育科学研究院研究员）

这些专家学者的学术报告从不同主题和视角对数学史融入数学教育、对数学文化进课堂进行了深刻阐述。论坛上，李铁安研究员所指导的数学文化进课堂实践研究团队的四名教师先后展示了《神奇的完全数》《一圆三线的世界》《玩玩一笔画》《勾股定理的〈几何原本〉证明》等四节优质的数学文化课。国际知名的数学教育专家、美国特拉华大学蔡金法教授与美国加州州立大学 Shuhua An 教授、加拿大卡尔加里大学 Oliver Chapman 教授、中国台湾清华大学林碧珍教授、中国台湾嘉义大学刘祥通教授等对这四节数学文化课给予高度评价和指导建议。

与会海内外专家高度评价此次论坛，一致认为，数学史学会组织召开这样的论坛必将进一步聚焦数学史融入数学教育研究的核心问题，深度探索提升中小学数学教育质量的方向理路，深入探析数学文化进课堂的实践策略，对促进中国中小学数学教育教学具有宝贵的学术研究价值与实践引领作用。

二、高品质数学文化课的实践策略

数学文化究竟如何科学有效地走进课堂，充分发挥其独有的育人价值呢？在实践过程中，西南大学数学教育研究团队初步总结形成以下基本策略。①

（一）课程内容"问题化"：为学生提供精良的学习资源

课程内容"问题化"就是：通过深入挖掘（构造）蕴涵于数学文化史料

---

① 李铁安. 文化何以育人——高品质数学文化课的塑造［J］. 教学月刊，2021（3）：6-7.

背后的数学知识与育人要素，并将其转化为能够直接促进学生数学学习的一系列问题，再将这些问题逻辑地搭建为一个让学生经历问题解决全过程的学习结构。可以想见，数学文化史料"问题化"的过程，实质是用更具有学习诱因的问题驱动学生展开数学学习的过程，而在这一过程中，学生的情感、思维、态度与价值观等必将得以更加完满的激活与释放，这是让学生真正经历的有意义的学习的过程。特别是，当学生展开问题解决时，数学的观念、数学的思想方法等必将贯穿于整个过程。

事实上，数学文化史料"问题化"的过程是将数学文化的"史学形态"转化为"教育形态"的过程，是真正实现数学"文化价值"转向"育人价值"的内在价值突破。而从教学论的视角分析，数学文化史料"问题化"的过程，首先是将"静态的课程结构""解构"为"动态的问题材料"，再将"问题材料""重构"为"逻辑化的教学结构"，而当教师依托教学结构展开教学时，对于学生的学习来说，就是经历了对"逻辑化的教学结构"进行新的认知"建构"的过程，这个环节也就真正实现了有意义学习。课程内容"问题化"是彰显数学文化课育人功能的灵魂与命脉（如图1-3）。

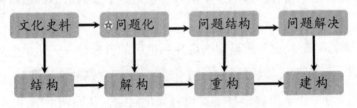

图1-3　数学文化史料"问题化"学理图式

（二）教师教学"人文化"：为学生创设精致的学习氛围

教师教学"人文化"就是：教师首先要充满激情地尽情展现并陶醉于对数学教学所保有的一份情怀，让学生感染到数学学习的美妙与有趣；教师要真心善待每一个学生，尽心关爱弱势学生，并勇于承认自己教学过程中的失误或错误；教师要充分激发并鼓励学生的好奇心、想象力、大胆猜想、批判质疑和无尽追问，并给予学生足够的思考、探究和交流时间，竭力让学生经历完满的问题解决过程；教师要充分尊重并保护每一位学生独特的想法，既要热情鼓励学生的神思妙想，也要包容学生的胡思乱想；教师要充分关注并珍视学生数学学习过程中出现的认知问题，给予有针对性的引导与指导，并善于将学生提出的问题转化生成为新的学习资源；教师要不轻易告诉学生解决问题的明确目标，让学生在问题解决的过程中尝试犯错误并"挣扎前行"。

概而言之，教师教学的"人文化"所呈现的境界和追求的目标是——教师饶有兴致地天真着学生的天真，追问着学生的追问，迷茫着学生的迷茫，兴奋着学生的兴奋，从而让学生也在饶有兴致地经历数学化的历程中热情地体验数学、享受数学和再创造数学。

（三）学生学习"游戏化"：让学生经历精妙的学习过程

学生学习"游戏化"就是：学生能够以充满强烈的好奇心和浓烈的兴趣"玩一玩"数学的姿态对待数学学习，即：面对数学问题，油然生发强劲的追问和自信——这究竟是什么？为什么会是那样？我就不信我解不出来！我一定要把它解决！无疑，这是一种充满张力的学习，这也正是一种内心涌动的对数学文化的原创精神，这不知不觉其实就是数学家的数学创造精神的曼妙体现！

学生学习"游戏化"所呈现的境界和追求的目标是——让学生乐于"非常规思维"，从而放飞学生的好奇心；让学生善于"发散性思维"，从而激发学生的想象力；让学生甘于自主发现和提出问题，从而调动学生的内驱力；让学生敢于置身问题解决的困境，从而培育学生的坚毅力。事实上，学生学习的"游戏化"更能使学生对数学学习表现出积极浓厚的兴趣，对数学问题充满强烈好奇和努力探究的欲望；更能使学生能够认真倾听积极应对教师提出的问题以及学生对问题的回答与解释，并善于表达自己的思考与观点，善于与同伴之间进行交流研讨；更能使学生善于独立地思考问题，善于用数学化的思维方式思考和解决问题，善于从不同的角度思考问题，能够提出新的问题和想法，善于不断地追问与反思；更能使学生经历完整丰满的问题解决过程，对数学学习活动获得愉悦体验和充实收获。

三、实践探索活动

新世纪伊始，宋乃庆教授就已关注数学文化之于数学教育的意义。2004年，他指导硕士生孙卫红以《"数学文化"在小学数学新教材中的编写设计与实验调查研究》为题，开展了数学文化在教科书中的编写实践研究。而全面系统开展数学文化进入小学课堂教学的实践探索于2014年启动，团队通过课程研发、搭建课题研究平台、实验学校跟进、举办全国和省市级数学文化观摩研讨会等途径，并以全国数学文化优质课大赛为抓手，开展以"数学文化推进小学素质教育"为主题的实践与推广。

（一）研发基础教育数学文化教材

目前，我国人教版、北师版、苏教版、西师版等所有国标小学数学教科书均以专题板块的形式编写了数学文化内容，如"你知道吗""数学广角""数学好玩""数学阅读""生活中的数学""数学万花筒"等。然而，限于教科书篇幅，其数学文化内容有限，广度和深度都还不足。同时，在课堂教学和课外活动中，缺乏专门的、联系教材的数学文化读物。而美国、英国、法国、德国、日本、韩国等发达国家编写了大量的数学文化的图文并茂的连环画，而且几乎都是从幼儿园一直到小学和中学连续编写，并作为教学配套读物。为配合小学数学文化教学实践，2014年宋乃庆教授组建了一支由高校专家学者、教研员、一线优秀教师、博士及硕士研究生共计70余人构成的研究团队，启动了"小学数学文化丛书"的编写工作。此套丛书重在体现数学与各领域的广泛联系，分为《历史与数学》《生活与数学》《数学家与数学》《健康与数学》《自然与数学》《环境与数学》《科学与数学》《艺术与数学》《经济与数学》等共10册，2014年被评为"重庆市优秀科普图书"。在该套丛书的实验与推广中通过调研发现，多数老师认为按领域划分为册不便于教学。于是，编写团队改变思路重整素材又精心编写了与教科书配套的《数学文化读本》。《数学文化读本》按年级划分，一至六年级上、下册共12册，每册 12~15 个故事。每册书内容包括物理、化学、生物、地理、健康、艺术、天文、自然、科学等学科蕴含的数学文化知识。选取的内容与多套国标小学数学教科书基本同步，同步率达 70%~90%。两套丛书均以彩色连环画式的数学文化故事呈现，注重挖掘数学知识、思想、方法、精神等，并设计了"拓展与应用"让学生主动思考与实践，图文并茂、生动有趣且深入浅出。希冀为小学数学课堂教学、课外活动和家庭教育提供有益资源，供小学数学教师、小学生、家长选读。

张恭庆、刘应明、顾明远、张奠宙、顾沛、李文林、代钦、张维忠等数学家、教育家、数学史家和数学教育家对丛书给予了高度评价。如张恭庆院士认为丛书"既是学校数学课堂教学和教科书的补充，也是家长帮助孩子学习数学的良师益友，是真正在为孩子进入数学的五彩世界修桥铺路"。[①] 刘应明院士认为"这套科普读物是推动我国小学数学素质教育发展的催化剂，是送给小朋友与家长最好的礼物。有了这套连环画形式的科普读物，相信不少孩子也会感到'数学好玩'"，"编著这套丛书是惠及子孙、功德无量的事，这在小学数学教育上也是一个大胆的尝试"。[②] 顾明远教授认为丛书"是一套难得的由浅入深的数学科普读物，是一把让儿童轻易打开数学之门的金钥匙"。张奠宙教授认为"用连环画的形式，承载比较抽象的数学文化，创意无限，任重而道远"。

（二）搭建课题研究平台

通过课题研究驱动数学文化进课堂的实践探索。以高校教师、博硕士研究生为研究骨干，陆续申报了关于数学文化的系列课题。李铁安的"基础教育数学文化课程体系的构建与实践研究"课题获得教育部重点课题立项，是新世纪国内第一个以数学文化为主题的研究课题，以此为开端，团队先后申报立项的有重庆市教育科学规划重大课题"小学数学文化研究"、中国基础教

---

① 张恭庆. 为孩子进入数学的五彩世界修桥铺路——评宋乃庆主编《小学数学文化丛书》[J]. 数学教育报，2015（4）：1.
② 刘应明. 惠及子孙，功德无量的大胆尝试——评宋乃庆主编《小学数学文化丛书》[J]. 数学教育报，2015（4）：2.

育质量检测协同创新中心重大关注课题"数学文化对小学生数学素养发展作用的测评研究"、中国教育科学研究院博士后研究课题"基于核心素养培养的中小学数学文化课程开发与研究"、重庆市人文社会科学重点课题"小学数学文化课程的建设及实施研究"、重庆市科普重点项目"数学文化在小学素质教育中的有效实施途径的实证研究"、重庆市博士后项目"数学文化对小学生数学素养发展作用的评价研究"等。

同时，以重庆市教育科学规划重大课题"小学数学文化研究"为基础设立子课题，鼓励数学教研员、一线数学教师担任研究主力，开展数学文化教学实践研究。首先，在重庆市沙坪坝、北碚、江北、九龙坡、大渡口、南岸、渝北、忠县、綦江、大足、江津等十余个区县设立子课题，数十所小学针对丛书的教学实践展开小型实验。随后，陆续向重庆市内其他区县及贵州、四川、海南、甘肃、辽宁、山东、浙江等地区铺开，目前已设立近 200 个子课题，引导教师进行数学文化的教学方式和数学文化对学生数学学习兴趣、数学应用意识、数学素养等方面影响的研究。

（三）设立数学文化实验学校

通过设立数学文化实验学校，开展围绕数学文化的教学实践。首先，研究制定了数学文化项目实验学校的文件和遴选办法。既有对实验学校义务的规定，例如"至少要有 2 个年级 5 个以上班级参加项目实验"，"每学期以简报形式及时如实反映学校开展数学文化实验的相关信息"；也有属于实验学校的权利，例如"可申请承办区域（乃至全国）数学文化专题研讨会、联片数学文化教研等活动"，"可选拔教师参加全国数学文化专题研讨会和通过当地推荐、选拔教师参加全国数学文化优质课大赛等活动"，"可以申请 1 个数学文化研究课题"。

2015 年，团队发出了关于申报数学文化实验学校的邀请。自发出邀请以来，陆续收到重庆、海南、河南、甘肃、辽宁、贵州、浙江、山西、山东、四川、江苏、内蒙古、西藏、新疆、北京、江西、广东、湖北等近 20 个省（市、自治区）千余所学校的申请，通过筛选目前已有 9 批共 748 所学校成为数学文化实验学校。

这些实验学校从课堂教学、课外活动、家庭教育等不同的角度开展了数学文化教学实验。其一，在教学中渗透数学文化。例如，根据教科书教学内容的进度，以《数学文化读本》为载体，组织与之对应的数学文化的课堂教学。再如，开展"课前三分钟"活动，每日轮流请一名学生讲述数学文化故事（如数学家的故事）或进行与数学相关的魔术表演等。其二，在课外活动中渗透数学文化。例如定期开展数学文化节、数学文化周等活动，开展数学家演讲比赛、数独、七巧板和数学文化手抄报等活动。其三，在家庭教育中渗透数学文化。邀请家长陪同学生一起阅读《数学文化读本》《小学数学文化丛书》等，或一起完成亲子游戏（如24点比赛、抢数游戏、华容道、七巧板）。通过这些活动，一方面希望孩子们能感受到数学的趣味性和广泛应用性，另一方面也希望改变教师的教学观念提升专业素养。

（四）举办数学文化优质课大赛

课堂教学是渗透数学文化的主渠道。第一，分三个阶段在重庆、贵州、海南、辽宁、山东、浙江、四川等地区组织开展了以"数学文化在推进小学素质教育中的实践研究"为主题的区域性研讨会。第一阶段，在重庆市华新、珊瑚、谢家湾、朝阳、树人等示范性小学开展主题教研。第二阶段，基于广大教师和教研员的要求，逐渐拓展了重庆市沙坪坝、北碚、忠县、九龙坡、大渡口、江北、大足、南岸、渝北、江津等区县组织区域性的市级专题研讨。第三阶段，应市外实验学校的需求，邀请专家并组织编写团队逐步到各省市开展研讨会，引领实验学校顺利开展研究。会议内容主要包括专家主题讲座、数学文化丛书和读本的解读、课例展示、课例点评等，注重加强教师对数学文化的认识和数学文化教学能力的提升。区域性数学文化研讨会的与会者主要为该省市教研员代表、数学文化实验学校有关领导和参与实验的教师，以及有兴趣加入数学文化教学实践的学校代表，平均每次会议约有400人参加。

第二，每年5月或6月举办全国小学数学文化优质课大赛，搭建全国数学文化讲课、说课和评课平台。先后联合全国教师教育学会、全国数学教育研究会，组织开展数学文化的优质课大赛，研制了数学文化优质课大赛的比赛规则和评分标准。2015 年至 2019 年分别在重庆市九龙坡区高新实验一小、重庆市华润谢家湾小学、贵州省贵阳市第一实验小学、浙江省杭州市高新实验小学、山东省青岛市西海岸新区兰亭小学，连续举办五届数学文化优质课大赛。2020 年因疫情的影响，采用线上形式举办了第六届全国小学数学文化优质课大赛。大赛内容由最初第一、二届的讲课、说课比赛，拓展为如今的讲课、说课、微课（课件）、优秀论文评选等四项比赛。目前，连续举办的六届优质课大赛已吸引了来自渝、辽、鲁、琼、苏、浙、豫、粤、川、黔等 20 余个省（市）的教研员、小学（副）校长、教导主任、教研组长、数学教师等 1 万余人，来自全国的 961 名小学数学教师获奖，以表彰和鼓励一批在数学文化教育方面有特色的教师，增强他们开展数学文化教学的信心。

第三，每年 11 月或 12 月举办全国小学数学文化课堂教学观摩暨课题研究进展交流研讨会。联合全国数学教育研究会、中国高等教育学会教师教育学会，自 2015 年至 2019 年先后在重庆市大渡口区实验小学、重庆市渝北区空港新城小学、海南省海口市滨海第九小学、山东省青岛市西海岸新区珠江路小学、重庆市沙坪坝区育英小学校，连续举办五届全国小学数学文化课堂教学观摩暨课题研究进展交流研讨会。2020 年因疫情的影响，采用"现场召开＋网络直播"相结合的形式同时进行。六次会议主要采用"学术报告＋课堂教学展示与交流＋实验学校和子课题经验交流"的模式，展示优秀课例、交流成功经验，使得来自渝、辽、鲁、琼、苏、浙、豫、粤、川、黔等 20 余个省（市）通过现场参加和线上观摩的教研员、小学（副）校长、教导主任、教研组长、数学教师共计 3 万余人受益。

四、数学文化进课堂的初步成效

为了解数学文化课对小学生的影响，团队成员在预试的基础上修订并最终编制了 7 个维度 17 个观测点的《数学文化教学效果学生问卷》，对重庆、山东、海南、广东和贵州等项目实验学校的小学生进行调研，发放问卷 3400

份，有效问卷 3211 份。调研表明，数学文化课的学习对于学生数学学习兴趣、自信心、学习毅力，以及数学知识的理解与应用、民族自豪感的培养等方面都有促进作用。同时，对来自不同类型学校（城市、乡镇、农村）的学生、不同学业水平学生（优等生、中等生、后进生）的数据分析表明，总体而言数学文化课的开设对农村学生和后进生的影响更大。①

（一）提升了学生数学学习兴趣，增强了学习信心和毅力

从各年级的数据来看，学生对数学文化课的喜欢程度达到 85% 以上，最高为 98%。上了数学文化课后更喜欢数学课的为 75%~86%，更有信心学数学的为 75%~92%，更有毅力解决数学问题的为 73%~86%（如图 1-4）。

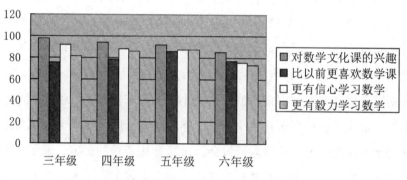

图 1-4　对数学学习兴趣、学习信心和学习毅力的影响

此外，数学文化课的开设对农村学生和后进生的影响更明显。具体而言，上了数学文化课以后，更喜欢数学课的城市、乡镇、农村学生的占比分别为 74.1%、81.2%、90.8%，优等生、中等生、后进生的这一占比分别为 71.1%、76.8%、86.5%。在学习自信心方面，72.9% 的城市学生、84.7% 的乡镇学生和 95.8% 的农村学生认为更有信心学数学，优等生、中等生和后进生的这一比例分别为 70.0%、76.4%、91.2%。而在学习毅力方面，87.3% 的城市学生、85.0% 的乡镇学生和 89.7% 的农村学生更有毅力解决数学问题，优等生、中等

① 郭莉，康世康.数学文化对数学学习影响的调查研究［J］.教育评论，2018（10）：126-129.

生和后进生的这一比例分别为 81.4%、86.8% 和 92.0%。

（二）提升了学生学习主动性，大多数学生更爱思考和讨论问题

数学文化课的学习对学生数学学习积极性的培养成效明显。不同年级学生中，更爱提数学问题的学生比例为 71%~92%，80%~95 学生表示更爱思考数学问题，79%~91% 的学生更爱钻研数学问题，更爱和同学讨论数学问题学生达 72%~94%，更爱和家长讨论问题的达 74%~95%（如图 1-5）。

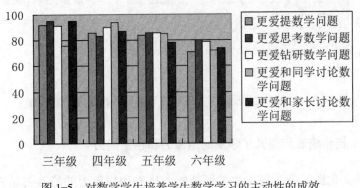

图 1-5 对数学学生培养学生数学学习的主动性的成效

同时，数学文化课的学习有助于培养不同学校类型学生的学习主动性，对农村学生的影响更大；还有助于提升不同学业水平学生的学习主动性，后进生在该方面的比例略低。具体而言，上了数学文化课以后，76.7% 的城市学生、76.3% 乡镇学生和 88.8% 的农村学生更爱与同学讨论数学问题，84.9% 的城市学生和 86.5% 的乡镇学生更爱与家长讨论数学问题。但是，更爱与家长讨论数学问题的农村学生仅有 40.9%，这可能与农村家长文化水平低以及大多数农村学生的家长外出打工有关。而不同学业水平的学生的结果为，73.7% 的优生、78.7% 的中等生和 86.6% 的后进生更爱与同学讨论数学问题；80.5% 的优等生、80.1% 中等生和 76.0% 的后进生更爱与家长讨论数学问题。

（三）使学生感受到数学家的精神，增强了民族自豪感

在关于对数学家精神的感受和民族自豪感的影响方面，各年级的数

据（如图1-6）显示，92%~96%的学生充分感受到了数学家的科学精神，85%~96%的学生在了解和学习了中国的数学成就后具有强烈的民族自豪感，且城市、乡镇和农村学生中表示民族自豪感有所增强的比例分别为94.5%、93.3%和97.1%。

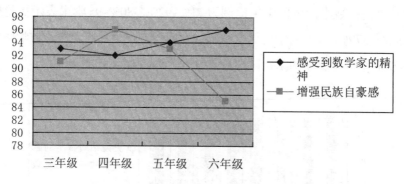

图1-6 对学生感受数学家的精神和增强民族自豪感的影响

（四）初步培养和提升了学生的想象力和创新能力

数学文化课的学习对学生的创新能力培养和想象力的培养初显成效。结果显示，各个年级明显感觉到创新能力有所提升的学生达到64%~87%，感受到想象力增强的学生的比例为56%~83%（如图1-7）。

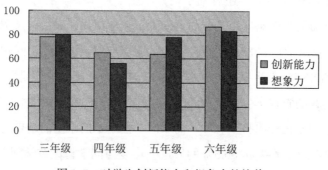

图1-7 对学生创新能力和想象力的培养

同时，数学文化课对于不同学校类型、不同学业水平的学生的创新能力和想象力都有促进作用。具体而言，通过数学文化的学习，城市、乡镇和农村学生，在更爱提数学问题上的占比分别为 83.6%、87.1%、87%，在更爱思考数学问题上的占比分别为 93.5%、85.8%、94.5%，在想象力更丰富上分别有 95.6%、92.4%、95.2% 表示认可。优等生、中等生和后进生，在更爱提数学问题上的占比分别为 80.5%、83.6%、91.4%，在更爱思考数学问题上的占比分别为 89.0%、92.2%、93.5%，在想象力更丰富上分别有 91.9%、95.3%、95.7% 表示认可。

（五）促进了学生数学知识学习，拓展了数学视野

从图 1-8 可以看出，78%~90% 的学生更容易记住数学知识和方法，感受到更容易学懂数学知识的学生达到 82%~90%，85%~93% 认为掌握了更多的解决数学问题的方法，93%~97% 的学生感觉到数学的知识面大大增加，92%~98% 的学生认为知道了数学的更多用处。

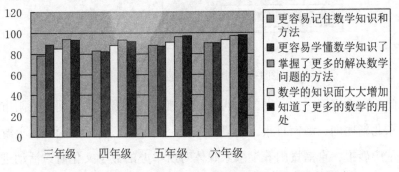

图 1-8 对学生学习数学知识、掌握问题解决的方法的影响

同时，数学文化课的学习对于数学知识学习、拓宽视野都有正向作用，且在数学知识的学习方面对农村学生、后进生的影响更大。具体而言，通过数学文化的学习，城市、乡镇和农村学生，表示有助于数学知识的学习的比例分别为 67.5%、78.7%、92.8%，在开拓视野方面比例相当（分别为 95.0%、93.1%、96.9%），开拓视野方面比例也大致相同（分别为 94.5%、93.3%、97.1%）。而优等生、中等生和后进生，认为有助于数学知识的学习的比例分别为 67.5%、78.7%、92.8%，对开拓视野方面的比例也都在 93% 以上。

（六）增强了学生问题解决能力、应用意识和实践能力

通过数学文化课的学习，各个年级的学生中有 67%~92% 表示解决问题的能力有所增强，76%~90% 表示会更主动运用数学知识解决生活中的问题，78%~90% 学生感受到实践能力明显增强（如图 1-9）。同时，通过数学文化的学习，城市、乡镇和农村学生在问题解决能力上分别有 79.9%、72.5%、65.9% 表示有所增强。优等生、中等生和后进生中分别有 80.3%、78.3%、68.2% 表示问题解决能力有所增强。

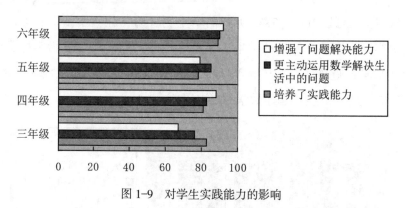

图 1-9　对学生实践能力的影响

此外，央视网、央广网、光明网、搜狐网、网易、华龙网、贵阳市教育网、东北新闻网、海南日报、华夏经纬网、南海网、腾讯大渝网、上游新闻网、重庆晨报、直播贵阳等十余家媒体对所举办的数学文化研讨活动进行了报道。参与活动的老师们也纷纷表示通过这些活动对数学文化有了更深刻的认知，清晰地认识到数学文化在数学教育、素质教育中的重要地位，极大地激发了教学实践与研究热情。

2018 年，以重庆市主研团队领衔的课题"数学文化推进小学素质教育的实践探索"获重庆市基础教育教学成果一等奖、国家级基础教育教学成果二等奖，以贵阳市主研团队领衔的课题"数学文化主题活动区域教研的实践与探索"获贵州省基础教育教学成果奖二等奖。

2020 年，李铁安设计指导的 8 节小学数学文化课被中国教育电视台选为"落实立德树人的精品课"，并在《名师课堂·课堂直播》栏目面向全国展播，

赢得观众高度好评，这 8 节课例也分别在《小学教学》（2021—3；2021—4；2021—5）和《教学月刊》（2021—3）作为主题性论文发表。

　　与此同时，教育科学出版社专门邀请李铁安作为主编，组织编写一套"数学文化进课堂"系统丛书。其中，李铁安的专著《迷上数学——触动童心的数学文化课》已率先出版（2021 年 6 月），后续将出版《迷上数学——教材中的数学文化课》《迷上数学——中华传统数学文化课》《迷上数学——启迪智慧的数学趣味题》等著作。

　　以上对西南大学数学教育研究团队在数学文化进课堂方面的学术理念和教育实践做一概括性介绍。其经验告诉我们，如何将"数学文化进课堂"这一实践主题更为科学有效地落到实处，特别是能够在实践过程中总结提炼更为宝贵的学理，尚有许多探索空间。过往所凝聚的实践智慧和生成的新问题，都是发展这一主题的内在动力，它将以其独有的生命力和肩负的重任而被不断弘扬。更为激动人心的是：数学文化进课堂，我们已然正面对着一个更为辽远的未来！

第五章　会员出版的数学史（科学史）著作目录
（1978—2021 年）

　　本著作目录的编辑，旨在反映改革开放以来数学史学会会员的学术成果，因此仅收录会员出版的数学史及科学史方面的著作。非会员的数学史（科学史）方面的著作太多，其类型也很复杂，故不收录。由于编制目录的人手有限，难免因检索不周而出现挂一漏万的情形，敬请谅解。也希望以此目录的编辑为起点，今后进一步补充完善国内数学史（科学史）著作的目录，为学界提供文献参考，并且尽可能全面反映我国数学史学科的学术成就。

年份	著作名称	作者	出版社，出版时间
1978 年	蒙古族科学家明安图	李迪著	内蒙古人民出版社，1978 年
1980 年	世界数学史简编	梁宗巨著	辽宁人民出版社，1980 年
1981 年	三个女数学家	袁向东，李文林编	四川少年儿童出版社，1981 年
	中国数学史	钱宝琮主编	科学出版社，1981 年（2019 年再版）
	数学史	［英］斯科特著，侯德润，张兰译	商务印书馆，1981 年
1982 年	《九章算术》与刘徽	吴文俊主编	北京师范大学出版社，1982 年
	希尔伯特：数学世界的亚历山大	康斯坦西·瑞德著，袁向东，李文林译	上海科学技术出版社，1982 年
	数海钩沉——世界数学名题选辑	高希尧编	陕西科学技术出版社，1982 年
	中国科学技术史稿	杜石然，范楚玉，陈美东，金秋鹏，周世德，曹婉如 编著	科学出版社，1982 年
	数学的过去、现在和未来	周金才，梁兮编著	中国青年出版社，1982 年

（续表）

年份	著作名称	作者	出版社，出版时间
	德汉数学词汇	沈康身编订	科学出版社，1982 年
1983 年	高等数学基本教程·1 代数 [*Cours élémentaires de mathématiques supérieurs, 1—Algèbre (dunod, 1976)*]	［法］J. 奎奈著，胡作玄，郭书春译	高等教育出版社，1983 年
	钱宝琮科学史论文选集	中国科学院自然科学史研究所编	科学出版社，1983 年
	《九章算术》注释	白尚恕注释	科学出版社，1983 年
1984 年	二十世纪数学史话	张奠宙，赵斌编著	知识出版社，1984 年
	菲尔兹奖获得者传	胡作玄，赵斌编著	湖南科学技术出版社，1984 年
	数学概观	［瑞典］L. 戈丁著，胡作玄译	科学出版社，1984 年
	华罗庚科普著作选集	王元等编	上海教育出版社，1984 年
	中国数学史简编	李迪著	辽宁人民出版社，1984 年
	中学数学课程中的中算史材料	严敦杰著	人民教育出版社，1984 年
	布尔巴基学派的兴衰	胡作玄著	知识出版社，1984 年
	安徽古代科学家小传	胡炳生，施孟胥、李梦樵等著	安徽科学技术出版社，1984 年
1985 年	第三次数学危机	胡作玄著	四川人民出版社，1985 年
	中国数学史论文目录国内之部 1906—1985	李迪，李培业编	中国珠算协会珠算史研究会，1985 年
	中学数学教师手册·数学史	杜石然，何绍庚，郭书春，王渝生，刘钝等编	上海教育出版社，1985 年
	《测圆海镜》今译	白尚恕译	山东教育出版社，1985 年
	宋元数学史论文集	钱宝琮等著	科学出版社，1985 年第二次印刷
	数学史话	袁小明著	山东教育出版社，1985 年
1986 年	中国数学简史	中外数学史编写组	山东教育出版社，1986 年
	数学名人漫记	傅钟鹏 编著	辽宁教育出版社，1986 年
	大数学家的思维方式	王前 编译	辽宁教育出版社，1986 年

（续表）

年份	著作名称	作者	出版社，出版时间
	数学史概论	［美］H. 伊夫斯著，欧阳绛译	山西人民出版社，1986 年
	吴文俊文集	吴文俊著	山东教育出版社，1986 年
	中算导论	沈康身著	上海教育出版社，1986 年
	《算法纂要》校释	［明］程大位著，李培业校释	安徽教育出版社，1986 年
	数学的脚印	袁小明著	少年儿童出版社，1986 年
	中国古代科技史论文索引	严敦杰主编	江苏科学技术出版社，1986 年
1987 年	外国数学简史	中外数学史编写组	山东教育出版社，1987 年
	秦九韶与《数书九章》	吴文俊主编	北京师范大学出版社，1987 年
	微积分思想简史	周述岐著	中国人民大学出版社，1987 年
	中国少数民族科技史研究·第一～七辑	李迪主编	内蒙古人民出版社，1987—1992 年
	数学史	［美］吉特尔曼（Gittleman, A.）著，欧阳绛译	科学普及出版社，1987 年
	中国珠算史稿	华印椿编著	中国财政经济出版社，1987 年
1988 年	李冶传	孔国平著	河北教育出版社，1988 年
	清代著名天文数学家梅文鼎	李迪，郭世荣著	上海科学技术文献出版社，1988 年
	自然科学史导论	郭金彬，王渝生著	福建教育出版社，1988 年
1989 年	数学家传略辞典	梁宗巨主编，杜瑞芝、王青建、陈一心合编	山东教育出版社，1989 年
	中国古代数学思想方法	王鸿钧、孙宏安著	江苏教育出版社，1989 年
	数学史选讲	钱克仁著	江苏教育出版社，1989 年
	世界数学名题选	陆乃超，袁小明编著	上海教育出版社，1989 年
	高等数学基本教程·3 积分与级数（*Cours élémentaires de mathématiques supérieurs*，*3-Calcul integral et séries*）	［法］J. 奎奈著，唐兆亮，郭书春译	高等教育出版社，1989 年

（续表）

年份	著作名称	作者	出版社，出版时间
1990 年	东方数学典籍《九章算术》及其刘徽注研究	李继闵著	陕西人民教育出版社，1990 年
	科克曼女生问题	罗见今著	辽宁教育出版社，1990 年
	《算法统宗》校释	梅荣照，李兆华校释	安徽教育出版社，1990 年
	欧几里得《几何原本》	兰纪正，朱恩宽译，梁宗巨等校订	陕西科学技术出版社，1990 年
	世界著名科学家传记·数学家Ⅰ	吴文俊主编，梁宗巨、李文林、邓东皋副主编	科学出版社，1990 年
	初等数学简史	袁小明著	人民教育出版社，1990 年
	世界著名数学家评传	袁小明著	江苏教育出版社，1990 年
	科学之王 数学的历史、思想与方法	张柏平，朱家生编著	河南教育出版社，1990 年
	数学家辞典	邓宗琦主编	湖北教育出版社，1990 年
	《九章算术》今译	白尚恕译	山东教育出版社，1990 年
	中华珠算大辞典	李培业主编，胡炳生第一副主编	安徽教育出版社，1990 年
	数学史上的里程碑	［美］伊夫斯（Eves, H.）著，欧阳绛等译	北京科学技术出版社，1990 年
	数学史简编	张素亮主编	内蒙古大学出版社，1990 年
	近代数学教育史话	张奠宙著	人民教育出版社，1990 年
	明清数学史论文集	梅荣照主编	江苏教育出版社，1990 年
	《周髀算经》《九章算术》	赵爽注、刘徽注	上海古籍出版社，1990 年
	中国古典数学名著《九章算术》今解	肖作政编译	辽宁人民出版社，1990 年
	数学与人类文明	王宪昌著	延边大学出版社，1990 年
	早期数学史选篇	A.艾鲍著，周民强译	北京大学出版社，1990 年
	科瓦列夫斯卡娅	［美］安·希·科布利茨著，赵斌译	科学技术文献出版社，1990 年
	中国历代文献精粹大典·科技卷	林文照（主编）汪子春，郭书春（副主编）	学苑出版社，1990 年

（续表）

年份	著作名称	作者	出版社，出版时间
	安徽科学技术史稿	张秉伦，吴孝铣，高有德，胡炳生，吴昭谦等著	安徽科学技术出版社，1990年
1991年	数学与社会	胡作玄著	湖南教育出版社，1991年
	数学思想史导论	袁小明著	广西教育出版社，1991年
	简明数学史辞典	杜瑞芝、王青建、孙宏安、邵明湖、齐治平编	山东教育出版社，1991年
	中国古代数学	郭书春著	山东教育出版社，1991年
	中华文化集萃丛书·睿智篇	白尚恕著	中国青年出版社，1991年
	近代数学教育史话	张奠宙，曾慕莲等著	人民教育出版社，1991年
	十大科学家	胡道静、周瀚光主编	上海古籍出版社，1991年；世界文物出版社（中国台北），1993年
1992年	欧几里得《几何原本》	兰纪正，朱恩宽译，梁宗巨等校订	中国台湾九章出版社，1992年
	世界著名科学家传记·数学家Ⅱ	吴文俊主编，梁宗巨、李文林、邓东皋副主编	科学出版社，1992年
	世界著名科学家传记·数学家Ⅲ	吴文俊主编，梁宗巨、李文林、邓东皋副主编	科学出版社，1992年
	世界著名科学家传记·数学家Ⅳ	吴文俊主编，梁宗巨、李文林，邓东皋副主编	科学出版社，1992年
	数学历史典故	梁宗巨著	辽宁教育出版社，1992年
	《数书九章》新释	［宋］秦九韶原著，王守义遗著，李俨审校	安徽科学技术出版社，1992年
	《几何》	勒内·笛卡儿著，袁向东译	武汉出版社，1992年
	数学史导引	刘逸，纪志刚著	北京师范大学出版社，1992年
	欧几里得《几何原本》研究	莫德主编	内蒙古人民出版社，1992年
	《明安图传》（蒙文）	李迪著	内蒙古科学技术出版社，1992年
	莫绍揆文集	莫绍揆著	南京大学出版社，1992年

（续表）

年份	著作名称	作者	出版社，出版时间
	古代世界数学泰斗刘徽	郭书春著	山东科学技术出版社，1992 年
	中国古代数学史略	袁小明著	河北科学技术出版社，1992 年
	数学思想发展简史	袁小明，胡炳生，周焕山著	高等教育出版社，1992 年
	中国古代科学家传记（上集）	杜石然主编	科学出版社，1992 年
	山东古代科学家	许义夫，张殿民，郭书春主编	山东教育出版社，1992 年
	日本学者研究中国史论著选译 第 10 卷 科学技术	刘俊文主编，杜石然等译	中华书局，1992 年
	中国传统科技文化探胜：纪念科技史学家严敦杰先生	薄树人主编	科学出版社，1992 年
1993 年	中国古代科学家传记（下集）	杜石然主编	科学出版社，1993 年
	刘徽研究	吴文俊主编	陕西人民教育出版社、九章出版社，1993 年
	中国科学技术典籍通汇·数学卷	郭书春主编，王渝生，韩琦副主编	河南教育出版社，大象出版社，1993 年
	数学史概论（修订版）	［美］H. 伊夫斯著，欧阳绛译	山西经济出版社，1993 年
	康熙《几暇格物编》译注	［清］爱新觉罗·玄烨著，李迪译注	上海古籍出版社，1993 年
	中华历史名人：郭守敬	王渝生著	新蕾出版社，1993 年
	大哉言数	刘钝著	辽宁教育出版社，1993 年
	趣味古算诗题解	徐品方编著	山西人民出版社，1993 年
	中外数学史教程	李迪主编	福建教育出版社，1993 年
	通向现代科学之路的探索	李迪主编	内蒙古大学出版社，1993 年

（续表）

年份	著作名称	作者	出版社，出版时间
	九章算术校证	李继闵著	陕西科学技术出版社，1993年
	哲人科学家—康托尔：引起纷争的金苹果	胡作玄著	福建教育出版社，1993年
	郭守敬	王渝生著	新蕾出版社，1993年
	中国现代数学史略	张奠宙著	广西教育出版社，1993年
1994年	微积分的创立（电视教学片）	杜瑞芝、慈维新、曲文真等编	高等教育出版社，1994年
	刘徽评传	周瀚光，孔国平著	南京大学出版社，1994年
	中国古代数学（繁体字本）	郭书春著	台湾商务印书馆，1994年，1995年
	世界著名科学家传记·数学家V	吴文俊主编，梁宗巨、李文林、邓东皋副主编	科学出版社，1994年
	世界著名科学家传记·数学家VI	吴文俊主编，梁宗巨，李文林、邓东皋副主编	科学出版社，1994年
	自然科学发展大事记·数学卷	梁宗巨主编	辽宁教育出版社，1994年
	世界数学家思想方法	解恩泽、徐本顺主编	山东教育出版社，1994年
	当代数学大师	李心灿著	航空工业出版社，1994年
	先秦数学与诸子哲学	周瀚光著	上海古籍出版社，1994年
	中国古代数理天文学探析	曲安京，纪志刚，王荣彬著	西北大学出版社，1994年
	魏晋南北朝科技史	何绍庚，何堂坤著	人民出版社，1994年
	中国古典数学对人类文化的八大贡献	曲安京著	未来出版社，1994年
1995年	成就卓著的中国数学	郭书春，田淼，邹大海著	辽宁古籍出版社，1995年
	世界著名数学家传记	吴文俊主编，梁宗巨，李文林、邓东皋副主编	科学出版社，1995年
	数学历史典故	梁宗巨著	中国台湾九章出版社，1995年
	一万个世界之谜·数学分册	梁宗巨主编	湖北少年儿童出版社，1995年

（续表）

年份	著作名称	作者	出版社，出版时间
	数学的统一性	[英]M. 阿蒂亚（Michael Atiyah）著，袁向东等编译	江苏教育出版社，1995 年
	中国古代测量学史	冯立昇著	内蒙古大学出版社，1995 年
	欧几里得《几何原本》研究论文集	莫德，朱恩宽主编	内蒙古文化出版社，1995 年
	古代世界数学泰斗刘徽（繁体修订本）	郭书春著	中国台北明文书局，1995 年
	中华骄子·数学大师	王渝生主编	龙门书局，1995 年
	初等数学史话	潘有发著	陕西人民教育出版社，1995 年
	趣味歌词古体算题选	潘有发编	中国台湾九章出版社，1995 年
	中国学术名著提要·科技卷	徐余麟主编，周瀚光、贺圣迪副主编	复旦大学出版社，1996 年
	中国数学史	李兆华著	文津出版社，1995 年
	数学与人类文化发展	张祖贵著	广东教育出版社，1995 年
	中国科学家群体的崛起	王渝生主编	山东科学技术出版社，1995 年
	哲人科学家——维纳：通向信息世界的异端之路	胡作玄著	福建教育出版社，1995 年
1996 年	《九章算术》导读	沈康身著	湖北教育出版社，1996 年
	中华数学之光	袁小明，胡炳生，周焕山，刘逸著	湖南教育出版社，1996 年
	吴文俊论数学机械化	吴文俊著	山东教育出版社，1996 年
	世界珠算通典	李培业，铃木久男主编	陕西人民出版社，1996 年
	世界数学通史（上）	梁宗巨著	辽宁教育出版社，1996 年
	世界数学史	杜石然，孔国平主编	吉林教育出版社，1996 年
	350 年历程：从费尔马到维尔斯	胡作玄著	山东教育出版社，1996 年
	电视教学片《高等数学绪论》	杜瑞芝，慈维新，曲文真等	高等教育出版社，1996 年
	数学史教学导论	骆祖英编著	浙江教育出版社，1996 年

（续表）

年份	著作名称	作者	出版社，出版时间
	中国中学数学教育史	魏庚人著	山东教育出版社，1996年
	《杨辉算法》导读	郭熙汉著	湖北教育出版社，1996年
	一个数学家的辩白	G.H.哈代著，袁向东等编译	江苏教育出版社，1996年
	中国少数民族科学技术史丛书·通史卷	李迪主编	广西科学技术出版社，1996年
	戴震全书·卷四、卷五（天文、数学）校注	胡炳生参与编辑	黄山书社，1996年
1997年	《测圆海镜》导读	孔国平著	湖北教育出版社，1997年
	点校《九章算术》（《传世藏书》）	郭书春著	海南国际新闻出版中心，1997年
	《杨辉算法》	孙宏安译注	辽宁教育出版社，1997年
	中国古代数学（增补本）	郭书春著	商务印书馆，1997年
	数学：新的黄金时代	基斯·德夫林著，李文林、袁向东等译	上海教育出版社，1997年
	数学史话	周瀚光著	上海古籍出版社，1997年
	数学在你身边	胡作玄著	中国华桥出版社，1997年
	让你开窍的数学：从毕达哥拉斯到费尔马	胡作玄著	河南科学技术出版社，1997年
	中国数学通史·上古到五代卷	李迪著	江苏教育出版社，1997年
	数学诗歌题解	徐品方著	中国青年出版社，1997年
	数学史选讲	张奠宙主编	上海科学技术出版社，1997年
	《九章算术》导读	沈康身著	湖北教育出版社，1997年
	科史薪传：庆祝杜石然先生从事科学史研究40周年学术论文集	刘钝，韩琦等主编	辽宁教育出版社，1997年
	中华科技五千年	华觉明主编 郭书春副主编、总统稿	山东教育出版社，1997年

（续表）

年份	著作名称	作者	出版社，出版时间
1998 年	《割圆密率捷法》译注	［清］明安图著，罗见今译注	内蒙古教育出版社，1998 年
	著名数学家和他的一个重大发现	王幼军著	山东科技出版社，1998 年
	《衡斋算学》校证	［清］汪莱著，李兆华校注	陕西科学技术出版社，1998 年
	译注《九章算术》	郭书春译注	辽宁教育出版社，1998 年
	中国数学史大系（8 卷 +2 副卷）	吴文俊总主编	北京师范大学出版社，1998 年
	《九章算术》导读与译注	李继闵著	陕西科学技术出版社，1998 年
	阿基米德全集	［古希腊］阿基米德（Archimedes）著，［英］T. L. 希思（T. L. Heath）编，朱恩宽，李文铭等译	陕西科学技术出版社，1998 年
	几何风范：陈省身	张奠宙著	山东画报出版社，1998 年
	成就卓著的中国数学	郭书春，田淼，邹大海著	辽海出版社，1998 年
	数学珍宝：历史文献精选	李文林主编	科学出版社，1998 年
	中华文化通志——算学志	王渝生著	上海人民出版社，1998 年
	李俨钱宝琮科学史全集（10 卷）	杜石然，郭书春，刘钝主编	辽宁教育出版社，1998 年
	算经十书	郭书春，刘钝校勘	辽宁教育出版社，1998 年
1999 年	《孙子算经》《张丘建算经》《夏侯阳算经》导读	纪志刚著	湖北教育出版社，1999 年
	王文素与《算学宝鉴》	刘五然著	中国物价出版社，1999 年
	Nine chapters on the Mathematical Art（九章算术英文版）	沈康身等译	牛津大学出版社，科学出版社，1999 年

（续表）

年份	著作名称	作者	出版社，出版时间
	20 世纪数学思想	胡作玄，邓明立著	山东教育出版社，1999 年
	数学：它的起源与方法	朱家生，姚林著	东南大学出版社，1999 年
	中华传统数学 文献精选导读	李迪主编	湖北教育出版社，1999 年
	中国数学通史·宋元卷	李迪著	江苏教育出版社，1999 年
	王元论哥德巴赫猜想	李文林著	山东教育出版社，1999 年
	数学的建筑	布尔巴基等著，胡作玄等 编译	江苏教育出版社，1999 年
	中国历史上的科技创新一百例	周瀚光，曾抗美主编	上海科学普及出版社，1999 年
	中华文化通志第 7 典 科学技术 算学志	王渝生著	上海人民出版社，1999 年
	数学史导论	韩祥临著	杭州大学出版社，1999 年
	科学寻踪	王渝生著	江苏教育出版社，1999 年
2000 年	科学译著先师——徐光启	王青建著	科学出版社，2000 年
	李冶朱世杰与金元数学	孔国平著	河北科学技术出版社，2000 年
	中国近现代数学的发展	张奠宙著	河北科学技术出版社，2000 年
	古算今论	李兆华著	天津科学技术出版社，2000 年
	祖冲之科学著作校释	严敦杰著，郭书春整理	辽宁教育出版社，2000 年
	中国近代科学的先驱——李善兰	王渝生著	科学出版社，2000 年
	《算法统宗》导读	郭世荣著	湖北教育出版社，2000 年
	杰出的翻译家和实践家——华蘅芳	纪志刚著	科学出版社，2000 年
	数学上未解的难题	胡作玄编著	福建科学技术出版社，2000 年

（续表）

年份	著作名称	作者	出版社，出版时间
	中国数学史大系《中国近现代数学的发展》《珠算与实用算术》《南北朝隋唐数学》《李治朱世杰与金元数学》《中国数学的兴起与先秦数学》5 卷	王渝生，刘钝主编	河北科学技术出版社，2000 年
	中国古代科学技术史纲·数学卷	曲安京主编	辽宁教育出版社，2000 年
	数学史辞典	杜瑞芝主编，王青建、孙宏安副主编	山东教育出版社，2000 年
	数学史教程	李文林著	高等教育出版社，2000 年
	天文考古通论	陆思贤，李迪著	紫禁城出版社，2000 年
	中西科学交流的功臣——伟烈亚力	汪晓勤著	科学出版社，2000 年
	中国科学思想史（上中下三卷）	袁运开，周瀚光主编	安徽科学技术出版社，2000 年
2001 年	南北朝隋唐数学	纪志刚著	河北科技出版社，2001 年
	算经十书	郭书春，刘钝点校	九章出版社，2001 年
	中国数学的兴起与先秦数学	邹大海著	河北科学技术出版社，2001 年
	中外数学家传奇丛书：上下求索——徐利治	杜瑞芝著	哈尔滨出版社，2001 年
	数学与数学机械化	林东岱、李文林、虞言林主编	山东教育出版社，2001 年
	希尔伯特——数学世界的亚历山大	［美］康斯坦西·瑞德著，袁向东，李文林译	上海科学技术出版社，2001 年
	数学旅行家：漫游数王国	卡尔文·C. 克劳森著，袁向东，袁钧译	上海教育出版社出版，2001 年
	现代数学家传略辞典	张奠宙等编著	江苏教育出版社，2001 年
	世界数学通史（上、下册）	梁宗巨，王青建，孙宏安著	辽宁教育出版社，2001 年，2005 年

（续表）

年份	著作名称	作者	出版社，出版时间
	数学家传奇丛书（8册）	杜瑞芝主编	山东教育出版社，2001—2006 年
	数学教育发展概论	傅海伦著	科学出版社，2001 年
	规矩方圆：中国数学小史	郭书春，田淼，邹大海著	辽海出版社，2001 年
	发明的国度·中国科技史	周瀚光、王贻梁著	华东师范大学出版社，2001 年
	数学史海泛舟	周金才主编	江西教育出版社，2001 年
	百年诺贝尔（中央电视台大型电视专题片）	王薛继军，王渝生主编	贵州人民出版社，2001 年
	现代科学技术基础	胡炳生主编	南京大学出版社，2001 年
2002 年	白话九章算术	徐品方著	成都时代出版社，2002 年
	王文素与算学宝鉴研究	刘五然著	山西人民出版社，2002 年
	欧几里得几何学思想研究	莫德著	内蒙古教育出版社，2002 年
	北京师范大学数学系史（1915—2002）	李仲来 主编	北京师范大学出版社，2002 年
	我的大脑敞开了——天才数学家保罗·爱多士传奇	［美］布鲁斯·谢克特著，王元，李文林译	上海译文出版社，2002 年
	国学举要·术卷（数学部分）	杨文衡，陈美东，郭书春著	湖北教育出版社，2002 年
	清代级数论史纲	特古斯著	内蒙古人民出版社，2002 年
	数学无国界——国际数学联盟的历史	奥利·莱赫托著，王善平译	上海教育出版社，2002 年
	邮票上的数学	罗宾·J.威尔逊著，李心灿，邹建成，郑权译	上海科技教育出版社，2002 年
	20 世纪数学经纬	张奠宙著	华东师范大学出版社，2002 年
	中国的数学通史	李迪著	日本森北出版社，2002 年

（续表）

年份	著作名称	作者	出版社，出版时间
	中学数学中的数学史	汪晓勤，韩祥临著	科学出版社，2002 年
	国际数学家大会百年图史	［美］D. J. 阿伯斯（Donald J. Alberts）等编著，袁向东等译	江苏教育出版社，2002 年
	数学辞海·第六卷（国家"十五"出版规划重点图书）	胡作玄，梅荣照主编，丁而升、邓宗琦、任南衡、杜瑞芝、李兆华、张友余、张奠宙、林夏水、郭思乐副主编	山西教育出版社，东南大学出版社，中国科学技术出版社，2002 年
	数学史概论	李文林著	高等教育出版社，2002 年
	中国历代科技人物生卒年表	李迪，查永平编	科学出版社，2002 年
	《数书九章》与南宋社会经济	吕兴焕著	军事谊文出版社，2002 年
	《周髀算经》新议	曲安京著	陕西人民出版社，2002 年
	历史数学命题赏析	沈康身著	上海教育出版社，2002 年
	奋斗与辉煌——中华科技百年图志（1901—2000）	王渝生主编	云南教育出版社，2002 年
	百年诺贝尔科学奖启示录	王渝生主编	农村读物出版社，2002 年
	欧几里得几何学思想研究	莫德著	内蒙古教育出版社，2002 年
	吴文俊之路	胡作玄，石赫编撰	上海科学技术出版社，2002 年
2003 年	传统文化与数学机械化	傅海伦著	科学出版社，2003 年
	杰出数学家秦九韶	查有梁等著	科学出版社，2003 年
	墨经数理	梅荣照著	辽宁教育出版社，2003 年
	中国科学技术史·通史卷	杜石然主编	科学出版社，2003 年
	数学·历史·社会	杜石然 著	辽宁教育出版社，2003 年

（续表）

年份	著作名称	作者	出版社，出版时间
	数学教育经纬：张奠宙自选集	张奠宙著	江苏教育出版社，2003 年
	六朝科技	周瀚光、戴洪才主编	南京出版社，2003 年
	课余谈概率统计	胡炳生著	安徽科学技术出版社，2003 年
	欧几里得·几何原本	兰纪正，朱恩宽译，欧几里得著	陕西科学技术出版社，2003 年
	儒家思想与中国传统数学	代钦著	商务印书馆，2003 年
2004 年	二十四史·全译·唐书历志	曲安京，纪志刚，袁敏译	上海汉语大词典出版社，2004 年
	数学史简编	王青建著	科学出版社，2004
	数学史	朱家生著	高等教育出版社，2004 年，2018 年
	先驱者的足迹——高等数学的形成	李晓奇著	东北大学出版社，2004 年
	鲁滨逊——非标准分析创始人	道本周（Joseph Warren Dauben）著，王前等译	科学出版社，2004 年
	数学·科学与文化的殿堂	傅海伦编著	陕西科学技术出版社，2004 年
	中国传统数学思想史	郭金彬，孔国平著	科学出版社，2004 年
	中国科技史（《中华科技五千年》繁体字本）	华觉明主编，郭书春副主编	台北五南图书出版股份有限公司，2004
	数学史通论（翻译版，第 2 版）	［美］卡兹著，李文林，邹建成，胥鸣伟译	高等教育出版社，2004 年
	汇校《九章算数》增补版 上下册	郭书春校勘	辽宁教育出版社，中国台湾九章出版社，2004 年
	LES NEUF CHAPITRES: Le *Classique mathématique de la Chine ancienne et ses commentaires*（中法双语对照本《九章算术》）	K. Chemla, Guo Shuchun（林力娜，郭书春）	DUNOD Editeur（巴黎），2004 年，2005 年

（续表）

年份	著作名称	作者	出版社，出版时间
	西方文化中的数学	［美］莫里斯·克莱因著，张祖贵译	复旦大学出版社，2004 年
	数学的魅力（1-4）	沈康身著	上海辞书出版社，2004 年
	数学——科学与文化的殿堂	傅海伦编	陕西科学技术出版社，2004 年
	中国数学史大系·副卷第一卷（早期数学文献）	吴文俊总主编	北京师范大学出版社，2004 年
	中国数学通史·明清卷	李迪著	江苏教育出版社，2004 年
	陈省身传	张奠宙，王善平著	南开大学出版社，2004 年
	汉字文化圈数学传统与数学教育	李兆华主编	科学出版社，2004 年
	追溯数学思想发展的源流	莫德著	内蒙古教育出版社，2004 年
2005 年	曹才翰数学教育文选	李仲来主编	人民教育出版社，2005 年
	丁尔陞数学教育文选	李仲来主编	人民教育出版社，2005 年
	傅种孙数学教育文选	李仲来主编	人民教育出版社，2005 年
	刘绍学文集：走向代数表示论	李仲来主编	北京师范大学出版社，2005 年
	孙瑞清数学教育文选	李仲来主编	人民教育出版社，2005 年
	孙永生文集：逼近与恢复的优化	李仲来主编	北京师范大学出版社，2005 年
	王世强文集：代数与数理逻辑	李仲来主编	北京师范大学出版社，2005 年
	王梓坤文集：随机过程与今日数学	李仲来主编	北京师范大学出版社，2005 年
	严士健文集：典型群随机过程 数学教育	李仲来主编	北京师范大学出版社，2005 年
	钟善基数学教育文选	李仲来主编	人民教育出版社，2005 年
	中国近代数学教育史稿	李兆华著	山东教育出版社，2005 年

（续表）

年份	著作名称	作者	出版社，出版时间
	中国近现代科技奖励制度	曲安京主编	山东教育出版社，2005 年
	数学史选讲	林立军编	人民教育出版社，2005 年
	中国历法与数学	曲安京著	科学出版社，2005 年
	东西数学物语	[日] 平山谛著，代钦译	上海教育出版社，2005 年
	简明微积分发展史	龚升、林立军著	湖南教育出版社，2005 年
	数学的进化：东西方数学史比较研究	李文林著	科学出版社，2005 年
	文明之光：图说数学史	李文林著	山东教育出版社，2005 年
	中国数学的西化历程	田淼著	山东教育出版社，2005 年
	女数学家传奇	徐品方著	科学出版社，2005 年
	盈不足、《算数学》与《西镜录》（历史、考古与社会：中法学术系列讲座第九号）	刘钝著	法国远东学院北京中心，2005 年
	中国机械化数学近代发展概论	刘芹英著	知识产权出版社，2005 年
2006 年	科学名著赏析·数学卷	王青建主编	山西科学技术出版社，2006 年
	数学符号史	徐品方，张红著	科学出版社，2006 年
	数学文化概论	胡炳生，陈克胜	安徽人民出版社，2006 年
	天文考古通论	陆思贤，李迪著	上海古籍出版社，2006 年
	中国近代代数史简编	冯绪宁，袁向东著	山东教育出版社，2006 年
	大有可为的数学	胡作玄，邓明立著	河北教育出版社，2006 年
	梅文鼎评传	李迪著	南京大学出版社，2006 年
	汉英对照《四元玉鉴》(*Jade Mirror of the Four Unknowns*)	陈在新著，郭书春整理	辽宁教育出版社，2006 年
	希尔伯特：数学世界的亚历山大	[美] 瑞德著，袁向东、李文林译	上海科学技术出版，2006 年
	中国算学史	王渝生著	上海人民出版社，2006 年

（续表）

年份	著作名称	作者	出版社，出版时间
	近代数学史	胡作玄著	山东教育出版社，2006 年
	中国近现代科学技术史论著目录（上中下三册）	邹大海主编	山东教育出版社，2006 年
	科学的统治	［英］富勒著，刘钝译	上海科技教育出版社，2006 年
	文化一二三	刘钝著	湖北教育出版社，2006 年
2007 年	北京师范大学数学科学学院论文目录（1915～2006）	李仲来主编	北京师范大学出版社，2007 年
	汤璪真文集：几何与数理逻辑	李仲来主编	北京师范大学出版社，2007 年
	中国数学教育的先驱：傅种孙教授诞辰110 周年纪念文集	李仲来主编	《数学通报》编辑部，2007 年
	点校《九章算术》（《国学备览》）	郭书春点校	首都师范大学出版社，2007 年
	中国古代数学（增补修订本）	郭书春著	商务印书馆，2007 年
	四元玉鉴校证	李兆华	科学出版社，2007 年
	中国珠算简史	李培业著	中国财政经济出版社，2007 年
	圆锥曲线论	阿波罗尼奥斯著，朱恩宽、张毓新、张新民、冯汉桥译	陕西科学技术出版社，2007 年
	"数学之旅丛书"中的《代数学》《几何学》《概率论和统计学》《数学和自然法则》《数》	［美］约翰·塔巴克著，邓明立、胡俊美、张红梅、刘献军、杨静、王辉、胡云志、王献芬等 译	商务印书馆，2007 年
	中国古代数学教育史	佟建华等	科学出版社，2007 年
	数学简史	张红著	科学出版社，2007 年
	中世纪数学泰斗——秦九韶	徐品方，孔国平著	科学出版社，2007 年

（续表）

年份	著作名称	作者	出版社，出版时间
	中学数学简史	徐品方等	科学出版社，2007年
	拉普拉斯概率理论的历史研究	王幼军著	上海交通大学出版社，2007年
	中外数学史概论	傅海伦著	科学出版社，2007年
	数学的力量：漫话数学的价值	李文林，任辛喜著	科学出版社，2007年
	代数学：集合、符号和思维的语言	邓明立、胡俊美译	［美］塔巴克著，2007年
	中国学术思想史·隋唐卷 明清卷 科学技术篇	曲安京著	广西师范大学出版社，2007年
	《数术记遗》释译与研究	李培业著	中国财政经济出版社，2007年
2008年	白尚恕文集：中国数学史研究	李仲来主编	北京师范大学出版社，2008年
	范会国文集：函数论与数学教育	李仲来主编	北京师范大学出版社，2008年
	中国古代数学思想	孙宏安 著	大连理工大学出版社，2008年
	计算之书	纪志刚等译注	科学出版社，2008年
	古算诗题探源	徐品方、徐伟著	科学出版社，2008年
	欧几里得在中国：汉译《几何原本》的源流与影响	［荷］安国风著，纪志刚等译	江苏人民出版社，2008年
	数学开心辞典	王青建主编	科学出版社，2008年
	算法与代数学	依里哈木，武修文译，花拉子米著	科学出版社，2008年
	一代学人·钱宝琮	钱永红	浙江大学出版社，2008年
	计算之书	纪志刚，汪晓勤，马丁玲，郑方磊译，［意］斐波那契原著，［美］劳伦斯·西格尔英译	科学出版社，2008年
	莉拉沃蒂	［印］婆什伽罗Ⅱ著，［日］林隆夫译，徐泽林译注	科学出版社，2008年

（续表）

年份	著作名称	作者	出版社，出版时间
	理性的乐章——从名言中感受数学之美	［美］西奥妮·帕帕斯著，王幼军译，冯承天校	上海科技教育出版社，2008 年
	诗魂数学家的沉思	［德］H. 外尔著，袁向东译	江苏教育出版社，2008 年
	二战时期密码决战中的数学故事	王善平，张奠宙著	高等教育出版社，2008 年
	世界著名数学家简史	格日吉主编	甘肃民族出版社，2008 年
	数学方法溯源	欧阳绛著	大连理工大学出版社，2008 年
	从赵爽弦图谈起	李文林著	高等教育出版社，2008 年
	中国数理天文学	曲安京著	科学出版社，2008 年
	数学是什么？	胡作玄著	北京大学出版社，2008 年
	理性的乐章——从名言中感受数学之美	［美］西奥妮·帕帕斯著，王幼军译	上海科技教育出版社，2008 年
	数学史简明教程	李文铭主编，李文铭，高治源，赵临龙等编	陕西师范大学出版社，2008 年
	数学史通论（双语版）	［美］卡兹著，李文林，王丽霞译	高等教育出版社，2008 年
	中国数学史研究：白尚恕文集	白尚恕著	北京师范大学出版社，2008 年
	笛卡儿《几何》	［法］笛卡儿著，袁向东译	北京大学出版社，2008 年
	和算选粹	徐泽林译注	科学出版社，2008 年
	安徽科技简史	胡炳生，郭怀中著	安徽人民出版社，2008 年
	传播与会通:《奇器图说》研究与校注	张柏春、田淼等著	江苏科学技术出版社，2008 年
2009 年	北京师范大学数学科学学院史（1915—2009），第 2 版	李仲来主编	北京师范大学出版社，2009 年
	世界数学史（修订版）	杜石然，孔国平主编	吉林教育出版社，2009 年
	九章算术译注	郭书春译注	上海古籍出版社，2009 年
	数学的历史	纪志刚著	江苏人民出版社，2009 年

（续表）

年份	著作名称	作者	出版社，出版时间
	希尔伯特《数学问题》	希尔伯特著，李文林、袁向东译	大连理工大学出版社，2009年
	徐利治访谈录	徐利治，袁向东，郭金海	湖南教育出版社，2009年
	数学在科学和社会中的作用	程钊，王丽霞，杨静编译	大连理工大学出版社，2009年
	和算选粹补编	徐泽林译注	北京科学技术出版社，2009年
	数学思想方法发展概论	傅海伦，贾冠军著	山东教育出版社，2009年
	和算的发生	乌云其其格著	上海辞书出版社，2009年
	数学问题	[德]希尔伯特著，李文林、袁向东编译	大连理工大学出版社，2009年
	数学在科学和社会中的作用	[美]冯·诺依曼著，程钊等译	大连理工大学出版社，2009年
	数学思想方法发展概论	傅海伦，贾冠军著	山东教育出版社，2009年
	中国数学典籍在朝鲜半岛的流传与影响	郭世荣著	山东教育出版社，2009年
	中日数学关系史	冯立昇著	山东教育出版社，2009年
	阿拉伯数学的兴衰	包芳勋，孙庆华著	山东教育出版社，2009年
	希腊数理天文学溯源——托勒玫〈至大论〉比较研究	邓可卉著	山东教育出版社，2009年
	益古演段释义	李培业，袁敏著	陕西科学技术出版社，2009年
	我亲历的数学教育1938—2008	张奠宙著	江苏教育出版社，2009年
2010年	从博弈问题到方法论学科	徐传胜著	科学出版社，2010
	数学文化	薛有才编著	机械工业出版社，2010
	数学文化概论	王宪昌，刘鹏飞著	科学出版社，2010
	赵慈庚教授诞辰100周年纪念文集	李仲来主编	《数学通报》编辑部，2010
	当代数学史话	张奠宙，王善平	大连理工大学出版社，2010年

（续表）

年份	著作名称	作者	出版社，出版时间
	数学指南实用数学手册	李文林译，［德］埃伯哈德·蔡德勒著	科学出版社，2010 年
	中国科学技术史·数学卷	郭书春主编，李兆华副主编	科学出版社，2010 年
	中国近现代数学的发展	张奠宙著，刘钝，王渝生主编	河北科技出版社，2010 年
	中国数学史基础	李兆华著	天津教育出版社，2010 年
2011 年	日食与视差	唐泉著	科学出版社，2011 年
	数学的历史（韩语版）	纪志刚著	韩国首尔出版社，2011 年
	数学教育史	代钦，松宫哲夫著	北京师范大学出版社，2011 年
	数学及其历史	Stillwell J. 著，袁向东，冯绪宁译	高等教育出版社，2011 年
	数学史讲义概要	徐传胜著	电子工业出版社，2011 年
	初等数学研究·数学史部分	刘兴华编写，程晓亮，刘影主编	北京大学出版社，2011 年
	古算今论（第二版）	李兆华著	天津科技翻译出版公司，2011 年
	情真意切话数学	张奠宙，丁传松，柴俊著	科学出版社，2010 年
	数学史概论（第三版）	李文林著	高等教育出版社，2011 年
	笛卡儿之梦	李文林著	高等教育出版社，2011 年
	陈省身传（修订版）	张奠宙，王善平	南开大学出版社，2011 年
	美妙数学花园：从笛卡儿之梦谈起	李文林，李铁安著	科学出版社，2011 年
	中国科学技术史·辞典卷	郭书春，李家明主编	科学出版社，2011 年
	改变人类的科学活动	王渝生编	上海科学技术文献出版社，2011 年
	山东科学技术史	傅海伦著	山东人民出版社，2011 年
	比较视野下的中国天文学史	邓可卉著	上海人民出版社，2011 年

（续表）

年份	著作名称	作者	出版社，出版时间
	寻求与科学相容的生活信念:《科学文化评论》译文精选（2004—2008）	刘钝，曹效业编	科学出版社，2011年
	追寻缪斯之梦:《科学文化评论》论文集萃（2004—2008）	刘钝，曹效业编	科学出版社，2011年
2012年	科学精神光照千秋：古希腊科学家的故事	邹大海著	吉林科学技术出版社，2012年
	钱珮玲数学教育文选	李仲来主编	人民教育出版社，2012年
	王伯英文集：多重线性代数与矩阵	李仲来主编	北京师范大学出版社，2012年
	王敬庚数学教育文选	李仲来主编	人民教育出版社，2012年
	王申怀数学教育文选	李仲来主编	人民教育出版社，2012年
	中国近代科学的先驱——华蘅芳	孔国平，佟建华，方运加著	科学出版社，2012年
	中国科学技术史稿（修订版）	杜石然，范楚玉，陈美东，金秋鹏，周世德，曹婉如 编著	北京大学出版社，2012年
	中国数学史上最光辉的篇章: 李冶、秦九韶、杨辉、朱世杰的故事	孔国平著	吉林科学技术出版社，2012年
	数学奇趣	徐品方、徐伟著	科学出版社出版，2012年
	布尔巴基: 数学家的秘密社团	［法］莫里斯·马夏尔著, 胡作玄、王献芬译	湖南科技出版社，2012年
	湖南历代科学家传略	许康，许峥著	湖南大学出版社，2012年
	罗素文集·3卷 罗素自传（卷）（1872—1914）	胡作玄，赵慧琪译	商务印书馆，2012年
	数学文化与文化数学	胡炳生，尚强，季志焯合著	上海教育出版社，2012年
	数学猜想与发现	徐品方，陈宗荣著	科学出版社出版，2012年
	论非线性发展方程的历史演进	套格图桑著	中央民族大学出版社，2012年

（续表）

年份	著作名称	作者	出版社，出版时间
	数学世纪——过去100 年间 30 个重大问题	［意］皮耶尔乔治·奥迪弗雷迪著，胡作玄等译	上海科学技术出版社，2012 年
	中国传统数学史话	郭书春著	中国国际广播出版社，2012 年
	和算中源——和算算法及其中算源流	徐泽林著	上海交通大学出版社，2012 年
	畴人传合编校注	冯立昇编，阮元，罗士琳，华世芳等著	中州古籍出版社，2012 年
2013 年	陈公宁文集：解析函数插值与矩量问题	李仲来主编	北京师范大学出版社，2013 年
	蒋硕民教授诞辰 100周年纪念文集	李仲来主编	《数学通报》编辑部，纪念专刊，2013 年
	张禾瑞教授诞辰 100周年纪念文集	李仲来主编	《数学通报》编辑部，纪念专刊，2013 年
	刘来福文集：生物数学	李仲来主编	北京师范大学出版社，2013 年
	罗里波文集：模型论与计算复杂度	李仲来主编	北京师范大学出版社，2013 年
	汪培庄文集：模糊数学与优化	李仲来主编	北京师范大学出版社，2013 年
	古代世界数学泰斗刘徽（再修订本）	郭书春著	山东科学技术出版社，2013 年
	有话可说——丁石孙访谈录	丁石孙，袁向东，郭金海整理	湖南教育出版社，2013 年
	汉英对照《九章算术》(Nine Chapters on the Art of Mathematics)	郭书春，道本周（J. Dauben），徐义保译	辽宁教育出版社，2013 年
	数学文化透视	汪晓勤著	上海科学技术出版社，2013 年
	数学文化（第二版）	薛有才编著	机械工业出版社，2013 年
	数学文化教程	张奠宙，王善平著	高等教育出版社，2013 年
	西方文化中的数学	［美］莫里斯·克莱因著，张祖贵译	商务印书馆，2013 年

（续表）

年份	著作名称	作者	出版社，出版时间
	《同文算指》《几何原本》校点	纪志刚等校点	凤凰出版社，2013 年
	数学的故事	［英］伊恩·斯图尔特著，熊斌，汪晓勤译	上海辞书出版社，2013 年
	建部贤弘的数学思想	徐泽林，周畅，夏青著	科学出版社，2013 年
	数学家传奇：徐利治王梓坤朱梧槚	杜瑞芝主编	大连理工大学出版社，2013 年
	数学趣史	徐品方	科学出版社，2013 年
	数学文化教程	张奠宙，王善平著	高等教育出版社，2013 年
	数学教育与数学文化	代钦著	内蒙古教育出版社，2013 年
2014 年	陆善镇文集：多元调和分析的前沿	李仲来主编	北京师范大学出版社，2014 年
	蒋硕民教授诞辰 100 周年纪念文集	李仲来主编	《数学通报》出版，2014 年
	张禾瑞教授诞辰 100 周年纪念文集	李仲来主编	《数学通报》出版，2014 年
	数学家与数学	宋乃庆、康世刚主编	西南师范大学出版社，2014 年
	清代三角学的数理化历程	特古斯，尚利峰著	科学出版社，2014 年
	数学开心辞典（第二版）	王青建主编	科学出版社，2014 年
	勿庵历算书目	［清］梅文鼎撰，高峰校注	湖南科学技术出版社，2014 年
	中俄高中数学教科书中的数学史研究	徐乃楠著	东北师范大学出版社，2014 年
	《大测》校释	［德］邓玉函等著，董杰，秦涛校释	上海交通大学出版社，2014 年
	《九章算术新校》上下册	郭书春著	中国科学技术大学出版社，2014 年
	数学教育与数学文化	代钦著	内蒙古教育出版社，2014 年
	历史与数学	宋乃庆，张健主编	西南师范大学出版社，2014 年

（续表）

年份	著作名称	作者	出版社，出版时间
	小学数学文化丛书	宋乃庆主编	西南师范大学出版社，2014 年
	数学在科学和社会中的作用	程钊，王丽霞，杨静编译	大连理工大学出版社，2014 年
	一个数学家的辩白	［英］哈代著，李文林，戴宗铎，高嵘编译	大连理工大学出版社，2014 年
	藏族传统文化中的数学思想、方法与应用	格日吉著	民族出版社，20014 年
	圆锥曲线论（卷 5—7）	阿波罗尼奥斯著，［美］G. J. 图默编辑，英译及注释，朱恩宽，冯汉桥，郝克琦译	陕西科学技术出版社，2014 年
	民国时期中国拓扑学史稿	陈克胜著	科学出版社，2014 年
	中国佛教与古代科技的发展	周瀚光主编	华东师范大学出版社，2014 年
	《大测》校释附《割圆八线表》	［德］邓玉函著，江晓原主编，董杰、秦涛校释	上海交通大学出版社，2014 年
2015 年	北京师范大学数学科学学院史（1915—2015），第 3 版	李仲来主编	北京师范大学出版社，2015 年
	北京师范大学数学学科创建百年纪念文集	李仲来主编	北京师范大学出版社，2015 年
	走自己的路：吴文俊口述自传	吴文俊口述，邓若鸿，吴天骄访问整理	湖南教育出版社，2015 年
	大众科学技术史丛书（12 册）	郭书春主编	山东科学技术出版社，2015 年
	数学与文化	刘鹏飞、徐乃楠	清华大学出版社，2015 年
	算术之钥	卡西著，依里哈木译	科学出版社，2015 年
	中国数学思想史	孔国平著	南京大学出版社，2015 年
	明末清初西方画法几何在中国的传播	杨泽忠著	山东教育出版社，2015 年

（续表）

年份	著作名称	作者	出版社，出版时间
	《历学会通》中的数学研究	杨泽忠著	黄河出版社，2015 年
	大众数学史	杨静，潘丽云，刘献军，郭书春著	山东科学技术出版社，2015 年
	当代大数学家画传	［美］玛丽安娜·库克编，林开亮等 译	上海科学技术出版社，2015 年
	《周髀算经图解》译注	徐泽林，刘丽芳译注	上海交通大学出版社，2015 年
	数学世纪——过去 100 年间 30 个重大问题	［意］皮耶尔乔治·奥迪弗雷迪著，胡作玄，胡俊美，于金青译	上海科学技术出版社，2015 年
	数学的世界 III	［美］J. R. 纽曼，严加安，季理真编；王耀东，李文林，袁向东译	高等教育出版社，2015 年
	与数学家同行	曹一鸣，张晓旭，周明旭编著	南京师范大学出版社，2015 年
	数学教师数学史素养提升的理论与实践探索	李国强著	浙江工商大学出版社，2015 年
	高斯的内蕴微分几何学与非欧几何学思想之比较研究	陈惠勇著	高等教育出版社，2015 年
	数学文化读本（第二版）	宋乃庆主编	西南师范大学出版社，2015—2017 年
2016 年	圣彼得堡数学学派研究	徐传胜著	科学出版社，2016 年
	数学史选讲	钱克仁著	哈尔滨工业大学出版社，2016 年
	东方数学选粹：埃及、美索不达米亚、中国、印度与伊斯兰	［美］V. 卡兹主编，纪志刚等译	上海交通大学出版社，2016 年
	东西方数学文明的碰撞与交融	萨日娜著	上海交通大学出版社，2016 年

（续表）

年份	著作名称	作者	出版社，出版时间
	算经之首——《九章算术》	郭书春著	深圳海天出版社，2016年
	啊哈，灵机一动	马丁伽德纳著，胡作玄译	科学出版社，2016年
	会通与嬗变——明末清初东传数学与中国数学及儒学"理"的观念的演化	宋芝业著	上海古籍出版社，2016年
	数学美与创造力	许康著	哈尔滨工业大学出版社，2016年
	二十世纪中国数学史料研究（第1辑）	张友余编著	哈尔滨工业大学出版社，2016年
	《数书九章》研究：秦九韶治国思想	徐品方，张红，宁锐著	科学出版社，2016年
	阿尔·卡西代数学研究	郭园园著	上海交通大学出版社，2016年
	中算家的计数论	罗见今	科学出版社，2016年
	二十世纪中国数学史料研究	张友余	哈尔滨工业大学出版社，2016年
	算术之钥	阿尔·卡西原著，依里哈木·玉素甫译注	科学出版社，2016年
	中国古典诗词体数学题译注	潘有发、潘红丽著	辽宁教育出版社2016年
	探赜通变	杜石然著	中国科学技术出版社，2016年
	历史与结构观点下的群论	邓明立，王涛著	科学出版社，2016年
	吴文俊与中国数学	姜伯驹，李邦河，高小山，李文林主编	上海交通大学出版社，2016年
	关于曲面的一般研究	高斯著，陈惠勇译	哈尔滨工业大学出版社，2016年
	日中数学界の近代	萨日娜著	临川书店，2016年
	先秦数学与诸子哲学（韩文版）	周瀚光著，任振镐（韩）译	韩国知识人出版社，2016年

（续表）

年份	著作名称	作者	出版社，出版时间
	数学都知道 1-3	蒋迅，王淑红著	北京师范大学出版社，2016 年
2017 年	李占柄文集：现代物理中的概率方法	李仲来主编	北京师范大学出版社，2017 年
	数学史辞典新编	杜瑞芝主编，王青建、孙宏安副主编	山东教育出版社，2017 年
	算海说详	［清］李长茂撰，高峰校注	湖南科学技术出版社，2017 年
	中学数学文化建设的理论进展与案例分析	王贤华著	电子科技大学出版社，2017 年
	在断了 A 弦的琴上奏出多复变最强音——陆启铿传	杨静著	中国科学技术出版社，2017 年
	拉普拉斯的概率哲学思想阐释	王幼军著	上海交通大学出版社，2017 年
	德川日本对汉译西洋历算书的受容	［日］小林龙彦著，徐喜平，张丽升，董杰译	上海交通大学出版社，2017 年
	江南制造局科技译著集成	冯立昇主编	中国科学技术大学出版社，2017 年
	论中国古代数学家	郭书春著	海豚出版社，2017 年
	HPM 数学史与数学教育	汪晓勤著	科学出版社，2017 年
	朝鲜算学探源	金玉子著	黑龙江朝鲜民族出版社，2017 年
	数学教育史：文化视野下的中国数学教育	代钦，［日］松宫哲夫著	北京师范大学出版社，2017 年
	唐至明代中期军事数学知识研究	杨涤非著	中州古籍出版社，2017 年
	中国的天文历法	［日］薮内清著，杜石然译	北京大学出版社，2017 年
	周瀚光文集	周瀚光著	上海社会科学院出版社，2017 年

（续表）

年份	著作名称	作者	出版社，出版时间
	珠算长青（续二）	张德和著	中国财政经济出版社，2017 年
	数学与人类文明	韩祥临著	浙江大学出版社，2017 年
	数学概观	［瑞典］L. 戈丁著，胡作玄译	科学出版社，2017 年
	秦九韶生平考	杨国选著	四川大学出版社，2017 年
	科技革命与中国现代化	张柏春，田淼，张久春著	山东教育出版社，2017 年
	祖冲之科学著作校释（增补版）	严敦杰著，郭书春整理	山东科学技术出版社，2017 年
	数学史辞典新编	杜瑞芝主编	山东教育出版社，2017 年
2018 年	数海沧桑——杨乐访谈录	杨静访谈整理	湖南教育出版社，2018 年
	数学家传奇丛书（9 册）	杜瑞芝主编	哈尔滨工业大学出版社，2018 年
	王梓坤文集第 1 卷：科学发现纵横谈	李仲来主编	北京师范大学出版社，2018 年
	王梓坤文集第 2 卷：教育百话	李仲来主编	北京师范大学出版社，2018 年
	王梓坤文集第 3-4 卷：论文（上下卷）	李仲来主编	北京师范大学出版社，2018 年
	王梓坤文集第 5 卷：概率论基础及其应用	李仲来主编	北京师范大学出版社，2018 年
	王梓坤文集第 6-7 卷：随机过程通论及其应用（上下卷）	李仲来主编	北京师范大学出版社，2018 年
	王梓坤文集第 8 卷：生灭过程与马尔科夫链	李仲来主编	北京师范大学出版社，2018 年
	中外数学家传奇丛书：数学王子——高斯	徐品方著	哈尔滨工业大学出版社，2018 年
	中外数学家传奇丛书：抽象代数之母——埃米诺特	杜瑞芝，孔国平著	哈尔滨工业大学出版社，2018 年

（续表）

年份	著作名称	作者	出版社，出版时间
	中外数学家传奇丛书：电脑先驱——图灵	孙宏安著	哈尔滨工业大学出版社，2018 年
	中外数学家传奇丛书：坎坷奇星——阿贝尔	张秀媛等	哈尔滨工业大学出版社，2018 年
	中外数学家传奇丛书：科学公主——柯瓦列夫斯卡娅	杜瑞芝著	哈尔滨工业大学出版社，2018 年
	中外数学家传奇丛书：闪烁奇星——伽罗瓦	李莉著	哈尔滨工业大学出版社，2018 年
	中外数学家传奇丛书：无穷统帅——康托尔	卢介景著	哈尔滨工业大学出版社，2018 年
	中外数学家传奇丛书：昔日神童——维纳	李旭辉著	哈尔滨工业大学出版社，2018 年
	抽象代数之母——埃米诺特	杜瑞芝，孔国平著	哈尔滨工业大学出版社，2018 年
	科学公主——柯瓦列夫斯卡娅	杜瑞芝著	哈尔滨工业大学出版社，2018 年
	中外数学家传奇丛书：数坛怪侠 —— 爱尔特希	朱见平著	哈尔滨工业大学出版社，2018 年
	此算与彼算：圆锥曲线在清代	高红成著	广东人民出版社，2018 年
	积分方程视角下函数空间理论的历史	李亚亚，王昌著	电子工业出版社，2018 年
	圆锥曲线论（卷 1-4）	［古希腊］阿波罗尼奥斯著，朱恩宽，张毓新，张新民，冯汉桥译	陕西科学技术出版社，2018 年
	中华大典·数学典（四个分典，九册）	郭书春主编，郭世荣、冯立昇副主编	山东教育出版社，2018 年
	广义函数简史	李斐，王昌著	电子工业出版社，2018 年
	无穷的画廊——数学家如何思考无穷	查德·伊万·施瓦茨著，孙小淳，王淑红译	上海科学技术出版社，2018 年

（续表）

年份	著作名称	作者	出版社，出版时间
	中国数学教育史	代钦著	北京师范大出版社，2018 年
	数学教学论新编	代钦著	科学出版社，2018 年
	郭书春数学史自选集（上下册）	郭书春著	山东科学技术出版社，2018 年
	山东天算史	傅海伦著	山东人民出版社，2018 年
	通天之学：耶稣会士和天文学在中国的传播	韩琦著	三联书店，2018 年
	西去东来：沿丝绸之路数学知识的传播与交流	纪志刚，郭园园，吕鹏著	江苏人民出版社，2018 年
2019 年	长泽龟之助的中等数学编译研究	徐喜平	科学技术文献出版社，2019 年
	数海拾贝	徐传胜著	山东科学技术出版社，2019 年
	数学史与初中数学教学	汪晓勤，栗小妮著	华东师范大学出版社，2019 年
	赵桢文集：广义解析函数与积分方程	李仲来主编	北京师范大学出版社，2019 年
	中国传统数学价值观研究	刘鹏飞，徐乃楠著	吉林出版集团股份有限公司，2019 年
	康熙·耶稣会士·科学传播	韩琦著	中国大百科全书出版社，2019 年
	上帝创造整数（上，下）	［英］史蒂芬·霍金编评，李文林等译	湖南科学技术出版社，2019 年
	论吴文俊的数学史业绩	纪志刚，徐泽林主编	上海交通大学出版社，2019 年
	数学史话	王渝生著	上海科学技术文献出版社，2019 年
	九章算术解读	郭书春著	科学出版社，2019 年，2020 年
	中国数学史	钱宝琮主编	商务出版社，2019 年

（续表）

年份	著作名称	作者	出版社，出版时间
	吴文俊全集·数学史卷	吴文俊著，李文林编订	科学出版社，2019年
	创造自主的数学研究	华罗庚著，李文林编订	大连理工大学出版社，2019年
	传奇数学家徐利治	杜瑞芝主编	哈尔滨工业大学出版社，2019年
	一个数学家的辩白	［英］哈代（G.H.Hardy）著，李文林，戴宗铎，高嵘编译	大连理工大学出版社，2019年
	现代数学在中国的奠基：全面抗战前的大学数学系及其数学传播活动	郭金海著	广东人民出版社，2019年
	清末民国时期中学三角学教科书发展史	刘冰楠著	社会科学文献出版社，2019年
	数学的理性文化	韩祥临著	科学出版社，2019年
	插图本极简中国科技史	王渝生著	上海科学技术文献出版社，2019年
	物理史话	王渝生主编	上海科学技术文献出版社，2019年
	数学与社会	胡作玄著	大连理工大学出版社，2019年
	时间序列分析发展简史	聂淑媛著	科学出版社，2019年
2020年	代数溯源——花拉子密《代数学》研究	郭园园著	科学出版社，2020年
	九章算术（少儿彩绘版）	郭书春编	接力出版社，2020年
	《九章算术》白话译解	郭书春译解	北京大学出版社，2020年
	《九章算术》译注修订本	郭书春著	上海古籍出版社，2020年
	《算学启蒙校注》	朱世杰著；刘玲，高峰，刘芹英，温冰注	中州古籍出版社，2020年

（续表）

年份	著作名称	作者	出版社，出版时间
	我的数学生活——王元访谈录	李文林，杨静整理	科学出版社，2020 年
	中国中小学数学教育思想史研究（1902—1952）	李春兰著	内蒙古大学出版社，2020 年
	欧美对中国中小学数学教育的影响（1902—1949）	王敏著	内蒙古大学出版社，2020 年
	微分几何学历史概要	D. J. 斯特罗伊克著，陈惠勇译	哈尔滨工业大学出版社，2020 年
	伯恩哈德·黎曼论奠定几何学基础的假设	尤尔根·约斯特 著，陈惠勇译	科学出版社出版，2020 年
	史海撷珍——数学卷	周广刚，刘建军，杨燕著	首都师范大学出版社，2020 年
	中西数学图说	［明］李笃培撰，高峰校注	湖南科学技术出版社，2020 年
	梅文鼎全集	［清］梅文鼎著，韩琦整理	黄山书社，2020 年
	数学史与高中数学教学：理论、实践与案例	汪晓勤，沈中宇著	华东师范大学出版社，2020 年
	科技革命与意大利现代化	田淼著	山东教育出版社，2020 年
	做好的数学 第二辑	陈省身著，张奠宙、王善平编	大连理工大学出版社，2020 年
	早期统计学家传略	王幼军，胡小波主编	中国统计出版社，2020 年
	环论源流	王淑红著	科学出版社，2020 年
2021 年	怀尔德的数学文化研究	刘鹏飞，徐乃楠，王涛著	清华大学出版社，2021 年
	王昆扬文集：逼近与正交和	李仲来主编	北京师范大学出版社，2021 年
	埃尔朗根纲领	［德］F.克莱因著，何绍庚，郭书春译	大连理工大学出版社，2021 年

第二编 | 学会史料：40 年来的数学史学会组织

第一章　数学史学会
历届理事会

第十届理事会（2019—2023 年）（2019 年 5 月 11 日，上海交通大学）

理 事 长：徐泽林

副理事长：曹一鸣　邓明立　高红成　郭世荣　邹大海

秘 书 长：高红成

常务理事：曹一鸣　陈克胜　代　钦　邓明立　高红成　格日吉
　　　　　郭金海　郭世荣　刘鹏飞　王淑红　肖运鸿　徐泽林
　　　　　杨浩菊　张　红　赵继伟　朱一文　邹大海

理　　事：曹一鸣　陈惠勇　陈克胜　代　钦　邓可卉　邓　亮
　　　　　邓明立　董　杰　冯振举　高红成　格日吉　郭金海
　　　　　郭世荣　郭园园　贾小勇　李春兰　刘邦凡　刘建军
　　　　　刘鹏飞　陆新生　吕　鹏　聂淑媛　潘丽云　潘澍原
　　　　　曲安京　田　森　王　昌　王全来　王淑红　王　涛
　　　　　王献芬　汪晓勤　吴晓红　肖运鸿　徐伯华　徐乃楠
　　　　　徐泽林　薛有才　阎晨光　杨浩菊　姚　芳　袁　敏
　　　　　张　红　赵继伟　郑方磊　周　畅　朱一文　邹大海
　　　　　邹佳晨

第九届理事会（2015—2019 年）（2015 年 10 月 10 日，中山大学）

理 事 长：纪志刚

副理事长：邓明立　冯立昇　郭世荣　韩　琦　徐泽林

秘 书 长：徐泽林

常务理事：曹一鸣　陈克胜　邓明立　冯立昇　高红成　郭世荣
　　　　　韩　琦　纪志刚　李铁安　唐　泉　王幼军　肖运鸿
　　　　　徐传胜　徐泽林　赵继伟　邹大海

理　　事：曹一鸣　陈传钟　陈克胜　程　钊　邓可卉　邓　亮
　　　　　邓明立　董　杰　段耀勇　冯立昇　冯振举　高红成
　　　　　格日吉　郭金海　郭世荣　韩　琦　纪志刚　贾小勇
　　　　　姜红军　李春兰　李国强　李铁安　刘洁民　刘鹏飞
　　　　　刘芹英　刘献军　潘亦宁　萨日娜　唐　泉　王　昌
　　　　　王淑红　王光明　王全来　王幼军　肖运鸿　徐传胜
　　　　　徐乃楠　徐泽林　薛有才　阎晨光　杨　静　杨宝山
　　　　　杨浩菊　杨泽忠　依里哈木　张维忠　赵继伟　朱一文
　　　　　邹大海

第八届理事会名单（2011—2015 年）（2011 年 5 月 2 日，华东师范大学）

理 事 长：曲安京

副理事长：冯立昇　韩　琦　宋乃庆　王青建　汪晓勤

秘 书 长：冯立昇

秘　　书：袁　敏

常务理事：代　钦　冯立昇　韩　琦　李仲来　李铁安　陆书环
　　　　　曲安京　宋乃庆　田　淼　汪晓勤　王青建　王幼军

理　　事：陈惠勇　陈传钟　程　钊　代　钦　段耀勇　范忠雄
　　　　　冯立昇　傅海伦　韩　琦　韩祥临　侯　钢　黄燕苹
　　　　　李国强　李铁安　李仲来　刘洁民　刘芹英　刘献军
　　　　　陆书环　潘亦宁　曲安京　任辛喜　萨日娜　宋乃庆
　　　　　唐　泉　特古斯　田　淼　汪晓勤　王青建　王光明
　　　　　王幼军　徐传胜　杨春宏　杨　静　姚　芳　袁　敏
　　　　　张　红　张维忠　郑振初

第七届理事会（2007—2011 年）（2007 年 4 月 27 日，河北师范大学）

理 事 长：郭世荣

副理事长：邓明立　宋乃庆　王青建

秘 书 长：徐泽林

常务理事：曹一鸣　邓明立　郭世荣　纪志刚　李文林　刘　钝
　　　　　宋乃庆　田　淼　王青建　汪晓勤　徐泽林　杨宝山

理　　事：曹一鸣　代　钦　邓明立　范忠雄　冯　进　傅海伦
　　　　　郭世荣　郭熙汉　韩祥临　纪志刚　劳汉生　李文林
　　　　　李晓奇　李仲来　刘　钝　陆书环　任辛喜　宋乃庆
　　　　　田　淼　王丽霞　王青建　王宪昌　汪晓勤　肖运鸿
　　　　　徐泽林　杨宝山　杨春宏　姚　芳　袁　敏　袁向东
　　　　　张奠宙　张　红　邹大海

第六届理事会（2002—2007 年）（2002 年 8 月 15 日，西北大学）

理 事 长：李文林

副理事长：郭世荣　韩　琦　曲安京

秘 书 长：冯立昇

常务理事：邓明立　冯立昇　郭世荣　韩　琦　纪志刚
　　　　　李　迪　李文林　刘　钝　曲安京　徐泽林

理　　事：邓明立　杜瑞芝　冯立昇　郭世荣　郭熙汉　韩　琦
　　　　　纪志刚　李　迪　李文林　刘　钝　刘洁民　曲安京
　　　　　王荣彬　徐泽林　袁向东　张奠宙　邹大海

第五届理事会（1998—2002 年）（1998 年 10 月 8 日，华中师范大学）

理 事 长：郭书春

副理事长：邓宗琦　李兆华　罗见今

秘 书 长：王渝生

常务理事：邓宗琦　郭书春　胡作玄　李兆华　罗见今

曲安京　王青建　王渝生

理　　事：邓宗琦　冯立昇　郭书春　韩　琦　胡作玄　纪志刚

孔国平　李兆华　刘洁民　罗见今　曲安京　王青建

王渝生　许　康　周瀚光

第四届理事会（1994—1998 年）（1994 年 8 月 27 日，中科院植物园）

理　事　长：李文林

副理事长：李　迪　郭书春

秘　书　长：王渝生

副秘书长：郭世荣

常务理事：王青建　王渝生　刘　钝　李　迪　李文林

李兆华　张奠宙　罗见今　郭书春

理　　事：王青建　王渝生　孔国平　邓宗琦　刘　钝　许　康

李　迪　李文林　李兆华　何绍庚　张奠宙　罗见今

胡作玄　袁小明　袁向东　郭书春　郭世荣　梁宗巨

第三届理事会（1988—1994 年）（1988 年 11 月 1—5 日，合肥宣城）

理　事　长：严敦杰

副理事长：杜石然　李　迪　沈康身　梁宗巨

理　　事：严敦杰　杜石然　李　迪　沈康身　梁宗巨　梅荣照

袁向东　李文林　白尚恕　何绍庚　李继闵　张奠宙

第二届理事会（1985—1988 年）（1985 年 8 月 28 日—9 月 2 日，内蒙古师范大学）

理　事　长：严敦杰

副理事长：杜石然　李　迪　沈康身　梁宗巨

理　　事：严敦杰　杜石然　李　迪　沈康身　梁宗巨　梅荣照

袁向东　李文林　白尚恕　何绍庚　李继闵　张奠宙

第一届理事会（1981—1985 年）（1981 年 7 月 20—25 日，辽宁师范大学）

理　事　长：严敦杰

理　　　事：严敦杰　梁宗巨　杜石然　李　迪
　　　　　　沈康身　梅荣照　袁向东　李文林

第二章　数学史学会大事记

　　本《大事记》的编写，遵循"尊重历史、大事突出、琐事不记、个人不记、客观表述、援引有据"的原则，选事范围以学会组织建设、管理、改革、学术活动等内容为主。其中的数学史会议部分，只收录由数学史分会主办、协办的会议（根据会议通知），一些大学、研究机构主办的其他各类数学史会议都没有收录。数学史专业学位授权点建设虽不是数学史学会的工作，但对数学史学科发展、学会组织的壮大都有十分重要的作用，故一并收入。

　　由于资料来源收集不全，以及编辑者见识和水平所限，难免有不足之处，敬请批评指正，以便今后修改补充。

时间，地点	事件
1981 年 7 月 20—25 日，辽宁师范大学	召开首届全国数学史会议，成立数学史学会。学会为二级学会，名称为"全国数学史学会"，同时隶属于中国数学会与中国科学技术史学会。第一届理事会推举严敦杰（1917—1988 年）研究员为理事长
1981 年 11 月	北京师范大学、杭州大学、内蒙古师范大学、辽宁师范大学被国务院学位委员会和国家教委批准为数学史专业硕士学位授权点；中国科学院自然科学史研究所被批准为博士学位授权点
1984 年 7 月 15—28 日，哈尔滨	组织召开"数学史、数学方法论"讲习会
1984 年 7 月 21—8 月 17 日，北京师范大学	组织举办"全国高等院校中外数学史讲习班"
1985 年 8 月 28—9 月 2 日，内蒙古师范大学	第二届全国数学史学术年会召开。推举严敦杰研究员继续担任理事长
1986 年 7 月	西北大学获国务院学位委员会批准建立自然科学史（数学史）硕士学位授权点

（续表）

时间，地点	事件
1986 年 7 月 11—22 日，徐州师范大学	组织"《双九章》讲习班"暨高校数学史研究会筹委会
1987 年 5 月 21— 25 日，北京师范大学	组织召开纪念秦九韶《数书九章》成书 740 周年国际学术研讨会
1988 年 11 月 1—5 日，合肥·宣城	组织召开纪念梅文鼎国际学术讨论会暨第三次全国数学史年会。推举严敦杰研究员继续担任理事长
1990 年 10 月	西北大学、北京师范大学、杭州大学、中国科学院系统科学研究所与数学研究所联合申请数学史专业博士学位授权点获国务院学位委员会和教育部学位办批准
1991 年 6 月 21—25 日，北京师范大学	组织召开《九章算术》暨刘徽学术思想国际学术研讨会
1992 年 8 月 20—22 日，北京香山	组织召开纪念李俨、钱宝琮诞辰 100 周年国际学术讨论会
1993 年 9 月，安徽师范大学（芜湖和黄山）	组织召开地方科技史暨纪念程大位、梅文鼎、戴震、汪莱国际学术讨论会
1993 年 10 月 11—15 日，中国科学院数学研究所	举办"中外联合数学史讨论班"
1994 年 8 月初	会员以无记名方式投票推荐第四届理事会候选人名单，起草《全国数学史学会章程（草案）》
1994 年 8 月 27—30 日，北京香山	组织召开第四届全国数学史学术年会。理事会换届，推举李文林研究员担任理事长
1994 年 10 月	通过《全国数学史学会章程》，确定学会正式名称为：中国数学会数学史分会（中国科学技术史学会数学史专业委员会）、编印半年刊《数学史通讯》
1995 年	数学史学会作为二级学会在民政部注册法人资格
1996 年 1 月 17 日，深圳	在第七届国际中国科学史会议中组织数学史分组会议
1996 年 5 月	天津师范大学被国务院学位委员会和国家教委批准为数学史专业硕士学位授权点
1996 年 7 月 22—25 日，内蒙古师范大学	组织召开第三届汉字文化圈及其近邻地区数学史与数学教育国际学术研讨会
1996 年 10 月 22—24 日，承德	组织召开全国数学史学会第四届理事会第二次会议

（续表）

时间，地点	事件
1997年秋季	国务院学位办公布学科调整，科学技术史属于理学类一级学科，不设二级学科，数学史是其一个研究方向
1997年	向教育部提交给了"关于在综合性大学和师范院校的数学系开设数学史课的建议"
1998年10月4—8日，华中师范大学	组织召开"数学思想的传播与变革：比较研究"国际学术研讨会暨第五届全国数学史学术年会。推举郭书春研究员担任理事长
1997年	数学史学会向国家自然科学基金委天元基金委提出设立数学史专项基金的申请
1999年5月22—24日，中国科学院数学研究所	中科院系统科学研究所召开数学和数学机械化研讨会中组织数学史分会场
2000年10月9—14日，河北涞水祖冲之中学	组织召开纪念祖冲之逝世1500周年学术研讨会
2000年10月18—21日，西安交通大学	组织召开20世纪数学传播与交流国际会议
2000年11月1—3日，四川安岳	组织召开秦九韶学术研讨会暨秦九韶纪念馆落成典礼
2002年8月9—13日，天津师范大学	组织召开第五届汉字文化圈及近邻地区数学史与数学教育国际学术研讨会
2002年8月14—18日，西北大学	组织召开2002年北京国际数学家大会的卫星会议——"数学史国际会议"暨第六届中国数学史学会年会。推举李文林研究员担任理事长（可隔届担任）
2003年9月18—19日，中国科学院数学研究所	组织召开吴文俊"丝路数学天文基金"学术委员会扩大会议
2003年10月	河北师范大学数学与信息科学学院"网站空间"栏目开办"数学史论坛"设置会员申请登录系统
2004年4月8—11日，浙江湖州师范学院	组织召开秦九韶学术研讨会
2005年5月1—4日，西北大学	组织召开第一届全国数学史与数学教育学术研讨会
2005年7月28日，中国科学院数学研究所	第22届国际科学史大会中组织数学史专题会议。另外召开"沿着丝绸之路—古代与中世纪数学与天文交流"国际会议

（续表）

时间，地点	事件
2006 年 3 月 17—19 日，清华大学	组织召开首届东亚数学典籍学术研讨会
2006 年 3 月 28 日	内蒙古师范大学申请科学技术史专业博士学位授权点获国务院学位委员会和教育部学位办批准
2006 年 10 月	河北师范大学数学与信息科学学院购买服务器，注册"数学史通讯网站"，作为数学史分会网站正式开通。网站由刘献军博士义务维护
2007 年 4 月 26—30 日，河北师范大学	组织召开第二届全国数学史与数学教育学术研讨会暨第七届全国数学史学术年会。推举郭世荣教授担任理事长
2007 年 10 月 11—15 日，四川师范大学	组织召开纪念欧拉诞生 300 周年暨《几何原本》中译 400 周年国际学术研讨会
2008 年 3 月 20—23 日，天津师范大学	组织召开第三次东亚数学史研究学术研讨会
2009 年 5 月 11—13 日，北京	在中科院召开的数学机械化国际会议中组织数学史分会场
2009 年 5 月 22—25 日，北京师范大学	组织召开第三届数学史与数学教育国际研讨会暨白尚恕教授文集首发式
2010 年 8 月 7—10 日，内蒙古师范大学	组织召开第七届汉字文化圈及近邻地区数学史与数学教育国际学术研讨会
2010 年 8 月 11—17 日，西北大学	组织召开首届近现代数学史国际会议
2011 年 4 月	河北师范大学被国务院学位委员会和国家教委批准为科学技术史专业硕士学位授权点
2011 年 4 月 30 日—5 月 4 日，华东师范大学	组织召开第四届数学史与数学教育国际研讨会暨第八届全国数学史学会学术年会。推举曲安京教授担任理事长
2011 年 8 月 5 日，网络会议	组织召开全国数学史学会第八届理事会第一次常务理事会第一次 E-Meeting
2011 年 10 月 30 日—11 月 1 日，海宁	组织召开纪念近代科学先驱李善兰诞辰二百周年学术研讨会
2012 年 5 月 17—20 日，西北大学	组织召开第二届近现代数学史国际会议

（续表）

时间，地点	事件
2013年4月13—14日，海南师范大学	组织召开第五届全国数学史与数学教育学术研讨会
2013年6月21—23日，山东邹平	组织召开纪念刘徽注《九章算术》1750周年国际学术研讨会
2013年11月2—4日，宣城	组织召开纪念梅文鼎诞辰380周年国际学术研讨会
2014年3月8—9日，清华大学	组织召开东亚数学典籍研讨会
2014年3月10日，清华大学	组织召开清华简《算表》学术研讨会
2014年9月20—25日，西北大学主办，浙江科技学院承办	组织召开第三届近现代数学史与数学教育暨浙江近现代数学史国际会议
2015年5月9日，华东师范大学	组织召开第四届上海数学史会议
2015年10月9—12日，中山大学	组织召开第九届全国数学史学会年会暨第六届数学史与数学教育会议。选举纪志刚教授担任理事长
2016年3月11—15日，三亚	组织召开东亚数学典籍研讨会
2016年5月28—29日，东华大学	组织召开第五届上海数学史会议
2016年5月28日，东华大学	召开中国数学会数学史分会第九届理事会第二次常务理事会，传达民政部、中国科协、中国数学会有关二级学会管理的文件精神。决定设立"优秀青年数学史论文奖颁奖"。修订《工作条例》。根据民政部、中国科协要求，二级学会不具有法人资格，规范名称，应该使用全称"中国数学会数学史分会"或"中国科学技术史学会数学史专业委员会"（以下简称"分会"），不得称"全国数学史学会"或"中国数学史学会"
2016年7月6日	分会开通微信公众号"观阴阳割裂总算数根源"
2017年5月20—22日，大连	组织召开第七届数学史与数学教育学术研讨会暨全国中小学"数学文化进课堂"优质课观摩会，"优秀青年数学史论文奖"颁奖（郭园园、王涛、朱一文的论文通过评审获"优秀青年数学史论文奖"二等奖）。此后根据中国科协相关文件精神，二级学会不再举办奖励活动

（续表）

时间，地点	事件
2017 年 8 月 21—25 日，西北大学，四川师范大学	组织召开第四届近代数学史与数学教育国际会议
2017 年 11 月 3—5 日，上海交通大学	组织召开纪念《几何原本》翻译 410 周年国际学术研讨会暨第六届上海数学史会议
2017 年 12 月 16—17 日，北京	组织召开纪念严敦杰先生诞辰一百周年学术研讨会
2018 年 10 月 27 日，清华大学	召开中国数学会数学史分会第九届理事会第三次常务理事会
2018 年 10 月 27 日，清华大学	在中国科学技术史学会 2018 年度学术会议中组织数学史分会场
2019 年 5 月 9—10 日，上海交通大学	在上海交通大学召开的纪念吴文俊院士诞辰一百周年暨数学科学与数学史国际学术研讨会中组织数学史分会场
2019 年 5 月 10—12 日，上海交通大学	组织召开第十届中国数学会数学史分会学术年会暨第八届数学史与数学教育会议。推举徐泽林教授担任理事长
2019 年 5 月 12 日，北京	在中科院数学与系统科学研究院召开的吴文俊学术思想国际研讨会 —— 纪念吴文俊先生百年诞辰的活动中组织数学史分会场
2019 年 6 月 20—23 日，大连	组织召开数学文化进课堂：意义、路径与展望国际论坛
2019 年 8 月 18—24 日，西北大学	组织召开第五届近现代数学史国际会议
2019 年 10 月 10—13 日，河北大学	组织召开纪念祖冲之诞辰 1590 周年国际学术研讨会
2019 年 10 月 25—28 日，中国科学技术大学	在中国科学技术史学会 2019 年度学术会议中组织数学史分会场
2019 年 12 月 28 日，内蒙古师范大学	组织召开"回顾·展望·奋进——中国数学史研究新视野"研讨会
2020 年 4 月 3 日，线上会议	召开中国数学会数学史分会第 10 届常务理事会第二次会议。因新冠肺炎疫情影响采取线上视频会议
2020 年 7 月 10 日，7 月 17 日，线上会议	组织召开 2020 年青年数学史学术研讨会。因新冠肺炎疫情影响采取线上视频会议

（续表）

时间，地点	事件
2020 年 8 月 1 日—12 月 30 日	分会受中国科协委托，参与遴选征集整理 30 位数学代表人物精神事迹素材的工作（国家科技传播中心内容建设专项）。20 余位会员专家参与这项工作
2020 年 11 月 13—15 日，北京科学技术大学	在中国科学技术史学会 2020 年度学术会议中组织数学史分会场
2020 年 11 月 16 日，北京，中国科学院自然科学史研究所	组织召开数学家精神与中国现代数学发展学术研讨会

第三章　全国数学史学会章程

第一章　总　则

第一条　全国数学史学会（以下简称本会，对外全称：Chinese Society for the History of Mathmatics，简写：CSHM）是全国数学史工作者的学术性群众团体，是属中国数学会和中国科学技术史学会双重领导的二级学会。

第二条　本会的宗旨是团结全国数学史工作者为促进数学史的研究、教育和普及，繁荣我国的科技事业，提高全民族的科学文化水平，为加强数学史为数学研究与数学教育服务，弘扬中华民族的优秀科学文化遗产而做出贡献。

本会坚持实事求是的科学态度，提倡科学道德，发扬民主作风，开展学术上的自由讨论，坚持树立科学的历史观。

第三条　本会的主要任务：

1. 开展各种形式的国内外学术交流活动；

2. 开展促进提高数学史研究和教学水平的活动；

3. 开展数学史的普及工作；

4. 根据实际需要，举办各种类型的培训班、讲习班和讨论班，努力提高会员的学术水平；

5. 增进加强与国际数学史同行的交流与合作，努力提高我国数学史工作者的国际参与能力与国际学术地位；

6. 开展促进数学史工作者与其他科技史工作的交流与协作，促进本会会员与数学家的联系的活动；

7. 经常向有关部门反映数学史工作者的意见和要求；

8. 编印《数学史通讯》。

第二章 会 员

第四条 本会会员分为个人会员和团体会员两种。

1. 凡承认本会章程，并具有下列条件之一的中国人，均可申请加入本会，成为个人会员。

（1）具有讲师、助理研究员、工程师、中学一级教师以上职称的从事数学史或与数学史有关工作的科技人员；

（2）取得硕士以上数学史学位的科技人员或正在学习的数学史专业研究生；

（3）高等院校本科毕业，从事与数学史有关的研究、教学、管理等工作三年以上，或虽非高等院校本科毕业，但已具有本条规定人员的学术水平者；

（4）热心数学史研究和教学事业，并积极支持本会工作的有关部门的人士。

2. 凡愿意支持本会工作的有关科研、教学、生产企业、事业单位均可向本会申请为团体会员，各地方的数学史群众团体亦可申请加入本会成为团体会员。

第五条 入会手续

1. 个人会员入会须由本人自愿申请，由本会成员二人介绍，并由本会理事会审查批准后，即为本会会员，同时获得中国数学会与中国科学技术史学会会员资格。

2. 团体会员可直接向本会申请，由本会理事会审核通过，即为本会团体会员。

第六条 会员的权利

1. 个人会员的权利

（1）有选举权和被选举权；

（2）对本会的工作有建议、批评权；

（3）优先参加本会组织的各种学术活动；

（4）优先获得本会的学术资料。

2.团体会员的权利

（1）参加本会的学术活动；

（2）优先获得本会的学术资料；

（3）对本会的工作有建议、批评权；

（4）可要求本会承办咨询服务；

（5）可要求本会举办培训班等。

第七条　会员的义务

1.个人会员的义务

（1）遵守本会工作条例；

（2）执行本会的决议；

（3）积极参加本会组织的有关活动，推动本会工作；

（4）按期缴纳会费。

2.团体会员的义务

（1）支持本会组织的活动：

（2）按期缴纳会费。

第八条　会籍管理：本会会员的会籍由本会统一管理，由本会统一发给中国数学会与中国科学技术史学会会员证。

公章：本会使用中国数学会数学史分会公章。

第九条　会员有退会的自由。会员不缴纳会费，则停止享受会员的权利（自本会开始收费时起实行）。会员如有明显损害本会声誉的行为，经本会理事会审查核准，可予除名。

第三章　组织机构

第十条　本会的组织原则是民主集中制。本会的最高机构是中国数学会数学史分会的全国代表大会。全国数学史代表大会由本届理事及会员代表和特邀代表组成。代表大会以年会形式召开。（鉴于目前会员人数较少，凡参加年会的会员均为代表。）全国数学史年会应结合学术交流一并举行，一般每四年召开一次，必要时由理事会讨论决定，可延期或提前举行。

全国数学史年会的任务：

（1）决定本会的工作方针和任务；

（2）审查理事会的工作报告；

（3）审计本会的经费收支情况；

（4）选举新的理事会；

（5）制订和修改本会章程。

第十一条 理事会是年会闭会期间的领导机构，其职责：

1. 执行年会的决议；

2. 制定本会的工作计划；

3. 领导本会的活动；

4. 管理、分配活动经费，并监督使用情况；

5. 负责召开下届年会。

第十二条 理事会由理事组成。理事由年会组委会和上届理事会根据适当的民意调查讨论提出候选人、经参加年会的会员无记名投票选举产生。理事任期与两届年会的间隔同步。连选可连任，但不能超过两届，隔届可再当选。

理事会在充分协商的基础上选举常务理事七至九名。常务理事选举产生理事长一名，副理事长一或二名，理事长任期一届，原则上不连选连任。

由理事长和副理事长协商聘任秘书长、副秘书长各一人，协助理事长、副理事长工作。

第十三条 全国数学史学会理事会即中国数学会数学史分会理事会，常务理事则同时组成中国科学技术史学会数学史学科委员会。

第十四条 对于我国数学史研究和教学有突出贡献的老一辈数学史家，凡不在理事会任职者，经理事会讨论，授予名誉理事称号。

第四章 经 费

第十五条 经费来源

1. 中国数学会和中国科学技术史学会拨款；

2. 有关业务部门的补助和资助；

3. 会员会费；

4. 个人或团体捐赠。

第五章　附　则

第十六条　本会章程经全国数学史年会或其理事会会议通过施行，并报中国数学会和中国科学技术史学会备案。本章程的解释权属于本会理事会。

（注：此章程于第四—八届理事会期间实施）

第四章　中国数学会分支机构管理条例

一、总　则

第一条　中国数学会的分支机构包括各专业委员会、分会、工作委员会等（以下称分支机构），是中国数学会根据开展活动的需要，依据学科专业方向或会员组成特点所设立的二级专业分支机构，是中国数学会的基础，接受中国数学会的直接领导。

第二条　分支机构的宗旨是：团结、联合、组织数学及相关领域的专业人士，按照中国数学会章程所规定的宗旨和业务范围开展活动，包括学术交流、编辑出版、普及与竞赛、培训教育、科技咨询等。分支机构坚持学术民主和组织上的开放，根据各分支领域的科研、教学、应用的需要开展活动。

第三条　为规范分支机构的组织和学术活动，根据中华人民共和国民政部《社会团体登记管理条例》、中国科协《中国科学技术协会所属全国性学会分支机构、代表机构管理办法》、民政部、财政部、人民银行《关于加强社会团体分支（代表）机构财务管理的通知》和《中国数学会章程》，中国数学会第十二届二次理事会特此制定《中国数学会分支机构管理条例》。分支机构应遵照中国数学会章程和本条例及学会其他有关规定开展工作。

二、分支机构的设立、撤销、更名和合并

第四条　分支机构的设立

设立分支机构应由分支机构筹备委员会向中国数学会提出申请，提交下列材料：

1. 申请书（应当包括分支机构名称、国内专业学科发展、研究规模和队

伍等情况。设立的目的和基础，业务范围和工作任务，及预期成立 2 年后的发展及规模）；

2. 拟任分支机构的正副主任（候选不少于 5 人），及委员（候选不少于 15 人）的基本情况；

3. 办公地址。

申请材料在中国数学会网站上公示一个月。公示期满后，送中国数学会组织工作委员会初审。审查通过后，提交中国数学会常务理事会讨论，决定是否批准，常务理事会原则上须有 2/3 以上常务理事出席方能召开，其决议须到会常务理事 2/3 以上表决通过方能生效。批准后的分支机构试运行期 1 年，考核合格后 2 年内向中国科协报备。

第五条　分支机构的更名和合并

分支机构可提出更名或合并请求，报中国数学会常务理事会审查批准后，上报中国科协备案。等待批准期间，分支机构仍按原有业务范围开展活动。

第六条　分支机构的重组或撤销

分支机构 1 年以上不开展活动的，中国数学会常务理事会可罢免分支机构的负责人；对长期不开展活动的分支机构，或者分支机构有严重违反中国数学会章程、条例或常务理事会决议的行为、被警告后仍不改正的，常务理事会可决定重组或撤销该分支机构。

常务理事会通过撤销分支机构的决议后报中国科协备案。该分支机构自接到撤销的决议起，应立刻停止任何活动，并向中国数学会秘书处交回该分支机构的印章。

中国数学会有义务协助分支机构按有关规定办理申请、变更注销等事项，做好对分支机构的监督、管理、指导和服务工作，保证分支机构的健康发展。

三、分支机构的组织结构

第七条　分支机构的会员

凡自愿报名参加某分会（或专业委员会）活动的中国数学会个人会员即

自动成为该分支机构会员, 由分支机构登记备案。

分支机构不得单独制定会费标准, 不得截留会费收入。

第八条 分支机构委员会

分支机构会员均可竞选参加分支机构委员会, 委员会委员通过中国数学会章程规定的民主程序选举产生。分支机构的负责人(主任委员、副主任委员、秘书长)经过分支机构委员按照中国数学会章程规定的民主程序推选, 由中国数学会常务理事会批准任命。

第九条 任期和届中更换

分支机构委员会每届四年, 负责人在同一职位上连任不得超过两届。主任、副主任届满时年龄不得超过 68 周岁, 秘书长届满时年龄不得超过 64 周岁。分支机构负责人和委员会的换届方案应事先报送中国数学会, 经常务理事会同意后方可进行换届。

分支机构主任委员在任期间不能履行其职责时, 如有 1/3 的委员提出改选主任的动议, 则由中国数学会负责组织召集委员会全体会议, 决定是否要罢免主任, 以及决定重新选举新的代理主任委员。代理主任委员任职至当届分支机构委员会任期届满为止。

四、分支机构的活动

第十条 分支机构应当按照中国数学会章程所规定的宗旨和业务范围开展活动, 分支机构有协助中国数学会发展会员的义务。

第十一条 分支机构的名称不得使用"中国""中华""全国""国家"等字样。分支机构在开展活动时, 必须使用冠有中国数学会的规范全称, 表明其隶属中国数学会。分支机构的英文译名应当与中文名称一致。

第十二条 分支机构开展的学术活动是中国数学会活动的重要组成部分。分支机构应向中国数学会上报年度工作总结。

第十三条 分支机构应该每年至少召开一次委员会工作会议。会议原则上须有 2/3 以上的委员出席方为有效, 所作决议须经到会者 2/3 以上投票同意方能生效。

五、分支机构的管理

第十四条　分支机构对印章的管理、刻制、保管等，须遵守民政部和公安部对社会团体印章管理的规定。

第十五条　分支机构不得再设下级分支机构。分支机构是中国数学会的组成部分，接受中国数学会的领导，不具有法人资格。

第十六条　财务管理

分支机构财务管理应遵守民政部、财政部、人民银行相关文件的规定。分支机构不得设独立账户，其全部收支纳入中国数学会财务统一核算、管理，不得计入其他单位、组织或个人账户。

第十七条　分支机构不另制定章程，可根据工作需要，依据中国数学会章程、本条例及相关规定制定工作条例或实施细则，但不得与本条例冲突。分支机构制定的工作条例或实施细则须经中国数学会常务理事会批准后方能实施。

六、附　则

本条例经 2016 年 9 月 24 日第十二届二次理事会审议通过。本条例的解释权属中国数学会常务理事会。

第三编 | **我与学会：会员与
国际同行的回忆**

第一章　我的回忆——写在数学史学会 40 年

◎ 李文林

（中国科学院数学与系统科学研究院数学研究所）

1981 年 7 月，在大连举行的数学史学术讨论会是第一次全国性的数学史学术会议。会后不久，经中国数学会批准成立了中国数学会数学史分会，同时隶属中国科学技术史学会（称数学史专业委员会），对外称"全国数学史学会"。大连会议召开时，我因在国外访问未能参加，以后的第二、三届年会（分别在呼和浩特和安徽宣城举行）我都参加了。记得宣城年会开幕式是由杜石然先生主持，他在讲话时不小心打碎了一只茶杯，杜先生即兴幽默了一句"岁岁平安"，赢得了满场笑声（图 3-1）。

图 3-1　杜石然先生主持第三届全国数学史年会开幕式
（1988 年 11 月 4 日，安徽宣城）

第二、三两届年会均未改选理事会，到 1994 年，距第三届年会已有六年之久，其间理事长严敦杰先生不幸去世。从年初开始，就有数学史同仁与我联系，希望我出面筹办一次数学史年会，以恢复数学史学会的正常活动。我接受了他们的建议，组建了一个筹备小组，在大家的支持下于这一年 8 月成功召开了第四届全国数学史年会，会议地点选在香山中科院植物园，吴文俊先生和席泽宗先生出席了开幕式并讲了话。这次年会改选了理事会（图 3-2），我被选为理事长。做理事长非我本意，但既成事实，我唯有勉力履职了。以下是几则片断回忆。

图 3-2　数学史学会第四届常务理事
左起：王青建、张奠宙、郭书春、李迪、
李文林、王渝生、刘钝、李兆华

一、首订章程

我任职的第四届理事会做的第一件重要事情是制订学会章程。在第四届理事会第一次全体理事会议上，大家对建立章程的必要性和原则进行了充分讨论，学会秘书长王渝生根据《中国数学会章程》拟出初稿，理事会第一次全体理事会议之后考虑到王渝生事务繁忙，聘郭世荣为副秘书长。郭世荣在王渝生起草的初稿基础上进行整理，笔者又做了修订而形成正式稿。我这儿保存了章程草案的手稿（首、尾页见图 3-3）。草案后在《数学史通讯》（编辑印发《数学史通讯》也是四届一次理事会的重要决策）上公布广泛征求意见，集中修改定稿报上级学会批准正式施行。学会章程的建立，对学会的性质、任务、组织原则等做了明确规定，使学会活动有章可依，为数学史学会的进一步发展奠定了基础。

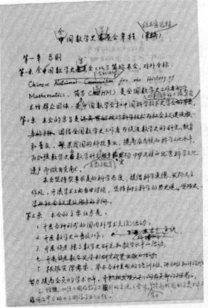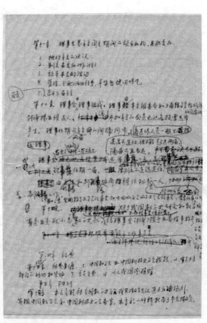

图 3-3　制订学会章程的草稿的第 1 页、第 3 页
（王渝生起草初稿，郭世荣整理，李文林修改）

二、法人资格

　　中国数学会数学史分会，是中国数学会下属成立最早的四个学科分会之一（其他三个分别是运筹学分会、计算数学分会、数理统计学分会）。我听说当时分会也可以取得独立法人资格，于是便和中国数学会及科协有关部门沟通联系，申请数学史分会的法人资格，得到了中国数学会的支持配合，但具体需要民政部批准。当时我们准备了申请报告和一应相关资料，具体手续很烦琐，都是由我当时的博士研究生包芳勋去办理。包芳勋很耐心地跑前跑后，我还记得他最后拿着民政部注册颁发的中国数学会数学史分会的证书和公章回来时高兴的笑容。有了独立法人资格和公章，办很多事就名正言顺。可惜现在二级学会已不能拥有法人资格，不过在数学史学会的发展过程中，取得

过法人资格还是一件有重要意义和光彩的事情。

三、承德会议

由于经费上的问题，数学史学会全体理事会议一般都是借年会之机召开，中间很少举行。1996 年，自然科学史研究所刘钝理事说可以提供一笔经费资助数学史活动。于是我在当年 10 月召集了一次理事会扩大会议，会议地点选在承德。时任国际数学史委员会主席、德国柏林科学院院士 E. Knobloch 教授和时任东亚科技医史学会会长、法国科研中心詹嘉玲（Catherine Jami）研究员刚好在北京访问，我们便邀请他们列席了会议（图 3-4）。这次会议讨论了两个重要的议题，一是积极促进国际交流，并筹备主办一次数学史国际会议；二是大力推动数学史教育，并决定从向国家有关部门提交在综合性大学和师范院校开设数学史课程的建议做起。两者在会后都得到了贯彻落实并产生了实在的效果。

图 3-4 第四届理事会扩大会议（1996 年 10 月 22—24 日，承德）
后排左起刘钝、何绍庚、李兆华、郭书春、李迪、罗见今、王青建
前排左起孔国平、袁向东、胡作玄、李文林、E.Knobloch、詹嘉玲（Catherine Jami）、孟实华、王渝生

四、武汉数学史国际会议

承德会议决定召开一次大型国际会议（暨第五届全国数学史年会），并将会议主题确定为"数学思想的传播与变革：比较研究"，E. Knobloch 教授当场代表国际数学史委员会表示支持会议举办，詹嘉玲教授还亲自帮助草拟了会议第一轮通知的英文稿。时任华中师范大学副校长、未能到会的邓宗琦理事通过电话表达了承办此次会议的热烈意愿。在全国数学史学会与华中师范大学的共同努力下，这次国际会议于 1998 年 10 月在华中师范大学成功举办（图 3-5），与会代表中包括来自德、法、美、英、俄、日、丹麦、荷兰、列支敦士登等国的著名数学史家（他们中有不少是第一次来华访问），特别是国际数学史委员会连续三任主席（J.W.Dauben 教授、Kirsti Andersen 教授、E.Knobloch 教授）都参加了会议并作了学术报告。应与会代表要求，会后还组织了三峡观光。这是改革开放以来国内举办的第一次大型数学史国际会议，产生了良好的国际影响。这次会议期间同时举行了第五届全国数学史年会并进行了换届，郭书春先生当选为第五届理事会理事长（图 3-6）。

图 3-5 笔者在"数学思想的传播与变革：比较研究"国际学术
研讨会上致开幕词（1998 年 10 月 4 日）

图 3-6 新当选的学会第五届常务理事与部分第四届常务理事合影
（1998 年 10 月 8 日）
前排左边：罗见今、王渝生、邓中琦、李文林、李迪、郭书春、
曲安京
后排左边：许康、冯立昇、王青建、刘杰民、李兆华、纪志刚、
韩琦

五、关于在综合性大学和师范院校开设数学史课的建议

经承德会议讨论，理事会委托罗见今理事在山西大学欧阳绛先生起草的一份"在综合性大学和师范院校开设数学史课的建议"基础上修改成正式的建议书。罗见今做了很认真的修改，修改稿在《数学史通讯》上公开征求意见后由我汇总。这份建议书后通过多方途径提交给了教育部，在加强综合性大学和师范院校的数学史教育方面起了重要的推动作用。

六、天元基金数学史"专项基金"

数学史学科在国家自然科学基金委一直没有独立的评议组，挂在其他学科里评议，获批的项目比例很小。数学史学会作为中国数学会下的二级分会，对此深感不满却又无奈。不过，在 1998 年，数学史分会曾经做过努力，当时我起草了一份全国数学史学会致天元基金委的信，反映了数学史基金申请的问题，希望能设立数学史专项基金（图 3-7）。仰仗吴文俊先生的鼎力支持，有了回应。记得吴先生在天元基金会议讨论后很高兴地打电话告诉我同意设立数学史专项基金的消息，最后还笑着说："专项基金由你来管理，但你自己一分钱不能花。"在随后两年里，天元数学基金确实为数学史拨了专项基金，每年 5 万元，这在当时还是不小的资助。遗憾的是，两年以后，虽有吴先生力挺，这个专项基金还是被取消了。

图 3-7　1998 年数学史分会致国家自然科学基金委天元基金委的信的草稿

七、第一次全国数学史与数学教育会议

进入 21 世纪后，随着我国基础教育课程改革的开展，数学史与数学教育

的结合日益受到关注。1991 年，我被教育部任命为中小学教材审定委员会委员兼中学数学教材审查委员，2002 年起被指定为中学数学教材审查组组长，后又参与了普通高中数学课程标准的审定和义务教育课标的修订等工作，深感数学史与数学教育结合对数学史本身发展的意义以及数学史工作者参与数学教育改革的必要。大约 2005 年，曲安京有意在西北大学发展数学史与数学教育方向并愿举办数学史与数学教育会议。我当时是在全国数学史学会理事长的第二次任期期间。于是，这一年 5 月由全国数学史学会和西北大学联合主办的首届全国数学史与数学教育会议在西北大学召开（图 3-8）。会议邀请了著名数学家与数学教育家龚昇教授、严士健教授、宋乃庆教授等作了大会报告。宋乃庆教授更是带领他在西南师大的数学教育团队前来，对会议给予了强力支持。张奠宙先生虽因身体原因没有参加会议，但专门寄来了学术论文。他后来在回忆录中评述这次会议道："'第一届全国数学史与数学教育会议'在并非师范院校的西北大学召开，会议非常成功。这说明，数学史和数学教育的结合终于提到日程上来了。"（张奠宙《我亲历的数学教育——1938—2008》，江苏教育出版社，2009 年）。

图 3-8　第一届数学史与数学教育会议期间的合影
（2005 年 5 月 1 日）

会议的成功使大家受到鼓舞。会议期间商定，全国数学史与数学教育会议将作为全国数学史学会的系列会议，每两年举办一次，逢双则与全国数学史学术年会合办。第二次全国数学史与数学教育会就是与第七届全国数学史年会合会，在河北师范大学举行，与会代表达到 200 人左右，这对国内的数学史会议而言可谓盛况空前了。邓明立在组织并确保此次会议的成功方面发挥了关键作用。

全国数学史与数学教育会议的定期举办，促进了数学史与数学教育的融合，实践证明，这是一项双赢的事业。

八、难忘前辈

在数学史学会的活动中，我与多位前辈数学史家有不少接触。他们的学术成就和为中国数学史事业竭诚奉献的精神，都值得敬仰。

数学史学会第一任理事长严敦杰先生一向行事低调。1981 年 11 月，也就是他刚出任理事长不久，严先生访问了剑桥大学东亚科学史图书馆（即后来的李约瑟研究所），我当时正在剑桥大学做访问学者，鲁桂珍博士告知我严先生到访的消息并让我参与接待。严先生告诉我他此行是前来参加联合国教科文组织编写的一套中国史的修改，根据我的日记，他 11 月 23 日抵达剑桥，26 日下午离开，期间我陪同他参观了三一学院、国王学院等。直到严先生诞生百年纪念会上我才知道，像这样一次重要的学术访问，严先生似乎从未宣示于人，以致纪念会上对严先生的生平介绍中认为他一生只有唯一的一次出国访问即加拿大之行。严先生一贯只问耕耘、埋头实干，给我印象至深。严先生晚年身体不好，记得有一次梁宗巨先生来京，约了几位理事去严先生家看望他并留下了合影（图 3-9）。

图 3-9　数学史学会理事登门看望理事长严敦杰先生
后排左起王渝生、郭书春
前排左起梅荣照、严敦杰、梁宗巨、李文林

　　我和梁宗巨、李迪两位先生有较深的交往。他们都是数学史学会的主要发起人，并分别主办了第一、二届年会。大连会议时我在剑桥，去英国前梁先生还在北京中关村请我跟袁向东一起吃了一顿饭，我在英国两年，期间我们时有通信。以后每次我到国外访问时间较长的话，我们都会有通信联系，这习惯一直保持到最后（1994 年第四届年会梁先生虽因身体原因未能参加，但让我转达了他致大会的信，见图 3-10）。1995 年我去法国科研中心访研之初，曾像以往那样给他写信并附了一些照片资料，他还高兴地回了信并告知他在巴黎一位兄弟的地址。不料这竟成我们的最后一次通信。当年 11 月我收到梁先生去世的噩耗，身在异国未能参加他的葬礼。回国后王青建曾邀我访问辽宁师大，并陪同我一起去看望、慰问了梁夫人。

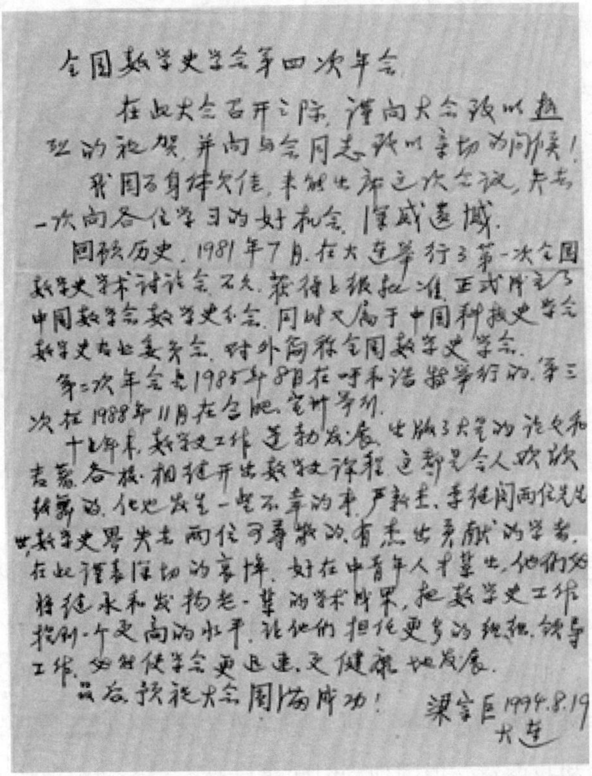

全国数学史学会第四次年会

在此大会召开之际，谨向大会致以热烈的祝贺，并向与会同志致以亲切的问候！

我因为身体欠佳，未能出席这次会议，失去一次向各位学习的好机会，深感遗憾。

回顾历史，1981年7月，在大连举行了第一次全国数学史学术讨论会，不久，获得上级批准，正式成立了中国数学会数学史分会，同时又属于中国科技史学会数学史专业委员会，对外简称全国数学史学会。

第二次年会是1985年8月在呼和浩特举行的，第三次在1988年11月在合肥、宣城举行。

十七年来，数学史工作蓬勃发展，出版了大量的论文和专著、名教材，相继开出数学史课程，这都是令人欢欣鼓舞的。但也发生一些不幸的事，严敦杰、李继闵两位先生逝世，数学史界失去两位可尊敬的有杰出贡献的学者，在此谨表深切的哀悼。好在中青年人才辈出，他们必将继承和发扬老一辈的学术成果，把数学史工作推到一个更高的水平，让他们担任更多的组织、领导工作，必能使学会更迅速、更健康地发展。

最后预祝大会圆满成功！

梁宗巨 1994.8.19
大连

图 3–10　1994 年第四届年会召开前夕梁宗巨副理事长致大会的信

我与李迪先生最早是通过当时在内蒙古大学任教的邱佩璋教授介绍建立通信联系，1976 年在一次科技史会议上初次见面，以后接触频繁。李迪先生对我的研究与工作给予了许多无私帮助和支持。记得 1995 年我在巴黎访问期间急需一份沈括的资料，当时信息传输并不像现在这样方便，但他却以最快的速度邮寄到了我手里。我们常一起讨论一些涉及国内数学史发展的具体的、实质性的问题。最近检阅了一下我保存的信件，还发现了我们讨论创办数学史专门期刊问题的信。李迪先生在这方面做过很大努力，并提出了非常具体的方案（图 3–11），遗憾的是最终未能实现。没有专业期刊至今仍是国内数学史发展的重要缺憾，亟待今后的努力。

图 3-11　李迪先生为筹办数学史期刊给笔者的信

白尚恕先生在 20 世纪 80 年代中后期曾主办过多次重要的数学史学术活动，每一次几乎都邀我参与（图 3-12）。白先生是国内高校第一个数学史博士点的始发起者，他最先提出三校（北师大、西北大学、杭州大学）两所（中科院系统科学研究所和数学研究所）联合数学史博士点的设想，为此多次来与吴文俊先生和我商量，但因他当时年事已高，后经协商改由西北大学申报并获成功，而他本人并未能成为博士生导师。

图 3-12　笔者与白尚恕、沈康身、李迪、薄树人等参加第一届国际中国科学技术史会议
（1982 年 8 月，比利时鲁汶大学）

　　沈康身先生著作甚丰，他每出一本书都寄我赠书，包括由著名的牛津大学出版社出版的价格不菲的《九章算术》英译本（他在后记中提到了李迪先生和我）。沈先生晚年体弱多病，2004 年 4 月湖州秦九韶会议后，我和郭书春先生途经杭州，曾专门去先生府上拜访慰问。这是我们最后一次见面。此次拜访之后沈先生还给我寄来一罐龙井茶并有一答谢短笺，寥寥数语，情深意笃（图 3-13）！

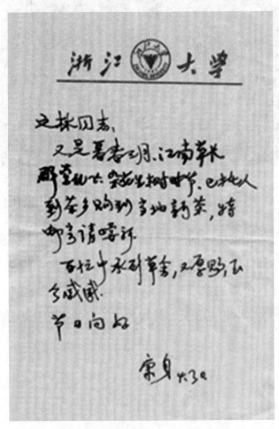

图 3-13　沈康身先生给笔者的信

　　在二十世纪八九十年代，国内数学史活动的无形中心是吴文俊先生，吴先生参加了这一期间的几乎每一次数学史会议。我曾陪同过不少数学史同行去拜访吴先生，他对大家可以说是有求必应。这方面我已有专文回忆，这里不再详述。

图 3-14　参加 20 世纪数学传播与交流国际会议的部
分代表参观西安古城墙（2000 年 10 月 17 日）

　　以上只是我与几位已故前辈交往的片段回忆。事实上，长期以来我与几
位前辈建立了亦师亦友的关系。我们分享过办事有成的喜悦，也分担过对推
进数学史事业过程中所遇艰难的忧虑。回顾以往，斯人已逝，眷眷之情，难
以忘怀。中国数学史事业之今天，是与各位前辈的贡献分不开的。

第二章　我与数学史学会

◎ 郭书春

（中国科学院自然科学史研究所）

今年是中国数学会数学史分会（中国科学技术史学会数学史专业委员会，原名全国数学史学会，以下简称数学史学会）成立40周年，1981年参加在大连召开的成立大会的代表，现在还健在的只有杜石然、胡作玄、何绍庚、袁向东、赵澄秋、王渝生、罗见今、傅祚华、李兆华、刘钝及笔者等十多位了，也都早已年逾古稀，大都进入耄耋之年。

一、数学史学会成立缘起

1980年10月在北京煤市街总参招待所召开了全国科学史第一次学术会议。严敦杰先生是大会组织者之一，也是数学史组会议的召集人，梁宗巨、李迪、杜石然、沈康身、白尚恕、梅荣照、李继闵、何绍庚、李文林、袁向东等十几位数学史工作者和研究生参加了会议。我是大会指定的数学史组会议的联络员。

李俨、钱宝琮开创的中国数学史研究从20世纪10年代到60年代，一直是全国研究实力最强、成果最为丰硕的科学史学科，以至于在1964年钱宝琮主编的《中国数学史》出版之后普遍认为"中国数学史已经没有什么可搞了"，是"贫矿"，几乎成为学术界的共识。在这次会上，除了发表了若干过去认为"明不明，清不清"的明清数学研究的论文之外，还发表了几篇关于《九章算术》及其刘徽注研究具有突破性的论文，使人们认识到，那种共识是不符合事实的，也表明中国数学史研究已经度过了因李钱二老去世等而出现的中落状态，打开了新的局面。

这次大会成立了中国科学技术史学会，制定了学会章程。数学史组在讨论学会章程时，梁宗巨先生提出，应该召开一次全国数学史学术研讨会，并表示辽宁师范学院（后改为辽宁师范大学）可以承办会议，欢迎大家到大连去，得到大家的响应。会议决定成立数学史专业委员会，严敦杰先生众望所归，被推举为委员会主任。中国科学院数学研究所李文林、袁向东先生提出，我们的数学史研究应该受中国数学会和中国科学技术史学会双重领导。中国数学会不设专业委员会而有学科分会，建议成立数学史分会。大家决定在大连召开的第一届全国数学史学术研讨会上讨论这个问题。

二、第一届"全国数学史学术研讨会"和数学史学会的建立

（一）数学史学会的建立

1981 年春，我们向全国同仁发出了召开第一届全国数学史学术研讨会的通知，受到热烈响应（图 3-15）。经与梁先生沟通，我们发出了第二轮通知，确定会议于 1981 年 7 月 20—25 日在大连中山广场附近的大连饭店召开，要求将论文在 18 日前寄到梁先生处，以便安排议程。根据梁先生的建议，我与袁向东先生提前几天去大连，协助梁先生筹备会议（此时李文林先生已去英国做访问学者）。梁先生亲自到车站接了我们。

到开会前，除了北师大一位副教授的 2 篇论文之外，所有在"回执"中报名的几十篇论文的 50 册油印本都寄到了梁先生处。大多数论文有独到的见解，进一步推动了数学史研究。梁先生与我们一起安排了会议议程，请吴文俊先生、严敦杰先生等做了大会报告。会议开得非常成功。会上成立了数学史学会，严敦杰当选为理事长。

（二）几个花絮

经过 40 年，时过境迁，许多记忆模糊了，但会议的几个花絮却永志不忘。

图 3-15　部分同仁在大连参加数学史分会
第一次年会（1981 年）
前排右起是吴文俊、严敦杰、梁
宗巨
后排右起是傅祚华、袁向东、王
渝生、郭书春、何绍庚

　　当代中国数学泰斗吴文俊百忙中参加了会议。吴先生是留法的，一到宾
馆就希望喝点啤酒，而宾馆没有啤酒，我便陪他到附近的商店买了啤酒。他
当场打开就喝，边喝边走回宾馆，因路不平，吴先生差一点摔倒，我赶紧把
他扶住。这是我第一次与吴先生单独近距离接触，他一直面带微笑、平易近
人的作风给我留下了深刻的印象。吴先生认为中国古代数学具有机械化、程
序化和构造性的特点。他针对许多与会者当时还不熟悉这几个术语，便以近
现代数学常要证明某个问题解的存在性和唯一性为例解释说：对这类问题只
需要找到一种证明解的存在性和唯一性的方法就够了，并不关心解是什么和
求解的方法。这好像只要能找到一种方法证明我们所在的房间里有苍蝇，并
且只有一只苍蝇就够了，至于怎样打死这只苍蝇，是不关心的。而中国古代
数学不仅要知道这个房间里有苍蝇，而且要探讨能打死这只苍蝇的方法，怎
样才能把这只苍蝇打死。这就是构造性。这种形象的比喻一下子使到会的同
仁明白了什么是构造性。

　　当时即使是像吴文俊、严敦杰这样的大专家也不能如同现在这样一个人
住单间。我和袁向东先生将他们两位安排到同一个比较好的房间。这大约是

两位大师第一次见面，但一见如故。吴先生后来多次说过同一句话："严敦杰是我向来最崇敬的学者之一。"[1] 其应该就导源于他们这次几天的朝夕相处，深入交谈。后来吴先生非常关心严先生遗著的整理、出版事宜，多次向我说，严先生的知识非常渊博。

大连是避暑胜地，宾馆房间非常紧张，加之到会的同仁比预想得多。一位贵州省的数学教师到大连参加数学教育方面的会议，听说这个会之后也赶来参加。比较年长的钱老的公子钱克仁先生、珠算史家王光兆先生都是夫妇一同来的。我们预定的房间又被人抢占了一二间，剩下的房间更是捉襟见肘。人都到宾馆了，我和袁向东先生几次变更方案，还是无法安排全部入住，怎么调整都差一个房间，十分挠头。袁向东先生绝顶聪明，他眨了一下眼睛，笑着对我说："把两对老夫妇安排在同一个有两张双人床的大房间吧！"我只好表示赞同，便一同去征求两对老夫妇的意见。钱克仁先生很爽快，乐呵呵地答应了。王光兆先生没有反对，他的夫人比较年轻，虽面露不快，但夫唱妇随，也不好当面说什么。两对老夫妇的配合，帮我们解决了这个大难题，我和袁先生真是心存感激。后来有客人退房，宾馆说可以再给我们一两间客房。我们去问他们要不要调成两个房间，钱先生还是乐呵呵地说："这样挺好！不用了。"王先生只好附和钱先生。至今我和袁先生谈到这件事，还感到是一件趣事。

梁先生为人热情，他对此前的辽宁抗震胜利有贡献，在大连影响很大，在辽宁师范大学有崇高的威望，对会议的成功举办起了决定性的作用。他还从辽宁师院请了几位年轻的同事过来协助，特别是到海港、火车站和飞机场接与会的同仁。而且由他接洽，与会同仁游览了当时还不对外开放的风景特佳的棒棰岛。这个不大的小岛因形状像棒槌而得名。

三、数学史学会的整顿

1985 年 8 月在内蒙古师范大学召开了第二届全国数学史年会（图 3-16）。

---

[1] 吴文俊：《中国传统科技文化探胜》序言。科学出版社，1992 年。吴先生在向国家自然科学基金委员会推荐严先生的业绩时，以及在纪念严先生去世 10 周年学术讨论会上，都讲过这句话。

当时严敦杰先生已经卧病在床，会议推举杜石然、李迪、沈康身、梁宗巨为副理事长。1988 年 10 月借在安徽省合肥、宣州召开梅文鼎纪念会之机，召开了数学史分会第三次会议。由于种种原因，在 20 世纪 80 年代后期和 90 年代初，数学史方面的活动、会议虽不算少，但数学史分会的活动却不怎么正常，6 年没有召开年会，学会实际上处于半瘫痪状态。

图 3-16　部分同仁在呼和浩特参加数学史分会
第二次年会（1985 年）
右起是王渝生、李文林、何绍庚、梁
宗巨、郭书春、王健民、刘钝

到 20 世纪 90 年代初，数学史研究队伍发生了某些重大变化。一方面，有的先生已经作古，有的先生患病卧床，不能工作了。而另一方面，若干科研骨干，包括 1978 年及其以后招收的研究生和博士生，已经成长起来，有的成为学术带头人，数学史队伍更加壮大了。梁宗巨先生审时度势，于 1994 年联络李文林等先生希望整顿数学史学会，决定在适当的时候召开数学史学会第四届年会。经过充分酝酿沟通，成立了年会筹备小组。到 1994 年 8 月初，包括征集并遴选会议论文，全体会员以无记名方式投票确定第四届理事会候选人名单，起草全国数学史学会章程（草案）并发给各位会员征求意见等准备工作，都已就绪。8 月 27—30 日在中国科学院植物研究所（香山）成功召开了第四届全国数学史学术研讨会，会议宣读了若干有独到见解的论文，尤其是有一些世界数学史和中国近现代数学史的论文，表明数学史不仅仍然是最具活力的科学史学科，而且开始从中国古代数学史领域向世界数学史和中国近现代数学史拓展，因此与中国传统数学史组并列，设了世界和中国近现代数学史组，这是中国数学史学史上从来没有过的。会议确定我们的学会称为全国数学史学会，受中国数学会和中国科学技术史学会双重领导，在数学会这边称为数学史分会，在中国科学技术史学会这边称为数学史专业委员会，并通过了学会章程。李文林先生根据《中国数学会章程》，建议我们分会的理事会采取差额选举；理事、常务理事最多任期二届（后来根据《中国数学会章程》，规定新当选的理事不能超过 60 岁），理事长任期最多一届；会员要缴纳会费，得到大家的赞同，并写入章程。会议通过差额选举，选举了理事会，理事会第一次会议选举了常务理事，李文林当选为理事长，李迪、郭书春当选为副理事长。华中师范大学邓宗琦副校长表示愿意举办第五届年会。

四、"数学思想的传播与变革：比较研究"国际学术研讨会

李文林先生很有开拓精神，他建议第五届年会以"数学思想的传播与变革：比较研究"为主题，开成一个国际学术研讨会。为了筹备这次会议，1996 年 10 月 22—24 日，我们在承德避暑山庄召开了全国数学史学会第四届理事会第二次会议，时任国际数学史学会主席的德国学者 Knobloch 和法国的中国数学史家詹嘉玲（Jami）参加了会议，贡献了很好的意见（图 3-17）。时任湖南教育出版社副编审孟实华也列席了会议。詹嘉玲于 20 世纪 80 年代初就来过中国，以后多次交往。Knobloch 是我 1993 年 7 月访问柏林工大认识的，他来听了我一次关于《九章算术》和刘徽的报告。当时他是国际数学史学会主席的唯一候任人选。他希望我给他推荐中国学生。我指导的第一位博士生田淼毕业后，我便推荐她去随他学习，这是后话。

图 3-17　第四届理事会扩大会议（1996 年 10 月 22—24 日，承德）
后排左起罗见今、李兆华、刘钝、何绍庚、胡作玄、李迪、
Knobloch、李文林、郭书春
前排左起孟实华、王青建、袁向东、孔国平、詹嘉玲、王渝生

　　根据这次会议的决定，向所有会员发出了开会及征集论文的通知，并规定了严格的审稿制度：每篇论文分优、良、中、劣四级，交给 2 人审稿，两位审稿人都评为"中"以上，即入选会议论文；一人在"中"以上，一人是"劣"，则交第三个人再审，如果此人的评定仍是"劣"，则不能入选；同时规定：师生不互审，同一个单位的同事不互审。

　　1998 年 8 月，恰巧李文林、李迪、郭书春等同时在柏林参加不同的国际学术会议，我们便在柏林工大食堂利用吃午饭的机会召开了全国数学史学会第四届常务理事会会议（图 3-18）。郭书春汇报了拟于 1998 年 10 月在

图 3-18　1998 年 8 月在柏林工大召开全国数学史学会第四届常务理事会会议
右起是李迪、李文林、郭世荣、郭书春、刘钝、王渝生

华中师范大学召开的第五届年会的论文审稿情况，并商定了会议的议程，为这次会议做了最后的准备。

1998 年国庆节，在桂花飘香的时候，李文林先生和我提前到华中师范大学，与邓宗琦副校长一起筹备会议。国内和德、法、日等国的学者参加了会议，会议非常成功。这是数学史学会第一次举办国际学术研讨会。会议差额选举了全国数学史学会第五届理事会，理事会第一次会议选举郭书春为理事长（按章程理事长不能连任），李迪、邓宗琦为副理事长。

2002 年在西安，我主持了第五届理事会最后一次会议，推荐了第六届理事会理事和理事长人选（李文林，可隔届担任）。此后我已年逾花甲，不再担任学会的领导工作，但一直积极参加数学史学会的各项活动。

五、祖冲之纪念会和秦九韶纪念馆布展

我在不同程度上组织或参与组织了数学史学会的各项学术活动，其中最重要的是祖冲之逝世 1500 周年国际学术研讨会、秦九韶纪念馆的布展和秦九韶学术讨论会。

（一）祖冲之逝世 1500 周年国际学术研讨会

1999 年 5 月，为庆祝吴文俊先生 80 华诞，中国科学院系统科学研究所数学机械化中心举行数学与数学机械化学术讨论会。数学史界同仁在数学所晨兴数学中心欢聚一堂。李迪先生提出 2000 年是祖冲之逝世 1500 周年，建议举行纪念会，大家一致赞同。李迪先生还建议编纂《祖冲之全集》。我说听说严敦杰先生生前编过一部《祖冲之全集》，大家让我回单位了解一下，如果严先生已经编纂，就不用再编了。会议结束后我立即打电话给严先生幼子严家伦，家伦随即将严先生 1957 年编的《祖冲之全集》手稿与后来的补充稿送到研究所。我考虑到祖冲之的《缀术》早已亡佚，不可能编纂《祖冲之全集》；再者，若称《祖冲之全集》，那作者是祖冲之，而不是严敦杰了，而稿件中严

先生的校释篇幅超过原文，我遂将其定名为《祖冲之科学著作校释》①，并做了整理，请席泽宗院士写了序，与刘钝所长、俞晓群社长商量，将其纳入自然科学史研究所与辽宁教育出版社组织的《新世纪科学史系列》，作为第一部。

为了召开祖冲之的纪念会，李迪先生介绍河北祖冲之中学（驻涞水县）张泽校长到北京找我。经过多次沟通，全国数学史学会与河北祖冲之中学联合主办了纪念祖冲之逝世 1500 周年国际学术研讨会，吴文俊、席泽宗院士等国内外代表 100 多人参加了会议。为了迎接这次会议，俞晓群和辽宁教育出版社赶印出来了严敦杰先生的《祖冲之科学著作校释》，赠送与会者每人一册，于 2000 年 9 月 30 日上午送到我家。

9 月 30 日下午，张校长来我家接我去涞水。会议分两段，开幕式及部分报告在祖冲之中学礼堂召开，部分大会报告、分组报告和闭幕式在著名风景区野三坡召开。本来野三坡每年国庆节封山，为了这次会议，涞水县委和县政府决定我们开会所在的"苗寨"在纪念会闭幕后再封山。

吴先生对祖冲之纪念会非常支持，表示要与会，但他特别忙，根据我离开北京前与吴先生的约定，到涞水确定了会议议程后，便打电话请吴先生 10 月 1 日下午与李文林先生同车来涞水，第二天参加纪念会开幕式，下午即返回北京。谁知电话最后，吴先生问我，孙克定先生要去，怎么办？我吃了一惊，因为孙先生已经 91 岁高龄，系统所老干办不允许他出京开会，两年前孙先生要参加武汉会议，系统所老干办制止了。所以这次会议我们没有给孙老发通知，不知道他从哪里得到祖冲之会议的消息，执意要参加。我对吴先生说，不是我们不让孙老来开会，而是你们所不允许。吴先生笑了，但不知怎么回复孙老。我只好说我与你们所老干办联系一下再说吧！实际上我心里已倾向于请孙老与会了。我向系统所老干办的同志说明此事，并且说涞水到中关村的距离实际上比到北京的平谷、密云、延庆还近，孙老到底能不能去，

---

① 在严敦杰先生诞辰 100 周年的 2017 年，我对该书增补了祖冲之的《述异记》，由山东科学技术出版社出版。2019 年获第七届中华优秀出版物奖图书奖。2020 年我又增补了严先生 1936 年 18 岁时发表在《学艺》上的关于祖冲之的两篇文章，2021 年 4 月由山东科学技术出版社出版。

由你们决定。他斟酌了一会后说，那就请孙老与吴先生同车去，同车回。我立即告诉了吴先生，吴先生通知了孙老。情况发生了变化，我随即与张校长调整了会议议程。我们请孙老于 2 日上午 11 点半最后一位报告。原来这一段是请孙小礼教授主持全体会议，我们担心孙老像有的老年人那样，一讲话就没完没了，便改为我主持，万一出现那种情况，我可以借口大家要吃中饭，制止他的讲话。想不到孙老一上台便指了指对面墙上的挂钟，说："现在 11 点半，我讲 30 分钟，不耽误大家吃饭。"全场热烈鼓掌。当挂钟指向 12 点的时候，孙老结束了他的报告，全场再次响起热烈的掌声。孙老的与会给大家以鼓舞和激励（图 3-19、3-20）。

图 3-19 郭书春陪同吴文俊、席泽宗步入研讨会会场（2000 年 10 月 2 日）

图 3-20 左起：胡炳生、王渝生、杉本敏夫、李兆华、陈美东、小林龙彦、郭书春、吴文俊、孙克定、席泽宗、席夫人

会议于 2000 年 10 月 7 日在野三坡苗寨胜利闭幕，我致了闭幕辞。①

通过这次会议，我与涞水、与张校长建立了更密切的联系和友谊。我和研究所几次组织研究生到祖冲之中学和涞水进行社会实践活动和科普教育活动，得到张校长和祖冲之中学的极大的支持和帮助。我与张校长还想在祖冲之中学建立一个"院士墙"，以激励学子，因故没有办成。

后来我和自然科学史研究所又协助河北省建立了祖冲之研究会，并推荐河北师范大学数学院院长、后来担任河北师范大学副校长、河北体育学院院长的

---

① 见《郭书春数学史自选集》下册，山东科学技术出版社，2018 年。

邓明立教授出任理事长，还参与了涞水祖冲之科技园的组建。目前在河北省、保定市、涞水县各级党组织和政府支持下，祖冲之研究会正常活动，祖冲之科技园正在积极建设，并准备筹建祖冲之博物馆等其他公益性科学设施。

（二）四川安岳秦九韶纪念馆布展和秦九韶国际学术研讨会

秦九韶是南宋大数学家，不管人们如何界定"宋元四大家"[①]，其中必定有秦九韶。然而在 20 世纪 40 年代至 80 年代，学术界的主流看法是秦九韶成就极大而人品极坏。我在 80 年代重新考察了这个问题，发现说秦九韶人品极坏的依据是刘克庄的状子和周密的笔记并且拿来互相印证。而刘克庄、周密都是投靠投降派贾似道的，他们的话能互相印证说明不了任何问题。而秦九韶是支持抗战派吴潜并在贾似道击败吴潜后被株连的。将秦九韶放在南宋末年蒙古贵族和南宋统治集团的矛盾、南宋统治集团内部抗战和投降两派斗争的大背景下，结合秦九韶自己的《数书九章序》特别是 9 段系文考察，就会发现秦九韶是一位具有实事求是的科学精神，关心国计民生，体察民间疾苦，主张施仁政，主张抗战，并把数学看成施仁政与实施抗战的政治主张的有力工具的学者。我因此撰《重新品评秦九韶》一文[②]，为秦九韶翻案，引起学术界的反响，得到海峡两岸和国内外许多学者的赞同。秦九韶的故乡四川省特别是安岳县对此更为重视。2000 年决定在安岳县建立秦九韶纪念馆，并召开纪念秦九韶学术研讨会。10 月下旬，其邀请我与李迪先生前往协助秦九韶纪念馆的布展，并安排了研讨会。

2004 年 4 月，我又应韩祥临教授的邀请，前往秦九韶家长期寓居的湖州，协助湖州师范学院组织了秦九韶学术研讨会。

2020 年，四川省将秦九韶列入第二批历史文化名人，将出版《秦九韶传》。蒙同仁不弃，推荐我承担撰写任务。

[①] "文化大革命"之后，学术界出现了"宋元四大家"的说法，指秦九韶、李冶、杨辉、朱世杰。愚以为，此四位可以称为"十三世纪四大家"，如果说"宋元四大家"，则不能没有北宋的贾宪。

[②] 本文曾于 2000 年 9 月在中国台湾清华大学历史系、2000 年 11 月在秦九韶国际学术研讨会（四川安岳）上报告过，发表于《宋史研究论丛》（10），河北大学出版社，2009：191-236，收入《郭书春数学史自选集》下册，山东科学技术出版社，2018 年。

　　以上是笔者对亲历学会发展过程及个人参与学会活动的一些回忆。一友人看了此文的初稿后，回复了一首诗：

　　　　四十春秋艰辛路，一路小跑伙伴多；

　　　　今朝八十体尚健，老骥伏枥志未休。

　　今掇来作为本文的结语，亦是对自己的鞭策！

第三章　一位外国学者眼中的中国数学史学会40年

——为庆祝中国数学史学会成立40周年而作

◎ 林力娜

（法国国家科研中心—巴黎大学—科学·哲学·历史研究所）

来华数月之后，我就初次听闻中国数学史学会之名。如今四十年过去，我为成为这个团体的一员而感到自豪，并为受中国同行的盛情邀请而心怀感激。[①]

回顾这段历史，我们可以估量学会四十年来经历的巨大变化，以及这些变化折射出来的在中国发生的更为广泛的变革。此即本文讲述的两个重点。

1981年4月，我以学生身份被中国科学院自然科学史研究所接纳。特别感谢吴文俊院士的推荐，我在那里研习为我安排的数学史课程。上课地点是我当时所住的北京邮电学院的房间，上课内容包括严敦杰、杜石然、梅荣照、郭书春、何绍庚各位研究员的讲座。在其中一次讲座中，郭书春研究员提及当年夏天将在大连召开一次会议，这是中国数学史学会的首届年会。然而，作为一个外国人，当时我是不被允许参加这个会议的。尽管如此，我的老师们还是很热心地把会议的论文带回来给我，这些论文依然保存在我的档案中。这些论文印在各种类型的纸上（有的很薄、有的很厚），且均为手写体。我不知道这些论文是如何打印的，但是可以确定的是，当时无人使用电脑，在以后的几年里，历史学家的研究活动依然保持手写状态，带回来给我的会议论文是当时在中国如何进行研究的珍贵见证。实际上，我记得对我的同行来说，在20世纪80年代乃至90年代的最初几年，参加会议而不提交论文没有任何

---

① 我非常感谢徐泽林教授安排将本文翻译成中文。这让我很开心，因为我希望更多的同行知道我对他们的感激之情。

意义。

就我记忆所及，1981 年我在中国居留了七个月，期间尽管见到了更多的同行，但除了我的老师外，我无法和许多数学史学者进行真正的对话。我能够与之交流的学者中有吴文俊院士，以及像他一样在中国科学院数学研究所工作的两位历史学家——李文林研究员和袁向东研究员。此外北京师范大学距离邮电学院很近，郭书春研究员安排我与白尚恕教授会面。尽管我没有参加大连会议与许多同行进行科研交流，但中国数学史学会首次年会上提交的论文以及我与郭书春研究员有关这些论文的对话，对我日后的研究产生了重要影响。由此我有一种感觉，那就是许多中国同行正在积极研究《九章算术》以及刘徽和李淳风的注释，并获得了激动人心的新成果。因此，当 1981 年郭书春研究员向我建议合作完成《九章算术》及其注释的法文译本时，在我看来这会是一项极为令人关注的尝试，我接受了这个建议（图 3-21）。

在接下来的数年里，我只能通过国际会议来结识来自中国的其他数学史学者。1982 年，李倍始教授（Ulrich Libbrecht）在比利时鲁汶组织了首届中国科学史国际会议，除了前一年我在中国会面的同行之外，当时我还结识了李迪教授与沈康身教授。一年之后的 1983 年，何丙郁教授在中国香港组织了同一系列的第二届国际会议，会上我有幸见到了李继闵教授，和他进行了富有启发性的对话。紧接着，1984 年 8 月，第三届中国科学史国际会议在北京友谊宾馆举行。这次会议最终给了中国与国外与会者更加广泛了解的机会。然而在 1984 年的中国，外国人与中国学者的交流仍有诸多限制。1984 年 6 月以来，我在北京居住了五个月，和郭书春研究员开始合作撰著《九章算术》的校勘本和法文译本。然而当时没有获得特批的中国同行不能进入我居住的宾馆，我也不被允许和自然科学史研究所的同行共进午餐，我只被允许去专供外国人的餐厅。事情还是起了一点变化，我可以在研究所和郭书春研究员一起工作。这使得我可以与当时住在研究所的同行，比如刘钝研究员与王渝生研究员进行更为良好与广泛的个人交流与科研交流。

图 3-21　左起：林力娜、李家明、郭书春（1981 年 6 月，
北京东总布胡同）

　　1991 年，由于和郭书春研究员合作项目的需要，我在自然科学史研究所
度过了三个月。期间我能够和更为年轻的学者定期交流，比如韩琦教授，我
甚至能参加他的博士论文答辩。在中国我可以更为自由地旅行，并且应李继
闵教授之邀前往西安讲学。不幸的是，这是我最后一次见到他。这次旅行使
我认识了李教授的研究生，其中有曲安京教授、纪志刚教授、王荣彬研究员
（图 3-22）。

图 3-22　左起：王荣彬、纪志刚、李继闵、林力娜、曲安京
刘兴祥、王辉（1991 年 9 月，西北大学）

此外，我能够以外国人的身份参加在中国召开的会议，甚至于和中国同行共享一间客房。在那之前，我从来不能参与我的同行的日常生活，对我来说这确实是个巨大的改变。这些会议使我结识了郭世荣教授与冯立昇教授。

在此之后，我首次参加中国数学史学会年会是 1998 年在武汉华中师范大学召开的那一次。当时由于和郭书春研究员合作，我又在中国居留了数周。会议期间我有幸被允许和田淼研究员共享一间客房。我依然记得那些日子，那是一段美妙的经历。1998 年的这次会议是一次真正的国际会议。许多国外同行都来参会并且做了报告，包括科斯蒂·安德森（Kirsti Andersen）、亨克·博斯（Henk Bos），玛丽·何塞·杜兰德·理查德（Marie-José Durand-Richard），詹嘉玲（Catherine Jami）和阿格特·凯勒（Agathe Keller）。许多中国数学史同行能够参加这次会议，这给了我们具有重大意义的交流机会，特别是有许多年轻同行参会。我珍视这段回忆，因为这是我与这一领域的许多年轻同行自由交流的开始。这些年来表明我们与中国同行关系改变的一个标志性事件发生在这次会议：武汉会议期间，我们能够庆祝李迪教授的寿辰。祝寿活动被组织成一次惊奇的派对，当李迪教授发觉这一"密谋"时，我依然记得他的喜悦，我们和寿星以及其他来自中国的同行一起度过了一个美妙轻松的夜晚（图 3-23、图 3-24）。

图 3-23　右起：李迪、郭书春、李文林、刘钝、莫德、任爱珍、田淼、徐泽林

图 3-24　左起：亨克·博斯、科斯蒂·安德森，李迪、
林力娜、周·道本

　　2015 年，中国数学史学会年会在广州召开，幸运的是，期间我正在中国居留（图 3-25）。我乐于参加这次会议，并见证这一领域在中国的成长：许多年轻人参会，议题领域扩展到数学教育以及数学史在其中的功用。我能够与年轻与会者交谈共度数小时，这段时光将会一直成为我在中国岁月的高光时刻。此外，见证年轻一代的同行加入学会令我欣喜万分。

图 3-25　在第九届中国数学会数学史分会学术年会暨第六届数学史与数学
教育会议上的合影
左起：谷彬彬、王涛、王艳、贾立媛、林力娜、张春芳、张晓玮、
马金月（2015 年 10 月 10 日，中山大学）

2019 年是吴文俊院士的百年诞辰，以此为契机，在上海交通大学举办了纪念会议（图 3-26）。这次会议与中国数学会数学史分会第十届年会合办，纪志刚教授时任学会会长。没有吴院士在 1980 年的支持，我或许永远不会在 1981 年被允许以学生身份到中国游历并在自然科学史研究所学习。因此，我自然而然向两个会议都提交了报告，以此表达我对吴院士以及所有使我受益良多的中国同行的感激之情。美妙的是，两个会议都在大学校园内组织，因为在参加会议的同时享受校园日常生活是莫大的喜悦。由于吴院士对数学史贡献的重要性和影响力，会议再一次广泛地国际化了。除了来自欧美的学者——比如简斯·休儒（Jens Høyrup）和周·道本（Joe Dauben），许多来自东亚的同行也参加了这两次会议。这又一次反映出近年来我所观察到的一个更广泛的趋势，即东亚各国之间学术交流日益频繁，这一学术共同体正在显现出更为团结的面貌。这一趋势还反映在郭世荣教授、冯立昇教授，萨日娜教授、特别是在 2019 年成为学会会长的同行，即徐泽林教授的工作中。我认

图 3-26 在第十届中国数学会数学史分会学术年会暨第八届数学史与数学教育会议上的合影
左起：洪一新、钱永红、王晓斐、纪志刚、林力娜、徐泽林、白安雅、周霄汉、潘澍原、陈志辉、王幼军
（2019 年 5 月 11 日，上海交通大学）

为这对中国数学史而言是一次绝佳的机会，因为这也许是思考用汉字进行数学活动的最为确当的参照框架，而且这一更广阔的共同体或许会更好地推动所有东亚国家的数学史研究，并对国际共同体产生更为深远的影响。

　　总而言之，在我看来，1981 年以来，随着中国的变革范围日益广阔，中国数学史学会取得了巨大的进展。它无疑变得越来越国际化，许多年轻会员的加入使得这门学科在中国乃至东亚的未来大有希望。期待中国数学史学会日益融入世界数学史大家庭之中，并且以更加广阔的国际视野开展数学史研究。请允许我以此结束全文。

（王宏晨、田春芝翻译）

第四章　我的中国数学史之旅

◎ 小林龙彦

（日本数学史学会会长；日本前桥工科大学名誉教授
中国内蒙古师范大学客座教授；中国天津师范大学客座教授）

　　笔者的中国数学史之旅始于 1986 年 8 月作为群马县和算研究会访华团的一员访问中国科学院自然科学史研究所。在当时召开的"中日数学史研讨会"上，笔者发表了题为"关于《规矩分等集》和《九章算术》的关系"的报告。笔者在这个报告中指出，虽然找不到中国古代数学书《九章算术》在江户时代传到日本的历史根据，但在 18 世纪和算家万尾时春的《见立算规矩分等集》（1722）中，记载了用圆规和直尺把《九章算术》"勾股"章问题解决了的方法。中国科学院自然科学史研究所所长席泽宗先生，以及杜石然、郭书春、刘钝、陈美东、陈久金等中国数学史、天文学史研究精英出席了讨论会。在研讨会后的午餐会上，我与翁士达、陈久金、郭书春先生坐在同一个圆桌上，亲切交谈。特别是在与郭先生的笔谈交流中得到启发，回国后发表了题为《关于古代律令注释书中的"缀术"》的小论文。

　　那个时期，笔者与盟友田中薰氏正在进行关孝和的研究。1982 年 12 月来日本的杜石然先生访问群马县，在当时安排的恳谈会上，我和杜先生谈到"关的圆锥曲线"的研究时，他说道："关孝和危险啊"。他所谓的"危险"，是指可能受到了西洋数学或汉译西洋历算书的影响的猜测。笔者一直对汉译西洋历算书颇感兴趣，发表过题为《〈历算全书〉对和算的影响》（《私学研修》85 号，1980 年）的小论文，以与杜石然先生的座谈为契机，开始加快推进了关孝和研究以及汉译西洋历法算书的研究。这样，刚提到的那篇小论文也就是认识到中国数学史研究的重要性之后才完成的。关于和算圆锥曲线研究，发表了题为《关孝和圆锥曲线的研究——特别是与〈测量全义〉的比较》（《科学史研究》，第Ⅱ期 24 卷，No.155，1985 年）的研究成果。

1991 年 7 月，我应邀参加戴震研究国际学术研讨会，从东京成田机场抵达上海，从上海经陆路前往安徽屯溪。我清楚地记得，中国数学史研究重量级人物吴文俊先生和李文林先生也出席了这次会议。笔者在这次会议上讨论了近代日本数学中汉译西洋历算书的学术影响和汉籍舶载问题。在这次会议上，访问了程大位的故居，还登上了名峰黄山，在那里度过了一夜，这些都令人难忘。另外，从黄山回来的路上，下山时因暴雨一时被困在索道上，这也成了令人怀念的回忆。

1987 年 8 月，第一届汉字文化圈及近邻地区数学史和数学教育国际学术研讨会在群马大学工学部（在群马县桐生市）召开，第二届于 1992 年 7 月由中国内蒙古师范大学科学史研究所组织，主持会议的是该研究所所长李迪先生。在这次国际会议上，《算法统宗》发行 400 周年纪念会议以及中国少数民族科学技术史学术研讨会同时召开，参会的国内外研究人员众多，热闹非凡。在这次会议上，笔者第一次见到了李迪先生。从那以后，我经常去内蒙古师范大学，李先生经常邀请我在他家里吃饭，还允许我使用研究室，给了我多方面的恩惠。这些都成了我做学术和做人的宝贵财富。尤其是，在与李先生的交往中潜移默化地认识到，学术眼光应具备基于宏观和微观两方面的分析能力，以及毫无遗漏的文献检索和缜密的史料分析。

图 3-27　第 3 届汉字文化圈及近邻地区数学史与数学教育国际学术研讨会（1996 年 7 月 23—25 日，内蒙古师范大学，前排中央为李迪先生）

1996年7月，第3届研讨会也在内蒙古师范大学召开（图3-27）。通过这两次研讨会，与现今中国数学史研究的杰出代表罗见今、莫德、李兆华、郭世荣、冯立昇、韩琦、代钦等学者相识相交而感到自豪。另外，当时的硕士研究生乌云其其格和萨日娜（现上海交通大学教授）在会议间隙向我提出了关于日本数学史的各种问题。她们对于近世日本数学史方面的丰富知识，让我们日本人都感到惊讶。可喜的是，目前萨日娜老师作为近代中日数学交流史的研究者，在国际上也得到了认可。

图3-28　内蒙古师范大学客座教授受聘纪念照
（正中间是道脇义正先生）

从这个时候开始，冯立昇先生频繁访日，也访问过我曾经工作过的前桥工科大学。以这种交流为契机，以为两国数学史研究的进一步发展和指导后生为目的，1998年6月，道脇义正先生和我一起被聘为内蒙古师范大学客座教授（图3-28）。笔者于2000年7月，又邂逅了当时在天津师范大学工作的徐泽林老师（现任职于东华大学），也受聘为天津师范大学客座教授。徐泽林是代表中国的近世日本数学史研究者，出版了多部和算史相关著作。在担任内蒙古师范大学客座教授后，被邀请参加了内蒙古师范大学的硕士论文评审会和北京中国科学院自然科学史研究所的博士论文评审会。在酒店房间里拼命阅读评审会前一天递交给我的论文的情形也记忆犹新。

关于后来的汉字文化圈及近邻地区数学史和数学教育国际学术研讨会，我想作为备忘录罗列一下。第4届于1999年8月在日本群马县前桥工科大学举办（组委员长是道脇义正）；第5届于2002年8月在中国天津师范大学举办（组委员长为李兆华）；第6届于2005年8月在日本东京大学（驹场校区，组织委员长佐佐木力，与这次会议同时举办了History of Mathematical Science: Portugal and East Asia III 会议）；第7届于2010年8月由内蒙古师范大学主办（组委会主席是郭世荣，见图3-29）；第8届希望在日本举办，但还未能实现。

图3-29　第7届汉字文化圈及近邻地区数学史与数学教育国际学术研讨会（2010年8月7—8日，内蒙古师范大学，前排最左为郭世荣老师）

在召开上述国际会议的同时，笔者等人还成立了小规模的中日数学史交流会，这就是"东亚数学史国际会议"（名称有时可随意使用，但宗旨是一贯的）。日本的森本光生（上智大学名誉教授）、小川束（四日市大学教授）、吉山青翔（四日市大学教授）及笔者，中国的郭世荣（内蒙古师范大学教授）、冯立昇（清华大学教授，现任内蒙古师范大学科学技术史研究院院长）、徐泽林以及纪志刚（上海交通大学教授）共同组织。从2006年3月清华大学（北京）举办的第1届会议开始，第2届于2007年3月在国际基督教大学（东京三鹰）召开，第3届于2008年3月在天津师范大学（天津）召开，第4届于2009年3月在四日市大学（爱知县明治村）召开，第5届于2010年8月在内蒙古师范大学（呼和浩特）召开，第6届于2011年3月在前桥工科大学（群马县前桥市）召开，第7届于2012年3月在上海交通大学（图3-30）召开，第8届于2013年3月在京都大学（京都）召开，第9届于2014年3月在清华大学召开，第10届于2015年3月在四日市大学（三重县伊势志摩）召开，第 11 届于 2016 年 3 月由清华大学（海南三亚清华数学论坛）主办，第 12 届于 2016 年 3 月在京都市けいはんな・プラザ（Keihanna 广场）召开，第 13 届于 2017 年 9 月在内蒙古师范大学召开。这个交流会允许非成员自由参加，每个人都发表最新的研究成果，虽然是小型会议，但讨论却很热烈。

图 3-30　第 7 届东亚数学史研究会（2012 年 3 月，上海交通大学，后排左起第三位是纪志刚老师）

在这些会议上，笔者专门讨论了从日本国立公文书馆内阁文库调查的《历算全书》雍正元年版与第二年版的比较研究、梅文鼎的在中国失传的测量术书和三角函数表、《历象考成》与《历象考成后编》中的球面三角法与椭圆法，更进一步讨论了《西洋新法历书》《灵台仪象志》记载的远洋航海术、《灵台仪象志》中关于钟摆振动与物体坠落的研究及其对日本历算学者的影响等。从 2015 年的会议开始，韩国的洪性士（西江大学教授）、洪英熙（淑明女子大学教授）、金英郁（高丽大学教授）加入了这个系列会议，我们的会议发展成了日中韩的东亚数学史研讨会。特别是韩国数学史家的参与，这对缺乏这个国家信息的我们来说，无疑像是滋润肥沃大地的一滴智慧雨水。

2011 年 3 月的会议成了参加者永久的记忆。前桥工科大学的会议在 3 月 10 日上午结束，当天下午，冯立昇、徐泽林、郭世荣、纪志刚、牛亚华、咏梅等老师们访问了栃木县足利市的鑁阿寺和足利学校，并在该市的宾馆住了一晚，第二天即 11 日换乘两毛线、东武线前往日光东照宫。但是，在途中的下午 2 点 46 分，发生了东北地区太平洋近海大地震（Mj8.4,Mw9.0），不得不在鹿沼市下车。当天笔者虽然在家，但不知道朋友们的安危，正惶惶不可终日，傍晚，接到了到体育馆避难的冯老师的电话通知，这才放下心来。12 日早上，我准备了两辆车去迎接朋友们，车快到鹿沼市时，冯老师来电话说："电车开通了，我们已经回东京"。虽然这是一件幸运的事，但后来直到他们回中国，接连发生的事情令人如履薄冰。这次大地震一方面提醒经常海外出差的研究人员要有应急心理准备，是一个好的教训。但另一方面，东北地区经历 10 年后，至今依然处于复苏阶段，这一事实横亘在我们面前。

我想再介绍一个难忘的会议。那是 2000 年 10 月在西安的西安交通大学召开的数学史研究集会（图 3-31）。这个研究集会是由李文林先生主办的，笔者也有机会探讨中国数学在日本数学史上的影响。我认为中国数学在日本的影响可分为四个阶段：一、古代日本对中国数学的摄取；二、近世即将进入16 世纪时期的《算学启蒙》和《算法统宗》的传入；三、18 世纪以后汉译西洋历算书的影响；四、即将进入明治时代时期接受的近代中国的数学。报告中对各时期的特征进行了概括性的论述。我的演讲结束后发言的是吴文俊先生，他评价并建议道："内容非常有趣，希望能尽快写成论文发表。"得到著名学者的好评，对我来说是一种意外的喜悦，但遗憾的是，那个报告至今还没有成文。

在中国老师们的建议和支援下，笔者于 2004 年 2 月向东京大学提交的博士学位论文《德川日本における漢訳西洋暦算書の受容》的中译本《德川日本对汉译西洋历算书的受容》（小林龙彦著，徐喜平、张丽升、董杰译，徐泽林校），于 2017

图 3-31　20 世纪数学传播与交流国际会议（2000 年 10 月 18—21 日，西安交通大学）

年1月由上海交通大学出版社出版。希望这部译本的出版能够见证我与吴文俊先生的约定的实现，也希望九泉之下一直守护我的李迪先生也为这部著作的出版感到高兴。想到此处不禁感慨万千！

中日数学交流的历史远远超过了1000多年，其印迹在茫茫大海的波涛中起伏不定。对于寻找知识宝藏的我们，就像大洋中寻求安居之处的船员一样。对于这样彷徨的船员来说，先人留下的智慧和成果就是海上灯塔，它的光芒就是航海的路标。我的中国数学史之旅，在先辈和朋友们的支持下，将不断向前延伸！

（2021年3月6日记，萨日娜译）

第五章　不负韶华尽力为
——我与数学史学会

（辽宁师范大学数学学院）

我是全国数学史学会成立的1981年决定报考梁宗巨先生的数学史研究生，第二年考上后算是正式入行。除第一届大连年会外，我参加了其余9届全国数学史年会。期间担任过两届数学史学会常务理事（第四、五届，1994年8月—2002年8月）和两届副理事长（第七、八届，2007年4月—2015年10月），可以说见证了数学史学会从成立后的逐步发展与壮大。我本人也与数学史学会有了千丝万缕的联系：为她的工作服务，为她的成就欣喜，受她的恩惠成长，受她的相助前行……

一、服务年会等会议

1985年8—9月在呼和浩特内蒙古师范大学举办的"第二届全国数学史年会"上，我就与罗见今、李兆华、刘钝等先生一起担任年会秘书组成员。其中我的年龄最小，自然承担了更多跑腿、打杂等工作。在此届年会"决议"的起草中，做过统计会议论文等事项。首次服务学会，收获良多，对我是很好的锻炼。

1994年8月在北京香山植物园举办的"第四届全国数学史年会"上我首次担任年会论文报告会的分组召集人（B1组，与张奠宙共同主持）。1998年10月在湖北武汉华中师范大学召开的"数学思想的传播与变革：比较研究国际学术讨论会"（第五届全国数学史年会）上，我首次担任大会论文报告主持人（与C. Sasaki佐佐木共同主持）（图3-32）。这两次我都是辅助主持，在前

图 3-32　参加"数学思想的传播与变革：比较研究国际学术讨论会"（第五届全国数学
史年会）与学会领导合影（1998 年 10 月 4 日，武汉华中师范大学）
左起许康、罗见今、王青建、刘钝、邓宗琦、张奠宙、李迪、李文林、李兆华、
郭书春

辈们的带领下得到很好的实习机会。

2002 年 8 月在西安西北大学举办的"2002 年国际数学家大会西安卫星会
议——数学史国际会议"首日，我担任会议分组主席（F1 组，与 A. Kapur）；
在同时举行的"第六届全国数学史年会"上，我首次成为筹委会委员（主席
郭书春，委员 6 人）。2007 年 4 月在河北师范大学举办的"第二届全国数学史
与数学教育研讨会暨第七届全国数学史会议"上，我首次担任学术委员会委
员（主任李文林，委员 16 人），并担任大会报告主席（主持人，与韩琦）。这
些为学会服务的工作又进了一步，更具学术使命感。

2009 年 5 月在北京师范大学举办的"第三届数学史与数学教育国际研讨
会"上，我担任了组织委员会（主任李仲来、郭世荣，委员 7 人）和学术委
员会（主任李文林，委员 17 人）委员，并在首日开幕式后主持大会报告，是
首次独立主持大会报告。这与当时副理事长的身份有关，在其位，谋其政，
为学会承担更多的责任与义务。

　　在后来的数学史会议上，我基本都有为学会服务的机会。如 2011 年 4—
5 月在华东师范大学举办的"第四届数学史与数学教育国际研讨会暨第八届全
国数学史学会学术年会"上担任组织委员会（主任郭世荣，委员 5 人）委员，
并担任大会报告主持人（与徐泽林一起）。2013 年 4 月在海南师范大学举办的
"第五届全国数学史与数学教育研讨会"上担任组织委员会（主任曲安京，委
员 7 人）委员，并主持大会报告（与赵继伟一起）。此时我的主持"搭档"已
经从前辈、平辈转到晚辈。

　　2015 年 10 月在广州中山大学举办的"第九届全国数学史学术年会暨第
六届数学史与数学教育会议"上，我担任组织委员会（主席曲安京、鞠实儿，
成员 15 人）委员，并担任大会报告主持人。2017 年 5 月在辽宁大连举办的
"第七届数学史与数学教育学术研讨会暨全国中小学'数学文化进课堂'观
摩研讨会"上，我担任学术委员会（主席李文林、宋乃庆，成员 8 人）委员，
并在闭幕式上做大会总结（图 3–33）。这与当时主办单位和协办单位的身份有
关。2019 年 5 月在上海交通大学举办的"第十届中国数学会数学史分会学术
年会暨第八届数学史与数学教育会议"上，我再次担任学术委员会（主席纪
志刚，委员 13 人）委员。

　　这些工作对我是很好的学习和历练，也是我一步步前进的足迹。

图 3–33　第七届数学史与数学教育学术研讨会暨全国中小学'数学文化进课堂'观摩研
　　　　　讨会"上的合影（2017 年 5 月 21 日，大连红星海学校）
　　　　　左起李铁安、徐泽林、王青建、李文林、杜瑞芝、郭世荣、纪志刚

二、编辑会刊

全国数学史学会的会刊是《数学史通讯》，创刊于 1994 年 10 月。其背景是当年 8 月召开的第四届全国数学史年会上的决议。这一届年会在国内数学史学会发展史上具有里程碑式的意义。前一届（第三届）年会已召开 6 年，且当时学会理事会没有任何改选，理事长严敦杰先生于年会结束的次月（1988 年 12 月）去世。严格说来，这 6 年学会处于"群龙无首"的状态。第四届年会除了在完善和健全学会组织方面加强工作，如选举出理事长、副理事长、秘书长、副秘书长、常务理事等，草拟了数学史学会章程草案，重申会员缴纳会费的规定等，还决定利用会费出版数学史学会刊物《数学史通讯》，每年两期，由会员（后来的实践基本由常务理事）所在单位轮流负责编印。

截止到 2021 年 2 月，《数学史通讯》共出版 40 期，其中由辽宁师范大学负责编辑的有 4 期，分别是：第三期（1995 年 12 月）、第九期（2000 年 6 月）、第 21 期（2009 年 2 月）和第 29 期（2015 年 8 月）。

《数学史通讯》是学会会员专业信息交流的有效渠道，对学会的建设发展和工作开展起到积极的推动作用。其内容和版式由简到繁，逐渐规范。编辑该通讯是一种责任，也是一种义务。特别是早期，依靠手工和信函联系稿件、交流和抄写内容，排版后反复校对，编辑完后还要联系印刷厂印刷，然后再逐一书写信函邮寄给会员，工作量是现在电脑编辑、网络发布的数倍。辽宁师范大学承办的这四期《数学史通讯》的编辑和发行基本是我自己完成的。

编辑《数学史通讯》曾得到数学史界前辈、同行的大力帮助。例如第一次编辑《数学史通讯》时（1995 年）梁宗巨先生刚刚去世，我也没有编辑此类刊物的经验，内蒙古师范大学的李迪先生就给予及时、有力地支持，几次来信商讨组织稿件，密切关注编辑进展，并提供多篇稿件，保证了当期刊物的正常出版。后来的几期刊物同样得到前辈、同行的大力支持。

我在编辑《数学史通讯》时不是被动地等待来稿，而是从学会建设和发展角度积极联系组织稿件，甚至创新栏目。例如在第九期编辑的"数学史研究生名录"中给出自 1978 年以来国内主要数学史研究生培养单位所培养的研究生名录,以培养单位、研究生姓名、导师姓名、毕业或学位论文题目、毕业去向或现工作单位、以及后续读博、留学等备注为主要信息。在第 21 期和第 29 期里,又相继给出该名录的"续"与"再续",为数学史研究生的培养、师承关系、专业研究领域走向等基本信息留下档案。又如"资料存档"栏目从 2000 年开始刊登前辈名家的著述目录,至今已发表 11 位学者的成果目录。2009 年,我编辑第 21 期时,已经刊登了 8 位学者的成果目录,稿源限于枯竭。为此我积极联系多位尚未发表著述目录的学界前辈,最终得到郭书春、袁向东两位先生的响应,及时提供了他们的论著目录,保证了该栏目的延续与质量的提升。

三、为会刊供稿

作为数学史学会的会员和理事,为会刊供稿也是应尽的责任和义务。

在已刊出的 40 期《数学史通讯》中,我一共发表了 182 条信息和文章。其中最多的是出版信息,有 139 条,介绍了 151 本与数学史相关的图书。其次是研究生培养信息,共 15 条。另有 6 篇资料存档和 5 篇名人纪念文章等。

推介与数学史相关的图书出版信息是学术界进行交流的有效渠道。个人的视野与收藏毕竟有限,通过这个渠道可以了解其他学者的最新藏书情况。将自己中意的图书介绍给同行,不仅可以及时宣传学界最新成果,还能督促自己认真研读所荐图书。用简练语言准确阐明图书特色对自己又是一次很好的学习过程。开始印刷版的介绍非常简单,只有书名、作者、出版年月等基本信息。后来从读者的角度考虑,逐渐增加了图书的内容简介与特色分析,有些图书还附上相关作者和版本流传的信息,使读者能更好地了解图书的来龙去脉。例如,诺贝尔经济学奖获得者、著名数学家约翰·纳什的传记《美丽心灵》,在国内先后有三种印刷本,译名也不尽相同,加之纳什本身的传奇经历与意外去世,稍微详细地介绍该书就有了必要(2015 年 8 月第 29 期)。近年来,《数学史通讯》随着电子版的普及升级,进一步增加了图书书影等信息，更加方便了读者对图书的了解和认知。

数学史是资料型较强的学科，搜集、整理资料是从业人员的基本功。利用辽宁师范大学学位点创办较早的便利，充分利用现存资料，我在相关信息方面尽可能给出较完整的档案。除了"研究生名录"外，还有"历届理事会名单"（第29期）、"纪念李约瑟文章目录"（第3期）等。

四、举办学术会议

2017年5月，全国数学史会议又来到大连。1981年首届年会是辽宁师范大学（当时叫辽宁师范学院）、中国科学院数学研究所和自然科学史研究所受中国数学会和中国科学技术史学会委托联合举办的。2017年会议是数学史学会主办、中国教育科学研究院课程教学研究所和大连金普新区社会事业局承办、辽宁师范大学数学学院和大连经济技术开发区红星海学校协办。承办单位负责人李铁安是我指导的教育硕士生（2003年毕业），后来考上宋乃庆先生的博士，由宋乃庆和李文林先生共同指导博士论文毕业（2007），到中国教育科学研究院工作，在大连金普新区长期设立教育教学实践基地。红星海学校的数学文化建设就是该基地的实践成果之一。

李铁安博士举办过多次数学教育类会议，但举办数学史会议还是第一次。从2015年构想提出，直到本次会议圆满结束并刊登会议纪要，我们进行过无数次协商。大到会议主题、内容、议程确定，小到会议手册封面设计、参会专家车辆接送、会场参观路线设计等，尽可能做到合理周到。我当时所带的四位硕士研究生也都成为会议志愿者，为会议做了相应的辅助工作。

五、感 悟

数学史学会走过40年，首届全国数学史会议的"地气"也滋养了我40年。我从1981年时懵懂选择考研方向的本科生，已步入老龄化时代的退休人员行列。数学史占据了我人生美好的40年，让我从此刻苦奋勉、砥砺前行；

让我由此教书育人、科研评职；让我因此结交挚友、陶冶情操；让我为此励志图强、实现梦想。

数学史学会对我的帮助与支持极大，历届学会都对我有相助之恩。其中有老一辈数学史家们的悉心教诲与鼎力辅助，无论是访学拜见还是会议相遇，无论是研究疑难还是工作困惑，他们都能倾心指导和无私扶植。我成长道路上的每一步都能见到他们的身影，我获得的每一点成绩都有他们的心血浇灌。其中也有同龄人的热情帮助与真心交流，无论是学科建设还是人才培养，无论是学术探讨还是志趣爱好，他们都能用心指教和大力协助。这些使我感受到学术界的深厚情谊与人文关怀，令人难忘。

我个人的能力很有限，大连又地处偏隅，交流不太方便，但尽力做好本职工作就应该问心无愧。衷心期望数学史学会在"不惑之年"焕发新的青春，数学史学科不断发展壮大，数学史的研究与教育有更美好的发展前景。

第六章 我的数学史之路
——从生物数学到北师大数学系史

◎ 李仲来

（北京师范大学数学学院）

40 年是一个成年人的年龄，对于一个学会来说，也是这样。值此数学史分会成立 40 周年之际，我想谈谈自己走上数学史研究道路的历程。1986 年我开始发表论文，到 2021 年共 35 年，可以分为两个阶段，即前 15 年与后 20 年两段学术生涯。我近 20 年的科研工作与中国数学史关系密切。

一、前 15 年：生物数学研究阶段

1986 年，吉林省第一地方病防治研究所（也称作全国鼠疫布氏菌病防治基地）的王成贵找到北京师范大学数学系应用数学教研室，希望合作研究达乌尔黄鼠鼠疫预报问题，北京师范大学数学系陈克伟搞生物数学，接下这项课题。他们希望应用数学教研室参加两个人，陈克伟拉上了我。1988 年课题获批，但陈克伟已出国，我就开始承接该课题。受该课题影响，后来我的研究方向确定为生物数学。1989 年开始在《中国地方病防治杂志》《中国地方病学杂志》（现在称《中华地方病学杂志》）等医学杂志上发表论文。从生物学角度研究，1993 年在生物学杂志《兽类学报》上发表了我的第一篇哺乳类动物研究论文（我在该杂志连续发表 5 篇论文且均是第一作者）。接着再从昆虫学角度进行研究，1995 年在生物学杂志《昆虫学报》上发表了我的第一篇昆虫学研究论文。因为动物界有 80% 的学者在昆虫界从事科研工作，所以《昆虫学报》是动物界竞争最激烈的杂志，一些人以在该杂志发表一篇论文为荣。

90 年代初还不怎么提 SCI（1995 年 9 月下旬，全国 12 个一级学科博士点第一次评估时首次提出 SCI 作为一个指标）。我在该杂志连续发表 10 篇论文，9 篇是第一作者，这在昆虫学界还是少见的，在数学界和生物数学界也无先例。到 2002 年，我在医学杂志上共发表了 57 篇论文，在生物学杂志上发表了 30 篇论文，当时处于发表生物医学论文的高峰。

二、后 20 年：数学史研究阶段

2002 年是北京师范大学百年校庆。2001 年 12 月，在北京师范大学数学系的党政联席会议上讨论校庆中数学系应该准备做哪些活动安排？时任数学系主任的郑学安教授建议让我在 2002 年 2—8 月间负责做一本宣传册，内容类似于北京大学数学系 80 周年系庆时编的《北京大学数学系成立 80 周年纪念册》，并把它列为活动项目的第一项。当时我明确表示不同意出版纪念册这类宣传品。我认为，这种纪念册宣传品在纪念会结束后很难流传下来，而且作为中国一所著名大学重要的数学系，应该出版一部正式的系史著作。

既然我提出写系史，那么谁提出就由谁来干。没有想到，有了出版系史的想法之后，改变了 2001 年后我的 20 年的研究轨迹。在数学系教师及校友的大力支持下，我主编出版了这部系史。由于主要是由我自己在做，所以最终没有列编委会。可以这样说，为了在北京师范大学百年校庆（2002 年 9 月 8 日）前出版《北京师范大学数学系史（1915—2002）》（以下简称《系史》），除了正常的教学带研究生以及行政管理工作外，我中断了与我专业研究方向有关的一切工作，包括放弃编辑部退回修改的稿件。在收集编写《系史》的过程中，由于原始材料是我自己查阅，再加上平时我收集数学系的一部分有关资料，使我进一步思考如何系统地收集和整理北师大数学系的历史资料，在今后可能的情况下予以正式发表或出版。

作为中国一所著名大学重要的数学系，有很多资料值得收集并进行研究。《系史》出版后，我成为《系史》的业余研究者。除了修改《系史》（主要是在 1952 年以前的部分内容）外，在教学之余，我列出了 20 多个相关研究课题。20年过去了，大部分课题已经完成，少部分没有完成。现在借数学史分会成立40周年纪念征文的机会做一个总结。没有完成的课题，聊述其中的原因。

先谈谈做成的事情。2002—2020年，我主编《北京师范大学数学科学学院史料丛书》，在北京师范大学出版社出版了14部。依次为：

《北京师范大学数学系史（1915—2002）》

《北京师范大学数学科学学院史（1915—2009）》

《北京师范大学数学科学学院史（1915—2015）》

《北京师范大学数学科学学院论著目录（1915—2006）》

《北京师范大学数学科学学院论著目录（1915—2015）》

《北京师范大学数学科学学院硕士研究生入学考试试题（1978—2007）》

《北京师范大学数学科学学院硕士研究生入学考试试题（1978—2017）》

《北京师范大学数学科学学院师生影集（1915—1949）》

《北京师范大学数学科学学院师生影集（1950—1980）》

《北京师范大学数学科学学院师生影集（1981—1999）》

《北京师范大学数学科学学院师生影集（2000—2019）》

《北京师范大学数学学科创建百年纪念文集》

《北京师范大学数学楼》

《北京师范大学数学科学学院志（1915—2020）》（2021年底出版）

其中，《北京师范大学数学科学学院师生影集（1915—1949）》《北京师范大学数学科学学院师生影集（1950—1980）》和《北京师范大学数学楼》由马京然编辑，陈方权老师和我一起完成，其余由我独立完成。原计划出版1部《数学科学学院的历届毕业生合影》的画册，最后改成4部。计划出版《数学科学学院的教师风采》画册或《北京师范大学数学科学学院画史》，后来改为《北京师范大学数学楼》，也由北京师范大学出版社出版。

2005—2017年，我又主编了《教育名家文集》（人民教育出版社），其中出版了北京师范大学数学科学学院的傅种孙、钟善基、丁尔陞、曹才翰、孙瑞清、王敬庚、王申怀、钱珮玲等教授的数学教育文选，共8部。

2005—2021年，我主编了《北京师范大学数学家文库》（北京师范大学出版社），共 18 部，分别如下：

　　《汤璪真文集：几何与数理逻辑》

　　《范会国文集：函数论与数学教育》

　　《白尚恕文集：中国数学史研究》

　　《王世强文集：代数与数理逻辑》

　　《孙永生文集：逼近与恢复的优化》

　　《严士健文集：典型群·随机过程·数学教育》

　　《王梓坤文集：随机过程与今日数学》

　　《刘绍学文集：走向代数表示论》

　　《赵桢文集：广义解析函数与积分方程》

　　《李占柄文集：现代物理中的概率方法》

　　《罗里波文集：模型论与计算复杂度》

　　《汪培庄文集：模糊数学与优化》

　　《王伯英文集：多重线性代数与矩阵》

　　《刘来福文集：生物数学》

　　《陈公宁文集：解析函数插值与矩量问题》

　　《陆善镇文集：多元调和分析的前沿》

　　《王昆扬文集：逼近与正交和》

　　《张英伯文集：箭图和矩阵双模》

　　上述系列文集涉及的学科（一部属于几个学科）有：代数 8 部、分析 5 部、概率论与数理统计 3 部、应用数学和数学教育各 2 部、几何和数学史各 1 部。

　　为了宣传北京师范大学数学科学学院这些老教授对中国现代数学和北师大所作的贡献，扩大该系列文集的影响，2005 年 12 月 17—18 日，我在北京师范大学组织举办了"中国数学教育发展的历史、现状与未来研讨会暨傅种孙、钟善基、丁尔陞、曹才翰 4 部数学教育文选首发式"；2005 年 12 月 25日，又组织举办了"北京师范大学数学系成立 90 周年庆祝大会暨王世强、孙永生、严士健、王梓坤和刘绍学教授 5 部数学文集的首发式"；2008 年 1 月 12日，组织举办了"纪念汤璪真校长诞辰 110 周年暨汤璪真教授文集首发式"；

2009 年 5 月 22—25 日，在北京师范大学组织举办了"第 3 届数学史与数学教育国际研讨会暨白尚恕教授文集首发式"。这 4 次会议与文集首发式的召开，对数学科学学院的文化宣传和扩大文集的影响起到了一定的作用。

2007—2013 年，我主编了《中国数学教育的先驱：傅种孙教授诞辰 110 周年纪念文集》《赵慈庚教授诞辰 100 周年纪念文集》《张禾瑞教授诞辰 100 周年纪念文集》《蒋硕民教授诞辰 100 周年纪念文集》4 部纪念文集，先后由《数学通报》杂志编辑出版。在赵慈庚、张禾瑞、蒋硕民教授诞辰 100 周年，均召开了座谈会。

2018 年，我主编的王梓坤院士著的 8 卷本《王梓坤文集》（北京师范大学出版社）。原来计划出版 10 卷本，后经测算改为 8 卷。第 1 卷《科学发现纵横谈》，在第 4 版内容的基础上，附录增列了《科学发现纵横谈》的 19 种版本信息和 9 种获奖名录，其散文被中学和大学语文教科书、参考书、杂志等收录的 300 多篇目录。经王梓坤院士同意，在不影响全文的前提下，删去前后重复的部分内容。第 2 卷《教育百话》收录 31 篇散文，30 篇讲话，34 篇序言，11 篇评论，113 幅题词，20 封信件，18 篇科普文章，7 篇纪念文章，以及王梓坤院士写的自传。第 1—2 卷，对于非数学专业的读者都可以阅读。

在院史整理研究过程中，有些工作未能实现原来的计划，一直觉得遗憾。

（1）我对数学系的老先生做系列访谈，初步确定的第一批人选依次为王世强、孙永生、严士健、王梓坤、袁兆鼎、钟善基、丁尔陞、刘绍学教授，以及王振稼、王树人、李英民三位同志。11 人共 8 位教授和 3 位数学系前党总支书记，后来晋升学校领导的王振稼（后任学校党委常委和副校长）、王树人（后任学校党委常委兼人事处处长）和李英民（后任学校党委常委和校党委副书记）。但我任学院党委书记后没有来得及对刘绍学教授和李英民同志做访谈。2004 年 6 月，建议围绕《我与北京师范大学数学系》或《我的自述》向学院每一位 60 岁以上和退休的先生征稿（题目可以自定），字数在 1500~10000 字之间，并提出具体内容要求，稿件集结准备出版。但此事未做成，因为部分老师最终未能交稿。上述经历使我体会到，和学院教师做访谈容易做到，但让他们写出来就比较难，很多老师都觉得难以成文。

（2）没有对数学系毕业的知名校友做系列访谈。郭军丽主编的《辉煌的报告：北京师范大学优秀校友风采（一）》在 2008 年 4 月由北京师范大学出版社出版，其中入选数学科学学院校友 9 人，按照出版页数的先后依次为：霍懋征、俞曙霞、刘国仁、李金初、刘厚荣、谷长江、刘允、唐守正、金钟植。可惜由于学校校友会换届时人员的大调整，2008 年后已经过去 13 年，校友风采（二）至今尚未见到。

（3）收集了数学系的教师和学生被打成右派后的个人历史资料，未能公开。

我的数学院系史工作也得到了单位、学界和社会肯定。承蒙读者厚爱，《系史》出版后得到了众多老师的肯定，尤其是全国高校数学院系的领导和教师。刘秋华在《1947 年以来中国现代数学史研究述评》（自然辩证法研究 2011 年第 7 期）一文中评论"在中国所有高校的数学院系中，北京师范大学数学科学学院最重视院志建设，该院不仅将原来的系史专著增订为院史专著，而且还出版了本院教师论著的文献目录和多位著名教授的文集。"这是对我工作的肯定，反映了我的院系史研究工作产生了一定的社会影响。这部院系史的编写，引领了北京师范大学院系史的编写和资料收集工作，带动了国内数学院系史编写和资料收集。

科学出版社准备于 2007 年年底出版《20 世纪中国知名数学家学术成就概览》（以下简称《概览》），数学卷由王元主编。2007 年 7 月 12 日，出版社编辑刘嘉善老师给我发邮件，提供 10 位数学家名单：傅种孙、张禾瑞、蒋硕民、王世强、孙永生、严士健、王梓坤、刘绍学、陆善镇、陈木法，让我考虑由谁执笔。我马上将执笔人确定。文章写好后，由我通稿修改并按照撰写要求统一格式。我参与《张禾瑞》概览的撰写，但不愿署名。郝钿新教授是第一作者，作者之一张益敏老师对我说，你不署名，我也不署名。最后我俩共同署名。10 月 31 日我们按时交稿，4 卷本于 2011—2012 年出版。《概览》原定收入 185 人，结果 35 人未写出（其中院士 11 人），新增了 31 人，实际撰写出 181 人。入选《概览》的数学家所属高校，前 3 名的是：北京大学数学系 24 人，复旦大学数学系 11 人，北京师范大学数学系和浙江大学数学系各 10 人。北京师范大学数学系能进入高校前 3 名，王世强教授说，这是北京师范大学数学系以前没有的，与我组织出版老先生的文集有关。其他单位未写出传记的原因主要是：某单位的入选人员没人写或答应写的人最后没有写出来。顺便指出，中国科学院数学研究所和应用数学研究所依次撰写 16 人和 10 人的传记。

2010 年，中国科协等部门正式启动了"老科学家学术成长资料采集工程"，2013 年"王梓坤院士学术成长资料整理"获批立项，由于我在系史方面的研究积累，作为主要合作单位参与了该项目。项目实施过程中我提供了王梓坤详细的年表（多数由王先生的夫人谭得伶教授整理），出版的全部论文和著作目录，全部研究生名单，在北京师范大学校报上有关王先生的全部报道，通过学校档案馆，将王先生的 16 开本的 18 本个人笔记数字化。

三、感　想

我上述工作的背后有很多故事，可以写成一部书。遇到的多种事情，我们很难想到。

每一种改变都需要付出代价，你可以少付代价，但不可能不付，如果你不想付一点代价，那么往往是付出更大的代价。2002 年，我改变研究方向，逐渐远离生物数学研究，使得我原来的很多研究想法和已经写的一些未投出的论文付之东流，这是很遗憾的一件事。代价可以说至少发表了约 100 篇生物数学论文（2002—2021 年共 20 年，每年写 5 篇论文）。另外，我的研究生还在做生物数学方向的论文，这对我也是压力山大。值得欣慰的是，2002 年后我指导生物数学方向毕业的研究生中，获国家优秀青年科学基金两人，获新世纪优秀人才支持计划一人。

然而，我觉得我做院史方面的工作，不仅比我多发表 100 篇生物数学研究论文的影响要大一些（这里没有否定生物数学研究的意思），而且也更有价值。编写院史和院志等工作，是学院文化的积累，对于深入探讨学院的发展过程及其规律性，记述办学的成绩和经验，揭示和总结在工作中的得失和教训，是一项具有重要历史价值、学术价值和现实意义的工作。它对提升学院的知名度，增强学院的凝聚力，培养学院师生员工的自信心和自豪感，具有十分重要的意义；同时，对于课程设置，科学研究资料的收集和积累，以及加强学院的学科建设具有一定的实际意义。不仅如此，学院史和学院志等的编写，还可以促进学院的教学、科研、档案资料的建设。另外，由于许多史料的散失，趁老先生们健在，搜集口头或书面资料，以弥补原有书面史料的不足，有重要意义。北京师范大学数学系（数学科学学院）有着一百多年的发展历程，有很多值得继承和发扬的优良传统和遗产，这是北师大数学系乃至我国数学界的一笔宝贵的财富。研究其历史，有助于数学系乃至我国数学学科的进一步发展。另外，众所周知，从新中国成立前到改革开放后，北京师范大学数学系是我国数学史学科的重镇，在全国有领头示范作用，改革开放后，白尚恕教授对中国数学史的研究、学科建设和数学史学会发展都作出了较大的贡献，我所做的工作也可以说是告慰白教授的在天之灵。

由于我近20年的工作主要是数学史方面的，因此加入数学史学会，参加了国内数学史的学术活动。2005年5月，我参加在西北大学召开的第1届数学史与数学教育学术研讨会，之后共参加了7届（在大连召开的第7届会议因时间冲突未参加），而且还担任了全国数学史学会（以前的学会名称）第7—8届理事会理事和第8届理事会常务理事。2009年5月22—25日，在学会协助下，作为组委会主任在北京师范大学成功主办了"第3届数学史与数学教育国际研讨会暨白尚恕文集首发式"。

最后祝愿中国数学会数学史分会在未来的20年里取得更大的发展和成绩，也希望在其成立60年之际，自己可以写出《中国数学会数学史分会成立60周年：我的数学史研究40年"》。

第七章　我的数学史情愫

◎ 徐传胜

（临沂大学数学与统计学院）

　　全国数学史学会是每个会员的家，是我们安身立命之所在，是我们实现人生价值的舞台之一。正是数学史学会组织焕发了我的青春活力，给我的人生带来了勃勃生机。我加入中国数学会、中国科学技术史学会的时间是2007年7月1日（当时加入数学史分会组织则同为中国科学技术史学会会员和中国数学会会员），中国数学会会员证编号为H07073，证书注明专业是数学史。2019年12月31日我在中国数学会网站上进行了会员注册，会员编号为S010004300M。2011年5月3日当选为数学史分会第八届理事会理事，2015年5月5日当选为第九届理事会常务理事。回顾加入数学史分会的往昔峥嵘岁月，一幅幅动人画面则浮现在眼前：难忘数学史前辈的谆谆教导，难忘后起之秀的真情相助，难忘和大家畅游数学大花园，难忘那些拼搏后的成功与喜悦……，无数美好记忆已成为温暖我的感情宝藏和生命中最厚重的精神财富。

一、雪消春浅萌生机

　　大学期间，我对数学分析和概率论深感兴趣，叹服其在日常生活和科学领域的广泛应用，时常自我提出一些基础性理论问题，诸如数学是什么？数学的原点在哪里？数学是发现还是发明？中国数学与国际一流水平有多大差距？为什么需要精确定义极限概念？为什么三角形内角和可大于180°？为什么随机变量大多服从正态分布？大数定理的理论重要性主要体现在哪里？为何整数和有理数一样多？等等。正是对这些科学问题的反复思考并查阅相关资料，促使我对数学史产生了浓厚的学习兴趣。1984 年 7 月，我参加工作后开始尝试着写一些数学史方面的小文章，然大多是"泥牛入海"。最早被录用的两篇文章至今印象非常深刻，一篇是 1995 年发表在《数学教师》（第 7 期）上的《笛卡儿与他的解析几何》，还有一篇是 1995 年发表在《百科知识》（第 8 期）的《莱布尼茨与计算机》。后来，我又在《数学通报》《数学通讯》《中学数学教学参考》等刊物发表了 20 余篇相关文章。当时没有大师指点，没有学会组织帮助，全靠自己摸索着蹒跚前行，在茫茫黑夜的大海之上，我渴望找到学习的指路灯塔。

　　2002 年 8 月 20 日，第 24 届国际数学家大会在北京拉开帷幕。当时我对大会高度关注并大力宣传，美妙的弦图会徽极大增强了华夏子孙的自信心和民族自豪感。西北大学曲安京教授所作的 45 分钟大会报告，这是数学史界的光荣和骄傲，也进一步激发了我学习数学史的兴趣。2003 年寒冬，我跌入人生的低谷，沮丧之际没有了前进的动力，亦难以寻见前途的光明，浏览网页偶然发现了数学史学会这个学术组织，使得我眼前一亮，进而搜索到相关招收数学史博士生的简章。比较一番，我感觉西北大学招生方向好像挺适合我。由于身处沂蒙山腹地而消息闭塞，当时竟认为西北大学远在兰州。我斗胆给曲安京教授写了一封电子邮件，没想到很快就收到回复，欢迎我报考西北大学博士研究生。这让我有点喜出望外，高兴之余更多的是惴惴不安，因自己的英文基础太差，大学所学的一点英语几乎早已忘光了，加之青春已逝，进入了不惑之年。

　　既然决定考博，就要克服横在眼前的一切困难和障碍，绝不能畏惧前行途中的荆棘和拦路虎。我很快就报名参加了英语辅导班，当时有个优惠条件，只要报名一个班，就可以参加所有班的学习，这给我带来了很大便利，只要有时间就跑去听课，不管是白天还是黑夜，口中念叨的全是英文，一遍遍反复听英文磁带，晚上只要醒来就播放磁带，白天则是做大量阅读理解题目。也许是上苍的垂怜和青睐，2004 年西北大学博士研究生英语分数线是 50 分，我恰好考了 50 分。按袁敏老师的说法，这是一分也没有浪费。入学后，我发现同学们大多比我小 10 余岁，英语水平都很高。我再次采用了笨鸟先飞的办法，一边多下功夫学习，一边去听所有班的英语课（我们这儿一级博士生分为 3 个班授课）。

二、润物无声舒清景

2004 年 6 月，在西北大学我有幸见到了仰慕已久和令人尊敬的李文林先生，并聆听了其"希尔伯特 23 个数学问题"的学术报告。李老师的宽阔视野和渊博知识让我高山仰止；其高屋建瓴的科学阐释让我醍醐灌顶。李老师时任中国数学会秘书长兼全国数学史学会理事长，1998 年 5 月作为中国数学会代表团主要成员出席了德国德累斯顿举办的国际数学联盟成员国代表大会。未接触李老师之前紧张不敢接近，万万没想到这样德高望重的学者竟是如此谦和、平易近人、虚怀若谷。李老师对我大加鼓励并寄予厚望，期冀能够在数学史研究领域搞出一点东西来。得知我和赵继伟都是聊城人时，连说我们聊城人杰地灵，出了不少人才。

2004 年 9 月，我忝列曲安京教授门下，终于成为数学史大家庭的一名光荣成员。从此，进入了一个精美绝伦的世外桃源，徜徉于筚路蓝缕之程，尽情欣赏着数学科学之大美，感受着数学家的"思想魅力"和"火热思考"，深深被数学艰难曲折的历史所震撼，被无数里程碑似的定理证明所振奋，被大师的创新思维所启迪。虽见那滚滚长江东逝水，但浪花却难以淘尽英雄。这实是人生美妙享受，如沐春风、如饮醇醪。在广袤深邃的数学世界，让人散魂荡目、流连忘返，无法掩卷释念，更无丝毫"转头空"或"都付笑谈中"之意念。

数学史研究有着广袤的领域，选定方向是研究人员首要的环节。参加工作以来，我一直从事概率论与数理统计课程的教学，故初定研究概率论思想史。李文林先生认为题目选定的范围太大，我说仅限于极限定理的历史研究如何，李老师说范围还是有点大。经过一番考量和斟酌之后，曲老师和我最终确定选题为：圣彼得堡数学学派对极限定理的研究。以数学学派为对象的近现代数学史研究，是近数十年来数学史界特别关注的一个视角，也是我国数学史家用力甚深、成果颇丰的一个研究领域。1980 年代以来，以李文林、胡作玄、袁向东为代表的中国学者对布尔巴基学派、哥廷根学派、莫斯科学派、剑桥分析学派等进行了系统研究，并取得了可喜的成果。2007 年 6 月，我的博士学位论文通过了答辩，这主要得益于李文林先生指点和提携（在京查阅资料期间给予了大力支持），得益于曲安京教授的耐心指教和谆谆教诲（在剑桥大学专门为我复印了相关资料），其他学会会员亦给予了大量的无私帮助。论文基于"数学科学事实"较为详尽解析了圣彼得堡数学学派的"科学思想突变"之源，从哲学视野、历史观点和现代算法理论角度，探讨了该学派基本思想体系，展现了某些数学概念和思想方法的源起及演进过程，复原了一些数学模型的构建过程，从中可感受到数学思维的生动性、创新性和辩证性，体会数学的科学价值、应用价值和人文价值。

三、春风送暖群芳艳

数学史研究价值何在，李文林先生提出了"三重目的"，其"教育目的"已在国内教育界得到广泛认可和应用，标志性活动就是 2005 年第一届全国数学史与数学教育会议的召开。我有幸参与了大会的筹备和会务工作。在曲老师的指导下，杨宝山、冯振举和我经常一起商讨大会有关事项，草定了大会第一、二轮通知和会议海报等材料。第一轮发出信件 500 多封，第二轮发出信件 200 多封。

2005 年 5 月 1—4 日，第一届全国数学史与数学教育会议在西北大学隆重举行，参会代表 150 余人，收到 80 余篇论文。美国纽约市立大学 Annie YiHan 博士和北依阿华州立大学 Hari Shankar 教授应邀参会。会议期间我主要负责接送龚昇先生夫妇、严士健先生（也许是会议接待周到的缘故，送严先生到火车站后，他专门赠我一本其签名的书）和宋乃庆先生等特邀嘉宾。宋乃庆先生时任西南师范大学校长，他非常重视这次会议的召开，组织了 10 余人的团队前来参加会议。李铁安、李红婷（我同事）等博士生先期到达西安。宋校长因公务繁忙，只能乘坐夜间航班。他乘坐的飞机是凌晨一点左右到达西安咸阳机场。我午夜 12 点从西北大学出发，见到宋校长很是高兴。不过，宋校长看上去有些憔悴，原来他有些晕机。到达西北大学宾馆时，已是凌晨 2 点多。

群星汇集，百花争艳。第一次参加这么盛大隆重的开幕式，第一次见到这么多学界大家和数学史学会成员，让我实在是大开眼界，心情也有些激动，颇有刘姥姥进大观园之感。我仿佛又回到了年轻时代，倍加珍惜这来之不易的学习机会，虚心向各位会员请教，尽情畅游在数学史大花园里。在曲老师的精心安排和周密组织下，整个大会一切都是有条不紊，秩序井然，参会学者无不满意。期间我第一次见到了郭世荣、纪志刚、邓明立、徐泽林、王大明、汪晓勤等数学史界的著名学者，并聆听了他们的学术报告。

交流平台、学习资源、开阔眼界等都是未来升值的生命潜力股。为了提升我的研究水平和综合科学素养，曲老师给我安排了一场分会主席和一个分组报告。这不仅是锻炼我的一个好机会，也是让更多会员认识我的机会。我的报告题目是：比较正态分布两发现过程的数学文化。主要讨论了棣莫弗和高斯分别对正态分布表达式的推导过程，分析了其各自创新点和概率思想。因初次在公开场合登台作报告，我心里不免有些紧张，不过很快就镇静下来，如数家珍似地讲解着概率思想，总算是没有给曲老师丢脸（2012 年 10 月我们一行 6 人赴印度参加学术会议，当我们几个师兄弟作报告时，曲老师说他在台下比我们还紧张）。

这次会议让数学史走出象牙塔，搭建了数学史与数学教育友谊之桥，凸显了"为教育而历史"的应用价值，极大提高了数学教育界对数学史的重视。宋乃庆先生认为，数学史与数学教育相互融合是硬道理。为了实现两者的有机融合，必须坚持两个基本科学原则：基于数学教育的数学史应把史学形态转化为教育形态，而基于数学史的数学教育应到数学史中寻找新的生长点。这既指明了数学教育研究的新方向，也拓展了数学史的研究领域。

2007 年 4 月 26—30 日，第二届全国数学史与数学教育研讨会暨第七届全国数学史会议在河北师范大学召开。曲老师带领我们一行 10 人前往石家庄，会前我们先去白洋淀参观了嘎子的村庄，接受传统革命历史文化教育。在这次会议上，数学史学会决定扩大理事会，吸收数学教育同行加入，会员人数由原来约 120 人发展到 182 人，我也是新加入成员之一。此后，全国数学史与数学教育研讨会每两年召开一次。在海南师范大学召开的第五届会议上，组委会安排我做了大会报告，组委会的鼓励、支持和信任，令我感到十分荣幸，也让我倍感数学史大家庭的温馨。

四、久居兰室必自芳

　　学史明理、学史自信、学史崇德，数学史教育的首要任务就是使人变得更睿智、更聪明，让学生感悟到数学学习的乐趣和意义，实现自由全面可持续发展。自 2003 年始，我在临沂大学（原临沂师范学院）开设了《数学史》课程，最初聘请了曲安京教授为主讲教师，后又陆续邀请了丁玖（美国密西西比大学）、刘三阳（西安电子科技大学）、邓明立、郭书春、徐泽林等教授前来授课或开设讲座。在各位专家学者的悉心指导下，历经 18 年锤炼锻造的发展历程，《数学史》课程教学团队基本形成。

　　近年亲历教学实践证实：数学史课程让学生不仅学习了数学史知识，而且锻炼了其实践能力、研究能力和合作意识与能力。可贵的是，不少学生有了其独特而珍贵的数学思考。在 2020 年"高教社杯"全国大学生数学建模竞赛中，临沂大学获国家一等奖 1 项、二等奖 2 项；在 2020 年（第 36 届）美国国际大学生数学建模竞赛（MCM）与交叉学科建模竞赛（ICM）中，获二等奖 3 项，三等奖 13 项；在大学生数学竞赛中获国家一等奖 3 项，二等奖 10 项，三等奖 21 项；在 Mathorcup 高校数学建模挑战赛获一等奖 2 项，二等奖 4 项。

　　据最新"艾瑞深校友会网中国大学本科专业评价报告"统计，临沂大学数学与应用数学专业全国排名并列第 43 位，省内并列排名第 2 位。近 3 届毕业生一次性高质量就业率 80% 左右，专业对口入职率 60% 左右，考研过线率 40% 左右。该专业为首批山东省高校招生热门专业，社会认可度高，近 3 年学生第一志愿报考率均超过 300%。临沂市 83% 的中学数学骨干是该专业培养的毕业生。2021 年 7 月，数学与应用数学学术硕士学位点、应用统计专业硕士学位点均通过了教育部的审核。

　　学习让人更加善于思考，所获营养也会逐渐融入我们的血液和骨骼，只要有一个点触动，就会让我们的智慧潜能喷涌而出。在各位同仁的帮助下，我也取得了一点成绩：2012 年荣获山东省社会科学优秀成果二等奖；2014 年获山东省高等教育教学成果一等奖（山东省最高奖项）；2015 年被评为山东省高等教育教学名师；2017 年被评为山东高校十大师德标兵；2018 年所负责团队被评为山东省高校黄大年式教学团队。本人已在《自然辩证法研究》《自然辩证法通讯》《科学技术哲学研究》《自然科学史研究》《中国科技史杂志》等国内外学术刊物发表论文 136 篇，出版学术专著 3 部，教材 9 部。2010 年、2011 年、2012 年曾分别赴韩国、俄罗斯、印度参加国际学术会议，并作大会报告。

五、余 论

人生就是不断地重新认识自己和调整前进道路的过程，能否找到自己的最佳兴趣点、充分挖掘自身潜力，从某种意义上则决定着一生的成败。从 2007 年算起，我加入中国数学会数学史分会至今有 15 个年头了。在这些年的数学史学习和研究中，我越来越品出数学之美的理性、趣味和魅力，在记忆画屏上增添了似锦如织的美好怀念，在前行奋进中铺就了如诗如画的璀璨花朵。正是偶闯数学史大花园，方拨正了我的人生轨迹，从而获得了无尽的逐梦力量。在自己那些凝满汗水和丰硕收获的岁月里，也同时见证了每个会员的勤劳和耕作，那些涓涓细流，以各自不同的鲜活姿态、欢跃顽强地汇聚成了数学史长河中波澜壮阔、奔涌向前的时代潮流。